高等光学

(第2版)

赵建林　编著

国防工業出版社
·北京·

内容简介

本书以光的电磁理论为主线，主要介绍作为高频电磁场的光波在各种不同环境中的线性传播特性及其现代应用，内容包括：光的电磁理论基础，光波在各向同性介质中的传播，平面光波的反射和折射，光波在波导中的传播，光波在各向异性介质中的传播，光波叠加与相干性，光波衍射与成像，光线光学基础，光场的统计特性等。本书在强调光学的系统性、简洁性、时代性及应用性的同时，以全新的概念建立起一个从经典光学到现代光学的简明的系统理论构架。

本书可作为理工科院校物理学（光学）、光学工程、光电信息工程、物理电子学、仪器科学与技术、生物光子学等专业研究生和高年级本科生相关课程的教材，也可以供有关专业科技人员参考。

图书在版编目（CIP）数据

高等光学／赵建林编著．—2 版．—北京：国防工业出版社，2023.6

ISBN 978-7-118-12996-0

Ⅰ．①高…　Ⅱ．①赵…　Ⅲ．①光学-高等学校-教材
Ⅳ．①O43

中国国家版本馆 CIP 数据核字（2023）第 102789 号

※

国防工業出版社 出版发行

（北京市海淀区紫竹院南路 23 号　邮政编码 100048）

三河市天利华印刷装订有限公司印刷

新华书店经售

*

开本 787×1092　1/16　**印张** 17¼　**字数** 388 千字

2023 年 6 月第 2 版第 1 次印刷　**印数** 1—3000 册　**定价** 68.00 元

国防书店：（010）88540777　　书店传真：（010）88540776

发行业务：（010）88540717　　发行传真：（010）88540762

第 2 版前言

本书第 1 版自 2002 年出版以来，已在国内多所高校使用二十余年，得到了广大读者的认可，也收到了许多建设性的意见和建议。二十多年来，光学领域出现了前所未有的飞速发展，涌现出许多光学新概念、新效应及新应用，并不断产生着新的光学分支。另外，作者长期以来在相关课程的教学和相关领域的研究中对光的电磁理论内容理解也在不断深入，因此深感有必要对原书的内容进行适当的修订和补充，对原有的和新出现的一些概念有必要从自身体会的角度给予更为简洁和准确的诠释，以便使高等光学教材内容不断适应现代光学及相关领域的快速发展趋势，并且能够从中给读者展示出光学基础理论的系统性、时代性及实际应用性。为此，第 2 版在保持第 1 版内容编排结构的基础上，对原书中的一些基本概念及相关问题讨论作了更为严谨和规范化的表述，并补充了一些新的概念和内容（如矢量光场、涡旋光场、金属表面等离子体共振、光学左手介质及超构表面、光学相干层析术、光学传递函数测量、超分辨成像等）。同时也纠正了第 1 版中的一些错误和疏漏，修改补充了部分习题，并重新画了部分插图。

本书可作为理工科院校物理学（光学）、光学工程、光电信息工程、物理电子学、仪器科学与技术、生物光子学等专业研究生和高年级本科生相关课程的教材，也可供有关专业科技人员参考。

本书配有教学课件，可用手机浏览器扫描书后二维码下载，也可到国防工业出版社网站（www. ndip. cn）“资源下载”栏目搜索下载。

作　者

2023 年 5 月

第1版前言

本书根据作者多年来在西北工业大学和中国科学院西安光学精密机械研究所讲授研究生“高等光学”课程的教案，并结合作者多年来从事现代光学基础研究的一些体会编写而成。除绪论外，全书共分9章。第1章为光的电磁理论基础，重点介绍麦克斯韦方程组及无源和有源空间的电磁波动方程；第2章为无限大均匀各向同性介质中的光波场，重点介绍平面光波、球面光波、高斯球面光波等在无限大均匀各向同性介质中的基本传播特性以及光波场的色散特性；第3章为平面光波的反射和折射，重点讨论单色平面光波在两种介质分界面上的反射和折射定律、菲涅耳公式、全反射时的倏逝波及古斯-汉森位移、平面光波在分层介质以及金属表面的反射和折射特性；第4章为波导中的光波，重点讨论光波在金属波导、均匀薄膜波导、梯度折射率波导及光纤中的传播特性；第5章为各向异性介质中的光波，重点讨论光波在各向异性晶体中的双折射传播规律、晶体光学性质的几何图形表示方法、单色平面光波在各向异性晶体表面的反射和折射，以及晶体的线性电光效应；第6章为光波叠加与相干性，重点讨论相干性的基本概念、部分相干理论基础及干涉光谱学原理；第7章为光波衍射与成像，重点讨论衍射现象的实质和理论描述、透镜的变换与成像特性、相干和非相干成像系统的普遍模型、相干传递函数及光学传递函数；第8章为光线光学基础，重点讨论波动光学与几何光学的过渡关系，并介绍如何从零波长极限下的定态波动方程及光学拉格朗日方程和光学哈密顿方程出发，建立几何光学的基本光线方程；第9章为光场的统计特性，重点讨论热光、激光以及激光散斑的一阶统计特性，并介绍激光散斑干涉计量的基本原理。书中还配有一定量的习题，并在附录中给出了场论和傅里叶变换等相关数学知识。书的最后给出了编写本书时的主要参考文献。

本书内容按60学时课程计划编写。

本书可作为光学、光学工程、物理电子学、精密仪器及机械等相关专业研究生的“高等光学”课程教材，也可以作为有关专业高年级本科生相关课程的教学参考书。

在本书的编写和试用过程中，得到了西北工业大学研究生院的热情支持和帮助，在此表示衷心的感谢。

作　者

2002年6月

目　录

绪　论

自从1960年第一台红宝石激光器成功运行以来，光学开始了一场划时代的革命。这场革命的第一个驱动源是，人们终于找到了得以从实验上实现英籍匈牙利物理学家伽博（D. Gabor）在1948年提出的全息术思想，以及在1955年被引入光学系统像质评价过程的光学傅里叶（Fourier）变换的较为理想的光源。在此之前，光作为信息的载体，一直以其空间域的强度形式被加以利用。建立在作为携带信号的物光波与用于调制该信号的参考光波的衍射和相干叠加基础上的全息术，使得被记录的信息不仅包含光信号的空间强度分布，而且包含其空间相位分布。同样，光学傅里叶变换使得在空间频率域中描述和处理光信息成为可能，但前提是携带物体信息的光波必须具有良好的相干性。

所谓良好的相干性，是指参与叠加的光波之间，除了具有同频率和同振动方向外，还能够具有恒定的相位关系。光场的相干性有空间和时间之分。来自光源不同点在同一时刻发出的光波间的相干性称为空间相干性（横向相干性）；来自光源同一点在不同时刻发出的光波间的相干性称为时间相干性（纵向相干性）。一个光源的空间相干性和时间相干性优劣，微观上由其发光机制决定，宏观上则分别由其空间发光面积和单色性决定。只有通过受激辐射过程，才能获得具有高度相干性的光源。发光面积越小，光源的空间相干性越好；单色性越高，光源的时间相干性越好。激光正是这样一种由物质原子或者分子通过受激辐射而产生的具有高度方向性和单色性的光源，因而是一种较为理想的相干光源。

需要采用相干光照明，或者将其作为信息载体的光学成像系统，称为相干光学成像系统。相干光学成像的理论基础是光波场的标量衍射理论。按照这一理论，衍射被认为是传播中的相干光波的波前受到某种调制（形象地讲，即限制）的必然结果。这就是说，无论对在空间传播中的相干光波采用何种手段作何种调制，都会引起光波产生相应的衍射效应。由此出发，便可以将光波在空间或任何一个光学系统中的传播过程看作一系列不同衍射过程的累积。其所经过的每一种光学元器件，都可以看作一种专用的光调制器或者处理器。傅里叶变换思想在光波衍射理论中的成功运用，使得人们有可能从一个更新的角度认识光波的传播与衍射规律。按照傅里叶光学思想，任何一个复杂的光波场都可以看成一系列方向不同的基元平面波在空间的线性相干叠加。每一个方向的基元平面波表征了该复杂波场的一个空间频率成分。光学傅里叶变换的功能就是将这些不同的空间频率成分在空间分开，以便能对其进行分析、调制和改善。其线性变换性质还保证了光信息在变换过程中具有线性和空间不变特性。在傍轴条件下，一个薄透镜就具有把不同方向的平面波会聚到其像方焦平面上不同点的能力。因而，傍轴条件下的薄透镜作为一个线性傅里叶变换器，便成为相干光学处理系统中最基本并且最重要的一种光学处理器。

光学信息处理最大的优势是高速度、并行性及互连性。首先，光子在真空中的高速传播，使得光信息在处理过程中的高速度显而易见；其次，光学图像信息及其变换过程本来就是二维并行性的；再次，光子属于玻色子（boson），不带电荷，不易发生交互作用，因此，线性条件下光束可以在空间交叉传播而互不影响，这是实现无干扰互连的极好条件。

现代光学革命的第二个驱动源，是以晶体光学为基础的非线性光学的诞生。按照经典的电磁场理论，构成物质的大量原子或者分子可以看成在其各自平衡位置附近做随机振荡的偶极振子，宏观上仍处于电中性。外场（如电场、磁场）的施加，将使得这些偶极振子受到极化，极化强度与作用场的一次方成正比（线性条件下），并且无须时间的累积。同样，当光波进入某种透明介质时，具有极高频率的光波电磁场将使得处于随机振荡状态的介质原子或者分子极化，并产生受迫的高频振荡，同时产生相同频率的偶极辐射。光波与物质的这种相互作用结果称为线性光学效应。这种线性效应构成了晶体光学的理论基础。然而，激光在给人们带来高相干度光源的同时，也带来了一系列此前未曾遇到过的新的光学效应，如二次谐波或高次谐波效应、混频效应、光折变效应以及相位共轭效应等。这些新的效应表明，当具有一定强度的单束或者多束激光通过某些光学介质时，光波与该介质原子或者分子间的相互作用变成了一种非线性过程。介质的极化不仅包含光波电场的一次方的作用（线性作用），而且还包含了二次方、三次方甚至更高次方的作用（非线性作用），并且与极化的历史（或者说极化过程）有关。首先得益于光学非线性效应的是信息光学，因为从这些非线性光学效应中，人们受到了启示，进而发明或发展了一系列可用于光学信息处理的非线性光学器件。

光调制器是光学信息处理和光计算中光束控制与光信息记录的关键器件。非线性光调制器是根据非线性光学材料的折射率变化特性设计的。在非线性光学材料中施加外电场或光场即可产生折射率的变化，这种折射率的变化使得输出光信号的电场相对于输入光场引起相移，相移的大小与材料的电光系数成正比，运用这一方法便可改变光信号的强度、偏振态、频率和方向。此外，基于材料在多波混频过程中的三阶光学非线性效应或者光折变效应而设计的相位共轭器件，实际上也是一种折射率调制器件，可用于畸变补偿、图像信号放大、相干与非相干转换、相关运算等。

现代光学革命的第三个驱动源，是光纤与光通信技术的诞生。1966 年，33 岁的高锟博士提出，直径仅几微米的透明玻璃纤维有可能作为导光与光信号传输的有效手段。1970 年，美国康宁玻璃公司拉制出了世界上第一根可实用的光纤，将光波限制在一个微米量级的狭窄范围内，使其通过在界面处的全内反射原理而将光信号从光纤的一端传送至另一端。光纤通信技术的出现，一方面催生了一门新的学科——导波光学的诞生，另一方面使传统的电信业焕发了青春。光纤所具有的大容量、超高速以及强抗干扰传输特性，奠定了当代互联网技术和数字化地球的基础，正在不断地缩短地球上不同地域及人群之间的距离。光纤除用作通信光缆外，还可以构成各种光学元件，如光纤面板、微通道板、光纤传光束和传像束、光纤探针以及各种光纤传感器，并且已经成功地用于微光夜视仪、X 射线光增强器、工业和医用内窥镜，以及安全监测系统和高灵敏度非接触测量。光纤制导已成为加强现代军事装备的关键技术之一。此外，光纤还可以做成各种有源的微型光学器件，如光纤激光器、光纤放大器、光纤倍频器等。

进入二十一世纪的二十多年来，得益于激光技术、电子技术、计算机技术以及微纳加工技术的进步，现代光学与光子学研究及应用出现了异乎寻常的蓬勃发展，并催生了一系列新的学科分支，如光场调控、微纳光子学、光场显示、超分辨成像与计算光学成像等。光场调控研究的兴起，使得人们对激光的关注点从传统的单一模态开始转向各种振幅、相位、偏振及相干结构等具有特殊空间分布的新型结构光场，以及具有飞秒、阿秒持续时间的超短脉冲。这些新颖的空间或时间结构光场展现出一系列新颖的物理效应和现象，进一步加深了人们对激光的认识，拓展了激光技术的应用领域，如光学微纳加工、光学微操纵、光学超分辨成像、超大容量光通信以及光与物质的超快相互作用等。微纳光子学的发展，使得人们可以在微米甚至纳米尺度上研究光的传输行为及光与物质相互作用特性，从而催生出一系列新颖的光器件，如微纳光波导、光学微腔、光子晶体、光学超构表面、光子探针以及光子芯片等。光场显示技术的发展，使得人们不仅走出了阴极射线管时代，并且已经开始从高分辨的二维平板显示向三维虚拟现实和增强现实迈进。超分辨成像与计算光学成像技术的兴起，更新了人们对光学成像的新认知：成像即物光场的重现。也就是说，无论采取何种手段、以何种途径，只要能够在空间重现物光场的分布，即可实现成像。因此，成像不再唯一地需要透镜等传统成像元件。利用光探针扫描、结构光调制、光场衍射、光场经随机介质散射等信息，同样可以准确地重建物场的二维或三维图像。甚至借助人工智能手段，仅从物体的一些看似平常的特征信息就可以重建出物体的图像。

“高等光学”是光学、光学工程等专业研究生及相关专业高年级本科生的重要专业基础课程，是现代光学和光电子学的理论基础。诚然，我们不可能在短短的几十学时内，用一本书和一门课程，把经典乃至现代光学的所有内容都涉及到并且论述清楚。作为基础，本着万变不离其宗的认知思路，本书旨在解决这样一个问题，即如何从经典的麦克斯韦（Maxwell）电磁理论出发，分析和理解光波电磁场在各种不同环境中的线性传播特性。因此，本书的结构安排主要突出了以下几点：光的电磁理论基础——波动方程，光波在无界空间（真空及无限大均匀各向同性介质）中的传播，光波在界面上（电介质、金属、左手材料、超构表面等）的反射和折射特性，光波在有界空间（波导）中的传播，光波在各向异性介质空间（晶体）中的传播，光场的叠加与相干性，光波场的衍射与成像特性，光场的零波长极限与近轴光线光学，光场的统计特性。内容基本包含了现代光学各个分支的基础知识。希望在强调光学的系统性、简洁性、时代性及应用性的同时，能够以全新的概念给读者建立起一个从经典光学到现代光学的简明的系统理论构架，为后续的相关课程，如激光物理学、非线性光学、傅里叶光学、光学信息处理、全息光学、导波光学、晶体光学、应用光学、统计光学等，奠定必要的理论基础。

第 1 章　光的电磁理论基础

按照经典物理学观点，光是一种波长极短的电磁波。光的传播与电磁波的传播服从同一规律。光与物质相互作用现象实际上就是电磁场与物质相互作用的结果。换言之，一切经典的光学现象，如干涉、衍射、偏振、反射、折射、色散、成像等，均可以由电磁理论给以解释。正因为如此，在讨论光的经典传播问题时，都以电磁理论为基础，后者又以麦克斯韦方程组为出发点，也就是说，麦克斯韦方程组是研究光波传播特性与规律的基础中的基础。作为开篇，本章首先从麦克斯韦方程组出发，建立自由空间光场所满足的电磁波动方程。

1.1　电磁场的基本方程

1.1.1　麦克斯韦方程组

众所周知，描述电磁场的主要特征量有四个，即电场强度矢量 $\boldsymbol{E}$、电位移矢量 $\boldsymbol{D}$、磁感应强度矢量 $\boldsymbol{B}$ 及磁场强度矢量 $\boldsymbol{H}$。其中 $\boldsymbol{E}$ 和 $\boldsymbol{B}$ 为基本特征量，$\boldsymbol{D}$ 和 $\boldsymbol{H}$ 为辅助量，分别反映了电磁场所处空间中介质的电极化响应和磁极化响应特性。为书写方便，今后所有矢量均以粗体表示。电场与磁场之间由麦克斯韦方程组相联系，其积分形式包括如下四个方程：

$$\oint \boldsymbol{E}\cdot \mathrm{d}\boldsymbol{l} = -\iint_{\Sigma} \frac{\partial \boldsymbol{B}}{\partial t}\cdot \mathrm{d}\boldsymbol{\sigma} \tag{1.1-1a}$$

$$\oint \boldsymbol{H}\cdot \mathrm{d}\boldsymbol{l} = \iint_{\Sigma} \left(\boldsymbol{J} + \frac{\partial \boldsymbol{D}}{\partial t}\right)\cdot \mathrm{d}\boldsymbol{\sigma} \tag{1.1-1b}$$

$$\oiint_{\Sigma} \boldsymbol{D}\cdot \mathrm{d}\boldsymbol{\sigma} = \iiint_{\Omega} \rho \mathrm{d}V \tag{1.1-1c}$$

$$\oiint_{\Sigma} \boldsymbol{B}\cdot \mathrm{d}\boldsymbol{\sigma} = 0 \tag{1.1-1d}$$

式中：$\boldsymbol{J}$ 表示传导电流密度矢量；ρ 表示自由电荷密度；$\mathrm{d}\boldsymbol{l}$ 和 $\mathrm{d}\boldsymbol{\sigma}$ 分别表示线元矢量和面元矢量；Σ 表示空间某一闭合曲面的表面积；Ω 表示该闭合曲面所包围的空间体积；$\mathrm{d}V$ 为体积元。对上述积分式分别应用斯托克斯（Stokes）公式 $\oint_l \boldsymbol{a}\cdot \mathrm{d}\boldsymbol{l} = \iint_{\Sigma} (\nabla\times\boldsymbol{a})\cdot \mathrm{d}\boldsymbol{\sigma}$ 和高斯（Gauss）公式 $\oiint_{\Sigma} \boldsymbol{a}\cdot \mathrm{d}\boldsymbol{\sigma} = \iiint_{\Omega} \nabla\cdot \boldsymbol{a}\mathrm{d}V$，便可得到相应的微分形式的麦克斯韦方程组：

$$\nabla\times\boldsymbol{E} = -\frac{\partial \boldsymbol{B}}{\partial t} \tag{1.1-2a}$$

$$\nabla\times\boldsymbol{H}=\boldsymbol{J}+\frac{\partial\boldsymbol{D}}{\partial t} \tag{1.1-2b}$$

$$\nabla\cdot\boldsymbol{D}=\rho \tag{1.1-2c}$$

$$\nabla\cdot\boldsymbol{B}=0 \tag{1.1-2d}$$

式中：符号“×”和“.”分别表示矢量叉乘和点乘；符号“∇”表示一阶矢量微分运算，称为哈密顿（Hamilton）算符，其在直角坐标系中表示为

$$\nabla=\hat{\boldsymbol{x}}_0\frac{\partial}{\partial x}+\hat{\boldsymbol{y}}_0\frac{\partial}{\partial y}+\hat{\boldsymbol{z}}_0\frac{\partial}{\partial z}$$

这里，$\hat{\boldsymbol{x}}_0$、$\hat{\boldsymbol{y}}_0$、$\hat{\boldsymbol{z}}_0$ 分别表示直角坐标系中沿三个坐标轴方向的单位矢量。

下面简要讨论麦克斯韦方程组（积分式和微分式）中各式的物理意义。

方程组第一式源自法拉第（Faraday）电磁感应定律。其实质即变化的磁场可以产生电场，或者说电场并非只由电荷产生。并且，由磁场的变化产生电场的目的是阻止磁场的变化（式中负号的含义所在）。其中积分式（1.1-1a）的意义是，由变化的磁场所产生的电场强度矢量沿某一闭合环路的积分，等于穿过此环路所包围面积的磁通量减少率（即时间变化率负值）；微分式（1.1-2a）又称电场的旋度方程，其意义是电场强度矢量的旋度等于磁感应强度矢量的减少率（即时间变化率负值）。

方程组第二式源自安培（Ampère）环路定律。其实质即传导电流或者变化的电场可以产生磁场。其中积分式（1.1-1b）的意义是磁场强度沿闭合环路的积分等于该环路所包围的电流强度之代数和。这里的电流包括传导电流 $I=\iint_{\Sigma}\boldsymbol{J}\cdot\mathrm{d}\boldsymbol{S}$ 和位移电流 $\frac{\mathrm{d}}{\mathrm{d}t}\iint_{\Sigma}\boldsymbol{D}\cdot\mathrm{d}\boldsymbol{\sigma}=\iint_{\Sigma}\frac{\partial\boldsymbol{D}}{\partial t}\cdot\mathrm{d}\boldsymbol{\sigma}$ 两部分，前者代表稳恒电流场，后者代表变化的电场。微分式（1.1-2b）又称为磁场的旋度方程，其意义是磁场强度矢量的旋度等于引起该磁场的传导电流面密度和位移电流面密度（即电位移矢量的时间变化率）之和。

方程组第三式源自电场的高斯定理。其中积分式（1.1-1c）的意义是穿过闭合曲面的电位移通量等于该曲面所包围空间体积内的自由电荷之代数和。微分式（1.1-2c）又称为电场的散度方程，其意义是电位移矢量的散度等于空间同一处的自由电荷（体）密度。

方程组第四式源自磁场的高斯定理。其中积分式（1.1-1d）的意义是穿过任一闭合曲面的磁通量等于0。微分式（1.1-2d）又称为磁场的散度方程，其意义是磁场中任一点的磁感应强度之散度恒等于0。

可以看出，由麦克斯韦方程组给出的四个场量中，电场强度矢量 $\boldsymbol{E}$ 是一个有旋场量，相应的电位移矢量 $\boldsymbol{D}$ 则是一个有源场量，这与静电场不同（静电场是一个保守场）。磁场强度矢量 $\boldsymbol{H}$ 与磁感应强度矢量 $\boldsymbol{B}$ 均是一个有旋无源场（空间无磁荷存在，磁力线为闭合线，无头无尾）量。

需要说明的是，微分形式的麦克斯韦方程组只是在介质的物理性质连续的区域内成立，而积分形式的麦克斯韦方程组则无此要求，特别是利用积分形式的麦克斯韦方程组可以得到电磁场在两种介质分界面两侧的边值关系。

同时可以证明，四个方程式中只有两个是独立的。分别对式（1.1-2a）和式（1.1-2b）

求散度，可得

$$\nabla\cdot(\nabla\times\boldsymbol{E})=0=-\frac{\partial}{\partial t}(\nabla\cdot\boldsymbol{B}) \tag{1.1-3}$$

$$\nabla\cdot(\nabla\times\boldsymbol{H})=0=\nabla\cdot\boldsymbol{J}+\frac{\partial}{\partial t}(\nabla\cdot\boldsymbol{D}) \tag{1.1-4}$$

由式（1.1-3）直接可导出式（1.1-2d）。由式（1.1-4）并利用电荷守恒定律

$$\nabla\cdot\boldsymbol{J}+\frac{\partial\rho}{\partial t}=0 \tag{1.1-5}$$

便可导出式（1.1-2c）。

综上所述，仅由麦克斯韦方程组的这四个方程，还不足以求解出描述电磁场的四个场量 $\boldsymbol{E}$、$\boldsymbol{D}$、$\boldsymbol{B}$ 和 $\boldsymbol{H}$。为此，还需给出四个场量之间的关系。

1.1.2 电磁场的物质方程

一般地，$\boldsymbol{E}$ 和 $\boldsymbol{D}$、$\boldsymbol{B}$ 和 $\boldsymbol{H}$ 之间的关系与电磁场所处的空间介质有关，因而称这些关系为电磁场的物质方程或介质的电磁性质方程。

1. 真空中

$$\boldsymbol{D}=\varepsilon_0\boldsymbol{E} \tag{1.1-6a}$$

$$\boldsymbol{B}=\mu_0\boldsymbol{H} \tag{1.1-6b}$$

式中：$\varepsilon_0=8.8542\times10^{-12}\mathrm{F/m}$（法每米），$\mu_0=4\pi\times10^{-7}\mathrm{H/m}$（亨每米），分别称为真空介电常数和真空磁导率。

2. 均匀各向同性介质中

进入某种介质的电磁场将与该介质发生相互作用，最终导致介质被极化。当这种极化仅取决于作用场强大小，而与场量的作用方向及位置无关时，称这种介质为均匀各向同性介质。极化特性与作用场频率无关的介质称为无色散介质，与作用场频率有关的介质称为色散介质。对于均匀各向同性的无色散介质，在线性极化条件下，介质的电极化强度矢量 $\boldsymbol{P}$ 与作用电场 $\boldsymbol{E}$ 的关系为

$$\boldsymbol{P}=\varepsilon_0\chi\boldsymbol{E} \tag{1.1-7}$$

式中：χ 表示介质的线性电极化率。相应的电位移矢量 $\boldsymbol{D}$ 与 $\boldsymbol{P}$ 和 $\boldsymbol{E}$ 的关系为

$$\boldsymbol{D}=\varepsilon_0\boldsymbol{E}+\boldsymbol{P}=\varepsilon_0(1+\chi)\boldsymbol{E} \tag{1.1-8}$$

于是，可以将电场的物质方程表示为

$$\boldsymbol{D}=\varepsilon\boldsymbol{E}=\varepsilon_0\varepsilon_r\boldsymbol{E} \tag{1.1-9a}$$

式中：$\varepsilon=\varepsilon_0\varepsilon_r$，$\varepsilon_r=(1-\chi)$，分别称为介质的介电常数和相对介电常数。

类似地，磁场的物质方程可表示为

$$\boldsymbol{B}=\mu\boldsymbol{H}=\mu_0\mu_r\boldsymbol{H} \tag{1.1-9b}$$

式中：$\mu=\mu_0\mu_r$ 称为介质的磁导率，其中 μ_r 称为介质的相对磁导率。对于一般的非铁磁介质，$\mu_r\approx1$。

对于均匀各向同性的色散介质，介电常数和磁导率一般是电磁场频率的函数。此时，上述物质方程只对电磁场的单个频率分量成立，即对于圆频率为 ω 的单色场，有

$$\boldsymbol{D}(\omega)=\varepsilon(\omega)\boldsymbol{E}(\omega)=\varepsilon_0\varepsilon_r(\omega)\boldsymbol{E}(\omega) \tag{1.1-10a}$$

$$\boldsymbol{B}(\omega)=\mu(\omega)\boldsymbol{H}(\omega)=\mu_0\mu_r(\omega)\boldsymbol{H}(\omega) \tag{1.1-10b}$$

对于具有各种频率成分的非正弦变化的电磁场$\boldsymbol{E}(t)$和$\boldsymbol{B}(t)$，上述物质方程不再成立。此外，对于导电介质，还有如下关系：

$$\boldsymbol{J}=\sigma\boldsymbol{E} \tag{1.1-11}$$

此即欧姆（Ohm）定律的微分式。式中：σ为介质的电导率，单位为西门子/米（S/m）。

3. 非均匀各向同性介质中

非均匀各向同性介质中，电磁场的极化与方向无关，但与作用位置及场强大小有关，因而其介电常数ε和磁导率μ都是位置矢量的函数。于是有

$$\boldsymbol{D}(\boldsymbol{r})=\varepsilon(\boldsymbol{r})\boldsymbol{E}=\varepsilon_0\varepsilon_r(\boldsymbol{r})\boldsymbol{E} \tag{1.1-12}$$

$$\boldsymbol{B}(\boldsymbol{r})=\mu(\boldsymbol{r})\boldsymbol{H}=\mu_0\mu_r(\boldsymbol{r})\boldsymbol{H} \tag{1.1-13}$$

4. 均匀各向异性介质中

均匀各向异性介质的特点是，介质的电极化响应与作用电场的位置无关，但与方向有关，因而其电位移矢量$\boldsymbol{D}$与电场强度矢量$\boldsymbol{E}$之间的关系较为复杂，一般可表示为

$$\boldsymbol{D}=\varepsilon_0[\varepsilon_r]\boldsymbol{E} \tag{1.1-14}$$

式中：$[\varepsilon_r]$为二阶张量，称为相对介电张量。一般情况下，相对介电张量$[\varepsilon_r]$由9个非0元素构成，即

$$[\varepsilon_r]=\begin{bmatrix}\varepsilon_{rxx} & \varepsilon_{rxy} & \varepsilon_{rxz}\\ \varepsilon_{ryx} & \varepsilon_{ryy} & \varepsilon_{ryz}\\ \varepsilon_{rzx} & \varepsilon_{rzy} & \varepsilon_{rzz}\end{bmatrix} \tag{1.1-15}$$

由此可以得到$\boldsymbol{D}$与$\boldsymbol{E}$的三个坐标分量之间的关系为

$$D_i=\varepsilon_0\sum_j\varepsilon_{rij}E_j \quad (i,j=x,y,z) \tag{1.1-16}$$

上式表明，在各向异性介质中，$\boldsymbol{D}$的任一坐标分量均与$\boldsymbol{E}$的三个分量有关，这使得$\boldsymbol{D}$与$\boldsymbol{E}$的方向在一般情况下不再保持一致。

综上所述，电磁场的物质方程反映了所处介质的宏观电磁响应特性，或称极化性质。在真空以及各向同性介质中，$\boldsymbol{D}$与$\boldsymbol{E}$之间、$\boldsymbol{B}$与$\boldsymbol{H}$之间均呈现简单的线性关系，并且方向一致；在各向异性介质中，$\boldsymbol{D}$与$\boldsymbol{E}$、$\boldsymbol{B}$与$\boldsymbol{H}$之间仍呈现线性关系，但方向一般不同。然而必须注意，上述给出的$\boldsymbol{D}$与$\boldsymbol{E}$、$\boldsymbol{B}$与$\boldsymbol{H}$之间的线性关系，只在一般的弱电磁场中成立。在强电磁场作用下，许多介质会呈现更为复杂的非线性关系。亦即$\boldsymbol{D}$不仅与$\boldsymbol{E}$的一次方有关，而且还可能与$\boldsymbol{E}$的二次、三次方甚至更高幂次有关。在铁磁物质中，$\boldsymbol{B}$与$\boldsymbol{H}$的关系也呈现非线性特征。此外，在各种光折变（即光致折射率变化）介质中，尽管作用光场很弱，但同样呈现非线性特征。考虑到所有这些内容均属于非线性光学范畴，本书只限于讨论光波电磁场与物质之间相互作用的线性关系。

需要说明的是，以上讨论的介质，无论是各向同性还是各向异性的，其介电常数（或者介电张量元素）和磁导率均大于0。近年来，人们发现了一类介电常数和磁导率均小于0的人工介质，由于其电位移矢量与电场强度矢量反相（向），导致电磁场在其中传输时表现出一系列不同于常规的奇异性质，如负折射、逆多普勒（Doppler）效应以及波矢量、电场强度矢量和磁场强度矢量之间由通常的右手螺旋关系变为左手螺旋关

系。故通常称这种介质为负折射或者左手介质。

1.1.3 电磁场的边值关系

一般地，当电磁场穿越两种介质的分界面时，会在界面处引起束缚面电荷和电流分布，从而使电磁场量在分界面两侧发生跃变而不连续。因此，研究电磁场在有界空间的传播特性时，有必要先确定出分界面两侧电磁场量与界面处电荷、电流分布的关系。这一关系可由积分形式的麦克斯韦方程组，分别选取一个跨越分界面的微环路和体积元作积分而给出，即

$$\begin{cases}\boldsymbol{n}\times(\boldsymbol{E}_2-\boldsymbol{E}_1)=0\\ \boldsymbol{n}\times(\boldsymbol{H}_2-\boldsymbol{H}_1)=\boldsymbol{\alpha}\\ \boldsymbol{n}\cdot(\boldsymbol{D}_2-\boldsymbol{D}_1)=\rho_s\\ \boldsymbol{n}\cdot(\boldsymbol{B}_2-\boldsymbol{B}_1)=0\end{cases}\tag{1.1-17}$$

式中：$\boldsymbol{n}$ 为界面法线方向单位矢量；$\boldsymbol{\alpha}$ 为界面处的传导电流面密度；ρ_s为自由电荷面密度。当界面处不存在自由电荷和传导电流分布时，式（1.1-17）可简化为

$$\begin{cases}\boldsymbol{n}\times(\boldsymbol{E}_2-\boldsymbol{E}_1)=0\\ \boldsymbol{n}\times(\boldsymbol{H}_2-\boldsymbol{H}_1)=0\\ \boldsymbol{n}\cdot(\boldsymbol{D}_2-\boldsymbol{D}_1)=0\\ \boldsymbol{n}\cdot(\boldsymbol{B}_2-\boldsymbol{B}_1)=0\end{cases}\tag{1.1-18}$$

或

$$\begin{cases}E_{1t}=E_{2t}\\ H_{1t}=H_{2t}\\ D_{1n}=D_{2n}\\ B_{1n}=B_{2n}\end{cases}\tag{1.1-19}$$

式中：下标 n、t 分别表示场的法向和切向分量。式（1.1-18）或式（1.1-19）表明，界面处不存在自由电荷和传导电流分布时，电场强度矢量和磁场强度矢量在切线方向连续，电位移矢量和磁感应强度矢量在法线方向连续。

1.1.4 洛伦兹力

当一个电量为 e、速度为$\boldsymbol{v}$ 的运动电荷位于电磁场中时，将同时受到电场和磁场的作用力，该作用力称为洛伦兹（Lorentz）力。洛伦兹力表示为

$$\boldsymbol{F}=e\boldsymbol{E}+e\boldsymbol{v}\times\boldsymbol{B}\tag{1.1-20}$$

对于一个带电粒子系统，通常用单位体积内的洛伦兹力描述，称为洛伦兹力密度，表示为

$$\boldsymbol{f}=\rho\boldsymbol{E}+\boldsymbol{J}\times\boldsymbol{B}\tag{1.1-21}$$

式中：$\rho=Q/V$，$\boldsymbol{J}=\rho\boldsymbol{v}$，分别为电荷密度和电流密度；$Q$ 和 V 分别为带电粒子系统的总电量和体积。

1.2 无源空间中的电磁波动方程

当空间无自由电荷、传导电流分布，即 $\rho=0$，$\boldsymbol{J}=0$ 时，由式（1.1-2）表示的麦克斯韦方程组可简化为

$$\nabla\times\boldsymbol{E}=-\frac{\partial\boldsymbol{B}}{\partial t} \tag{1.2-1a}$$

$$\nabla\times\boldsymbol{H}=\frac{\partial\boldsymbol{D}}{\partial t} \tag{1.2-1b}$$

$$\nabla\cdot\boldsymbol{D}=0 \tag{1.2-1c}$$

$$\nabla\cdot\boldsymbol{B}=0 \tag{1.2-1d}$$

式（1.2-1）表明，在无源空间中，麦克斯韦方程组为齐次形式，且磁场与电场的分布具有类似的形式。

1.2.1 真空中

对式（1.2-1a）等号两端求旋度，并利用式（1.1-6），得

$$\nabla\times(\nabla\times\boldsymbol{E})=-\frac{\partial}{\partial t}\nabla\times\boldsymbol{B}=-\mu_0\frac{\partial}{\partial t}\nabla\times\boldsymbol{H} \tag{1.2-2}$$

分别将式（1.2-1b）和式（1.2-1c）代入式（1.2-2）等号左、右边，并利用式（1.1-6），得

$$\text{左边}=\nabla(\nabla\cdot\boldsymbol{E})-\nabla^2\boldsymbol{E}=\frac{1}{\varepsilon_0}\nabla(\nabla\cdot\boldsymbol{D})-\nabla^2\boldsymbol{E}=-\nabla^2\boldsymbol{E}$$

$$\text{右端}=-\mu_0\frac{\partial^2\boldsymbol{D}}{\partial t^2}=-\varepsilon_0\mu_0\frac{\partial^2\boldsymbol{E}}{\partial t^2}$$

式中：符号“∇^2”表示二阶标量微分运算，称为拉普拉斯（Laplace）算符，其在直角坐标系中可表示为

$$\nabla^2=\nabla\cdot\nabla=\frac{\partial^2}{\partial x^2}+\frac{\partial^2}{\partial y^2}+\frac{\partial^2}{\partial z^2} \tag{1.2-3}$$

由此得到电场强度所满足的关系式：

$$\nabla^2\boldsymbol{E}-\varepsilon_0\mu_0\frac{\partial^2\boldsymbol{E}}{\partial t^2}=0 \tag{1.2-4a}$$

同理可得磁感应强度（磁场强度）所满足的关系式：

$$\nabla^2\boldsymbol{B}-\varepsilon_0\mu_0\frac{\partial^2\boldsymbol{B}}{\partial t^2}=0\quad\left(\nabla^2\boldsymbol{H}-\varepsilon_0\mu_0\frac{\partial^2\boldsymbol{H}}{\partial t^2}=0\right) \tag{1.2-4b}$$

取常数

$$c=\frac{1}{\sqrt{\varepsilon_0\mu_0}} \tag{1.2-5}$$

则式（1.2-3a）和式（1.2-3b）可分别简化为

$$\nabla^2\boldsymbol{E}-\frac{1}{c^2}\frac{\partial^2\boldsymbol{E}}{\partial t^2}=0 \tag{1.2-6a}$$

$$\nabla^2 \boldsymbol{B}-\frac{1}{c^2}\frac{\partial^2 \boldsymbol{B}}{\partial t^2}=0 \quad \left(\nabla^2 \boldsymbol{H}-\frac{1}{c^2}\frac{\partial^2 \boldsymbol{H}}{\partial t^2}=0\right) \tag{1.2-6b}$$

一个场量对空间的二阶导数等于其对时间的二阶导数与一个常数的乘积，表明这个场量同时具有时间和空间的双重周期特征。也就是说，式（1.2-6）描述了一组在真空中随时间和空间作周期性变化的电磁波动。式中的常数 c 正是该波动在真空中的传播速度，它等于真空介电常数 ε_0 与真空磁导率 μ_0 两者乘积开方的倒数。目前，c 的公认值是 299792.458(±0.001)km/s（$\approx 2.998\times10^8$ m/s）。

1.2.2 无色散的均匀各向同性介质中

对于均匀各向同性的无色散介质，其相对介电常数 ε_r 和相对磁导率 μ_r 与电磁场的频率 ω 无关。因此，可以直接以 ε 和 μ 分别替代式（1.2-4）中的 ε_0 和 μ_0，于是得

$$\nabla^2 \boldsymbol{E}-\frac{1}{v^2}\frac{\partial^2 \boldsymbol{E}}{\partial t^2}=0 \tag{1.2-7a}$$

$$\nabla^2 \boldsymbol{B}-\frac{1}{v^2}\frac{\partial^2 \boldsymbol{B}}{\partial t^2}=0 \quad \left(\nabla^2 \boldsymbol{H}-\frac{1}{v^2}\frac{\partial^2 \boldsymbol{H}}{\partial t^2}=0\right) \tag{1.2-7b}$$

式中

$$v=\frac{1}{\sqrt{\varepsilon\mu}}=\frac{c}{\sqrt{\varepsilon_r\mu_r}}\approx\frac{c}{\sqrt{\varepsilon_r}} \tag{1.2-8}$$

表示电磁场在介质中的传播速度大小，其中约等号仅对非铁磁介质成立。真空中光速与介质中光速之比定义为该介质的折射率，即

$$n=\frac{c}{v}=\sqrt{\varepsilon_r\mu_r}\approx\sqrt{\varepsilon_r} \tag{1.2-9}$$

同样，式（1.2-9）中的约等号仅仅对非铁磁性介质成立。

1.2.3 有色散的均匀各向同性介质中

对于色散介质，其相对介电常数 ε_r 和相对磁导率 μ_r 都是电磁场频率 ω 的函数。这样，一个具有各种频率成分的非正弦变化的电磁场（非定态场），其场量 $\boldsymbol{E}(t)$ 和 $\boldsymbol{D}(t)$、$\boldsymbol{B}(t)$ 和 $\boldsymbol{H}(t)$ 之间不再具有物质方程所确定的简单线性关系，因而在此类介质中，电场强度矢量 $\boldsymbol{E}(t)$ 和磁感应强度矢量 $\boldsymbol{B}(t)$ 不再满足由式（1.2-7）所确定的波动方程。然而，按照线性叠加原理，一个随时间任意变化的非定态波场，可以看成是由各种具有恒定频率成分的简谐波场（定态波场或者单色波场）的线性叠加。假设某一定态波场的圆频率为 ω，其电场强度矢量和磁感应强度矢量分别表示为

$$\boldsymbol{E}(\boldsymbol{r},t)=\boldsymbol{E}(\boldsymbol{r})\mathrm{e}^{-\mathrm{i}\omega t} \tag{1.2-10a}$$

$$\boldsymbol{B}(\boldsymbol{r},t)=\boldsymbol{B}(\boldsymbol{r})\mathrm{e}^{-\mathrm{i}\omega t} \tag{1.2-10b}$$

则一个非定态波场的电场强度矢量 $\boldsymbol{E}(t)$ 和磁感应强度矢量 $\boldsymbol{B}(t)$ 可分别表示为

$$\boldsymbol{E}(t)=\int_{-\infty}^{\infty}\boldsymbol{E}(\boldsymbol{r},t)\,\mathrm{d}\omega=\int_{-\infty}^{\infty}\boldsymbol{E}(\boldsymbol{r})\mathrm{e}^{-\mathrm{i}\omega t}\mathrm{d}\omega \tag{1.2-11a}$$

$$\boldsymbol{B}(t)=\int_{-\infty}^{\infty}\boldsymbol{B}(\boldsymbol{r},t)\,\mathrm{d}\omega=\int_{-\infty}^{\infty}\boldsymbol{B}(\boldsymbol{r})\mathrm{e}^{-\mathrm{i}\omega t}\mathrm{d}\omega \tag{1.2-11b}$$

显然，定态波场的波动方程应具有与式（1.2-6）相同的形式，即

$$\nabla^2 \boldsymbol{E}(\boldsymbol{r},t)-\frac{1}{v^2}\frac{\partial^2 \boldsymbol{E}(\boldsymbol{r},t)}{\partial t^2}=0 \tag{1.2-12a}$$

$$\nabla^2 \boldsymbol{B}(\boldsymbol{r},t)-\frac{1}{v^2}\frac{\partial^2 \boldsymbol{B}(\boldsymbol{r},t)}{\partial t^2}=0 \tag{1.2-12b}$$

所不同的是，式（1.2-12）中的速度 v 只对应于频率为 ω 的单色波。将式（1.2-10）代入式（1.2-12）并消去时间因子，可得

$$\nabla^2 \boldsymbol{E}(\boldsymbol{r})+k^2\boldsymbol{E}(\boldsymbol{r})=0 \tag{1.2-13a}$$

$$\nabla^2 \boldsymbol{B}(\boldsymbol{r})+k^2\boldsymbol{B}(\boldsymbol{r})=0 \quad [\nabla^2 \boldsymbol{H}(\boldsymbol{r})+k^2\boldsymbol{H}(\boldsymbol{r})=0] \tag{1.2-13b}$$

此即给定频率的单色电磁波所满足的基本方程——定态波动方程，通常称为亥姆霍兹（Helmholtz）方程。亥姆霍兹方程的解 $\boldsymbol{E}(\boldsymbol{r})$、$\boldsymbol{B}(\boldsymbol{r})$ 表征了给定频率的电磁波在空间的分布情况，每一种可能的形式称为电磁波的一种模式或波型。k 表示圆频率为 ω 的单色波的（角）波数，其大小为

$$k=\omega\sqrt{\varepsilon\mu}=\frac{\omega}{v}=\frac{2\pi}{\lambda} \tag{1.2-14}$$

需要注意的是，首先，由于在导出式（1.2-13）的过程中曾利用了条件 $\nabla\cdot\boldsymbol{E}=0$ 和 $\nabla\cdot\boldsymbol{H}=0$，而亥姆霍兹方程本身的解并不能保证 $\nabla\cdot\boldsymbol{E}=0$ 和 $\nabla\cdot\boldsymbol{H}=0$ 成立，故亥姆霍兹方程的解必须附加上条件 $\nabla\cdot\boldsymbol{E}=0$ 和 $\nabla\cdot\boldsymbol{H}=0$，才能准确代表电磁场的解。其次，求解定态波动方程时，实际上只需要求解其中的一个场量（$\boldsymbol{E}$ 或者 $\boldsymbol{B}$）方程，而另一个场量（$\boldsymbol{B}$ 或 $\boldsymbol{E}$）则可以直接根据麦克斯韦方程组导出。如若已知场量 $\boldsymbol{E}$（或者 $\boldsymbol{B}$）的解，则将其代入麦克斯韦方程组，便可得到场量 $\boldsymbol{B}$（或者 $\boldsymbol{E}$）的解：

$$\boldsymbol{B}=-\frac{\mathrm{i}}{\omega}\nabla\times\boldsymbol{E}=-\frac{\mathrm{i}}{k}\sqrt{\mu\varepsilon}\,\nabla\times\boldsymbol{E} \tag{1.2-15a}$$

$$\boldsymbol{E}=\frac{\mathrm{i}}{\omega\varepsilon}\nabla\times\boldsymbol{H}=\frac{\mathrm{i}}{k}\frac{1}{\sqrt{\mu\varepsilon}}\nabla\times\boldsymbol{B} \tag{1.2-15b}$$

1.2.4 无色散的非均匀各向同性介质中

对于无色散的非均匀各向同性介质，相对介电常数和相对磁导率均为位置坐标的函数，即 $\varepsilon=\varepsilon_0\varepsilon_r(\boldsymbol{r})$，$\mu=\mu_0\mu_r(\boldsymbol{r})$，因而 $\boldsymbol{D}=\varepsilon_0\varepsilon_r(\boldsymbol{r})\boldsymbol{E}$，$\boldsymbol{B}=\mu_0\mu_r(\boldsymbol{r})\boldsymbol{H}$。分别代入麦克斯韦方程组第三、四式，得

$$\nabla\cdot\boldsymbol{D}=\varepsilon\,\nabla\cdot\boldsymbol{E}+\nabla\varepsilon\cdot\boldsymbol{E}=0,\quad \nabla\cdot\boldsymbol{B}=\mu\,\nabla\cdot\boldsymbol{H}+\nabla\mu\cdot\boldsymbol{H}=0$$

即

$$\nabla\cdot\boldsymbol{E}=-\frac{\nabla\varepsilon\cdot\boldsymbol{E}}{\varepsilon}=-\nabla(\ln\varepsilon)\cdot\boldsymbol{E} \tag{1.2-16a}$$

$$\nabla\cdot\boldsymbol{H}=-\frac{\nabla\mu\cdot\boldsymbol{H}}{\mu}=-\nabla(\ln\mu)\cdot\boldsymbol{H} \tag{1.2-16b}$$

取麦克斯韦方程组第一式等号两边的旋度，并将式（1.2-16a）代入，得

$$\begin{aligned}\text{左边}&=\nabla\times(\nabla\times\boldsymbol{E})=\nabla(\nabla\cdot\boldsymbol{E})-\nabla^2\boldsymbol{E}\\&=-\nabla[\nabla(\ln\varepsilon)\cdot\boldsymbol{E}]-\nabla^2\boldsymbol{E}\end{aligned}$$

$$右边=-\nabla\times\frac{\partial \boldsymbol{B}}{\partial t}=-\frac{\partial}{\partial t}(\nabla\times\mu\boldsymbol{H})$$

$$=-\frac{\partial}{\partial t}(\mu\,\nabla\times\boldsymbol{H}+\nabla\,\mu\times\boldsymbol{H})$$

$$=-\mu\,\frac{\partial^2\boldsymbol{D}}{\partial t^2}-\frac{\nabla\mu}{\mu}\times\frac{\partial\boldsymbol{B}}{\partial t}$$

$$=-\varepsilon\mu\,\frac{\partial^2\boldsymbol{E}}{\partial t^2}+\nabla(\ln\mu)\times(\nabla\times\boldsymbol{E})$$

于是，有

$$\nabla^2\boldsymbol{E}+\nabla[\nabla(\ln\varepsilon)\cdot\boldsymbol{E}]+\nabla(\ln\mu)\times(\nabla\times\boldsymbol{E})=\varepsilon\mu\,\frac{\partial^2\boldsymbol{E}}{\partial t^2} \tag{1.2-17}$$

同理，对麦克斯韦方程组第二式等号两边取旋度，并将式（1.2-16b）代入，得

$$\nabla^2\boldsymbol{H}+\nabla(\ln\varepsilon)\times(\nabla\times\boldsymbol{H})+\nabla[\nabla(\ln\mu)\cdot\boldsymbol{H}]=\varepsilon\mu\,\frac{\partial^2\boldsymbol{H}}{\partial t^2} \tag{1.2-18}$$

对于非铁磁介质，$\mu=\mu_0$，$\nabla(\ln\mu)=0$。于是，上述波动方程可分别简化为

$$\nabla^2\boldsymbol{E}+\nabla[\nabla(\ln\varepsilon)\cdot\boldsymbol{E}]=\varepsilon\mu\,\frac{\partial^2\boldsymbol{E}}{\partial t^2} \tag{1.2-19}$$

$$\nabla^2\boldsymbol{H}+\nabla(\ln\varepsilon)\times(\nabla\times\boldsymbol{H})=\varepsilon\mu\,\frac{\partial^2\boldsymbol{H}}{\partial t^2} \tag{1.2-20}$$

类似地，对于非铁磁介质中给定频率 ω 的定态波场，由式（1.2-19）和式（1.2-20）可分别得到

$$\nabla^2\boldsymbol{E}+\nabla[\nabla(\ln\varepsilon)\cdot\boldsymbol{E}]+k^2\boldsymbol{E}=0 \tag{1.2-21}$$

$$\nabla^2\boldsymbol{H}+\nabla(\ln\varepsilon)\times(\nabla\times\boldsymbol{H})+k^2\boldsymbol{H}=0 \tag{1.2-22}$$

1.3 有源空间中的电磁波动方程

1.3.1 电磁场的矢势与标势

麦克斯韦方程组第四式表明，无论对于稳恒场还是迅变场，磁感应强度矢量 $\boldsymbol{B}$ 的散度始终等于0，因此，磁场是一个有旋无源场。由哈密顿算符的矢量性质可知，对于某个矢量 $\boldsymbol{A}$，总有 $\nabla\cdot(\nabla\times\boldsymbol{A})=0$。因此，散度等于0的矢量可以看作某个矢量 $\boldsymbol{A}$ 的旋度，故可将 $\boldsymbol{B}$ 表示为

$$\boldsymbol{B}=\nabla\times\boldsymbol{A} \tag{1.3-1}$$

定义满足上式的矢量 $\boldsymbol{A}$ 为电磁场的矢势。

在静电场中，电场仅由电荷激发，是保守场，故电场强度矢量可用一个标量函数即电势来描述。在迅变场中，电场不仅由电荷激发，而且也可能由变化的磁场激发，因而不再是一个保守场，但也不是一个有旋无源场。这样，电场就不能用单一的一个标量或矢量来描述。将式（1.3-1）代入麦克斯韦方程组第一式，得

$$\nabla\times\boldsymbol{E}=-\frac{\partial\boldsymbol{B}}{\partial t}=-\frac{\partial}{\partial t}\nabla\times\boldsymbol{A}=-\nabla\times\frac{\partial\boldsymbol{A}}{\partial t}$$

即

$$\nabla\times\left(\boldsymbol{E}+\frac{\partial \boldsymbol{A}}{\partial t}\right)=0 \tag{1.3-2}$$

显然，复合矢量 $\boldsymbol{E}+\frac{\partial \boldsymbol{A}}{\partial t}$ 具有无旋场（保守场）的特征，故可表示为某一标量场的梯度，即

$$\boldsymbol{E}+\frac{\partial \boldsymbol{A}}{\partial t}=-\nabla\varphi \tag{1.3-3}$$

于是，有

$$\boldsymbol{E}=-\nabla\varphi-\frac{\partial \boldsymbol{A}}{\partial t} \tag{1.3-4}$$

与矢势 $\boldsymbol{A}$ 对应，定义函数 φ 为电磁场的标势。

1.3.2 洛伦兹规范与库仑规范

标势 φ 的引入仅仅是为了简化电磁场问题的求解，并不具有真正电势能的意义，因为这里的电场 $\boldsymbol{E}$ 并非真正的保守场。在迅变电磁场中，电场和磁场是相互激发和相互作用的整体，故需要把矢势和标势也作为一个整体来描述电磁场。然而，必须注意，虽然用矢势 $\boldsymbol{A}$ 和标势 φ 可以替代电场强度矢量 $\boldsymbol{E}$ 和磁场强度矢量 $\boldsymbol{B}$ 描述电磁场，但这种代替并不是唯一的，即给定 $\boldsymbol{E}$ 和 $\boldsymbol{B}$，并不对应唯一的 $\boldsymbol{A}$ 和 φ。这是因为当式（1.3-2）成立时，若给其加上任意一个满足条件 $\nabla\times\boldsymbol{\psi}=0$ 的矢量函数 $\boldsymbol{\psi}$，则同样有

$$\nabla\times\left(\boldsymbol{E}+\frac{\partial \boldsymbol{A}}{\partial t}+\boldsymbol{\psi}\right)=0 \tag{1.3-5}$$

故仍然不能求解出一个确定的 $\boldsymbol{E}$。

为此，需要对矢势 $\boldsymbol{A}$ 加上一个约束条件，或曰规范。常用两种规范，即洛伦兹规范和库仑（Coulomb）规范，分别表示为

$$\nabla\cdot\boldsymbol{A}+\frac{1}{c^2}\frac{\partial\varphi}{\partial t}=0 \tag{1.3-6}$$

$$\nabla\cdot\boldsymbol{A}=0 \tag{1.3-7}$$

在这种规范下，矢势 $\boldsymbol{A}$ 为无源场，因而式（1.3-4）中等号右边第二项（$-\partial\boldsymbol{A}/\partial t$）也为无源场，而第一项（$-\nabla\varphi$）为无旋场。前者对应于感应电场，即变化磁场产生的涡旋电场，后者则对应库仑场。

需要注意的是，由式（1.3-6）和式（1.3-7）给出的不同规范条件，对应着一组不同的矢势和标势解 $(\boldsymbol{A},\varphi)$，但却对应着同一组电场 $\boldsymbol{E}$ 和磁场 $\boldsymbol{B}$。这说明用势函数描述电磁场时，可以有不同的规范选择。但无论对势函数取何种规范，所描述的物理量和物理规律都应保持不变，这种不变性称为规范不变性。从数学上也可以这样理解这种规范变换的自由性：在引入矢势 $\boldsymbol{A}$ 时只给出了其旋度而没有给出其散度，而仅有旋度是不足以确定一个矢量场的。为了确定矢势 $\boldsymbol{A}$，必须再给出其散度。而电磁场量 $\boldsymbol{E}$ 和 $\boldsymbol{B}$ 本身对 $\boldsymbol{A}$ 的散度并没有任何限制。因此，作为确定矢势 $\boldsymbol{A}$ 的辅助条件，我们可以取其散

度$\nabla \cdot \boldsymbol{A}$为任意值，每一种选择对应一种规范，但不同规范又对应着同一组 $\boldsymbol{E}$ 和 $\boldsymbol{B}$。至于实际中究竟选取哪一种规范，要视所求解问题的方便而定。

1.3.3　达朗贝尔方程

引入矢势 $\boldsymbol{A}$ 和标势 φ 并采取适当的规范条件，可使基本方程的求解得到简化。满足洛伦兹规范条件的矢势 $\boldsymbol{A}$ 和标势 φ 称为洛伦兹规范下的矢势和标势。将洛伦兹规范分别代入麦克斯韦方程组的第二、三式，并利用物质方程，可分别得到 $\boldsymbol{A}$ 和 φ 所满足的波动方程：

$$\nabla^2 \boldsymbol{A}-\frac{1}{c^2}\frac{\partial^2 \boldsymbol{A}}{\partial t^2}=-\mu_0 \boldsymbol{J} \tag{1.3-8a}$$

$$\nabla^2 \varphi-\frac{1}{c^2}\frac{\partial^2 \varphi}{\partial t^2}=-\frac{\rho}{\varepsilon_0} \tag{1.3-8b}$$

这样，电场强度矢量 $\boldsymbol{E}$ 和磁感应强度矢量 $\boldsymbol{B}$ 所满足的波动方程便简化为电磁场矢势 $\boldsymbol{A}$ 和标势 φ 所满足的波动方程。通常将这组方程称为达朗贝尔（d'Alembert）方程。由达朗贝尔方程求出电磁场的矢势 $\boldsymbol{A}$ 和标势 φ，便可进一步由其定义式（1.3-4）和式（1.3-1），分别求出电场强度矢量 $\boldsymbol{E}$ 和磁感应强度矢量 $\boldsymbol{B}$ 的表达式。

1.4　电磁场的能量和能流

通常，用能量密度和能流密度分别描述电磁场的储能和能量的传播性质。能量密度定义为单位体积内的电磁场能量，用 w 表示。一般情况下，w 是空间位置和时间的单值函数。能流密度又称玻印亭矢量，用 $\boldsymbol{S}$ 表示，其大小定义为单位时间内垂直通过单位横截面积的电磁场能量，其方向代表能量的传播方向。能量密度 w 和能流密度 $\boldsymbol{S}$ 的表达式可通过在电磁场与带电体的相互作用过程中，电磁场的能量和带电体运动的机械能相互转化而求出。

设有某一空间域 Ω，其界面为 Σ，内有密度分别为 ρ 和 $\boldsymbol{J}$ 的自由电荷和传导电流分布，其中电荷运动速度为$\boldsymbol{v}$，则电磁场对电荷系统作用的洛伦兹力密度可由式（1.1-21）给出，即

$$\boldsymbol{f}=\rho\boldsymbol{E}+\rho\,\boldsymbol{v}\times\boldsymbol{B}=\rho\boldsymbol{E}+\boldsymbol{J}\times\boldsymbol{B}$$

该洛伦兹力在单位时间内对电荷系统所做的功为

$$\begin{aligned}\iiint_{\Omega}\boldsymbol{f}\cdot\boldsymbol{v}\,\mathrm{d}V &= \iiint_{\Omega}[(\rho\boldsymbol{E}+\rho\boldsymbol{v}\times\boldsymbol{B})\cdot\boldsymbol{v}]\,\mathrm{d}V \\ &= \iiint_{\Omega}\rho\boldsymbol{v}\cdot\boldsymbol{E}\,\mathrm{d}V \\ &= \iiint_{\Omega}\boldsymbol{J}\cdot\boldsymbol{E}\,\mathrm{d}V\end{aligned} \tag{1.4-1}$$

根据能流密度和能量密度的定义，单位时间进入空间域 Ω 内的电磁场能量和域内电磁场能量的增量分别为

$$-\oint_{\Sigma}\boldsymbol{S}\cdot\mathrm{d}\boldsymbol{\sigma} \tag{1.4-2}$$

$$\frac{\mathrm{d}}{\mathrm{d}t}\iiint_{\Omega} w\mathrm{d}V \tag{1.4-3}$$

根据能量守恒定律，式（1.4-2）应等于式（1.4-1）与式（1.4-3）之和，即单位时间进入空间域 Ω 内的电磁场能量，应等于电磁场对域内电荷所做功及域内电磁场能量的增量之和，即

$$-\oint_{\Sigma}\boldsymbol{S}\cdot\mathrm{d}\boldsymbol{\sigma}=\iiint_{\Omega}\boldsymbol{f}\cdot\boldsymbol{v}\mathrm{d}V+\frac{\mathrm{d}}{\mathrm{d}t}\iiint_{\Omega} w\mathrm{d}V \tag{1.4-4a}$$

或

$$-\oint_{\Sigma}\boldsymbol{S}\cdot\mathrm{d}\boldsymbol{\sigma}=\iiint_{\Omega}\left(\boldsymbol{J}\cdot\boldsymbol{E}+\frac{\partial w}{\partial t}\right)\mathrm{d}V \tag{1.4-4b}$$

相应的微分式为

$$\nabla\cdot\boldsymbol{S}=-\boldsymbol{f}\cdot\boldsymbol{v}-\frac{\partial w}{\partial t} \tag{1.4-5a}$$

或

$$\nabla\cdot\boldsymbol{S}=-\boldsymbol{J}\cdot\boldsymbol{E}-\frac{\partial w}{\partial t} \tag{1.4-5b}$$

由麦克斯韦方程组第二式得

$$\boldsymbol{J}=\nabla\times\boldsymbol{H}-\frac{\partial\boldsymbol{D}}{\partial t} \tag{1.4-6}$$

由此，并利用麦克斯韦方程组第一式及矢量微分关系可得

$$\begin{aligned}\boldsymbol{J}\cdot\boldsymbol{E}&=\boldsymbol{E}\cdot(\nabla\times\boldsymbol{H})-\boldsymbol{E}\cdot\frac{\partial\boldsymbol{D}}{\partial t}\\&=\boldsymbol{H}\cdot(\nabla\times\boldsymbol{E})-\nabla\cdot(\boldsymbol{E}\times\boldsymbol{H})-\boldsymbol{E}\cdot\frac{\partial\boldsymbol{D}}{\partial t}\\&=-\boldsymbol{H}\cdot\frac{\partial\boldsymbol{B}}{\partial t}-\nabla\cdot(\boldsymbol{E}\times\boldsymbol{H})-\boldsymbol{E}\cdot\frac{\partial\boldsymbol{D}}{\partial t}\end{aligned} \tag{1.4-7}$$

将式（1.4-7）代入式（1.4-5b）并经适当移项，得

$$\nabla\cdot\boldsymbol{S}-\nabla\cdot(\boldsymbol{E}\times\boldsymbol{H})=\boldsymbol{E}\cdot\frac{\partial\boldsymbol{D}}{\partial t}+\boldsymbol{H}\cdot\frac{\partial\boldsymbol{B}}{\partial t}-\frac{\partial w}{\partial t} \tag{1.4-8}$$

式中：等号左、右两边分别只涉及随空间和时间的变化，故可认为两边各自独立变化。因此，可假设该等式成立的条件是左、右两边都等于 0。于是有

$$\boldsymbol{S}=\boldsymbol{E}\times\boldsymbol{H} \tag{1.4-9}$$

$$\frac{\partial w}{\partial t}=\boldsymbol{E}\cdot\frac{\partial\boldsymbol{D}}{\partial t}+\boldsymbol{H}\cdot\frac{\partial\boldsymbol{B}}{\partial t} \tag{1.4-10}$$

式（1.4-9）即能流密度矢量 $\boldsymbol{S}$ 的定义式，而式（1.4-10）表明，$\mathrm{d}t$ 时间内电磁场的能量密度增量为

$$\mathrm{d}w=\boldsymbol{E}\cdot\mathrm{d}\boldsymbol{D}+\boldsymbol{H}\cdot\mathrm{d}\boldsymbol{B} \tag{1.4-11a}$$

或

$$\mathrm{d}w=\varepsilon\boldsymbol{E}\cdot\mathrm{d}\boldsymbol{E}+\mu\boldsymbol{H}\cdot\mathrm{d}\boldsymbol{H} \tag{1.4-11b}$$

式（1.4-11b）利用了各向同性介质的物质方程。对式（1.4-11）等号两边求积分，即得到电磁场在各向同性介质中的能量密度表达式：

$$\begin{aligned} w &= \frac{1}{2}(\varepsilon\ |\boldsymbol{E}|^2+\mu\ |\boldsymbol{H}|^2) \\ &= \frac{1}{2}(\boldsymbol{E}\cdot\boldsymbol{D}+\boldsymbol{H}\cdot\boldsymbol{B}) \end{aligned} \tag{1.4-12}$$

第 2 章 无限大均匀各向同性介质中的光波场

由电磁波动方程及相应的物质方程，原则上可以得到任意边界条件下光波电磁场的解。然而，对于较为复杂的边界条件，这种解可能极为复杂，无法用简单的解析式表示。同时，根据波动的线性叠加原理，任何复杂的波场总是由一些简单形式的基元波场的线性叠加构成，如平面波、球面波等。因此，讨论电磁场的平面波和球面波解具有非常重要的意义。本章首先讨论在充满均匀各向同性介质的无限大空间中，几种简单光波场，即平面波、球面波、柱面波和高斯球面波的解及其传播特性；其次讨论光波场的色散规律；最后讨论平面光波场的偏振态及其数学描述。

2.1 平 面 波

2.1.1 单色平面波的波函数

平面电磁波的特点是其电磁场量 $\boldsymbol{E}$ 和 $\boldsymbol{B}$ 在垂直于传播方向的平面上各点的振幅和相位取相同值——等相位点的集合构成垂直于传播方向的空间平面。因此，参见图 2.1-1，若设单色平面波沿 z 方向传播，则其电磁场量 $\boldsymbol{E}$ 和 $\boldsymbol{B}$ 仅与坐标 z 和时间 t 有关，而与坐标 x、y 无关。代入亥姆霍兹方程，得

$$\frac{\mathrm{d}^2}{\mathrm{d}z^2}\boldsymbol{E}(z)+k^2\boldsymbol{E}(z)=0 \tag{2.1-1}$$

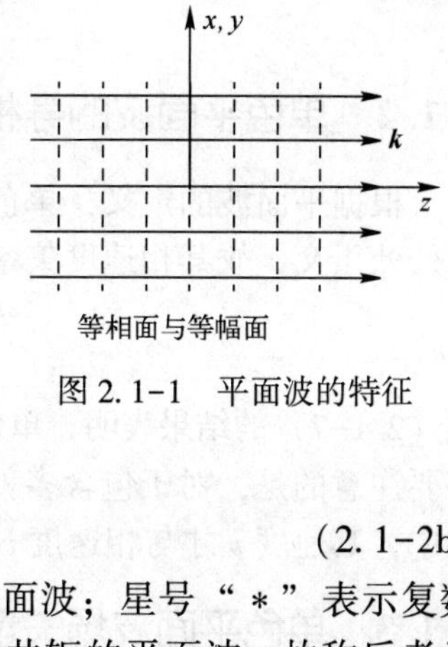

图 2.1-1 平面波的特征

上式的一个解为

$$\boldsymbol{E}^{+}(z)=\boldsymbol{E}_0\mathrm{e}^{\mathrm{i}kz} \tag{2.1-2a}$$

或

$$\boldsymbol{E}^{-}(z)=\boldsymbol{E}_0\mathrm{e}^{-\mathrm{i}kz}=[\boldsymbol{E}^{+}(z)]^{*} \tag{2.1-2b}$$

式中：$\boldsymbol{E}^{+}(z)$ 和 $\boldsymbol{E}^{-}(z)$ 分别表示沿 z 轴正向和反向传播的平面波；星号“*”表示复数的共轭。显然，这是一对复振幅（实际为空间相位）互为共轭的平面波，故称后者为前者的相位共轭波。

一般地，当平面波沿任意方向传播时，其正向传播的电场强度矢量 $\boldsymbol{E}(\boldsymbol{r})$ 可表示为

$$\boldsymbol{E}(\boldsymbol{r})=\boldsymbol{E}_0\mathrm{e}^{\mathrm{i}\boldsymbol{k}\cdot\boldsymbol{r}} \tag{2.1-3a}$$

或

$$\boldsymbol{E}(\boldsymbol{r})=\boldsymbol{E}_0\cos(\boldsymbol{k}\cdot\boldsymbol{r}) \tag{2.1-3b}$$

式中：$\boldsymbol{k}$ 称为波矢量，其大小为 $k=\omega(\varepsilon\mu)^{1/2}$，即（角）波数，方向代表平面波法线方向；$\boldsymbol{r}$ 为考察场点的位置矢量。

考虑到时间变化部分，一个沿正向传播的单色平面光波的电场强度矢量 $\boldsymbol{E}(\boldsymbol{r},t)$ 所

满足的亥姆霍兹方程解的完整形式可表示为

$$\boldsymbol{E}(\boldsymbol{r},t)=\boldsymbol{E}_0\mathrm{e}^{-\mathrm{i}(\omega t-\boldsymbol{k}\cdot\boldsymbol{r})} \tag{2.1-4a}$$

或

$$\boldsymbol{E}(\boldsymbol{r},t)=\boldsymbol{E}_0\cos(\omega t-\boldsymbol{k}\cdot\boldsymbol{r}) \tag{2.1-4b}$$

同样，也可以将磁感应强度矢量 $\boldsymbol{B}(\boldsymbol{r},t)$ 所满足的亥姆霍兹方程的解表示为

$$\boldsymbol{B}(\boldsymbol{r},t)=\boldsymbol{B}_0\mathrm{e}^{-\mathrm{i}(\omega t-\boldsymbol{k}\cdot\boldsymbol{r})} \tag{2.1-5a}$$

或

$$\boldsymbol{B}(\boldsymbol{r},t)=\boldsymbol{B}_0\cos(\omega t-\boldsymbol{k}\cdot\boldsymbol{r}) \tag{2.1-5b}$$

这里需要作两点说明：

(1) 电磁场量 $\boldsymbol{E}$ 和 $\boldsymbol{B}$ 均为实际的物理量，因此，作为基元简谐振动的场量，一般用余弦或正弦函数（本书取余弦函数）表示。然而，为了数学描述与分析方便，常用复指数函数表示。但是应该清楚，采用复指数形式的函数描述电磁场量时，其实际有效值应是其实部。

(2) 相位因子 ωt 表示 t 时刻电磁波在源点的瞬时相位，$\boldsymbol{k}\cdot\boldsymbol{r}$ 表示电磁波在空间传播过程中场点相对于源点的相位延迟。故 $(\omega t-\boldsymbol{k}\cdot\boldsymbol{r})$ 表示 t 时刻波动在场点 $\boldsymbol{r}$ 处的瞬时相位。本书在复指数表示中给 ωt 或 $(\omega t-\boldsymbol{k}\cdot\boldsymbol{r})$ 前冠以负号，分别表示相对于初始时刻或源点的相位延迟。

通常将 $\boldsymbol{k}\cdot\boldsymbol{r}=$常数的空间点的集合称为等相（位）面，等相面沿其法线方向移动的速度 $\boldsymbol{v}_\mathrm{p}$ 称为相速度，其大小为

$$v_\mathrm{p}=\frac{\mathrm{d}r}{\mathrm{d}t} \tag{2.1-6}$$

2.1.2 单色平面波的等相面与相速度

根据平面波的定义，单色平面波的等相面在空间是一簇平行平面，且与波矢量 $\boldsymbol{k}$ 方向处处正交，故其相速度矢量 $\boldsymbol{v}_\mathrm{p}$ 的方向与 $\boldsymbol{k}$ 相同。对于单色平面波，其相速度大小为

$$v_\mathrm{p}=\frac{\mathrm{d}r}{\mathrm{d}t}=\frac{\omega}{k} \tag{2.1-7}$$

式（2.1-7）的结果表明，单色平面电磁波的相速度 $\boldsymbol{v}_\mathrm{p}$ 就是波动方程中出现的光速 $v=c/n$。需要注意的是，对于包含多种频率成分的电磁波而言，只有在无色散的均匀各向同性介质中，其速度 v 才与相速度 v_p 大小相等。

2.1.3 单色平面波场矢量 $\boldsymbol{k}$、$\boldsymbol{E}$、$\boldsymbol{B}$ 之间的关系

由麦克斯韦方程组第三式，对于无源介质空间中的平面波解，可得

$$\nabla\cdot\boldsymbol{E}=\nabla\cdot[\boldsymbol{E}_0\mathrm{e}^{-\mathrm{i}(\omega t-\boldsymbol{k}\cdot\boldsymbol{r})}]=\mathrm{i}\boldsymbol{k}\cdot\boldsymbol{E}=0$$

即

$$\boldsymbol{k}\cdot\boldsymbol{E}=0 \tag{2.1-8}$$

上式表明，平面电磁波的电场强度矢量 $\boldsymbol{E}$ 与波矢量 $\boldsymbol{k}$ 正交，故平面电磁波是横电波。

同样，将式（2.1-4a）代入式（1.2-15a），得

$$\boldsymbol{B}=-\frac{\mathrm{i}}{\omega}\nabla\times\boldsymbol{E}=\frac{1}{\omega}\boldsymbol{k}\times\boldsymbol{E} \tag{2.1-9}$$

因此有

$$\boldsymbol{k}\cdot\boldsymbol{B}=\frac{1}{\omega}\boldsymbol{k}\cdot(\boldsymbol{k}\times\boldsymbol{E})=0 \tag{2.1-10}$$

可见，磁感应强度矢量 $\boldsymbol{B}$ 也与波矢量 $\boldsymbol{k}$ 正交，表明平面电磁波也是横磁波。同时电场强度矢量 $\boldsymbol{E}$ 又与磁感应强度矢量 $\boldsymbol{B}$ 正交，因而平面电磁波是横电磁波，且 $\boldsymbol{E}$、$\boldsymbol{B}$、$\boldsymbol{k}$ 三者相互正交，构成右手螺旋关系（图 2.1-2）。

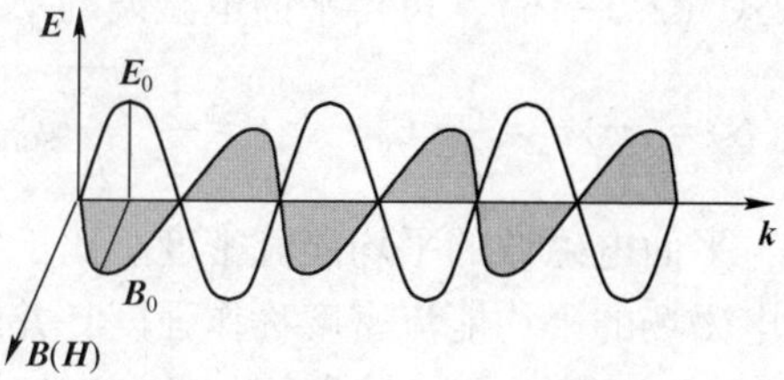

图 2.1-2　矢量 $\boldsymbol{k}$、$\boldsymbol{E}$、$\boldsymbol{B}$ 之间的关系

由式（2.1-9）还可证明，电场强度矢量 $\boldsymbol{E}$ 与磁感应强度矢量 $\boldsymbol{B}$ 同相，并且二者在介质中和真空中的振幅比分别为

$$\frac{|\boldsymbol{E}|}{|\boldsymbol{B}|}=\frac{\omega}{k}=\frac{1}{\sqrt{\varepsilon\mu}}=v_{\mathrm{p}}\quad（介质中） \tag{2.1-11}$$

$$\frac{|\boldsymbol{E}|}{|\boldsymbol{B}|}=\frac{1}{\sqrt{\varepsilon_0\mu_0}}=c\quad（真空中） \tag{2.1-12}$$

上述结果表明，由于光速数值很大，在真空或介质中光波场的 $\boldsymbol{E}$ 矢量的振幅远大于 $\boldsymbol{B}$ 矢量，因此对探测器起作用的主要是光波场的 $\boldsymbol{E}$ 矢量。通常所讲的光振动矢量或光矢量，实际上就是指电场强度矢量 $\boldsymbol{E}$，其振动方向就是光波场的偏振方向。

2.1.4　平面波的能量密度与能流密度

将式（2.1-11）代入电磁场能量密度表达式（1.4-12）并利用物质方程，可得平面电磁波在均匀各向同性介质中的能量密度为

$$w=\frac{1}{2}(\varepsilon E^2+\mu H^2)=\varepsilon E^2=\frac{1}{\mu}B^2 \tag{2.1-13}$$

式（2.1-13）表明，尽管电场强度与磁场强度的振幅相差很大，但平面电磁波的电场能量与磁场能量相等，各占总能量的一半。

考虑到电场强度的大小随时间周期变化，将式（2.1-4b）代入式（2.1-13），可得平面电磁波的瞬时能量密度为

$$w(\boldsymbol{r},t)=\varepsilon E(\boldsymbol{r},t)^2=\frac{1}{2}\varepsilon E_0^2\{1+\cos[2(\omega t-\boldsymbol{k}\cdot\boldsymbol{r})]\} \tag{2.1-14}$$

相应地，平面电磁波的能量密度在一个时间周期 T 内的平均值为

$$\langle w(\boldsymbol{r},t)\rangle=\frac{1}{T}\int_0^T w(\boldsymbol{r},t)\,\mathrm{d}t=\frac{1}{2T}\varepsilon E_0^2\int_0^T\{1+\cos[2(\omega t-\boldsymbol{k}\cdot\boldsymbol{r})]\}\,\mathrm{d}t=\frac{1}{2}\varepsilon E_0^2 \tag{2.1-15}$$

式中：符号< >表示对时间周期求平均值。

同理，将式（2.1-11）代入能流密度矢量的定义式（1.4-9），可得平面电磁波的能流密度矢量表达式为

$$\boldsymbol{S}=\frac{1}{\mu\omega}\boldsymbol{E}\times(\boldsymbol{k}\times\boldsymbol{E})=\frac{1}{\mu\omega}E^2\boldsymbol{k}=w\boldsymbol{v}_{\mathrm{p}} \tag{2.1-16}$$

上式表明，在自由空间中，平面电磁波的能流密度矢量 $\boldsymbol{S}$ 的大小等于其能量密度乘以其相速度，方向与波矢量 $\boldsymbol{k}$ 的方向一致。

将式（2.1-15）代入式（2.1-16），可得平面电磁波的平均能流密度大小为

$$\langle S\rangle=\langle w\rangle v_{\mathrm{p}}=\frac{1}{2}\varepsilon E_0^2\cdot\frac{1}{\sqrt{\varepsilon\mu}}=\frac{1}{2}\sqrt{\frac{\varepsilon}{\mu}}E_0^2 \tag{2.1-17}$$

上式表明，在自由空间中，平面电磁波的平均能流密度正比于电场强度振幅的平方。

在光频波段，通常将电磁场的平均能流密度称作强度，并以 I 表示。我们知道，对于光频波段及非铁磁介质，$\mu_r=1$，$\varepsilon_r=n^2$。因此，由式（2.1-17），可将平面光波的强度（即单位面积的光功率）表示为

$$I=\langle S\rangle=\frac{1}{2c\mu_0}nE_0^2\propto E_0^2 \tag{2.1-18}$$

也就是说，光的强度不仅正比于电场强度振幅的平方，而且正比于介质的折射率。但是，在同一介质中，并且只关心光强度的相对分布时，式（2.1-18）中的比例系数可以不予考虑，此时往往把光的强度 I 以相对强度表示，即写成电场强度振幅的平方：

$$I=E_0^2 \tag{2.1-19}$$

然而，当需要比较两种介质中光的强度大小时，必须注意，比例系数中还有一个与介质有关的特征量——折射率 n。

2.1.5 单色平面波的空间频率

如图 2.1-3，若以（$\cos\alpha$，$\cos\beta$，$\cos\gamma$）表示某一单色平面波波矢量 $\boldsymbol{k}$ 的方向余弦，k_x、k_y和 k_z表示其在三个坐标轴上的投影分量，则有

$$k_x=2\pi\frac{\cos\alpha}{\lambda},\quad k_y=2\pi\frac{\cos\beta}{\lambda},\quad k_z=2\pi\frac{\cos\gamma}{\lambda} \tag{2.1-20a}$$

$$|\boldsymbol{k}|^2=k^2=k_x^2+k_y^2+k_z^2=\left(\frac{2\pi}{\lambda}\right)^2 \tag{2.1-20b}$$

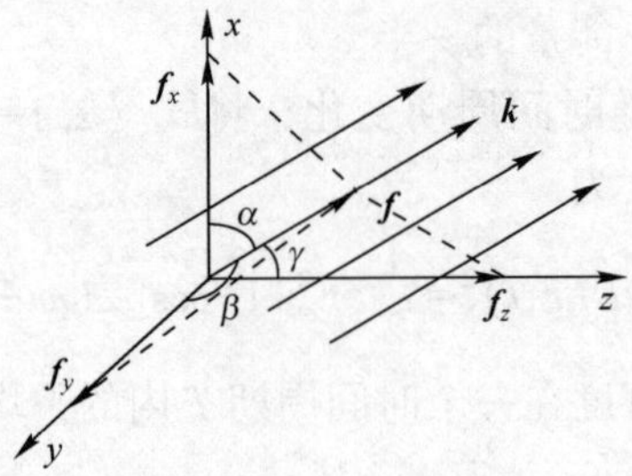

图 2.1-3　平面波的空间频率分量

现引入一个矢量 $\boldsymbol{f}=\boldsymbol{k}/2\pi$。显然，$\boldsymbol{f}$（注意，这里的 $\boldsymbol{f}$ 不是洛伦兹力密度！）的坐标

分量及其自身的大小可分别表示为

$$f_x=\frac{\cos\alpha}{\lambda},\quad f_y=\frac{\cos\beta}{\lambda},\quad f_z=\frac{\cos\gamma}{\lambda} \tag{2.1-21a}$$

$$|\boldsymbol{f}|^2=f^2=f_x^2+f_y^2+f_z^2=1/\lambda^2 \tag{2.1-21b}$$

对照时间（振动）周期 T 和频率 ν 的关系可以看出，矢量 $\boldsymbol{f}$ 的大小等于波长的倒数，反映了波动的空间频率（波长即空间周期），故可称为平面光波的空间频率矢量。需要注意的是，与时间频率不同，这里的空间频率 $\boldsymbol{f}$ 是矢量，其方向代表该平面光波的传播方向（即波矢量方向）。波长相同但传播方向不同的平面光波，其空间频率矢量 $\boldsymbol{f}$ 也不同。

利用空间频率的概念，也可以将单色平面波的电场强度矢量随空间变化部分表示为

$$\boldsymbol{E}(\boldsymbol{r})=\boldsymbol{E}_0\mathrm{e}^{\mathrm{i}2\pi(\boldsymbol{f}\cdot\boldsymbol{r})}=\boldsymbol{E}_0\mathrm{e}^{\mathrm{i}2\pi(f_x x+f_y y+f_z z)} \tag{2.1-22a}$$

或

$$\boldsymbol{E}(\boldsymbol{r})=\boldsymbol{E}_0\cos[2\pi(\boldsymbol{f}\cdot\boldsymbol{r})]=\boldsymbol{E}_0\cos[2\pi(f_x x+f_y y+f_z z)] \tag{2.1-22b}$$

2.2 球面波与柱面波

2.2.1 球面波

球面波的特点是其等相面为球面。在自由空间中，点状振源的振动状态向周围空间各向同性地传播，形成球面波。在理想情况下，球面波等相面上各点的振幅处处相等。随着考察场点远离振源，振幅减小，等相面的曲率半径逐渐增大，最后接近平面，可见平面波是球面波的一种特殊情况。考虑到球面波的空间对称性，在球坐标系中描述球面光波最为简便。在以波源点为坐标原点的球坐标系中，波矢量 $\boldsymbol{k}$ 的方向总是与矢径 $\boldsymbol{r}$ 平行，并且各场量仅与矢径的大小 r 有关，而与其方位角 θ、φ 无关。因而有

$$\nabla^2\boldsymbol{E}(r)=\frac{1}{r^2}\frac{\partial}{\partial r}\left[r^2\frac{\partial\boldsymbol{E}(r)}{\partial r}\right]=\frac{\partial^2\boldsymbol{E}(r)}{\partial r^2}+\frac{2}{r}\frac{\partial\boldsymbol{E}(r)}{\partial r}=\frac{1}{r}\frac{\partial^2}{\partial r^2}[r\boldsymbol{E}(r)] \tag{2.2-1}$$

将式（2.2-1）代入亥姆霍兹方程，得

$$\frac{\partial^2}{\partial r^2}[r\boldsymbol{E}(r)]+k^2[r\boldsymbol{E}(r)]=0 \tag{2.2-2}$$

式（2.2-2）的解应具有如下两种可能形式：

$$\boldsymbol{E}^+(r)=\frac{\boldsymbol{E}_0}{r}\mathrm{e}^{\mathrm{i}kr} \tag{2.2-3a}$$

$$\boldsymbol{E}^-(r)=\frac{\boldsymbol{E}_0}{r}\mathrm{e}^{-\mathrm{i}kr}=[\boldsymbol{E}^+(r)]^* \tag{2.2-3b}$$

式（2.2-3a）描述了一个自源点向外发散的球面波，而式（2.2-3b）描述的则是一个向源点会聚的球面波，分别如图 2.2-1 和图 2.2-2 所示。两球面波的复振幅（实际为空间相位）互为共轭，故称为一对相位共轭波。

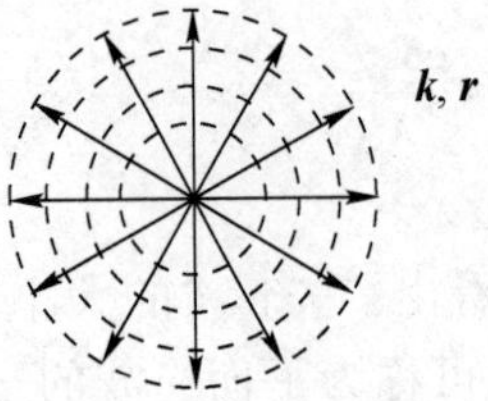

图 2.2-1　发散球面波 $\boldsymbol{E}^{+}(\boldsymbol{r})$

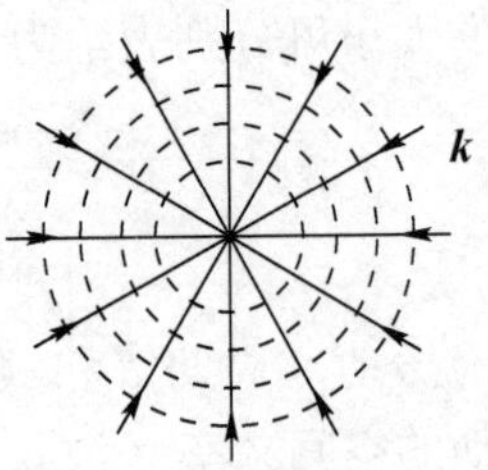

图 2.2-2　会聚球面波 $\boldsymbol{E}^{-}(\boldsymbol{r})$

考虑到源点振动的时间变化部分，发散球面光波电场强度矢量的完整形式可表示为

$$\boldsymbol{E}^{+}(\boldsymbol{r},t)=\frac{\boldsymbol{E}_0}{r}\mathrm{e}^{-\mathrm{i}(\omega t-kr)} \tag{2.2-4a}$$

或

$$\boldsymbol{E}^{+}(\boldsymbol{r},t)=\frac{\boldsymbol{E}_0}{r}\cos(\omega t-kr) \tag{2.2-4b}$$

会聚球面波电场强度矢量的完整形式则表示为

$$\boldsymbol{E}^{-}(\boldsymbol{r},t)=\frac{\boldsymbol{E}_0}{r}\mathrm{e}^{-\mathrm{i}(\omega t+kr)} \tag{2.2-5a}$$

或

$$\boldsymbol{E}^{-}(\boldsymbol{r},t)=\frac{\boldsymbol{E}_0}{r}\cos(\omega t+kr) \tag{2.2-5b}$$

实际中，严格的“点状”（光）振动源是不存在的，因而理想的球面波或平面波也是不存在的。按照经典的电磁辐射理论，产生电磁辐射的原子或分子可以看作振荡着的电偶极子，该偶极子在振荡的过程中，向周围空间辐射电磁波（光波）。可以证明，通过求解有源空间的达朗贝尔方程，可得到电偶极辐射场的电场强度矢量和磁感应强度矢量分别为

$$\boldsymbol{E}(\boldsymbol{r},t)=\frac{1}{4\pi\varepsilon_0 c^2 r}\left|\frac{\mathrm{d}^2\boldsymbol{p}}{\mathrm{d}t^2}\right|(\sin\theta)\mathrm{e}^{\mathrm{i}kr}\hat{\boldsymbol{\theta}}_0 \tag{2.2-6}$$

$$\boldsymbol{B}(\boldsymbol{r},t)=\frac{1}{4\pi\varepsilon_0 c^3 r}\left|\frac{\mathrm{d}^2\boldsymbol{p}}{\mathrm{d}t^2}\right|(\sin\theta)\mathrm{e}^{\mathrm{i}kr}\hat{\boldsymbol{\varphi}}_0 \tag{2.2-7}$$

式中：矢量 $\boldsymbol{p}$ 表示偶极矩；$\hat{\boldsymbol{\theta}}_0$ 和 $\hat{\boldsymbol{\varphi}}_0$ 分别表示球坐标系中经向（俯仰）和周向坐标轴方向的单位矢量。

图 2.2-3 所示为电偶极辐射场的电场强度矢量 $\boldsymbol{E}$ 与磁感应强度矢量 $\boldsymbol{B}$ 的空间取向。可以看出，电偶极辐射场是一个近似的单色球面偏振波。$\boldsymbol{B}$ 的振动方向垂直于传播方向，即 $\boldsymbol{B}\perp\boldsymbol{k}$，并且位于与偶极矩垂直的平面内，即磁力线为沿周向的闭合圆，故磁场是横向的。$\boldsymbol{E}$ 由于要在空间满足关系 $\nabla\cdot\boldsymbol{E}=0$ 和 $\boldsymbol{E}\perp\boldsymbol{B}$，因而电力线必须是位于经面上的闭合曲线，且在两极处满足 $\boldsymbol{E}=0$。也就是说，此处的 $\boldsymbol{E}$ 并不是严格横向的，除了赤道线外，在其他区域必含有纵向分量。因此，电偶极辐射是空间中的 TM（横磁）波，只有当传播到远场时才近似为 TEM（横电磁）波。

考虑到构成光辐射的电偶极子为原子或分子尺度，而一般发光体均由大量的原子或

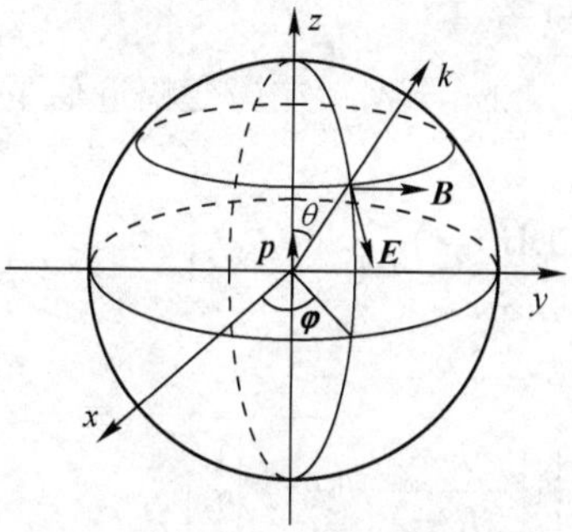

(a) 电场与磁场的空间取向

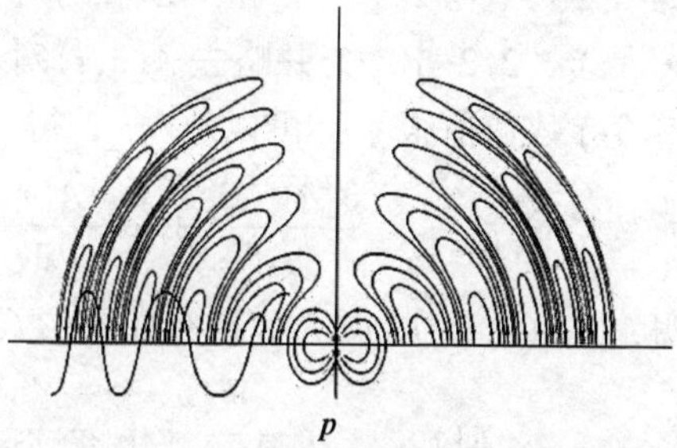

(b) 经面上的电力线分布

图 2.2-3　振荡电偶极子的空间辐射

分子组成，并且由这些原子或分子构成的电偶极子的空间取向具有宏观上的随机性和各向同性，因而实际光源所产生的偶极辐射也具有空间上的各向同性。基于此，在光学上，当光源尺寸远小于考察点至光源的距离时，往往把该光源称作“点光源”，由其发出的光波可以近似当作球面波看待。不过，由于构成光源的大量电偶极子的空间取向在宏观上的随机性，这种球面波不是完全偏振光，而是自然光或部分偏振光。

2.2.2　柱面波

由一个均匀无限长的线光源发出的光波，其等相面和等幅面均为对称于轴线的圆柱面，故称为柱面波。

求解柱面波场宜采用柱坐标系，并且由于其轴对称性，相应的亥姆霍兹方程变为

$$\frac{\partial^2 \boldsymbol{E}(r)}{\partial r^2}+\frac{1}{r}\frac{\partial \boldsymbol{E}(r)}{\partial r}+k^2\boldsymbol{E}(r)=0 \tag{2.2-8}$$

上式可进一步简化为一个贝塞尔（Bessel）方程，并且当 r 足够大时，其解有如下两种可能形式：

$$\boldsymbol{E}^{+}(r)=\frac{\boldsymbol{E}_0}{\sqrt{r}}\mathrm{e}^{\mathrm{i}kr} \tag{2.2-9a}$$

$$\boldsymbol{E}^{-}(r)=\frac{\boldsymbol{E}_0}{\sqrt{r}}\mathrm{e}^{-\mathrm{i}kr}=[\boldsymbol{E}^{+}(r)]* \tag{2.2-9b}$$

显然，这也是一对相位共轭波，其中“+”“-”分别表示发散和会聚柱面波。

2.2.3　高斯球面波

如果一列偏振方向恒定的单色光波的横向复振幅分布具有轴对称性，即仅仅与径向位置 r 和轴向位置 z 有关，与周向方位角 θ 无关，则在柱坐标系中，该光波所满足的亥姆霍兹方程应具有如下标量形式：

$$\frac{\partial^2 E(r,z)}{\partial r^2}+\frac{1}{r}\frac{\partial E(r,z)}{\partial r}+\frac{\partial^2 E(r,z)}{\partial z^2}+k^2E(r,z)=0 \tag{2.2-10}$$

假设光波的能流主要沿 z 方向传播，而电场强度矢量的振幅 E 沿 z 轴缓慢变化，并且在与 z 轴垂直的平面内沿径向非均匀分布，则式（2.2-10）的解可近似表示为

$$E(r,z)=A(r,z)\mathrm{e}^{\mathrm{i}kz} \tag{2.2-11}$$

将此解代入式（2.2-10），并略去$A(r,z)$对坐标z的二阶导数（在慢变幅近似下，代表曲率的二阶导数数值很小，可以忽略），得

$$\frac{\partial^2 A(r,z)}{\partial r^2}+\frac{1}{r}\frac{\partial A(r,z)}{\partial r}+2\mathrm{i}k\frac{\partial A(r,z)}{\partial z}=0 \tag{2.2-12}$$

可以证明，式（2.2-12）的解具有如下形式：

$$A(r,z)=A_0\frac{W_0}{W(z)}\exp\left[-\frac{r^2}{W^2(z)}\right]\exp\left\{\mathrm{i}\left[\frac{kr^2}{2R(z)}-\phi(z)\right]\right\} \tag{2.2-13}$$

式中：参数$R(z)$、$W(z)$、$\varphi(z)$分别表示为

$$R(z)=z\left(1+\frac{z_0^2}{z^2}\right)\quad（波面曲率半径） \tag{2.2-14}$$

$$W(z)=W_0\sqrt{1+\frac{z^2}{z_0^2}}\quad（光斑半径） \tag{2.2-15}$$

$$\phi(z)=\arctan\left(\frac{z}{z_0}\right)\quad（轴上点的相位延迟） \tag{2.2-16}$$

而

$$z_0=\frac{\pi W_0^2 n}{\lambda}\quad（共焦参数） \tag{2.2-17}$$

将式（2.2-13）代入式（2.2-11），便得到光波电场强度复振幅的标量表达式：

$$E(r,z)=A_0\frac{W_0}{W(z)}\exp\left[-\frac{r^2}{W^2(z)}\right]\exp\left\{\mathrm{i}\left[kz+\frac{kr^2}{2R(z)}-\phi(z)\right]\right\} \tag{2.2-18}$$

此即由稳定激光谐振腔发出的沿z轴方向传播的基模光束的电场强度复振幅分布。可以看出，该复振幅沿径向呈圆高斯分布，自中心向外平滑地衰减，而参数$R(z)$的意义可以从式（2.2-18）中的二次相位因子来理解，这个二次相位因子的存在表明该光波的等相面是球面，其曲率半径即$R(z)$。因此，式（2.2-18）所描述的光波称为高斯球面波，对应着理想单横模激光谐振腔输出的激光束，故又称高斯光束。参数$W(z)$定义为高斯光束的光斑半径，其大小等于自光束轴线到振幅降至轴线处的e^{-1}点的距离。式（2.2-15）表明，$W(z)$随轴向坐标z按双曲线规律扩展，并且在$z=0$处，$W(0)=W_0$，达到最小值，定义为基模高斯光束的束腰半径。也就是说，基模高斯光束的光斑半径沿轴线不是恒定的，而是在空间以束腰为对称向两侧呈发散状。参数z_0定义为激光谐振腔的共焦参数，表示光斑半径等于束腰半径的$\sqrt{2}$倍处的位置。$R(z)$作为z的函数表明，高斯光束等相面的曲率半径也不是恒定的。在$z=z_0$处，等相面的曲率半径最小，且等于$2z_0$；在束腰和无限远处，等相面变为平面。图2.2-4所示即高斯光束的纵断面结构。

在远场处，即当$z\gg z_0$时，由式（2.2-14）和式（2.2-15）可分别得$R(z)\approx z$，$W(z)\approx z(W_0/z_0)$，于是，式（2.2-18）可简化为

$$E(r,z)=\frac{z_0 A_0}{z}\exp\left[-\frac{\alpha^2 r^2}{z^2}\right]\exp\left\{\mathrm{i}\left[kz+\frac{kr^2}{2z}-\phi(z)\right]\right\} \tag{2.2-19}$$

式中：$\alpha=z_0/W_0$为常数。可以看出，在傍轴条件下，即$z\gg r$时，式（2.2-19）中的高斯函数项数值很小，因而对光场振幅的轴向变化影响较小，从而使得高斯球面波在远场

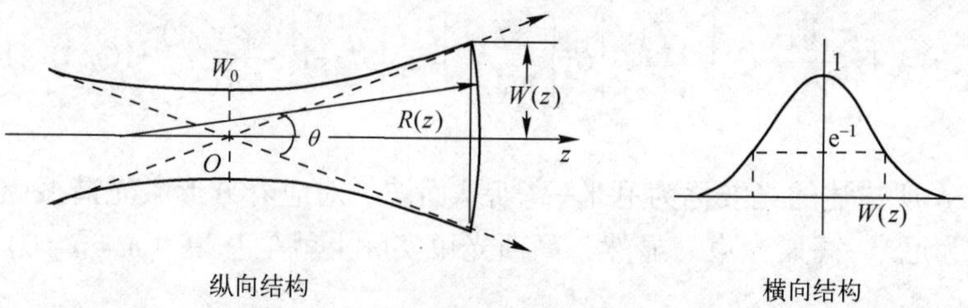

图 2.2-4　基模高斯光束的空间结构

表现为一个简单的傍轴球面波。

为表征高斯光束的发散程度，定义光束在远场的光斑直径对束腰中心所张角 θ 为基模高斯光束的发散角，即

$$\theta=\lim_{z\to\infty}\frac{2W(z)}{z}=2\frac{\lambda}{\pi W_0} \tag{2.2-20}$$

由于高斯光束具有最简单的横向光场分布和极高的时空相干性，因此被广泛用于各种相干光学系统中作为理想的信息载体。

2.2.4　厄米–高斯球面波

2.2.3 小节讨论的高斯球面波只是傍轴亥姆霍兹方程在柱坐标系下的一个可能解。本小节重新在直角坐标系中讨论上述问题。同样，假设在直角坐标系中，光波能流主要沿 z 方向传播，而电场强度矢量的振幅 E 沿 z 轴缓慢变化，并且在与 z 轴垂直的平面内沿 x 和 y 方向非均匀分布，则其任一坐标分量满足亥姆霍兹方程即式（1.2-13a）的解可近似表示为

$$E(x,y,z)=A(x,y,z)\mathrm{e}^{ikz} \tag{2.2-21}$$

将此解代入式（1.2-13a），并略去 $A(x,y,z)$ 对坐标 z 的二阶导数，得

$$\left[\frac{\partial^2}{\partial x^2}+\frac{\partial^2}{\partial y^2}+2ik\frac{\partial}{\partial z}\right]A(x,y,z)=0 \tag{2.2-22}$$

可以证明，式（2.2-22）的傍轴解可表示为

$$A_{mn}(x,y,z)=A_{mn}\frac{W_0}{W(z)}G_m\left[\frac{\sqrt{2}x}{W(z)}\right]G_n\left[\frac{\sqrt{2}y}{W(z)}\right]\exp\left[-ik\frac{(x^2+y^2)}{2R(z)}\right]\exp[\mathrm{i}(m+n+1)\phi(z)] \tag{2.2-23}$$

式中：m 和 n 分别为 x 和 y 方向模式阶数；A_{mn} 为相应模式的振幅系数；$W(z)$，$R(z)$ 及 $\phi(z)$ 的定义与 2.2.3 节讨论的高斯球面波相同；函数 $G_m(\rho)$ 和 $G_n(\rho)$ 为厄米–高斯（Hermite–Gaussian）函数，分别表示 m 和 n 阶厄米–高斯模，定义为

$$G_m(\rho)=H_m(\rho)\mathrm{e}^{-\rho^2/2} \tag{2.2-24}$$

式中：$H_m(\rho)$ 为 m 阶厄米多项式，定义式为

$$H_m(\rho)=(-1)^m\mathrm{e}^{\rho^2}\frac{\mathrm{d}^m}{\mathrm{d}\rho^m}\mathrm{e}^{-\rho^2} \tag{2.2-25}$$

因此，相应光波的复振幅可表示为

$$E_{mn}(x,y,z)=A_{mn}\frac{W_0}{W(z)}G_m\left[\frac{\sqrt{2}x}{W(z)}\right]G_n\left[\frac{\sqrt{2}y}{W(z)}\right]\exp\left[\mathrm{i}kz-\mathrm{i}k\frac{(x^2+y^2)}{2R(z)}+\mathrm{i}(m+n+1)\phi(z)\right] \tag{2.2-26}$$

式（2.2-26）所描述的光波称为厄米-高斯球面波，对应着方形激光谐振腔输出的激光束，故又称为厄米-高斯光束。显然，高斯光束实际上就是基模（$m=n=0$）厄米-高斯光束。

2.2.5 拉盖尔-高斯球面波

式（2.2-18）仅仅是柱坐标系中傍轴亥姆霍兹方程的一个简单解。实际上，还可以由傍轴亥姆霍兹方程得到一组完全解，其复振幅可表示为

$$E_{pl}(r,\theta,z)=A_{pl}\frac{W_0}{W(z)}\left[\frac{\sqrt{2}r}{W(z)}\right]^l L_p^l\left[\frac{2r^2}{W^2(z)}\right]\exp\left[-\frac{r^2}{W^2(z)}\right]\times$$
$$\exp\left[\mathrm{i}kz-\mathrm{i}k\frac{r^2}{2R(z)}+\mathrm{i}(2p+l+1)\phi(z)\right]\exp(\mathrm{i}l\theta) \tag{2.2-27}$$

式中：l 和 p 分别为角向和径向模式阶数；A_{pl} 为相应模式的振幅系数；$W(z)$，$R(z)$ 及 $\phi(z)$ 的定义与 2.2.3 节讨论的高斯球面波相同；函数 $L_p^l(\rho)$ 为广义拉盖尔多项式，其定义式为

$$L_p^l(\rho)=\mathrm{e}^{\rho}\frac{\rho^{-l}}{n!}\frac{\mathrm{d}^p}{\mathrm{d}\rho^p}(\mathrm{e}^{-\rho}\rho^{p+l}),\quad p=0,1,2,\cdots \tag{2.2-28}$$

因此，式（2.2-27）所描述的光波称为拉盖尔-高斯（Laquerre-Gaussian）球面波，对应着圆形激光谐振腔输出的激光束，故又称为拉盖尔-高斯光束。显然，高斯光束实际上也就是基模（$l=p=0$）拉盖尔-高斯光束。需要说明的是，式（2.2-27）中除了球面波相位因子外，还有一个表示波前相位随角向坐标 θ 线性递增的螺旋相位因子 $\exp(\mathrm{i}l\theta)$，这表明当 $l\neq0$ 时，拉盖尔-高斯光波的波前呈现涡旋相位分布，或者说此模式的拉盖尔-高斯光束是一种涡旋光束。

实际上，令高斯光束穿过一块螺旋相位板，或者利用空间光调制器使高斯光束产生螺旋相位调制，均可以得到这种涡旋光束。这种涡旋光束具有两个重要性质：一是中心相位不确定，导致光强度为 0，形成中空的环状光束；二是携带着轨道角动量，大小等于 $lh/2\pi$。因此，通常将涡旋模式的角向阶数 l 称为拓扑荷数或轨道量子数。这种轨道角动量光束具有广泛的应用价值，如增大通信容量、操控微粒、实现超分辨成像等。

2.3 光波场的色散

从物理现象来看，介质的色散表现为介质对不同频率的入射光波具有不同的传播相速度，因而具有不同的折射率。由麦克斯韦电磁理论，非铁磁介质的折射率及光波在介质中的相速度均取决于介质的相对介电常数 ε_r，而后者又取决于介质的电极化率。这就是说，介质的色散起因于其对不同频率的电磁场具有不同的极化响应。那么，色散介质的这种极化响应究竟与入射光波场的频率有怎样的关系呢？本节借助洛伦兹的电子论观点对此作简单讨论。按照洛伦兹的色散模型，色散现象可以解释为介质中带电粒子在

光波电场作用下做受迫振动时，对作用电场的振动频率产生的一种响应，亦即色散现象的实质是光波电磁场与介质分子作用的结果。

2.3.1 洛伦兹色散模型

洛伦兹认为，物质分子是由一定数量的重原子核及其外围电子构成的复杂带电系统。该系统的特征是：一方面，正负电荷数目相等，但一般情况下各自中心不重合，相当于一个电偶极矩；另一方面，电子因受核子作用而被束缚于平衡位置，因此又相当于一个线性弹性振子。这就是说，物质分子可看作一系列线性弹性电偶极振子的组合。

按照洛伦兹的观点，若设电子（偶极振子）质量为 m，相对其平衡位置的振动位移为 $\boldsymbol{l}$，则当无外场作用时，电子的振动方程可表示为

$$m\frac{\mathrm{d}^2\boldsymbol{l}}{\mathrm{d}t^2}+g\frac{\mathrm{d}\boldsymbol{l}}{\mathrm{d}t}+h\boldsymbol{l}=0 \tag{2.3-1}$$

式中：g 和 h 均为与介质有关的常数。从物理含义来看，第二项为阻尼力，产生于电子的辐射（加速运动时）和原子间的碰撞，大小正比于电子的振动速度；第三项为弹性恢复力，产生于核子对电子的束缚作用，大小正比于电子的振动位移。显然，当 $g=0$ 时，电子将做简谐振动；而当 $g\neq 0$ 时，电子做阻尼振动。

当有光波进入介质时，由于光波电场的极化作用，介质内的束缚电子——偶极振子将做受迫振动。同时，因电子运动速度 $v\ll c$，所以 $v/c\ll 1$，而磁场作用力与电场作用力之比约等于 v/c，故可以忽略磁场对电子的作用力。设入射光波的电场强度为

$$\boldsymbol{E}=\boldsymbol{E}_0\mathrm{e}^{-\mathrm{i}\omega t} \tag{2.3-2}$$

下面分两种情况讨论。

1. 介质为稀薄气体

对于稀薄气体介质，可忽略其原子或者分子间的相互作用，因而作用于电子上的外电场即入射光波电场，于是可将电子的受迫振动方程表示为

$$m\frac{\mathrm{d}^2\boldsymbol{l}}{\mathrm{d}t^2}+g\frac{\mathrm{d}\boldsymbol{l}}{\mathrm{d}t}+h\boldsymbol{l}=q\boldsymbol{E}_0\mathrm{e}^{-\mathrm{i}\omega t} \tag{2.3-3}$$

或

$$\frac{\mathrm{d}^2\boldsymbol{l}}{\mathrm{d}t^2}+\gamma\frac{\mathrm{d}\boldsymbol{l}}{\mathrm{d}t}+\omega_0^2\boldsymbol{l}=\frac{q}{m}\boldsymbol{E}_0\mathrm{e}^{-\mathrm{i}\omega t} \tag{2.3-4}$$

式中：$\gamma=g/m$，$\omega_0=(h/m)^{1/2}$，分别定义为电子振动的阻尼系数和固有圆频率。

根据受迫振动特点，式（2.3-4）的解可表示为

$$\boldsymbol{l}=\boldsymbol{l}_0\mathrm{e}^{-\mathrm{i}\omega t} \tag{2.3-5}$$

代入式（2.3-4），得

$$(-\omega^2+\omega_0^2-\mathrm{i}\gamma\omega)\boldsymbol{l}_0=\frac{q}{m}\boldsymbol{E}_0 \tag{2.3-6}$$

因此

$$\boldsymbol{l}_0=\frac{q}{m}\cdot\frac{1}{\omega_0^2-\omega^2-\mathrm{i}\gamma\omega}\boldsymbol{E}_0$$

$$=\frac{q}{m}\cdot\frac{\omega_0^2-\omega^2+\mathrm{i}\gamma\omega}{(\omega_0^2-\omega^2)^2+\omega^2\gamma^2}\boldsymbol{E}_0$$

$$=\frac{q}{m}\cdot\frac{1}{\sqrt{(\omega_0^2-\omega^2)^2+\omega^2\gamma^2}}\boldsymbol{E}_0\mathrm{e}^{\mathrm{i}\delta} \tag{2.3-7}$$

并且有

$$\tan\delta=\frac{\gamma\omega}{\omega_0^2-\omega^2} \tag{2.3-8}$$

可以看出，式（2.3-7）和式（2.3-8）显示的结果与力学中质点作受迫振动时的解的形式完全一致。当$\omega=\omega_0$时，受迫振动处于共振状态，其振幅达到最大值：

$$\boldsymbol{l}_{0\max}=\mathrm{i}\frac{q}{m}\cdot\frac{1}{\gamma\omega_0}\boldsymbol{E}_0 \tag{2.3-9}$$

此时，介质原子或分子对光波能量的吸收最大。这就是所谓的共振吸收或选择吸收。当$\omega\neq\omega_0$时，受迫振动的振幅与光波频率ω及阻尼系数γ大小有关，并且相对于入射光波电场存在着大小等于δ的相位差。

当$\gamma=0$时，得到无阻尼受迫振动的振幅为

$$\boldsymbol{l}_0=\frac{q}{m}\cdot\frac{\boldsymbol{E}_0}{\omega_0^2-\omega^2} \tag{2.3-10}$$

由于电子的振动，相应的原子或分子变成一个振荡电偶极子，其偶极矩为$q\boldsymbol{l}$。假设介质单位体积内有N个原子或分子，则介质的电极化强度可表示为

$$\boldsymbol{P}=Nq\boldsymbol{l}=\frac{Nq^2}{m}\frac{1}{(\omega_0^2-\omega^2-\mathrm{i}\gamma\omega)}\boldsymbol{E} \tag{2.3-11}$$

根据电位移矢量$\boldsymbol{D}$的定义，应有

$$\boldsymbol{D}=\varepsilon\boldsymbol{E}=\varepsilon_0\boldsymbol{E}+\boldsymbol{P} \tag{2.3-12}$$

显然，这里的介电常数ε应是一个复数。为了区分，将其表示为$\tilde{\varepsilon}$，则有

$$\tilde{\varepsilon}=\varepsilon_0+\frac{\boldsymbol{P}}{\boldsymbol{E}}=\varepsilon_0+\frac{Nq^2}{m}\cdot\frac{1}{\omega_0^2-\omega^2-\mathrm{i}\gamma\omega} \tag{2.3-13}$$

由折射率的定义，$\tilde{n}^2=\tilde{\varepsilon}_r=\tilde{\varepsilon}/\varepsilon_0$，其中$\tilde{\varepsilon}_r$表示相应的复数相对介电常数。于是，由式（2.3-13），可得到色散关系：

$$\tilde{n}^2=1+\frac{Nq^2}{m\varepsilon_0}\cdot\frac{1}{\omega_0^2-\omega^2-\mathrm{i}\gamma\omega} \tag{2.3-14}$$

上式表明，在考虑介质吸收的情况下，折射率也是一个复数，故可以将其表示为

$$\tilde{n}=n(1+\mathrm{i}\kappa) \tag{2.3-15}$$

式中：n和κ为实常数。取折射率的平方，得

$$\tilde{n}^2=n^2(1-\kappa^2)+\mathrm{i}2n^2\kappa \tag{2.3-16}$$

化简式（2.3-14），并令其实部和虚部与式（2.3-16）等号右边的虚部和实部分别相等，得

$$n^2(1-\kappa^2)=1+\frac{Nq^2}{\varepsilon_0 m}\cdot\frac{\omega_0^2-\omega^2}{(\omega_0^2-\omega^2)^2+\gamma^2\omega^2} \tag{2.3-17}$$

$$2n^2\kappa=\frac{Nq^2}{\varepsilon_0 m}\cdot\frac{\gamma\omega}{(\omega_0^2-\omega^2)^2+\gamma^2\omega^2} \tag{2.3-18}$$

式（2.3-17）和式（2.3-18）表明，复数折射率的实部反映了介质的色散特性，而虚部则反映了介质的损耗，即吸收特性。吸收大小及区域分布由因子 κ 决定。当阻尼力较小时，κ 值较小，式（2.3-17）中的 κ^2 可以忽略，于是得

$$n^2=1+\frac{Nq^2}{\varepsilon_0 m}\cdot\frac{\omega_0^2-\omega^2}{(\omega_0^2-\omega^2)^2+\gamma^2\omega^2} \tag{2.3-19}$$

无阻尼力时，$\gamma=0$，则上式可进一步简化为

$$n^2\approx1+\frac{Nq^2}{\varepsilon_0 m}\cdot\frac{1}{\omega_0^2-\omega^2} \tag{2.3-20}$$

由式（2.3-18）和式（2.3-19），若以 ω 为横坐标，n 及 $2n^2\kappa$ 为纵坐标，则可计算得到图 2.3-1 所示介质在固有频率 ω_0 附近的色散及共振吸收曲线。

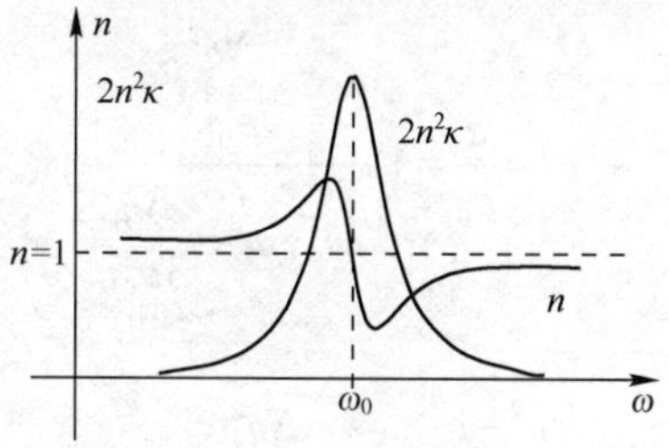

图 2.3-1　稀薄气体介质在共振频率 ω_0 附近的色散和吸收曲线

可以看出，所得到的色散曲线 $n\sim\omega$ 和吸收曲线 $2n^2\kappa\sim\omega$ 与实际测量结果趋势一致。在远离介质的共振吸收区域，折射率 n 随入射光波频率的增大而增大，此即所谓正常色散现象；在介质的共振吸收区域内，折射率随入射光波频率的增大而减小，此即所谓反常色散现象。

2. 介质为固体、液体或压缩气体等

与稀薄气体相比，固体、液体或压缩气体的原子或者分子之间的距离很近，其相互作用不可忽略。也就是说，此时实际作用于电子上的电场，不仅是入射光波电场 $\boldsymbol{E}$，还包含周围原子或分子产生的极化电场，后者的大小为 $\boldsymbol{P}/3\varepsilon_0$。因此，若以 $\boldsymbol{E}'$ 表示实际作用电场，则有

$$\boldsymbol{E}'=\boldsymbol{E}+\frac{\boldsymbol{P}}{3\varepsilon_0}=\boldsymbol{E}_0'\mathrm{e}^{-\mathrm{i}\omega t} \tag{2.3-21}$$

以 $\boldsymbol{E}_0'$ 代替式（2.3-4）中的 $\boldsymbol{E}_0$，可解得电子的受迫振动位移为

$$\boldsymbol{l}=\frac{q}{m}\cdot\frac{\boldsymbol{E}'}{\omega_0^2-\omega^2-\mathrm{i}\gamma\omega} \tag{2.3-22}$$

当不考虑阻尼力时，有

$$\boldsymbol{l}=\frac{q}{m}\cdot\frac{\boldsymbol{E}'}{\omega_0^2-\omega^2} \tag{2.3-23}$$

于是，电极化强度

$$\boldsymbol{P}=Nq\boldsymbol{l}=\frac{Nq^2}{m}\cdot\frac{\boldsymbol{E}'}{\omega_0^2-\omega^2}=\frac{Nq^2}{m(\omega_0^2-\omega^2)}\left(\boldsymbol{E}+\frac{\boldsymbol{P}}{3\varepsilon_0}\right)$$

即

$$\boldsymbol{P}=\frac{\dfrac{Nq^2}{m}}{\omega_0^2-\omega^2-\dfrac{Nq^2}{3\varepsilon_0 m}}\boldsymbol{E} \tag{2.3-24}$$

代入式（2.3-12），得无阻尼时的介电常数

$$\varepsilon=\varepsilon_0+\frac{\boldsymbol{P}}{\boldsymbol{E}}=\varepsilon_0+\frac{\dfrac{Nq^2}{m}}{\omega_0^2-\omega^2-\dfrac{Nq^2}{3\varepsilon_0 m}} \tag{2.3-25}$$

由此可得介质折射率

$$n^2=\frac{\varepsilon}{\varepsilon_0}=1+\frac{\dfrac{Nq^2}{\varepsilon_0 m}}{\omega_0^2-\omega^2-\dfrac{Nq^2}{3\varepsilon_0 m}} \tag{2.3-26a}$$

或

$$\frac{n^2-1}{n^2+2}=\frac{Nq^2}{3\varepsilon_0 m(\omega_0^2-\omega^2)} \tag{2.3-26b}$$

其中，式（2.3-26b）称为洛伦兹-洛伦茨（Lorenz）公式。

对稀薄气体，$n\approx1$，$n^2+2=3$，于是由式（2.3-26b）得

$$n^2\approx1+\frac{Nq^2}{\varepsilon_0 m}\cdot\frac{1}{\omega_0^2-\omega^2} \tag{2.3-27}$$

此即式（2.3-20）。可见，洛伦兹-洛伦茨公式对于稀薄气体也同样适用，因此可以认为式（2.3-26b）是研究色散现象的基本关系式。

2.3.2 亥姆霍兹色散方程

在上面的讨论中，实际上假定了全部电子均受到相同的束缚作用，因此都具有相同的固有频率 ω_0。然而，实际中不同电子所受束缚作用可能不同，因此其固有频率也不尽相同。假定一般情况下具有固有频率为 ω_j 的电子所占的比例（即概率）为 ρ_j，则色散方程可表示为

$$n^2(1-\kappa^2)=1+\frac{Nq^2}{\varepsilon_0 m}\sum_j\frac{\rho_j(\omega_j^2-\omega^2)}{(\omega_j^2-\omega^2)^2+\gamma_j^2\omega^2} \tag{2.3-28}$$

分别取 $\omega=\dfrac{2\pi c}{\lambda}$，$\omega_j=\dfrac{2\pi c}{\lambda_j}$，$b_j=\dfrac{Nq^2}{\varepsilon_0 m}\cdot\dfrac{\lambda_j\rho_j}{(2\pi c)^2}$，$g_j=\dfrac{\gamma_j^2\lambda_j^4}{(2\pi c)^2}$，代入上式得

$$n^2(1-\kappa^2)=1+\sum_j\frac{b_j\lambda^2}{(\lambda^2-\lambda_j^2)+g_j\lambda^2/(\lambda^2-\lambda_j^2)} \tag{2.3-29}$$

此即亥姆霍兹色散方程，它正确地解释了包括反常色散在内的全部色散现象，并且能够

与实验测量结果较好地符合。当 κ^2 可以忽略（损耗较小）时，式（2.3-28）和式（2.3-29）可分别简化为

$$n^2 = 1 + \frac{Nq^2}{\varepsilon_0 m}\sum_j \frac{\rho_j(\omega_j^2 - \omega^2)}{(\omega_j^2 - \omega^2)^2 + \gamma_j^2\omega^2} \tag{2.3-30}$$

$$n^2 = 1 + \sum_j \frac{b_j\lambda^2}{(\lambda^2 - \lambda_j^2) + g_j\lambda^2/(\lambda^2 - \lambda_j^2)} \tag{2.3-31}$$

类似于图 2.3-1，若以 n 为纵轴、λ 为横轴，则可以由式（2.3-31）绘出图 2.3-2 所示色散曲线。

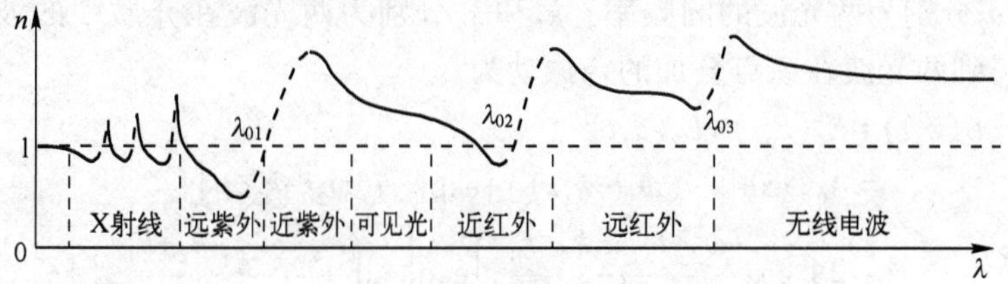

图 2.3-2　一种介质的全部色散曲线

2.3.3　塞尔迈耶公式

在介质的共振吸收区域以外，$\kappa=0$，$g_j=0$，则亥姆霍兹色散方程简化为

$$n^2 = 1 + \sum_j \frac{b_j\lambda^2}{\lambda^2 - \lambda_j^2} \tag{2.3-32}$$

式（2.3-32）描述了介质的正常色散特性，称为塞尔迈耶（Sellmeier）公式。

2.3.4　柯西公式

对于给定波段，如共振波长 λ_0 附近，且当 $\lambda \gg \lambda_0$ 时，塞尔迈耶公式可进一步简化为

$$\begin{aligned} n &= \sqrt{1+\frac{b\lambda^2}{\lambda^2-\lambda_0^2}} \\ &\approx 1+\frac{b}{2}\cdot\frac{1}{\lambda^2-(\lambda_0/\lambda)^2} \\ &= 1+\frac{b}{2}+\frac{b}{2}\left(\frac{\lambda_0}{\lambda}\right)^2+\frac{b}{2}\left(\frac{\lambda_0}{\lambda}\right)^4+\cdots \end{aligned} \tag{2.3-33}$$

合并常数因子，并取常数 $A=(1+b/2)$，$B=b\lambda_0^2/2$，$C=b\lambda_0^4/2\cdots$，则上式可简化表示为

$$n=A+\frac{B}{\lambda^2}+\frac{C}{\lambda^4}+\cdots \tag{2.3-34}$$

此即基础光学中描述正常色散的柯西（Cauchy）色散公式。

2.3.5　群速度与相速度

由波动方程所确定的光波速度 $v=c/n$，反映了光波波面相位的传播速度。由于色散

的存在，在同一介质中传播的不同频率的光波具有不同的相速度，也就是说，同一光信号所包含的不同光谱成分在色散介质中不能同步地传播。这样就出现一个问题，当在距离光源较远的空间某点观察来自该光源点发出的光信号时，若光传播所经历的空间为色散介质，则在同一时刻接收到的不同频率的光信号，实际上是光源在不同时刻发出的。现假设某个沿 z 轴方向传播的光信号由两种频率成分的单色平面波分量组成，并且两光波分量的振幅相等，振动方向相同，则其在空间某点（t 时刻）的光振动可分别表示为

$$\begin{cases} E_1(z,t)=A_0\mathrm{e}^{-\mathrm{i}(\omega_1 t-k_1 z)} \\ E_2(z,t)=A_0\mathrm{e}^{-\mathrm{i}(\omega_2 t-k_2 z)} \end{cases} \tag{2.3-35}$$

式中：ω_1 和 ω_2 分别为两光波的圆频率；k_1 和 k_2 分别为两光波在介质中的波数。由线性叠加原理可得到两光波在该点叠加的合振动为

$$\begin{aligned} E(z,t)&=E_1(z,t)+E_2(z,t) \\ &=A_0\{\exp[-\mathrm{i}(\omega_1 t-k_1 z)]+\exp[-\mathrm{i}(\omega_2 t-k_2 z)]\} \\ &=2A_0\cos\left(\frac{\omega_2-\omega_1}{2}t-\frac{k_2-k_1}{2}z\right)\exp\left[-\mathrm{i}\left(\frac{\omega_2+\omega_1}{2}t-\frac{k_2+k_1}{2}z\right)\right] \end{aligned} \tag{2.3-36}$$

取 $\Delta\omega=(\omega_2-\omega_1)/2$，$\Delta k=(k_2-k_1)/2$，$\omega_0=(\omega_1+\omega_2)/2$，$k_0=(k_1+k_2)/2$，分别表示两光波的圆频率差、波数差、平均圆频率和平均波数，则式（2.3-36）可简化为

$$E(z,t)=2A_0\cos(\Delta\omega t-\Delta kz)\exp[-\mathrm{i}(\omega_0 t-k_0 z)] \tag{2.3-37}$$

式（2.3-37）中含有两个因子：$\exp[-\mathrm{i}(\omega_0 t-k_0 z)]$ 和 $\cos(\Delta\omega t-\Delta kz)$。前者描述了一个分别以 ω_0、k_0 为平均圆频率和平均波数的高频载波，后者则描述了一个分别以 $\Delta\omega$、Δk 为圆频率和波数的低频调制因子。低频调制因子使得高频载波的振幅在空间和时间上呈周期分布，即形成一种呈缓慢周期性起伏的包络（即拍频现象），如图 2.3-3 所示。随着该高频载波的等相面以速度 ω_0/k_0 向前推进，其等幅面也以速度 $\Delta\omega/\Delta k$ 向前推进。高频载波等相面的传播速度即相速度 v_p，而等幅面的传播速度反映了光波能量的传播速度，故称为光波在色散介质中的群速度，并表示为 v_g。由于任何光探测器只对光波的振幅或强度有响应，当我们通过测量一个光信号在介质中的飞行时间和距离来确定其速度时，所得到的速度实际上就是光信号的群速度。

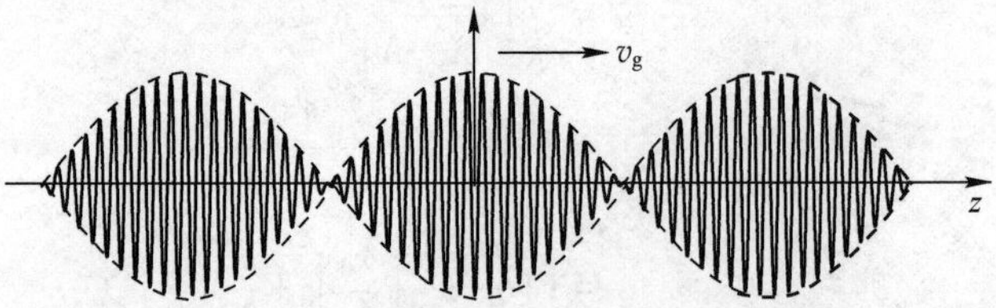

图 2.3-3　双色波包及其群速度

由等相面方程（即 $\omega_0 t-k_0 z=$ 常数）和等幅面方程（$\Delta\omega t-\Delta kz=$ 常数）分别可得

$$v_\mathrm{p}=\frac{\mathrm{d}z}{\mathrm{d}t}=\frac{\omega_0}{k_0} \tag{2.3-38}$$

$$v_\mathrm{g}=\frac{\mathrm{d}z}{\mathrm{d}t}=\frac{\Delta\omega}{\Delta k}=\frac{\mathrm{d}\omega}{\mathrm{d}k} \tag{2.3-39}$$

可以证明，当准单色波列包含许多频率位于 $\omega_0 \pm |\Delta\omega|/2$ 之间、波数位于 $k_0 \pm |\Delta k|/2$ 之间的单色波列时，其合振动的振幅分布将构成一种波包，如图 2.3-4 所示。因此，合振动等幅面的传播速度就是波包的传播速度，亦即光波在色散介质中的群速度 v_g。

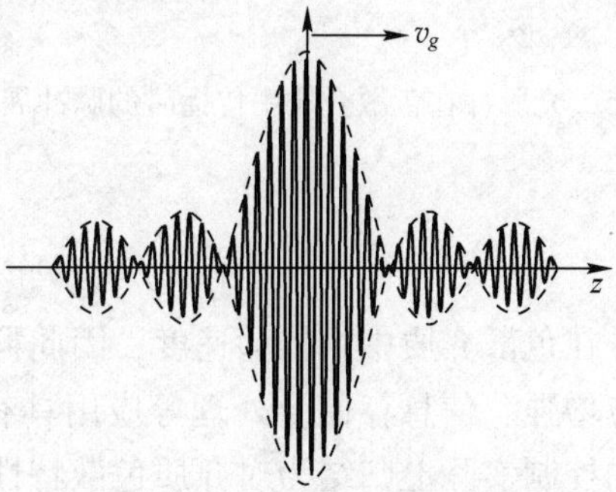

图 2.3-4　准单色波包及其群速度

将圆频率 ω、波数 k（波长 λ）及相速度 v_p 之间的关系

$$\omega = kv_p = \frac{2\pi}{\lambda} v_p = \frac{2\pi}{\lambda} \frac{c}{n}$$

代入式（2.3-39），得

$$v_g = v_p + k\frac{dv_p}{dk} = v_p - \lambda\frac{dv_p}{d\lambda} = \frac{c}{n}\left(1 + \frac{\lambda}{n}\cdot\frac{dn}{d\lambda}\right) \tag{2.3-40}$$

取上式等号两边的倒数形式，得

$$\frac{c}{v_g} = \frac{n}{1 + \dfrac{\lambda}{n}\cdot\dfrac{dn}{d\lambda}} \tag{2.3-41}$$

由式（2.3-39）或式（2.3-40）可以看出：在色散介质中，$dv_p/d\lambda \neq 0$（$dn/d\lambda \neq 0$），故 $v_g \neq v_p$。当 $dv_p/d\lambda > 0$（$dn/d\lambda < 0$）时，即在正常色散区域，$v_g < v_p$；当 $dv_p/d\lambda < 0$（$dn/d\lambda > 0$）时，即在反常色散区域，$v_g > v_p$。只有当 $dv_p/d\lambda = 0$（$dn/d\lambda = 0$）时，即在无色散介质或真空中，才有 $v_g = v_p$。

需要注意的是，当波包通过色散介质时，各个单色波列将以不同的相速度向前传播，导致波包在向前传播的同时，形状也随之改变——由于介质的色散而展宽，这使得波包的传播速度与各波列的相速度发生改变。由此也可以理解超短脉冲光信号在色散介质中传播时，其脉宽展宽的机制。如图 2.3-5 所示，时间脉宽越窄，意味着其时间频谱带宽越宽，因而色散也就越严重，其结果必然是随着光脉冲在介质中传播距离的延伸，其脉宽被逐渐展宽。

此外，相对论原理要求任何信号速度都不得超过真空中的光速 c，否则会导致因果律破坏。因此，在群速度有意义的范围内，其大小总是小于 c。但相速度 v_p 因不受相对论原理的限制，在特殊情况下可能会大于 c。如某些介质对某些电磁波段的折射率小于 1，则该波段电磁波在该介质中的相速度 $v_p > c$。

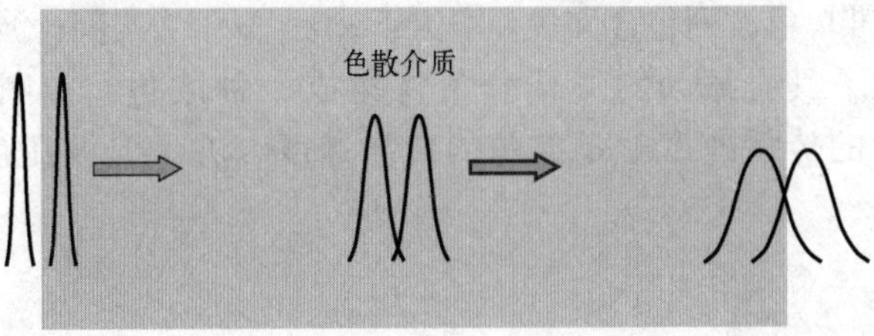

图 2.3-5　光脉冲在色散介质中传播时的脉冲展宽效应

2.3.6　群速度的控制

由于群速度表征光信号在色散介质中的传播速度，因此群速度大小的调控对于实现可控光延迟器、非线性效应增强、信息存储及处理等应用具有重要的意义。2.3.5 节的讨论结果表明，对群速度的控制实际上归结为对介质色散特性的控制。如果能够找到合适的介质体系，使其折射率色散 $dn/d\lambda$ 在很大的范围内变化，就可以实现大范围地控制光速。

1. 光速加快

由式（2.3-40）可看出，在介质的反常色散区域，并且当

$$1+\frac{\lambda}{n}\frac{dn}{d\lambda}>n \quad \left(\text{或}\frac{\lambda}{n}\frac{dn}{d\lambda}>n-1\right) \tag{2.3-42}$$

时，$v_g>c$，即可实现群速度加快。也就是说，只要能够使

$$\frac{dn}{d\lambda}\gg\frac{n}{\lambda}(n-1) \tag{2.3-43}$$

就可以使光的群速度大大超过真空中的光速。这将撼动现有的狭义相对论的理论基础。然而，通常的反常色散区域总是伴随着介质的强烈吸收，使得光信号无法长距离传播。因此，需要找到这样一种介质，其对光波既有强烈的反常色散，又具有很小的吸收系数。分析图 2.3-1 的色散曲线和吸收曲线可以发现，在吸收峰两侧正常色散曲线的拐点处，正常色散率（即色散曲线的斜率）取极大值；如果将吸收曲线反转过来，则色散曲线也对应地反转过来。于是，反常色散区和正常色散区位置调换，原来正常色散率的极大值处变成反常色散率取极大值。由此可以设想，如图 2.3-6 所示，根据反常色散的特点，如果某种介质在其宽带吸收曲线上存在某一较窄区域的凹陷（透明），则该凹陷中心的两侧区域将具有强烈的反常色散。显然，如果某种介质存在两个波长间隔很小的共振增益峰，则利用这两个共振增益峰之间的相对凹陷区便可以得到无吸收或吸收很小的反常色散。

2. 光速减慢

根据相速度的定义，当介质的折射率大于 1 时，光在介质中的相速度小于真空中的光速。只要介质有足够大的折射率，就可以使光的相速度得到显著减小。但问题是一般光学介质的折射率不可能很大。因此，仅凭增大介质折射率来减慢相速度的幅度是有限的。同样，对于群速度，由式（2.3-40）或式（2.3-41）可看出，仅凭增大介质折射率来减慢群速度的幅度也是有限的。但是，在介质的正常色散区域，即当

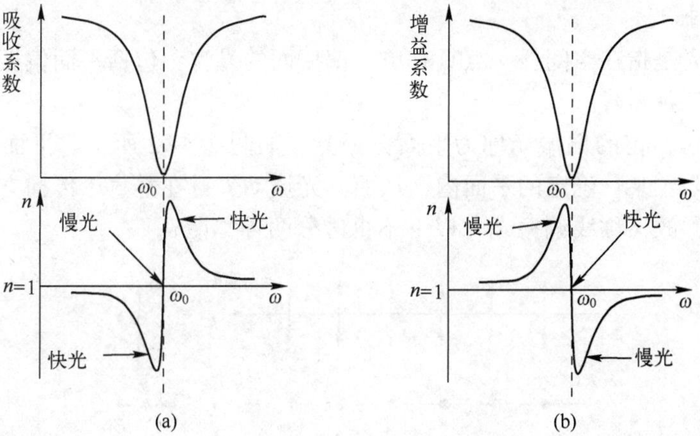

图 2.3-6 吸收（a）和增益（b）介质中光速加快和减慢的实现途径

$$1+\frac{\lambda}{n}\frac{\mathrm{d}n}{\mathrm{d}\lambda}<n \quad \left(\text{或}\frac{\lambda}{n}\frac{\mathrm{d}n}{\mathrm{d}\lambda}<n-1\right) \tag{2.3-44}$$

时，$v_g<v_p<c$，即群速度不仅小于真空中光速，而且也小于相应波长下的相速度。并且只要

$$-\frac{\mathrm{d}n}{\mathrm{d}\lambda}\gg\frac{n}{\lambda}(1-n) \tag{2.3-45}$$

就可以使群速度（即实际光信号的速度）大大减小，以至于使光信号停止或冻结在介质中。因此，实现光的群速度大幅度减慢的关键是，介质必须具有足够大的正常色散率。但在通常情况下，介质的正常色散率均比较小，光的群速度的减慢幅度有限。根据上述分析可知，在介质吸收峰的两侧或吸收曲线凹陷处（或者增益曲线峰值处），正常色散率（即色散曲线斜率）最大。因此，与实现光速加快的思路相反，如图 2.3-6 所示，实现光信号减慢的有效途径是，使光信号中心频率处于介质的两个相邻共振吸收峰之间的相对凹陷区，或者介质的共振增益区。并且介质的两个吸收峰之间的凹陷区或介质的共振增益区越窄，正常色散越强烈，光速减慢的幅度越大。

2.4 光波场的偏振态及其描述方法

2.4.1 单色平面波的偏振态

光波是横波，其振动方向与传播方向正交。但在垂直于传播方向的平面内，电场强度矢量还可能存在各种不同的振动状态，称为光的偏振态。为方便讨论，通常将光的振动方向（即电场强度矢量方向）与光传播方向构成的平面称为偏振面或振动面（图 2.4-1）。根据偏振面的不同表现形式，一般可将光波的偏振态分为完全偏振、完全非偏振及部分偏振三类。

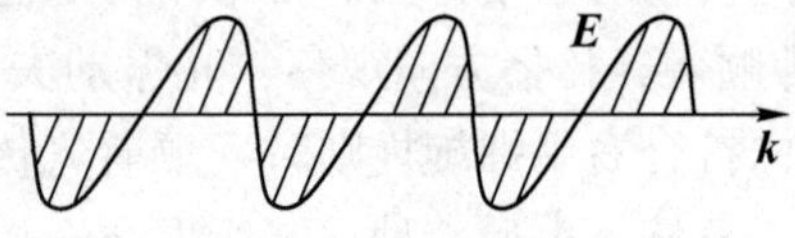

图 2.4-1 偏振面的定义

1. 完全偏振光

完全偏振光是指在空间任一点具有单一偏振面的光波，包括平面偏振光、圆偏振光及椭圆偏振光三种形式。

偏振面方位恒定的偏振光称为平面偏振光。如图 2.4-2 所示，平面偏振光的特点是，光振动只限于某一确定的平面内，从而其光振动矢量在垂直于传播方向的平面内的投影为一直线，故又称线偏振光（以下不再区分两种称谓）。

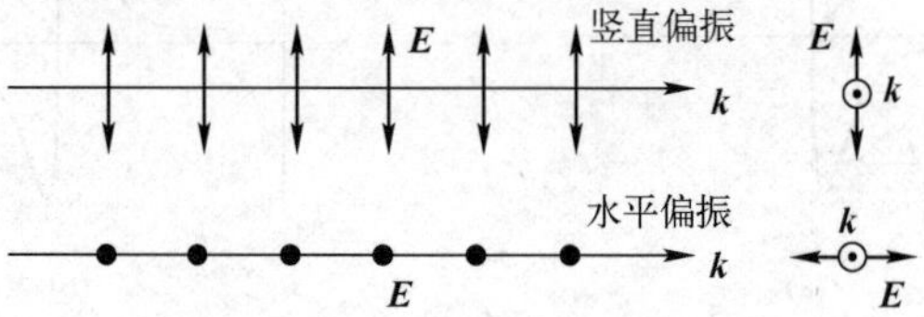

图 2.4-2　平面偏振光（线偏振光）

偏振面相对于传播方向随时间以圆频率 ω 旋转，其光振动矢量末端的轨迹位于一个圆上，这种偏振光称为圆偏振光。根据光振动矢量旋转方向的不同，圆偏振光有左旋和右旋之分。如图 2.4-3 所示，规定：迎着光传播方向观察，光振动矢量逆时针旋转时，称为左旋圆偏振光；光振动矢量顺时针旋转时，称为右旋圆偏振光。确切地说，由于空间传播的原因，光振动矢量末端的轨迹实际上呈圆形螺旋状，只是在垂直于传播方向的平面上的投影构成一个圆。

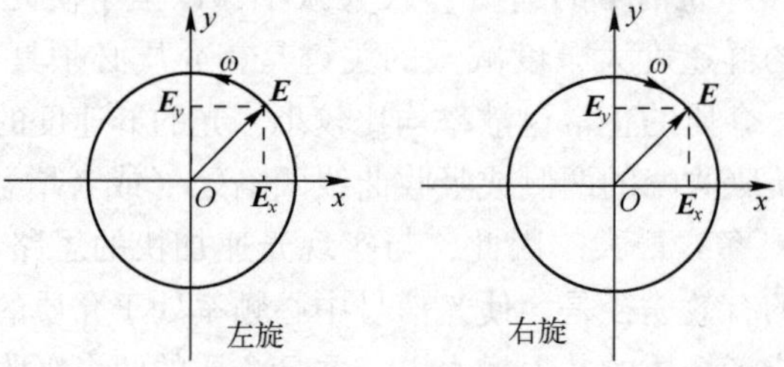

图 2.4-3　圆偏振光

偏振面相对于传播方向随时间以圆频率 ω 旋转，其光振动矢量末端的轨迹位于一个椭圆形螺线上，并且在垂直于传播方向的平面上的投影构成一个椭圆，这种偏振光称为椭圆偏振光。同样，椭圆偏振光也有左旋和右旋之分。若迎着光传播方向观察时，光振动矢量逆时针旋转，则称为左旋椭圆偏振光；反之，称为右旋椭圆偏振光。

需要说明的是，左旋和右旋的规定是相对的。本书中的规定与大部分光学教材及文献专著一致，即按照迎着光传播方向观察，这种规定符合对光场的探测习惯。实际上，在近代物理学中，人们常采用另一种规定：当光的传播方向与旋向符合左手螺旋规则时（即顺着光传播方向观察，光振动矢量逆时针旋转时），称为左旋；当光的传播方向与旋向符合右手螺旋规则时（顺着光传播方向观察，光振动矢量顺时针旋转时），称为右旋。显然，由后一种规定所得结论与一般光学教材和文献专著正好相反。

根据矢量合成与分解规律可以证明，偏振面取一定方位的线偏振光，也可以看作振动方向正交、相位相同或相反的两束同频率线偏振光的合成。而圆偏振光则可以看作振幅相等、振动方向正交并且相位相差±π/2（即水平方向线偏振光相对于竖直方向线偏振光的相位延迟）的两束同频率线偏振光的合成。其中正号对应右旋，负号对应左旋。与圆偏振光类似，椭圆偏振光可以看作是振幅不相等、振动方向正交，并且相位差恒定的两束同频率线偏振光的合成。此外，线偏振光反过来也可以看作一对同频率、同振幅的左右旋圆偏振光的合成。

现考虑两列同频率且同传播方向（如沿 z 方向）的平面偏振光波，设其偏振面分别平行于 x 和 y 方向，初相位分别为 ϕ_x 和 ϕ_y，瞬时光振动矢量的表达式分别为

$$\boldsymbol{E}_x(t)=\boldsymbol{A}_x\cos(\omega t-\phi_x),\quad \boldsymbol{E}_y(t)=\boldsymbol{A}_y\cos(\omega t-\phi_y) \tag{2.4-1}$$

取瞬时电场强度矢量大小为归一化形式，并将等号右边括号展开，得

$$\frac{E_x}{A_x}=\cos(\omega t-\phi_x)=\cos\omega t\cos\phi_x+\sin\omega t\sin\phi_x \tag{2.4-2a}$$

$$\frac{E_y}{A_y}=\cos(\omega t-\phi_y)=\cos\omega t\cos\phi_y+\sin\omega t\sin\phi_y \tag{2.4-2b}$$

为消除时间因子，将式（2.4-2a）和式（2.4-2b）等号两边分别乘以 $\sin\phi_y$、$\sin\phi_x$ 和 $\cos\phi_y$、$\cos\phi_x$，并使之分别相减，得

$$\frac{E_x}{A_x}\sin\phi_y-\frac{E_y}{A_y}\sin\phi_x=\cos\omega t\sin(\phi_x-\phi_y) \tag{2.4-3a}$$

$$\frac{E_x}{A_x}\cos\phi_y-\frac{E_y}{A_y}\cos\phi_x=\sin\omega t\sin(\phi_x-\phi_y) \tag{2.4-3b}$$

将式（2.4-3）等号两边分别取平方后相加，并取 $\delta=\phi_x-\phi_y$，得

$$\frac{E_x^2}{A_x^2}+\frac{E_y^2}{A_y^2}-2\frac{E_xE_y}{A_xA_y}\cos\delta=\sin^2\delta \tag{2.4-4}$$

式（2.4-4）是一个椭圆方程，它表明合成光波的电场强度矢量在 xy 平面内以 ω 为角速度随时间旋转，其末端的轨迹构成一个椭圆。如图 2.4-4 所示，椭圆的旋向及长短轴的方位与两叠加光波的相位差 δ 有关，但始终被限制在以 $E_x=\pm A_x$ 和 $E_y=\pm A_y$ 为边界的矩形框内（与该矩形框内切）。当 $\cos\delta=0$ 时，该椭圆的长短轴分别与两个坐标轴重合；当 $\cos\delta\neq0$ 时，该椭圆在 xy 平面内发生倾斜，其长短轴与两个坐标轴之间存在一定夹角。

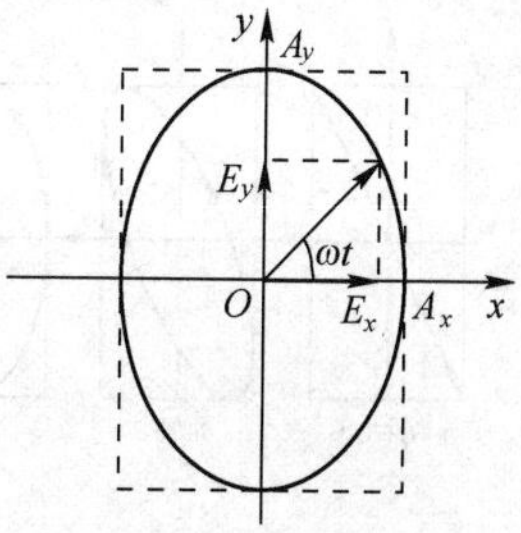

图 2.4-4　两同频率正交振动的合成

当 $\delta=\pm2j\pi(j=0,1,2,\cdots)$，即两光波同相时，式（2.4-4）简化为

$$\frac{E_x}{E_y}=\frac{A_x}{A_y} \tag{2.4-5}$$

式（2.4-5）表明，当两光波的相位差等于 0 或者 2π 的整数倍时，合振动的电场强度矢量末端的轨迹由椭圆蜕变为直线，因而合成光波仍为平面偏振光，其振动方向与 x 轴的夹角为 $\tan\theta=E_x/E_y=A_x/A_y$，并且合振动的振幅为 $A=\sqrt{A_x^2+A_y^2}$。

当 $\delta=\pm(2j+1)\pi(j=0,1,2,\cdots)$，即两光波反相时，式（2.4-4）简化为

$$\frac{E_x}{E_y}=-\frac{A_x}{A_y} \tag{2.4-6}$$

上式表明，当两光波相位差等于 π 的奇数倍时，合振动的电场强度矢量末端的轨迹亦为直线，因而合成光波仍为平面偏振光，只是其振动方向与 x 轴的夹角变为 $\tan\theta=E_x/E_y=-A_x/A_y$，并且相应的合振动的振幅仍为 $A=\sqrt{A_x^2+A_y^2}$。

当 $\delta=\pm(2j+1)\pi/2(j=0,1,2,\cdots)$ 时，式（2.4-4）简化为

$$\frac{E_x^2}{A_x^2}+\frac{E_y^2}{A_y^2}=1 \tag{2.4-7}$$

式（2.4-7）表明，当两光波相位差等于 π/2 的奇数倍时，合振动的电场强度矢量末端的轨迹为正椭圆，因而合成光波为正椭圆偏振光。当 δ 取值位于前半周期，即 $\delta=\pi/2$、$5\pi/2$、$-3\pi/2\cdots$ 时，合成光波为右旋椭圆偏振光；当 δ 取值位于后半周期，即 $\delta=-\pi/2$、$-5\pi/2$、$3\pi/2\cdots$ 时，合成光波为左旋椭圆偏振光。当 $A_x=A_y=A$ 时，式（2.4-7）进一步简化为

$$E_x^2+E_y^2=A^2 \tag{2.4.8}$$

此时椭圆蜕变为圆，相应的右旋椭圆偏振光变为右旋圆偏振光，左旋椭圆偏振光变为左旋圆偏振光。

当 $\delta\neq\pm2j\pi$，$\pm(2j+1)\pi$，$\pm(2j+1)\pi/2$ 时，合成光波仍为椭圆偏振光，只是椭圆的长短轴相对于 x、y 轴发生倾斜。其中：$0<\delta<\pi/2$ 时，合成光波为右旋椭圆偏振光，且椭圆向 1-3 象限倾斜；$\pi/2<\delta<\pi$ 时，合成光波仍为右旋椭圆偏振光，但椭圆向 2-4 象限倾斜；$\pi<\delta<3\pi/2$（或 $-\pi<\delta<-\pi/2$），合成光波为左旋椭圆偏振光，且椭圆向 2-4 象限倾斜；$3\pi/2<\delta<2\pi$（或 $-\pi/2<\delta<0$）时，合成光波为左旋椭圆偏振光，但椭圆向 1-3 象限倾斜。图 2.4-5 直观地总结了以上分析结果，显示了两正交振动的平面偏振光波分量，相位差在 $[0,2\pi]$ 区间取不同值时的合成光波的偏振态。

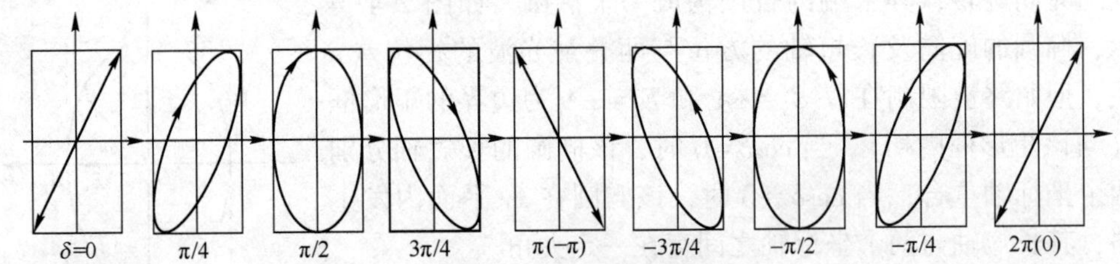

图 2.4-5　椭圆偏振光的演变

由此不难看出，所谓完全偏振光，实际上就是椭圆偏振光。线偏振光和圆偏振光只是椭圆偏振光的两种特殊形式。当合成椭圆偏振光的两个正交振动分量的振幅相等，相位差等于 ±π/2 的奇数倍时，椭圆偏振光变为圆偏振光；当两个正交振动分量的相位差等于 ±π 的整数倍时，椭圆偏振光蜕变为线偏振光。

2. 完全非偏振光（自然光）

根据光源的发光机制，来自光源任一原子或分子的任一个辐射波列，都具有恒定的振动方向，或者说是一列振动面确定的线偏振光。但不同原子或分子在同一时刻，或者同一原子或分子在不同时刻发出的不同波列，可能具有不同的振动方向及初相位。因

此，考虑到构成光源的大量原子或分子在空间分布上的各向同性，以及探测器的响应时间远大于光振动的周期，可以认为，由一般光源发出的众多波列构成的光振动矢量，在垂直于传播方向的平面上，既具有空间分布上的均匀性，又具有时间分布上的均匀性。空间分布上的均匀性表明，光振动矢量在垂直于传播方向的平面内沿各个方向的分布相同，并且平均大小相等（图 2.4-6（a））；时间分布的均匀性表明，各个光振动矢量的初相位可能取 0~2π 的任意值。这种由普通光源发出的偏振面具有各种不同取向并且相位随机分布的平面偏振光的集合称为自然光。

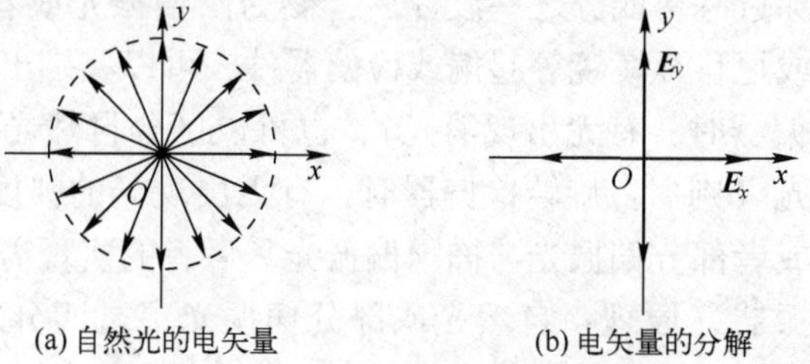

图 2.4-6　自然光及其分解

显然，由于沿任何方向振动的光振动矢量均可分解为两个正交分量，而随机性又保证了所有光振动矢量沿给定的两个正交方向的分量和的时间平均值相等。因此，自然光实际上可分解成两个强度相等、振动方向正交，但相位各自随机变化的线偏振光分量，如图 2.4-4（b）所示。设自然光的强度为 I，则所分解的两个正交线偏振光分量的强度分别为 $I_1=I_2=I/2$，振幅分别为 $A_1=A_2=(I/2)^{1/2}$。值得注意的是，这种分解不是唯一的。也就是说，可以将自然光在垂直于传播方向的平面上沿任意两个正交方向分解，但所分解出的两个线偏振光分量的相位各自独立地随机变化，因此不能再合成为一个单一矢量。

3. 部分偏振光

如图 2.4-7 所示，若一束光的振动分量强度沿两个正交方向的时间平均值不相等，并且在某一方向取极大值 I_{max} 时，其正交方向正好取极小值 I_{min}，则称其为部分偏振光。为表征部分偏振光的偏振特性，特定义偏振度：

$$P=\frac{I_{max}-I_{min}}{I_{max}+I_{min}} \tag{2.4-9}$$

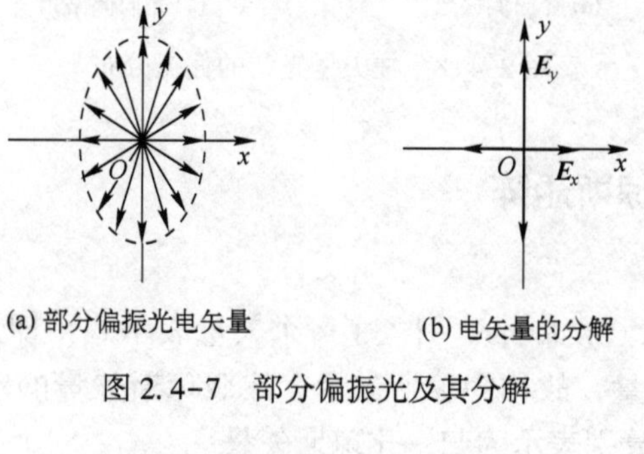

图 2.4-7　部分偏振光及其分解

显然，$P=0$ 表示自然光，$P=1$ 表示线偏振光，$0<P<1$ 表示部分偏振光。这表明，自然光和线偏振光实际上是部分偏振光的特殊表现形式。

需要说明的是，虽然椭圆偏振光和部分偏振光都可以看作同频率的两个正交光振动的合成，但构成椭圆偏振光的两个正交振动分量有恒定的相位差，而构成部分偏振光的两个正交振动分量的相位却各自随机变化。不过仅凭这一差别，还很难从直接观察效果上将自然光与圆偏振光、部分偏振光与椭圆偏振光加以区分。要将二者加以真正区分，必须借助于其他辅助光学元器件。根据光路可逆性原理，鉴别一束光的偏振态，需要从产生这种偏振态光束的机理入手。我们知道，无论是自然光、部分偏振光，还是圆偏振光、椭圆偏振光，其穿过玻片堆、偏振片或者尼科耳棱镜等偏振器件后，均变为平面偏振光；而平面偏振光穿过一块四分之一波片后，变为圆偏振光或者椭圆偏振光。因此，利用玻片堆、偏振片或尼科耳棱镜等起偏或检偏器件，可以鉴别出一束光是否是平面偏振光（判据：旋转检偏器时，有无出现消光），也可以区分自然光与部分偏振光，或者圆偏振光与椭圆偏振光（判据：旋转检偏器时，有无出现光的强度变化），但无法区分自然光与园偏振光，或者部分偏振光与椭圆偏振光。后者的实现需要利用四分之一波片与偏振片组成的圆偏振器（原理：自然光或部分偏振光穿过四分之一波片后仍为自然光或部分偏振光，圆偏振光或椭圆偏振光穿过四分之一波片后则会变为平面偏振光）。

4. 标量光波与矢量光波

上述三类光波存在一个共同特点，即其偏振在横向呈现均匀分布，或者说是唯一确定的。因此，这类光波问题通常可以按照标量场理论来处理，故称为标量光波（标量光场）。实际上还有一类光波，其偏振在横向呈现非均匀分布，即不同位置处可能具有不同偏振态。这类光场问题通常需要按矢量场理论来处理，故称为矢量光波（矢量光场）。典型的矢量光波为柱矢量光波，其偏振在横向呈现柱对称分布，最简单的两种柱矢量光波是径向偏振（图 2.4-8（a））和角向偏振光波（图 2.4-8（b））。这种柱矢量光波的特点是其中心点的偏振态不确定，称为偏振奇点，并且该点的振幅和强度为 0，直观上表现为中空结构。

(a) 径向偏振光

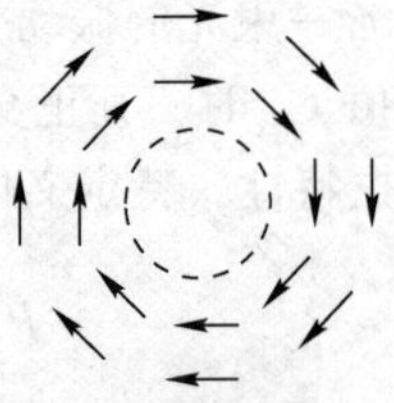

(b) 角向偏振光

图 2.4-8　柱矢量光波的偏振分布

2.4.2　琼斯矢量与琼斯矩阵

1. 琼斯矢量

1941 年，琼斯（R. C. Jones）引入了一个矢量表示式，即用两个正交分量构成的列矩阵表示一个平面矢量，故称为琼斯矢量。按照琼斯矢量的定义，在 xy 平面上，单位坐标矢量 $\hat{\boldsymbol{x}}_0$ 和 $\hat{\boldsymbol{y}}_0$ 可分别表示为归一化琼斯矢量

$$\hat{\boldsymbol{x}}_0=\begin{bmatrix}1\\0\end{bmatrix},\quad \hat{\boldsymbol{y}}_0=\begin{bmatrix}0\\1\end{bmatrix} \tag{2.4-10}$$

于是，若平面矢量$\boldsymbol{J}$在两个坐标轴上的投影分量分别为J_x和J_y，则其琼斯矢量表示式为

$$\boldsymbol{J}=J_x\hat{\boldsymbol{x}}_0+J_y\hat{\boldsymbol{y}}_0=J_x\begin{bmatrix}1\\0\end{bmatrix}+J_y\begin{bmatrix}0\\1\end{bmatrix}=\begin{bmatrix}J_x\\J_y\end{bmatrix} \tag{2.4-11}$$

同样，对于任意方向的单位矢量$\boldsymbol{a}$，设其与x轴夹角为θ，则其琼斯矢量表示式为

$$\boldsymbol{a}=\cos\theta\hat{\boldsymbol{x}}_0+\sin\theta\hat{\boldsymbol{y}}_0=\begin{bmatrix}\cos\theta\\\sin\theta\end{bmatrix} \tag{2.4-12}$$

相应的正交单位矢量（与x轴夹角为$-\theta$）的琼斯矢量表示式为

$$\boldsymbol{a}_{\perp}=-\sin\theta\hat{\boldsymbol{x}}_0+\cos\theta\hat{\boldsymbol{y}}_0=\begin{bmatrix}-\sin\theta\\\cos\theta\end{bmatrix} \tag{2.4-13}$$

2. 偏振态的琼斯矢量表示

琼斯矢量为描述光波（场）的偏振态提供了一种简便的数学语言。由式（2.4-11），设光振动矢量$\boldsymbol{E}(t)$沿两个坐标方向的投影分量分别为$E_x(t)$和$E_y(t)$，将其以琼斯矢量表示，即

$$\boldsymbol{E}(t)=E_x(t)\hat{\boldsymbol{x}}_0+E_y(t)\hat{\boldsymbol{y}}_0=\begin{bmatrix}E_x(t)\\E_y(t)\end{bmatrix} \tag{2.4-14}$$

显然，当$|E_x(t)|=|E_y(t)|$时，上式就是自然光的琼斯矢量表示式；当$|E_x(t)|\neq|E_y(t)|$时，上式则对应于部分偏振光。对于定态光波，通常不考虑时间因子，而只考虑光振动的振幅和随空间变化的相位因子。于是，可将振动方向分别沿水平方向（即平行于x轴）和竖直方向（即平行于y轴）的线偏振光波的琼斯矢量分别表示为

$$\boldsymbol{E}_{\mathrm{h}}=\begin{bmatrix}A_x\mathrm{e}^{\mathrm{i}\phi_x}\\0\end{bmatrix},\quad \boldsymbol{E}_{\mathrm{v}}=\begin{bmatrix}0\\A_y\mathrm{e}^{\mathrm{i}\phi_y}\end{bmatrix} \tag{2.4-15}$$

同样，两个振动方向正交的线偏振光波的琼斯矢量之和可以表示为

$$\boldsymbol{E}=\boldsymbol{E}_{\mathrm{h}}+\boldsymbol{E}_{\mathrm{v}}=\begin{bmatrix}A_x\mathrm{e}^{\mathrm{i}\phi_x}\\0\end{bmatrix}+\begin{bmatrix}0\\A_y\mathrm{e}^{\mathrm{i}\phi_y}\end{bmatrix}=\begin{bmatrix}A_x\mathrm{e}^{\mathrm{i}\phi_x}\\A_y\mathrm{e}^{\mathrm{i}\phi_y}\end{bmatrix}=\mathrm{e}^{\mathrm{i}\phi_x}\begin{bmatrix}A_x\\A_y\mathrm{e}^{-\mathrm{i}\delta}\end{bmatrix} \tag{2.4-16}$$

多数情况下，人们往往只关心光波（场）的偏振态，此时只需要知道两光波（场）分量间的相对振幅和相位差即可，而无须知道其绝对大小。因此，为了简化讨论，可以略去两分量间相同的相位因子（即重新选取初始相位值，令$\phi_x=0$，$\phi_x-\phi_y=\delta$），并将光振动的振幅作归一化处理（即对光振动的振幅除以其光强度的平方根），从而得到归一化的琼斯矢量

$$\boldsymbol{E}=\frac{1}{\sqrt{A_x^2+A_y^2}}\begin{bmatrix}A_x\\A_y\mathrm{e}^{-\mathrm{i}\delta}\end{bmatrix} \tag{2.4-17}$$

实际运算时，如无特殊说明，也将这种归一化的琼斯矢量简称为琼斯矢量。按照式（2.4-17）的定义，可以将几种单色偏振光波的琼斯矢量分别表示如下：

（1）振动方向与x轴夹角为$\pm\theta$的线偏振光波：

$$\boldsymbol{E}_{\pm\theta}=\begin{bmatrix}\cos\theta\\\pm\sin\theta\end{bmatrix} \tag{2.4-18}$$

当$\theta=0$和$90°$（$\pi/2$）时，分别得到振动方向平行于x轴和y轴的线偏振光波：

$$\boldsymbol{E}_{\mathrm{h}}=\begin{bmatrix}1\\0\end{bmatrix},\quad \boldsymbol{E}_{\mathrm{v}}=\begin{bmatrix}0\\1\end{bmatrix} \tag{2.4-19}$$

当 $\theta=45°$（$\pi/4$）时，有

$$\boldsymbol{E}_{\pm45°}=\frac{1}{\sqrt{2}}\begin{bmatrix}1\\\pm1\end{bmatrix} \tag{2.4-20}$$

（2）左、右旋正椭圆偏振光波（$\delta=\pm\pi/2$，正号表示右旋，负号表示左旋）：

$$\boldsymbol{E}_{\mathrm{LE}}=\frac{1}{\sqrt{A_x^2+A_y^2}}\begin{bmatrix}A_x\\\mathrm{i}A_y\end{bmatrix},\quad \boldsymbol{E}_{\mathrm{RE}}=\frac{1}{\sqrt{A_x^2+A_y^2}}\begin{bmatrix}A_x\\-\mathrm{i}A_y\end{bmatrix} \tag{2.4-21}$$

（3）左、右旋圆偏振光波（$\delta=\pm\pi/2$，$A_x=A_y$，正号表示右旋，负号表示左旋）：

$$\boldsymbol{E}_{\mathrm{L}}=\frac{1}{\sqrt{2}}\begin{bmatrix}1\\\mathrm{i}\end{bmatrix},\quad \boldsymbol{E}_{\mathrm{R}}=\frac{1}{\sqrt{2}}\begin{bmatrix}1\\-\mathrm{i}\end{bmatrix} \tag{2.4-22}$$

一对同相位、同振幅的正交线偏振光叠加的琼斯矢量可表示为

$$\boldsymbol{E}=\boldsymbol{E}_{\mathrm{h}}+\boldsymbol{E}_{\mathrm{v}}=\begin{bmatrix}1\\0\end{bmatrix}+\begin{bmatrix}0\\1\end{bmatrix}=\begin{bmatrix}1\\1\end{bmatrix}=\sqrt{2}\boldsymbol{E}_{45°} \tag{2.4-23}$$

类似地，一对同相位的左、右旋圆偏振光波叠加的琼斯矢量可表示为

$$\boldsymbol{E}=\boldsymbol{E}_{\mathrm{L}}+\boldsymbol{E}_{\mathrm{R}}=\frac{1}{\sqrt{2}}\begin{bmatrix}1\\\mathrm{i}\end{bmatrix}+\frac{1}{\sqrt{2}}\begin{bmatrix}1\\-\mathrm{i}\end{bmatrix}=\sqrt{2}\begin{bmatrix}1\\0\end{bmatrix}=\sqrt{2}\boldsymbol{E}_{\mathrm{h}} \tag{2.4-24}$$

式（2.4-24）表明，一对同相位的左、右旋圆偏振光的叠加构成一平面偏振光，或者说平面偏振光可以分解成一对相位相同的左旋和右旋圆偏振光。这与菲涅耳的解释是一致的。

同样，也可以证明，一对左、右旋圆偏振光或者椭圆偏振光的琼斯矢量正交。如

$$\boldsymbol{E}_{\mathrm{L}}^{*}\cdot\boldsymbol{E}_{\mathrm{R}}=\frac{1}{2}\begin{bmatrix}1 & -\mathrm{i}\end{bmatrix}\cdot\begin{bmatrix}1\\-\mathrm{i}\end{bmatrix}=0 \tag{2.4-25}$$

式中：星号“∗”表示对矩阵作转置共轭运算。

3. 琼斯矩阵

设某一入射光波的琼斯矢量为 $\boldsymbol{E}_i$，通过某一光学元件后，其琼斯矢量变为 $\boldsymbol{E}_t$，从系统论的角度，可以认为该光学元件对入射光波起到一种变换作用，即将光波由一个态（入射时的偏振态）变换到另一个态（透射后的偏振态）。数学上可以将这样一种变换过程用一个变换矩阵 $\boldsymbol{J}$ 表示，即

$$\boldsymbol{E}_t=\begin{bmatrix}E_{tx}\\E_{ty}\end{bmatrix}=\boldsymbol{J}\cdot\boldsymbol{E}_i=\begin{bmatrix}J_{xx} & J_{xy}\\J_{yx} & J_{yy}\end{bmatrix}\cdot\begin{bmatrix}E_{ix}\\E_{iy}\end{bmatrix} \tag{2.4-26}$$

式中的变换矩阵

$$\boldsymbol{J}=\begin{bmatrix}J_{xx} & J_{xy}\\J_{yx} & J_{yy}\end{bmatrix} \tag{2.4-27}$$

称为琼斯矩阵。已知琼斯矩阵元素，就可以很容易求得透射光波的琼斯矢量，即

$$\begin{cases}E_{tx}=J_{xx}E_{ix}+J_{xy}E_{iy}\\E_{ty}=J_{yx}E_{ix}+J_{yy}E_{iy}\end{cases} \tag{2.4-28}$$

这里给出常用几种偏振光学元件的琼斯矩阵。

（1）沿 x 方向起偏的偏振片：

$$\boldsymbol{J}=\begin{bmatrix}1 & 0\\0 & 0\end{bmatrix}$$

（2）沿 y 方向起偏的偏振片：

$$\boldsymbol{J}=\begin{bmatrix}0 & 0\\0 & 1\end{bmatrix}$$

（3）与 x 轴夹角 θ 方向起偏的偏振片：

$$\boldsymbol{J}=\begin{bmatrix}\cos^2\theta & \sin\theta\cos\theta\\\sin\theta\cos\theta & \sin^2\theta\end{bmatrix}$$

当 $\theta=\pm45°$时，有

$$\boldsymbol{J}=\frac{1}{2}\begin{bmatrix}1 & \pm1\\\pm1 & 1\end{bmatrix}$$

（4）快轴沿 x 方向的 1/4 波片：

$$\boldsymbol{J}=\begin{bmatrix}1 & 0\\0 & \mathrm{i}\end{bmatrix}$$

（5）快轴沿 y 方向的 1/4 波片：

$$\boldsymbol{J}=\begin{bmatrix}1 & 0\\0 & -\mathrm{i}\end{bmatrix}$$

（6）快轴与 x 轴夹角±45°的 1/4 波片：

$$\boldsymbol{J}=\frac{1}{\sqrt{2}}\begin{bmatrix}1 & \pm\mathrm{i}\\\pm\mathrm{i} & 1\end{bmatrix}$$

（7）快轴沿 x 或者 y 方向的 1/2 波片：

$$\boldsymbol{J}=\begin{bmatrix}1 & 0\\0 & -1\end{bmatrix}$$

（8）快轴与 x 轴夹角±45°的 1/2 波片：

$$\boldsymbol{J}=\begin{bmatrix}0 & 1\\1 & 0\end{bmatrix}$$

（9）全波片：

$$\boldsymbol{J}=\begin{bmatrix}1 & 0\\0 & 1\end{bmatrix}$$

当光波连续通过一系列偏振光学元件时，如图 2.4-9 所示，若已知各个元件的琼斯矩阵，则最终透射光波与入射光波的琼斯矢量（偏振态）之间满足如下关系：

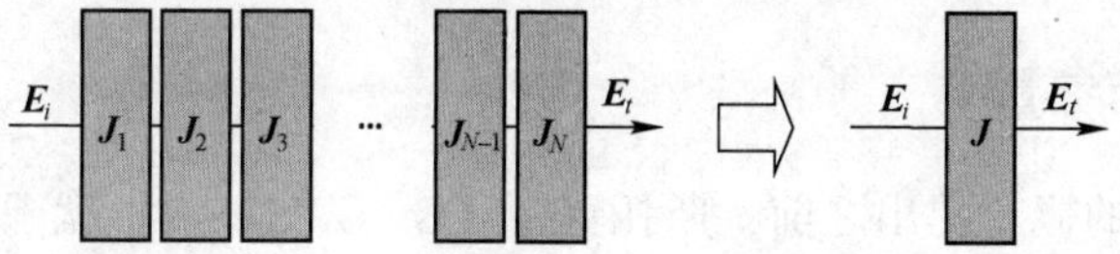

图 2.4-9　偏振光学元件组的琼斯矩阵

$$\boldsymbol{E}_t=\boldsymbol{J}_N\cdot\boldsymbol{J}_{N-1}\cdot\cdots\cdot\boldsymbol{J}_2\cdot\boldsymbol{J}_1\boldsymbol{E}_i=\boldsymbol{J}\boldsymbol{E}_i \tag{2.4-29}$$

式中矩阵

$$\boldsymbol{J}=\boldsymbol{J}_N\cdot\boldsymbol{J}_{N-1}\cdot\cdots\cdot\boldsymbol{J}_2\cdot\boldsymbol{J}_1 \tag{2.4-30}$$

表示整个光学系统的琼斯矩阵，它等于构成系统的各个偏振光学元件的琼斯矩阵的乘积。不过应当注意的是，由于矩阵运算不满足乘法交换律，因此各个矩阵必须按光波通过的先后顺序依次相乘。

按照式（2.4-30）结论，可以大大简化复杂偏振光学系统的描述。例如，由两个相同 1/4 波片平行组合的琼斯矩阵为

$$\boldsymbol{J}=\begin{bmatrix}1&0\\0&\mathrm{i}\end{bmatrix}\cdot\begin{bmatrix}1&0\\0&\mathrm{i}\end{bmatrix}=\begin{bmatrix}1&0\\0&-\mathrm{i}\end{bmatrix}\cdot\begin{bmatrix}1&0\\0&-\mathrm{i}\end{bmatrix}=\begin{bmatrix}1&0\\0&-1\end{bmatrix} \tag{2.4-31a}$$

或

$$\boldsymbol{J}=\frac{1}{2}\begin{bmatrix}1&\mp\mathrm{i}\\\pm\mathrm{i}&1\end{bmatrix}\cdot\begin{bmatrix}1&\mp\mathrm{i}\\\pm\mathrm{i}&1\end{bmatrix}=\frac{1}{2}\begin{bmatrix}2&\mp2\mathrm{i}\\\pm2\mathrm{i}&2\end{bmatrix}=\begin{bmatrix}1&\mp\mathrm{i}\\\pm\mathrm{i}&1\end{bmatrix} \tag{2.4-31b}$$

而由两个相同 1/4 波片正交组合的琼斯矩阵为

$$\boldsymbol{J}=\begin{bmatrix}1&0\\0&\mathrm{i}\end{bmatrix}\cdot\begin{bmatrix}1&0\\0&-\mathrm{i}\end{bmatrix}=\begin{bmatrix}1&0\\0&1\end{bmatrix} \tag{2.4-32a}$$

或

$$\boldsymbol{J}=\frac{1}{2}\begin{bmatrix}1&\mathrm{i}\\\mathrm{i}&1\end{bmatrix}\cdot\begin{bmatrix}1&-\mathrm{i}\\-\mathrm{i}&1\end{bmatrix}=\frac{1}{2}\begin{bmatrix}2&0\\0&2\end{bmatrix}=\begin{bmatrix}1&0\\0&1\end{bmatrix} \tag{2.4-32b}$$

同样，由两个相同 1/2 波片平行组合的琼斯矩阵为

$$\boldsymbol{J}=\begin{bmatrix}1&0\\0&-1\end{bmatrix}\cdot\begin{bmatrix}1&0\\0&-1\end{bmatrix}=\begin{bmatrix}0&1\\1&0\end{bmatrix}\cdot\begin{bmatrix}0&1\\1&0\end{bmatrix}=\begin{bmatrix}1&0\\0&1\end{bmatrix} \tag{2.4-33}$$

式（3.4-31）~式（3.4-33）的结果表明，两个相同 1/4 波片平行叠置相当于一个 1/2 波片，正交叠置则相当于一块平板玻璃或者全波片；两个相同 1/2 波片平行叠置相当于一个全波片。这与基础光学中得到的结论一致。此外，我们知道，利用偏振片和 1/4 波片组合构成的圆偏振器，可以将自然光转变为圆偏振光。显然，假设这个圆偏振器由一个沿与 x 轴夹角 $\theta=45°$方向起偏的偏振片和一个快轴沿 x 或 y 方向的 1/4 波片组合构成，则其琼斯矩阵应为

$$\boldsymbol{J}=\frac{1}{2}\begin{bmatrix}1&0\\0&\mathrm{i}\end{bmatrix}\cdot\begin{bmatrix}1&1\\1&1\end{bmatrix}=\frac{1}{2}\begin{bmatrix}1&1\\\mathrm{i}&\mathrm{i}\end{bmatrix} \tag{2.4-34a}$$

或

$$\boldsymbol{J}=\frac{1}{2}\begin{bmatrix}1&0\\0&-\mathrm{i}\end{bmatrix}\cdot\begin{bmatrix}1&1\\1&1\end{bmatrix}=\frac{1}{2}\begin{bmatrix}1&1\\-\mathrm{i}&-\mathrm{i}\end{bmatrix} \tag{2.4-34b}$$

2.4.3 斯托克斯参量

早在琼斯矢量的概念提出之前，斯托克斯（G. G. Stokes）就于 1852 年提出了一种关于光波偏振态的参量描述方法。按照斯托克斯的定义，假设一束单色平面波电矢量的两个横向分量的振幅分别为 A_x 和 A_y，则可以引入如下四个参量：

$$\begin{cases} s_0 = A_x^2 + A_y^2 = E_x E_x^* + E_y E_y^* \\ s_1 = A_x^2 - A_y^2 = E_x E_x^* - E_y E_y^* \\ s_2 = 2A_x A_y \cos\delta = E_x E_y^* - E_y E_x^* \\ s_3 = 2A_x A_y \sin\delta = \mathrm{i}(E_x E_y^* - E_y E_x^*) \end{cases} \tag{2.4-35}$$

式中：δ表示两个正交分量的相位差；四个参量s_0、s_1、s_2、s_3合称斯托克斯参量，均具有强度量纲，其中参量s_0表示光波的强度，s_1表示水平偏振分量与竖直偏振分量的强度差，s_2和s_3反映了光场偏振椭圆的取向、椭圆率及椭圆旋向。

对于完全偏振光，四个参量满足关系：

$$s_0^2 = s_1^2 + s_2^2 + s_3^2 \tag{2.4-36}$$

因此，四个参量中只有三个是独立的。可以看出，当$s_3 = 0$时，意味着$\delta = \pm j\pi(j=0,1,2,\cdots)$，对应着线偏振光。此时，有

$$s_0^2 = s_1^2 + s_2^2 \tag{2.4-37}$$

当$s_1 = s_2 = 0$时，意味着$A_x = A_y$，$\delta = \pm(2j+1)\pi/2$ $(j=0,1,2,\cdots)$，对应着圆偏振光。此时，有

$$s_0 = \pm s_3 \tag{2.4-38}$$

当s_1，s_2，s_3不为0时，则意味着$A_x \neq A_y$，并且δ任意，对应着椭圆偏振光。

对于部分偏振光，四个斯托克斯参量之间满足如下关系：

$$s_0^2 > s_1^2 + s_2^2 + s_3^2 \tag{2.4-39}$$

基于斯托克斯参量，可以将光场的偏振度定义为

$$P = \frac{\sqrt{s_1^2 + s_2^2 + s_3^2}}{s_0} \tag{2.4-40}$$

同样，$P=1$对应完全偏振光，$P=0$对应自然光，$0<P<1$对应部分偏振光。

2.4.4 斯托克斯矢量与米勒矩阵

通常，将四个斯托克斯参量s_0、s_1、s_2、s_3写成一阶矩阵形式，即$[s_0, s_1, s_2, s_3]$，称为斯托克斯矢量。类似于琼斯矢量，通常也用归一化的斯托克斯矢量表示光场的偏振态，即$[1, s_1/s_0, s_2/s_0, s_3/s_0]$。例如，自然光为$[1,0,0,0]$；水平/竖直线偏振光为$[1,\pm1,0,0]$；$\pm45°$线偏振光为$[1,0,\pm1,0]$；右/左旋圆偏振光为$[1,0,0,\pm1]$。

类似于琼斯矩阵，采用（归一化）斯托克斯矢量表示光学系统输入和输出光场的偏振态时，存在着一个4×4的变换矩阵，称为米勒（Müller）矩阵。即

$$\boldsymbol{M} = \begin{bmatrix} M_{11} & M_{12} & M_{13} & M_{14} \\ M_{21} & M_{22} & M_{23} & M_{24} \\ M_{31} & M_{32} & M_{33} & M_{34} \\ M_{41} & M_{42} & M_{43} & M_{44} \end{bmatrix} \tag{2.4-41}$$

因此，有

$$\begin{bmatrix} s_{0t} \\ s_{1t} \\ s_{2t} \\ s_{3t} \end{bmatrix} = \boldsymbol{M} \begin{bmatrix} s_{0i} \\ s_{1i} \\ s_{2i} \\ s_{3i} \end{bmatrix} = \begin{bmatrix} M_{11} & M_{12} & M_{13} & M_{14} \\ M_{21} & M_{22} & M_{23} & M_{24} \\ M_{31} & M_{32} & M_{33} & M_{34} \\ M_{41} & M_{42} & M_{43} & M_{44} \end{bmatrix} \cdot \begin{bmatrix} s_{0i} \\ s_{1i} \\ s_{2i} \\ s_{3i} \end{bmatrix} \tag{2.4-42}$$

米勒矩阵的运算方法类似于琼斯矩阵。如果光波依次穿过几个偏振元件，各个器件的米勒矩阵依次为 $\boldsymbol{M}_1$、$\boldsymbol{M}_2$、…、$\boldsymbol{M}_N$，则系统总的米勒矩阵为

$$\boldsymbol{M} = \boldsymbol{M}_N \cdot \boldsymbol{M}_{N-1} \cdot \cdots \cdot \boldsymbol{M}_1 \tag{2.4-43}$$

这里给出常用几种偏振光学元件的米勒矩阵：

（1）沿 x 方向起偏的偏振片：

$$\boldsymbol{M} = \frac{1}{2} \begin{bmatrix} 1 & 1 & 0 & 0 \\ 1 & 1 & 0 & 0 \\ 0 & 0 & 0 & 0 \\ 0 & 0 & 0 & 0 \end{bmatrix}$$

（2）沿 y 方向起偏的偏振片：

$$\boldsymbol{M} = \frac{1}{2} \begin{bmatrix} 1 & -1 & 0 & 0 \\ -1 & 1 & 0 & 0 \\ 0 & 0 & 0 & 0 \\ 0 & 0 & 0 & 0 \end{bmatrix}$$

（3）沿与 x 轴夹角±45°方向起偏的偏振片：

$$\boldsymbol{M} = \frac{1}{2} \begin{bmatrix} 1 & 0 & \pm 1 & 0 \\ 0 & 0 & 0 & 0 \\ \pm 1 & 0 & 1 & 0 \\ 0 & 0 & 0 & 0 \end{bmatrix}$$

（4）快轴沿 x 轴方向的 1/4 波片：

$$\boldsymbol{M} = \begin{bmatrix} 1 & 0 & 0 & 0 \\ 0 & 1 & 0 & 0 \\ 0 & 0 & 0 & 1 \\ 0 & 0 & -1 & 0 \end{bmatrix}$$

（5）快轴沿 y 轴方向的 1/4 波片：

$$\boldsymbol{M} = \begin{bmatrix} 1 & 0 & 0 & 0 \\ 0 & 1 & 0 & 0 \\ 0 & 0 & 0 & -1 \\ 0 & 0 & 1 & 0 \end{bmatrix}$$

（6）快轴与 x 轴夹角±45°的 1/4 波片：

$$\boldsymbol{M} = \begin{bmatrix} 1 & 0 & 0 & 0 \\ 0 & 0 & 0 & \mp 1 \\ 0 & 0 & 1 & 0 \\ 0 & \pm 1 & 0 & 0 \end{bmatrix}$$

（7）快轴沿 x 轴或者 y 轴方向的 1/2 波片：

$$\boldsymbol{M}=\begin{bmatrix}1 & 0 & 0 & 0\\ 0 & 1 & 0 & 0\\ 0 & 0 & -1 & 0\\ 0 & 0 & 0 & -1\end{bmatrix}$$

（8）快轴与 x 轴夹角±45°的 1/2 波片：

$$\boldsymbol{M}=\begin{bmatrix}1 & 0 & 0 & 0\\ 0 & -1 & 0 & 0\\ 0 & 0 & 1 & 0\\ 0 & 0 & 0 & -1\end{bmatrix}$$

（9）全波片：

$$\boldsymbol{M}=\begin{bmatrix}1 & 0 & 0 & 0\\ 0 & 1 & 0 & 0\\ 0 & 0 & 1 & 0\\ 0 & 0 & 0 & 1\end{bmatrix}$$

类似于琼斯矩阵，也可以利用米勒矩阵来简化复杂偏振光学系统的描述。例如，由两个相同 1/4 波片平行组合的米勒矩阵为

$$\boldsymbol{M}=\begin{bmatrix}1 & 0 & 0 & 0\\ 0 & 1 & 0 & 0\\ 0 & 0 & 0 & 1\\ 0 & 0 & -1 & 0\end{bmatrix}\cdot\begin{bmatrix}1 & 0 & 0 & 0\\ 0 & 1 & 0 & 0\\ 0 & 0 & 0 & 1\\ 0 & 0 & -1 & 0\end{bmatrix}=\begin{bmatrix}1 & 0 & 0 & 0\\ 0 & 1 & 0 & 0\\ 0 & 0 & 0 & -1\\ 0 & 0 & 1 & 0\end{bmatrix}\cdot\begin{bmatrix}1 & 0 & 0 & 0\\ 0 & 1 & 0 & 0\\ 0 & 0 & 0 & -1\\ 0 & 0 & 1 & 0\end{bmatrix}=\begin{bmatrix}1 & 0 & 0 & 0\\ 0 & 1 & 0 & 0\\ 0 & 0 & -1 & 0\\ 0 & 0 & 0 & -1\end{bmatrix}\tag{2.4-44a}$$

或

$$\boldsymbol{M}=\begin{bmatrix}1 & 0 & 0 & 0\\ 0 & 0 & 0 & \mp1\\ 0 & 0 & 1 & 0\\ 0 & \pm1 & 0 & 0\end{bmatrix}\cdot\begin{bmatrix}1 & 0 & 0 & 0\\ 0 & 0 & 0 & \mp1\\ 0 & 0 & 1 & 0\\ 0 & \pm1 & 0 & 0\end{bmatrix}=\begin{bmatrix}1 & 0 & 0 & 0\\ 0 & -1 & 0 & 0\\ 0 & 0 & 1 & 0\\ 0 & 0 & 0 & -1\end{bmatrix}\tag{2.4-44b}$$

而由两个相同 1/4 波片正交组合的米勒矩阵为

$$\boldsymbol{M}=\begin{bmatrix}1 & 0 & 0 & 0\\ 0 & 1 & 0 & 0\\ 0 & 0 & 0 & -1\\ 0 & 0 & 1 & 0\end{bmatrix}\cdot\begin{bmatrix}1 & 0 & 0 & 0\\ 0 & 1 & 0 & 0\\ 0 & 0 & 0 & 1\\ 0 & 0 & -1 & 0\end{bmatrix}=\begin{bmatrix}1 & 0 & 0 & 0\\ 0 & 1 & 0 & 0\\ 0 & 0 & 1 & 0\\ 0 & 0 & 0 & 1\end{bmatrix}\tag{2.4-45a}$$

或

$$\boldsymbol{M}=\begin{bmatrix}1 & 0 & 0 & 0\\ 0 & 0 & 0 & +1\\ 0 & 0 & 1 & 0\\ 0 & -1 & 0 & 0\end{bmatrix}\cdot\begin{bmatrix}1 & 0 & 0 & 0\\ 0 & 0 & 0 & -1\\ 0 & 0 & 1 & 0\\ 0 & +1 & 0 & 0\end{bmatrix}=\begin{bmatrix}1 & 0 & 0 & 0\\ 0 & 1 & 0 & 0\\ 0 & 0 & 1 & 0\\ 0 & 0 & 0 & 1\end{bmatrix}\tag{2.4-45b}$$

同样，由两个相同 1/2 波片平行组合的米勒矩阵为

$$M=\begin{bmatrix}1&0&0&0\\0&1&0&0\\0&0&-1&0\\0&0&0&-1\end{bmatrix}\cdot\begin{bmatrix}1&0&0&0\\0&1&0&0\\0&0&-1&0\\0&0&0&-1\end{bmatrix}=\begin{bmatrix}1&0&0&0\\0&1&0&0\\0&0&1&0\\0&0&0&1\end{bmatrix}\tag{2.4-46}$$

而由一个沿与 x 轴夹角 $\theta=45°$方向起偏的偏振片和快轴沿 x 或者 y 方向的 1/4 波片组合的米勒矩阵为

$$M=\frac{1}{2}\begin{bmatrix}1&0&0&0\\0&1&0&0\\0&0&0&1\\0&0&-1&0\end{bmatrix}\cdot\begin{bmatrix}1&0&1&0\\0&0&0&0\\1&0&1&0\\0&0&0&0\end{bmatrix}=\frac{1}{2}\begin{bmatrix}1&0&1&0\\0&0&0&0\\0&0&0&0\\-1&0&-1&0\end{bmatrix}\tag{2.4-47a}$$

或

$$M=\frac{1}{2}\begin{bmatrix}1&0&0&0\\0&1&0&0\\0&0&0&-1\\0&0&1&0\end{bmatrix}\cdot\begin{bmatrix}1&0&1&0\\0&0&0&0\\1&0&1&0\\0&0&0&0\end{bmatrix}=\frac{1}{2}\begin{bmatrix}1&0&1&0\\0&0&0&0\\0&0&0&0\\1&0&1&0\end{bmatrix}\tag{2.4-47b}$$

可以证明，若令自然光穿过由式（2.4-47a）或式（2.4-47b）所描述的偏振组件，则透射光的斯托克斯矢量变为

$$\frac{1}{2}\begin{bmatrix}1&0&1&0\\0&0&0&0\\0&0&0&0\\-1&0&-1&0\end{bmatrix}\cdot\begin{bmatrix}1\\0\\0\\0\end{bmatrix}=\frac{1}{2}\begin{bmatrix}1\\0\\0\\-1\end{bmatrix}，\quad 或\quad \frac{1}{2}\begin{bmatrix}1&0&1&0\\0&0&0&0\\0&0&0&0\\1&0&1&0\end{bmatrix}\cdot\begin{bmatrix}1\\0\\0\\0\end{bmatrix}=\frac{1}{2}\begin{bmatrix}1\\0\\0\\1\end{bmatrix}$$

即变为左旋或右旋圆偏振光。

2.4.5　偏振椭圆与庞加莱球

1. 偏振椭圆

由式（2.4-4）可知，构成椭圆偏振光的两个正交线偏振分量的振幅比 A_x/A_y 和相位差 δ，决定了其合振动矢量末端轨迹形成的偏振椭圆的形状和方位，从而决定了该椭圆偏振光的偏振态。因此，也可以反过来直接利用这个偏振椭圆的形状和方位角两个参量来描述一束完全偏振光的偏振态。如图 2.4-10 所示，以 χ 表示描述偏振椭圆形状的椭圆率（$-\pi/4\leqslant\chi\leqslant\pi/4$），定义其正切等于半短轴与半长轴长度之比，即 $\beta=b/a=\tan\chi$；以 ψ 表示偏振椭圆长轴的方位角（$0\leqslant\psi\leqslant\pi$），定义为偏振椭圆长轴与水平方向的夹角。显然，$\chi=0$ 时，$\beta=0$，表示线偏振光；$\chi=\pi/4$ 时，$\beta=1$，表示右旋圆偏振光；$\chi=-\pi/4$ 时，$\beta=-1$，表示左旋圆偏振光 $0<\chi<\pi/4$ 时，$0<\beta<1$，表示右旋椭圆偏振光；$-\pi/4<\chi<0$ 时，$-1<\beta<0$，表示左旋椭圆偏振光。

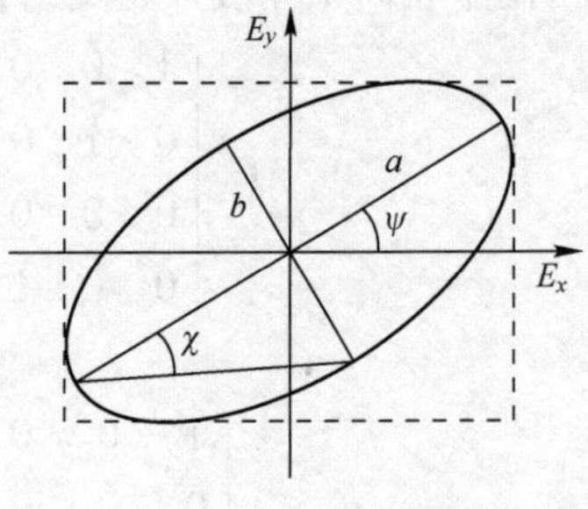

图 2.4-10　偏振椭圆

2. 庞加莱球

庞加莱（J. H. Poincaré）提出，完全偏振光的斯托克斯参量 s_1、s_2、s_3可以看作半径为 s_0的球面上某一个点的直角坐标，该点的位置反映了光场的偏振态。如图 2.4-11 所示，考察庞加莱球上的点 P，设其经度和纬度角坐标分别为 $2\chi(-\pi/4\leqslant\chi\leqslant\pi/4)$和 $2\psi(0\leqslant\psi<\pi)$，则有

$$s_1=s_0\cos2\chi\cos2\psi \tag{2.4-48a}$$

$$s_2=s_0\cos2\chi\sin2\psi \tag{2.4-48b}$$

$$s_3=s_0\sin2\chi \tag{2.4-48c}$$

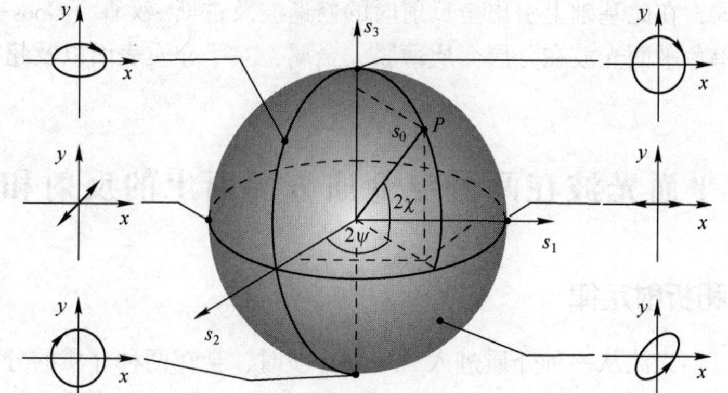

图 2.4-11　庞加莱球

由式（2.4-35）和式（2.4-48）可看出，当$\chi=\pm\pi/4$时，$s_1=s_2=0$，$A_x=A_y$，$\delta=\pm(2j+1)\pi/2$，P 点位于 z 轴上的庞加莱球的南北两极，分别表现为右旋（北极）和左旋（南极）圆偏振光；当$\chi=0$时，$s_3=0$，$\delta=\pm j\pi$，P 点位于赤道上，表现为线偏振光；其他位置的 P 点均表示椭圆偏振光，并且上、下半球分别对应右旋和左旋椭圆偏振光。可以证明，庞加莱球上任意直径方向对应的两个点均描述一对正交的偏振态。此外，P 点的经度和纬度坐标的一半χ 和 ψ 正好就是偏振椭圆的椭圆率和长轴方位角，并且有

$$\psi=\frac{1}{2}\arctan\left(\frac{s_2}{s_1}\right) \tag{2.4-49a}$$

$$\chi=\frac{1}{2}\arcsin\left(\frac{s_3}{s_0}\right) \tag{2.4-49b}$$

需要说明的是，为了讨论方便，并与斯托克斯矢量描述统一，通常采用归一化斯托克斯参量表示庞加莱球。相当于将图 2.4-11 所示庞加莱球的半径除以 s_0，将其变为半径等于 1 的单位球，同时将三个坐标轴的取值也分别除以 s_0，分别变为 s_1/s_0、s_2/s_0、s_3/s_0。别的参量均不变，故此处不再赘述。

第3章 平面光波的反射和折射

本章从电磁场的边值关系出发，首先导出单色平面光波在两种介质分界面上的反射和折射定律的普遍表示式，其次导出反射光波、透射光波与入射光波的电场分量间所满足的菲涅耳公式，在此基础上引出全反射时的倏逝波及古斯-汉森（Goos-Hänchen）位移，最后讨论单色平面光波在分层介质薄膜、金属、左手介质表面以及超构表面上的反射和折射特性。

3.1 平面光波在两种电介质分界面上的反射和折射

3.1.1 反射和折射定律

我们知道，当光波从一种介质进入另一种介质时，会在两种介质的分界面处发生反射和折射。现考虑这样一种情况，如图3.1-1所示，在介质1与介质2构成的无限大分界面处，一束单色平面光波自介质1进入介质2，并且在分界面处 O 点发生反射和折射。若以 $\boldsymbol{n}$ 表示分界面法线方向单位矢量，$\boldsymbol{k}_1$、$\boldsymbol{k}_1'$ 和 $\boldsymbol{k}_2$ 分别表示入射光波、反射光波和折射光波的波矢量，θ_1、θ_1' 和 θ_2 分别表示入射角、反射角和折射角，$\boldsymbol{E}_1$、$\boldsymbol{E}_1'$ 和 $\boldsymbol{E}_2$ 分别表示分界面处入射光波、反射光波和折射光波的电场强度矢量，则有

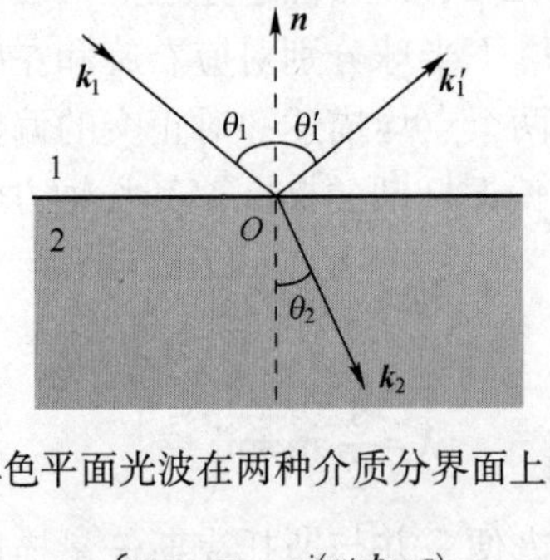

图3.1-1 单色平面光波在两种介质分界面上的反射和折射

$$\begin{cases}\boldsymbol{E}_1=\boldsymbol{E}_{10}\mathrm{e}^{-\mathrm{i}(\omega t-\boldsymbol{k}_1\cdot\boldsymbol{r})}\\ \boldsymbol{E}_1'=\boldsymbol{E}_{10}'\mathrm{e}^{-\mathrm{i}(\omega t-\boldsymbol{k}_1'\cdot\boldsymbol{r})}\\ \boldsymbol{E}_2=\boldsymbol{E}_{20}\mathrm{e}^{-\mathrm{i}(\omega t-\boldsymbol{k}_2\cdot\boldsymbol{r})}\end{cases}\tag{3.1-1}$$

根据电磁场的边值关系，当界面处无传导电流和自由电荷分布时，电场强度矢量应满足连续性条件，即

$$\boldsymbol{n}\times(\boldsymbol{E}_1+\boldsymbol{E}_1')=\boldsymbol{n}\times\boldsymbol{E}_2\tag{3.1-2}$$

将式（3.1-1）代入上式，得

$$\boldsymbol{n}\times(\boldsymbol{E}_{10}\mathrm{e}^{\mathrm{i}\boldsymbol{k}_1\cdot\boldsymbol{r}}+\boldsymbol{E}_{10}'\mathrm{e}^{\mathrm{i}\boldsymbol{k}_1'\cdot\boldsymbol{r}})=\boldsymbol{n}\times\boldsymbol{E}_{20}\mathrm{e}^{\mathrm{i}\boldsymbol{k}_2\cdot\boldsymbol{r}}\tag{3.1-3}$$

或

$$\boldsymbol{n}\times\boldsymbol{E}_{10}=\boldsymbol{n}\times[\boldsymbol{E}_{20}\mathrm{e}^{\mathrm{i}(\boldsymbol{k}_2\cdot\boldsymbol{r}-\boldsymbol{k}_1\cdot\boldsymbol{r})}-\boldsymbol{E}'_{10}\mathrm{e}^{\mathrm{i}(\boldsymbol{k}'_1\cdot\boldsymbol{r}-\boldsymbol{k}_1\cdot\boldsymbol{r})}] \tag{3.1-4}$$

显然，上式对整个界面成立的条件是等号右边的指数因子在界面处等于0，即

$$(\boldsymbol{k}_2-\boldsymbol{k}_1)\cdot\boldsymbol{r}=0 \tag{3.1-5}$$

$$(\boldsymbol{k}'_1-\boldsymbol{k}_1)\cdot\boldsymbol{r}=0 \tag{3.1-6}$$

因而有

$$(\boldsymbol{k}_2-\boldsymbol{k}'_1)\cdot\boldsymbol{r}=0 \tag{3.1-7}$$

由于$\boldsymbol{r}$代表光波在分界面上入射点的位置矢量，故矢量（$\boldsymbol{k}_2-\boldsymbol{k}$）、（$\boldsymbol{k}'_1-\boldsymbol{k}$）和（$\boldsymbol{k}_2-\boldsymbol{k}'_1$）与$\boldsymbol{r}$的标积均等于0意味着三者均垂直于两种介质的分界面。同时，这三个矢量又分别与相应的波矢对（$\boldsymbol{k}_2,\boldsymbol{k}_1$）、（$\boldsymbol{k}'_1,\boldsymbol{k}_1$）及（$\boldsymbol{k}_2,\boldsymbol{k}'_1$）共面，表明三个波矢量$\boldsymbol{k}_1$、$\boldsymbol{k}'_1$、$\boldsymbol{k}_2$各自所处平面均与分界面垂直。这样，既要保证两两共面，又要保证每个平面与界面正交，显然只有一种可能，即三个波矢量共面。由此可得出结论：入射光波、反射光波和折射光波的波矢量均位于同一平面，这个平面与分界面正交，即通常所说的入射面。

将式（3.1-5）、式（3.1-6）和式（3.1-7）合并，得

$$\boldsymbol{k}_2\cdot\boldsymbol{r}=\boldsymbol{k}'_1\cdot\boldsymbol{r}=\boldsymbol{k}_1\cdot\boldsymbol{r} \tag{3.1-8}$$

上式表明，入射光波、反射光波和折射光波的波矢量在界面方向的投影值大小相等。参考图3.1-1所示几何关系，得

$$k_1\sin\theta_1=k'_1\sin\theta'_1=k_2\sin\theta_2 \tag{3.1-9}$$

设光波在两种介质中的速度分别为v_1和v_2，因$k=\omega/v$，而$v_1=v'_1$，所以有

$$k'_1=k_1=\frac{\omega}{v_1}=\frac{\omega}{c}n_1 \tag{3.1-10}$$

$$k_2=\frac{\omega}{v_2}=\frac{\omega}{c}n_2 \tag{3.1-11}$$

将式（3.1-10）和式（3.1-11）分别代入式（3.1-9），得

$$\frac{1}{v_1}\sin\theta_1=\frac{1}{v_1}\sin\theta'_1 \tag{3.1-12}$$

$$\frac{1}{v_1}\sin\theta_1=\frac{1}{v_2}\sin\theta_2 \tag{3.1-13}$$

由折射率的定义（$n=c/v$）可知$n_1=c/v_1$，$n_2=c/v_2$。于是可将式（3.1-12）和式（3.1-13）分别简化为

$$\theta_1=\theta'_1 \tag{3.1-14}$$

$$n_1\sin\theta_1=n_2\sin\theta_2 \tag{3.1-15}$$

式（3.1-14）和式（3.1-15）分别是几何光学中的反射和折射定律表达式。由此可见，式（3.1-8）实际上就是光的反射和折射定律的矢量表达式。

3.1.2 菲涅耳公式

反射和折射定律只给出了光波在两种介质分界面两侧的传播方向，并未给出各光波的电场强度矢量和磁场强度矢量在分界面两侧的振幅和相位关系，下面利用边界条件并结合3.1.1小节讨论结果详细分析。

参考图3.1-2，设一束单色平面自然光在两种介质的分界面处发生反射和折射。取

两种介质的分界面为 $z=0$（即 xy）平面，光波入射面为 $y=0$（即 xz）平面，入射点位于坐标原点 O，入射角（反射角）和折射角分别为 θ_1 和 θ_2。为方便讨论，将入射的自然光分解成偏振面分别平行和垂直于入射面的两个振幅相等的正交平面偏振光分量，分别简称为 p 分量和 s 分量，其在入射点的瞬时电（磁）场强度矢量分别以 $\boldsymbol{E}_{1p}(\boldsymbol{H}_{1p})$ 和 $\boldsymbol{E}_{1s}(\boldsymbol{H}_{1s})$ 表示。规定 s 分量的正方向沿 $+y$ 方向（自纸平面向外），p 分量的正方向与 s 分量及波矢量的正方向之间构成右手螺旋关系。相应的反射光波和折射光波也分别分解为平行和垂直于入射面的两个正交分量，其中 p 分量的电场（磁场）强度矢量分别表示为 $\boldsymbol{E}'_{1p}(\boldsymbol{H}'_{1p})$ 和 $\boldsymbol{E}_{2p}(\boldsymbol{H}_{2p})$，s 分量的瞬时电场（磁场）强度矢量分别表示为 $\boldsymbol{E}'_{1s}(\boldsymbol{H}'_{1s})$ 和 $\boldsymbol{E}_{2s}(\boldsymbol{H}_{2s})$。按照电磁场的边值关系以及反射和折射定律，得

$$\begin{cases}\boldsymbol{n}\times(\boldsymbol{E}_1+\boldsymbol{E}'_1)=\boldsymbol{n}\times\boldsymbol{E}_2\\ \boldsymbol{n}\times(\boldsymbol{H}_1+\boldsymbol{H}'_1)=\boldsymbol{n}\times\boldsymbol{H}_2\end{cases}\tag{3.1-16}$$

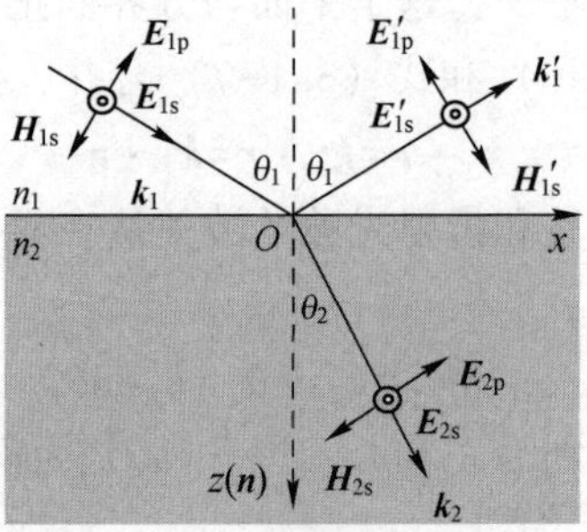

图 3.1-2　场矢量的边值关系

若分别以 $\hat{\boldsymbol{x}}_0$、$\hat{\boldsymbol{y}}_0$、$\hat{\boldsymbol{z}}_0$ 表示三个坐标轴方向单位矢量，则 $\boldsymbol{n}=\hat{\boldsymbol{z}}_0$，于是可将上述边界条件简化为

$$\begin{cases}(E_{1x}+E'_{1x})\hat{\boldsymbol{y}}_0-(E_{1y}+E'_{1y})\hat{\boldsymbol{x}}_0=E_{2x}\hat{\boldsymbol{y}}_0-E_{2y}\hat{\boldsymbol{x}}_0\\ (H_{1x}+H'_{1x})\hat{\boldsymbol{y}}_0-(H_{1y}+H'_{1y})\hat{\boldsymbol{x}}_0=H_{2x}\hat{\boldsymbol{y}}_0-H_{2y}\hat{\boldsymbol{x}}_0\end{cases}\tag{3.1-17}$$

即

$$\begin{cases}E_{1x}+E'_{1x}=E_{2x}\\ E_{1y}+E'_{1y}=E_{2y}\\ H_{1x}+H'_{1x}=H_{2x}\\ H_{1y}+H'_{1y}=H_{2y}\end{cases}\tag{3.1-18}$$

利用平面电磁场量振幅间的关系 $H=(\sqrt{\varepsilon/\mu})E$，并根据图 3.1-2 所示 s 分量和 p 分量与场量的坐标分量之间的投影关系，可将式（3.1-18）简化为如下四个方程：

$$\begin{cases}(E_{1p}-E'_{1p})\cos\theta_1=E_{2p}\cos\theta_2\\ E_{1s}+E'_{1s}=E_{2s}\\ a_1(E_{1s}-E'_{1s})\cos\theta_1=a_2E_{2s}\cos\theta_2\\ a_1(E_{1p}+E'_{1p})=a_2E_{2p}\end{cases}\tag{3.1-19}$$

式中：参数 $a_1=\sqrt{\varepsilon_1/\mu_1}$，$a_2=\sqrt{\varepsilon_2/\mu_2}$。解此方程组可分别得到如下反射光波、透射光波与入射光波的电场强度矢量振幅比：

$$\frac{E'_{1s}}{E_{1s}}=r_s=\frac{a_1\cos\theta_1-a_2\cos\theta_2}{a_1\cos\theta_1+a_2\cos\theta_2} \tag{3.1-20a}$$

$$\frac{E'_{1p}}{E_{1p}}=r_p=\frac{a_2\cos\theta_1-a_1\cos\theta_2}{a_2\cos\theta_1+a_1\cos\theta_2} \tag{3.1-20b}$$

$$\frac{E_{2s}}{E_{1s}}=t_s=\frac{2a_1\cos\theta_1}{a_1\cos\theta_1+a_2\cos\theta_2} \tag{3.1-20c}$$

$$\frac{E_{2p}}{E_{1p}}=t_p=\frac{2a_1\cos\theta_1}{a_1\cos\theta_2+a_2\cos\theta_1} \tag{3.1-20d}$$

对一般非铁磁介质，$\mu=\mu_0$，因而 $a_1/a_2=n_1/n_2$，于是上述四个表达式可分别简化为

$$\frac{E'_{1s}}{E_{1s}}=r_s=\frac{n_1\cos\theta_1-n_2\cos\theta_2}{n_1\cos\theta_1+n_2\cos\theta_2}=-\frac{\sin(\theta_1-\theta_2)}{\sin(\theta_1+\theta_2)} \tag{3.1-21a}$$

$$\frac{E'_{1p}}{E_{1p}}=r_p=\frac{n_2\cos\theta_1-n_1\cos\theta_2}{n_2\cos\theta_1+n_1\cos\theta_2}=\frac{\tan(\theta_1-\theta_2)}{\tan(\theta_1+\theta_2)} \tag{3.1-21b}$$

$$\frac{E_{2s}}{E_{1s}}=t_s=\frac{2n_1\cos\theta_1}{n_1\cos\theta_1+n_2\cos\theta_2}=\frac{2\sin\theta_2\cos\theta_1}{\sin(\theta_1+\theta_2)} \tag{3.1-21c}$$

$$\frac{E_{2p}}{E_{1p}}=t_p=\frac{2n_1\cos\theta_1}{n_1\cos\theta_2+n_2\cos\theta_1}=\frac{2\sin\theta_2\cos\theta_1}{\sin(\theta_1+\theta_2)\cos(\theta_1-\theta_2)} \tag{3.1-21d}$$

式（3.1-21）表达了反射光波、折射（透射）光波电场强度矢量与入射光波电场强度矢量之间的振幅比及相位关系，由菲涅耳（A.-J. Fresnel）首先导出，故称为菲涅耳公式。

3.1.3 反射光波与透射光波的偏振态

菲涅耳公式表明，在线性光学范畴，振动方向垂直于入射面的光波电场强度矢量（s 分量）与振动方向平行于入射面的光波电场强度矢量（p 分量）各自独立地变化，互不相关，并且相应的振幅反射比（即反射系数）r_s、r_p 和透射比（即透射系数）t_s、t_p 也不相等。图 3.1-3 所示为根据式（3.1-21）计算出的在空气（$n_1=1.0$）与玻璃（$n_2=1.5$）分界面上，两个偏振分量的振幅反射系数 r_s、r_p 和振幅透射系数 t_s、t_p 随入射角 θ_1 的变化关系曲线。可以看出，在反射光中，s 分量振幅的绝对值总是大于或等于 p 分量振幅的绝对值；在透射光中，p 分量振幅绝对值总是大于或等于 s 分量振幅的绝对值。

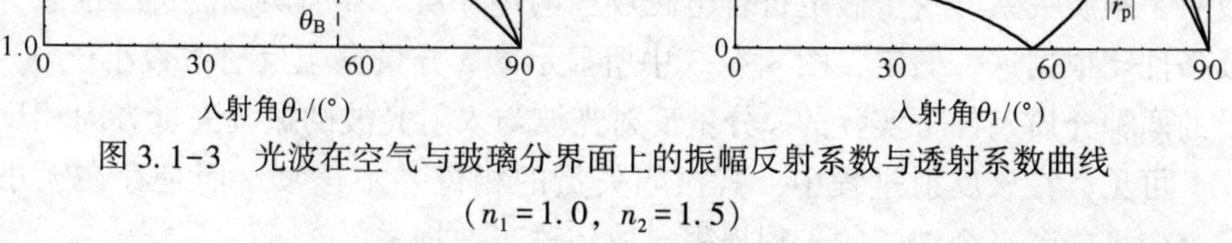

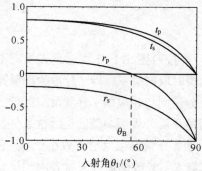

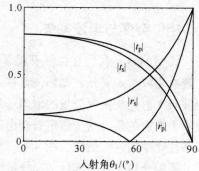

图 3.1-3　光波在空气与玻璃分界面上的振幅反射系数与透射系数曲线（$n_1=1.0$，$n_2=1.5$）

由此可以得出结论：一般情况下，入射光波为自然光时，反射和透射光波均为部分偏振光；入射光波为圆偏振光时，反射和透射光波均为椭圆偏振光；入射光波为线偏振光时，反射和透射光波仍为线偏振光，但振动面相对于原入射光有一定偏转。

3.1.4 布儒斯特定律

由式（3.1-21）给出的菲涅耳公式还可以看出，当 $\theta_1+\theta_2=90°$ 时，$r_p=0$，$r_s=\cos 2\theta_1$。这正好对应图 3.1-3 中 p 分量的振幅反射系数曲线上等于 0 的点。由于反射角 $\theta_1'=\theta_1$，故 $\theta_1+\theta_2=90°$ 意味着折射光波波矢量 $\boldsymbol{k}_2$ 与反射光波波矢量 $\boldsymbol{k}_1'$ 方向正交。也就是说，当折射光波波矢量与反射光波波矢量方向正交时，反射光波只存在偏振面垂直于入射面的 s 分量。这个结论首先由布儒斯特（D. Brewster）从实验上总结得出，故称为布儒斯特定律，与此对应的入射角 θ_1 叫作布儒斯特角，表示为 θ_B。由式（3.1-15）得

$$\theta_B=\arctan\left(\frac{n_2}{n_1}\right) \tag{3.1-22}$$

按照布儒斯特定律，当自然光以布儒斯特角 θ_B 入射时（图 3.1-4），反射光为振动面垂直于入射面（s 分量）的线偏振光，而透射光为部分偏振光；当圆偏振光以布儒斯特角入射时，反射光仍为振动面垂直于入射面的线偏振光，透射光则为椭圆偏振光；当线偏振光以布儒斯特角入射时，若其振动面与入射面垂直，则反射光、透射光均为线偏振光；若入射光振动面与入射面平行，则反射光强度为 0，即全部透射。

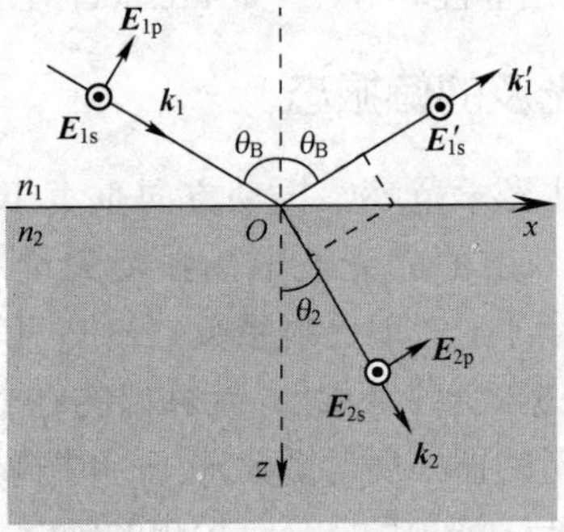

图 3.1-4　自然光以布儒斯特角入射时的反射和折射

3.1.5 相位突变与半波损失

需要说明的是，我们在推导菲涅耳公式时，曾按照图 3.1-2 所示预先规定了反射光波、透射光波与入射光波振幅矢量在入射点的瞬时取向关系，即 s 分量的反射光波和透射光波与入射光波振幅矢量的取向一致，而 p 分量则与相应的 s 分量及波矢量三者之间构成右手螺旋关系。这个假定符合电磁场在两种介质分界面两侧的连续性条件，即相位连续条件。根据这一假定，图 3.1-3 中所显示的 s 分量振幅反射系数小于 0，表明在所假设的两种介质条件下实际的 s 分量反射光波与入射光波的振幅矢量方向相反，即相位相反。可见，在该反射过程中，其振幅矢量的相位并不连续，而是存在大小等于 π 的相位突变，或者半个波长的光程损失，故俗称半波损失。

首先考虑平面光波自光疏介质进入光密介质时的反射（简称外反射）情况。由菲涅耳公式及图 3. 1-3 可看出，当 $n_1<n_2$时，对任意的入射角 θ_1，$r_s<0$，而 t_s，$t_p>0$。这表明，在任意入射角且 $n_1<n_2$的情况下，$\boldsymbol{E}'_{1s}$与 $\boldsymbol{E}_{1s}$相位相反，$\boldsymbol{E}_{2s}$与 $\boldsymbol{E}_{1s}$及 $\boldsymbol{E}_{2p}$与 $\boldsymbol{E}_{1p}$相位相同。因而 s 分量在反射过程中出现半波损失，但在透射过程没有半波损失。同时 p 分量在透射过程也没有半波损失，但其在反射过程的相位变化一般较为复杂。这里考虑两种特殊入射角，即掠入射和垂直入射情况。由图 3. 1-3 或图 3. 1-5 可看出，在外反射情况下，掠入射时，$r_p<0$，表明此时 $\boldsymbol{E}'_{1p}$与 $\boldsymbol{E}_{1p}$相位相反，反射过程存在半波损失；垂直入射时，虽然仍然有 $r_p>0$，但仔细分析图 3. 1-2 就会发现，按照事先的人为规定，在垂直入射反射时，$\boldsymbol{E}'_{1p}$与 $\boldsymbol{E}_{1p}$的瞬时方向刚好相反。因此，由式（3. 1-21）得出振幅反射系数大于 0 的结果，正好表明此时 p 分量的 $\boldsymbol{E}'_{1p}$与 $\boldsymbol{E}_{1p}$相位相反，即反射过程同样存在半波损失。

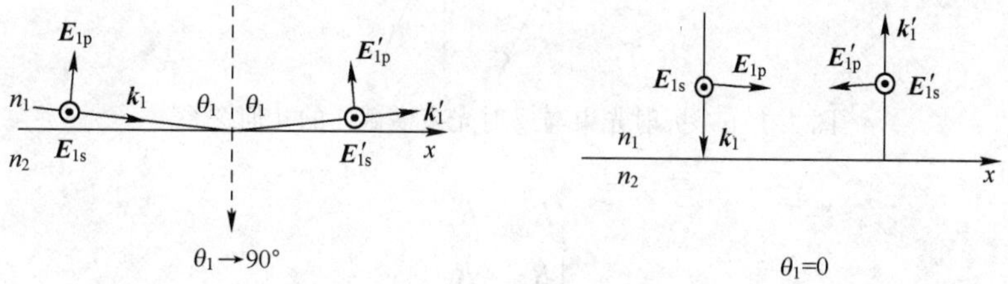

图 3. 1-5　反射光的相位突变（$n_1<n_2$ 时）

其次考虑光波自密介质进入疏介质时的反射（简称内反射）情况。同样可以证明，在较小入射角情况下，内反射时反射光波的相位特性与外反射时相反，而透射光波的相位特性则仍与外反射时相同。即 $\boldsymbol{E}'_{1s}$与 $\boldsymbol{E}_{1s}$、$\boldsymbol{E}'_{1p}$与 $\boldsymbol{E}_{1p}$、$\boldsymbol{E}_{2s}$与 $\boldsymbol{E}_{1s}$及 $\boldsymbol{E}_{2p}$与 $\boldsymbol{E}_{1p}$相位相同，因而反射过程及透射过程均没有半波损失。

3. 1. 6　强度反射（透射）率与能流反射（透射）率

若以 R_s和 T_s分别表示 s 分量的强度反射率和强度透射率，R_p和 T_p分别表示 p 分量的强度反射率和强度透射率，则根据菲涅耳公式和光强度的定义，得

$$\begin{cases} R_s = |r_s|^2 \\ R_p = |r_p|^2 \end{cases} \tag{3. 1-23}$$

$$\begin{cases} T_s = \dfrac{n_2}{n_1}|t_s|^2 \\ T_p = \dfrac{n_2}{n_1}|t_p|^2 \end{cases} \tag{3. 1-24}$$

根据能量守恒定律，反射光波与透射光波的能量之和应等于入射光波能量。然而，由式（3. 1-23）和式（3. 1-24）及菲涅耳公式可知，当 $\theta_1\neq0$ 时，光强度反射率与透射率之和 R_s+T_s或者 R_p+T_p并不等于 1，表观上看似乎不满足能量守恒定律，其实不然。原因出自光强度的定义。我们知道，光强度的定义是平均能流密度，即单位面积的光功率，并不是光能量或能流。若以 W 表示光能流，I 表示光强度，σ 表

示光束的横截面积，则光能流 W 定义为光强度 I 乘以光束的横截面积 σ，即 $W=I\sigma$。由图 3.1-6 可看出，反射光束与入射光束的横截面积相等（$\sigma_1'=\sigma_1$），透射光束与入射光束的横截面积之比 $\sigma_2/\sigma_1=\cos\theta_2/\cos\theta_1$。这表明光强度反射率等于光能流反射率，但光强度透射率并不等于光能流透射率，而是等于光能流透射率除以折射角的余弦 $\cos\theta_2$ 与入射角的余弦 $\cos\theta_1$ 之比值。也就是说，若以 R_w 和 T_w 分别表示光能流反射率和透射率，则应有

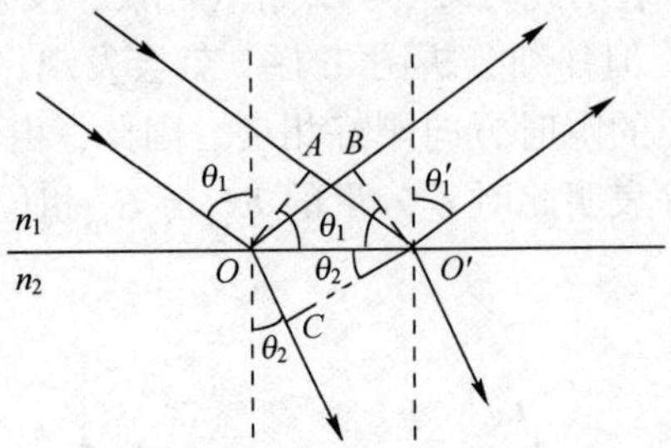

图 3.1-6　折射光束与反射光束横截面的几何关系

$$\begin{cases}R_{ws}=R_s\\R_{wp}=R_p\end{cases}\tag{3.1-25}$$

$$\begin{cases}T_{ws}=\dfrac{\sigma_2}{\sigma_1}T_s=\dfrac{\cos\theta_2}{\cos\theta_1}T_s=\dfrac{n_2\cos\theta_2}{n_1\cos\theta_1}|t_s|^2\\[2ex]T_{wp}=\dfrac{\sigma_2}{\sigma_1}T_p=\dfrac{\cos\theta_2}{\cos\theta_1}T_p=\dfrac{n_2\cos\theta_2}{n_1\cos\theta_1}|t_p|^2\end{cases}\tag{3.1-26}$$

并且可以证明，光能流反射率与透射率满足能量守恒定律，即

$$\begin{cases}R_{ws}+T_{ws}=1\\R_{wp}+T_{wp}=1\end{cases}\tag{3.1-27}$$

图 3.1-7 和图 3.1-8 所示分别为与图 3.1-3 对应的两个偏振分量的强度反射率、强度透射率和能流反射率、能流透射率随入射角 θ_1 的变化曲线。这里同样取介质 1 为空气（$n_1=1.0$），介质 2 为玻璃（$n_2=1.5$）。

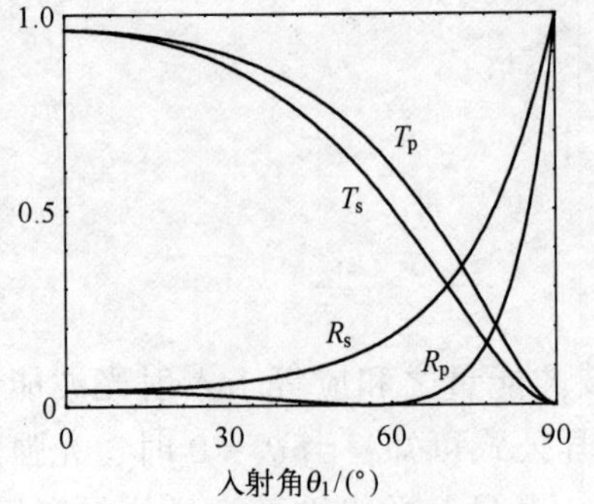

图 3.1-7　强度反射和透射率

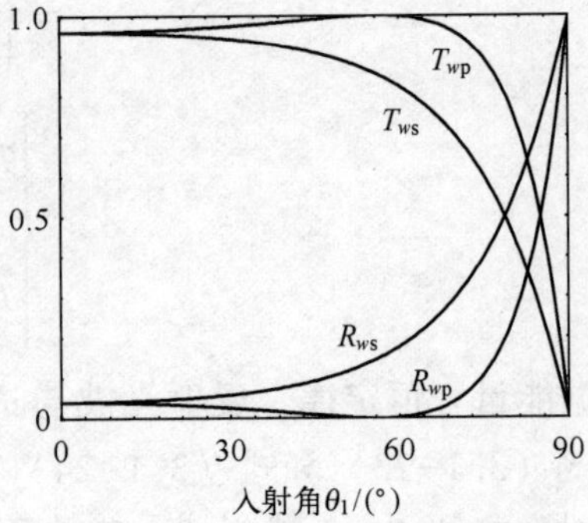

图 3.1-8　能流反射和透射率

3.2 全反射与倏逝波

3.2.1 全反射

由式（3.1-15）可看出：当 $n_1>n_2$，并且 $\theta_1=\arcsin(n_2/n_1)$ 时，透射光波的折射角 $\theta_2=90°$，即其波矢量 $\boldsymbol{k}_2$ 沿界面方向。因此，当 $\theta_1>\arcsin(n_2/n_1)$ 时，通常意义下的折射定律将不再成立。由菲涅耳公式，此时反射光波与入射光波电场强度矢量的振幅比可表示为

$$r_s(\theta_1)=\frac{E'_{1s}}{E_{1s}}=\frac{\cos\theta_1-\mathrm{i}\sqrt{\sin^2\theta_1-n_{21}^2}}{\cos\theta_1+\mathrm{i}\sqrt{\sin^2\theta_1-n_{21}^2}}=\mathrm{e}^{\mathrm{i}\delta_s} \tag{3.2-1a}$$

$$r_p(\theta_1)=\frac{E'_{1p}}{E_{1p}}=\frac{n_{21}^2\cos\theta_1-\mathrm{i}\sqrt{\sin^2\theta_1-n_{21}^2}}{n_{21}^2\cos\theta_1+\mathrm{i}\sqrt{\sin^2\theta_1-n_{21}^2}}=\mathrm{e}^{\mathrm{i}\delta_p} \tag{3.2-1b}$$

式中相位因子 δ_s 和 δ_p 分别满足

$$\tan\frac{\delta_s}{2}=\frac{\sin\delta_s}{1+\cos\delta_s}=-\frac{\sqrt{\sin^2\theta_1-n_{21}^2}}{\cos\theta_1} \tag{3.2-2a}$$

$$\tan\frac{\delta_p}{2}=\frac{\sin\delta_p}{1+\cos\delta_p}=-\frac{\sqrt{\sin^2\theta_1-n_{21}^2}}{n_{21}^2\cos\theta_1} \tag{3.2-2b}$$

可见

$$|r_p(\theta_1)|=|r_s(\theta_1)|=1 \tag{3.2-3}$$

这就是说，反射光波的两个偏振分量振幅的模值与入射光波相应分量振幅的模值分别相等，因而其强度也分别相等，表明光能量全部被反射。此时介质 2 中虽有电磁场存在，但菲涅耳公式要求其平均能流等于 0，亦即进入介质 2 中的电磁场能量必须再次反射回介质 1 中。因此，通常将 $\theta_1>\arcsin(n_2/n_1)$ 时的反射现象称为全内反射，简称全反射，使折射角 $\theta_2=90°$ 的入射角 θ_1 称为全反射临界角，表示为 θ_c，即

$$\theta_c=\arcsin\left(\frac{n_2}{n_1}\right),\quad n_1>n_2 \tag{3.2-4}$$

然而，需要注意的是，虽然在全反射时，反射光波与入射光波振幅的模值相等，但是其相位却不连续，两者之间相对存在一定的相位突变，也称为反射相移。由式（3.2-2）及图 3.2-1 可看出，相位突变或者反射相移的大小 δ 取决于入射角及两种介质的折射率比值，并且 s 分量和 p 分量的相位突变或者反射相移大小一般不相等。

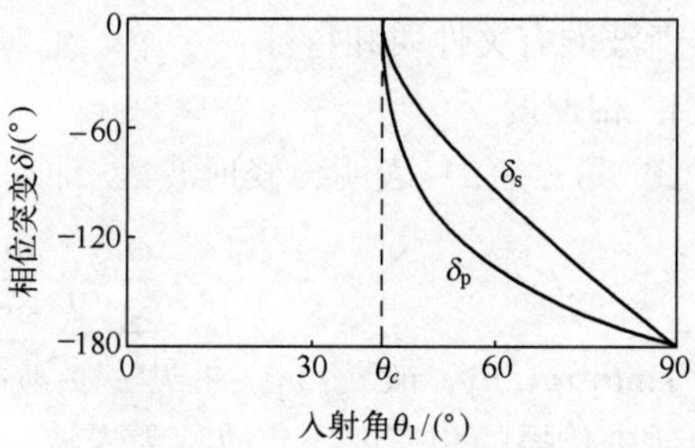

图 3.2-1　全反射时的相位突变

（$n_1=1.5$，$n_2=1$）

3.2.2 倏逝波

本小节需要回答两个问题：发生全反射时出现的反射相移从何而来？全反射时介质2中究竟有没有光场存在？为此，仍然参考图3.1-2，设单色平面波的入射面为 $y=0$（xz）平面，入射角为 θ_1，介质1和介质2的分界面为 $z=0$（xy）平面，并且 $n_1>n_2$，则有

$$\begin{cases} k_{1x}=k_1\sin\theta_1 \\ k_{1z}=k_1\cos\theta_1 \\ k_{1y}=0 \end{cases} \tag{3.2-5}$$

$$k_2^2=k_{2x}^2+k_{2z}^2 \tag{3.2-6}$$

而由式（3.1-8）知

$$k_{1x}=k'_{1x}=k_{2x} \tag{3.2-7}$$

同时，由式（3.1-9）和式（3.1-15）知

$$k_2=k_1\frac{\sin\theta_1}{\sin\theta_2}=k_1\frac{n_2}{n_1}=k_1n_{21} \tag{3.2-8}$$

于是得

$$k_{2x}=k_{1x}=k_1\sin\theta_1 \tag{3.2-9a}$$

$$k_{2z}=\sqrt{k_2^2-k_{2x}^2}=k_1\sqrt{n_{21}^2-\sin^2\theta_1} \tag{3.2-9b}$$

显然，发生全反射时，由于 $\sin\theta_1>n_{21}$，因而 $k_2<k_{2x}$。此时，若折射定律成立，则 k_{2z} 必须为一虚数，即

$$k_{2z}=\mathrm{i}k_1\sqrt{\sin^2\theta_1-n_{21}^2} \tag{3.2-10}$$

取参数：

$$K=k_1\sqrt{\sin^2\theta_1-n_{21}^2}=\frac{k_1}{n_1}\sqrt{n_1^2\sin^2\theta_1-n_2^2} \tag{3.2-11}$$

则可以将全反射时介质2中的透射光场表示为

$$\boldsymbol{E}_2=\boldsymbol{E}_{20}\mathrm{e}^{-\mathrm{i}(\omega t-\boldsymbol{k}_2\cdot\boldsymbol{r})}=\boldsymbol{E}_{20}\mathrm{e}^{-Kz}\mathrm{e}^{-\mathrm{i}(\omega t-k_{2x}x)} \tag{3.2-12}$$

式（3.2-12）表明，发生全反射时，确实有光波穿过分界面进入介质2中。不过，这是一种相位沿 x 方向传播，而振幅沿 z 方向衰减的平面波，并且由于衰减，导致光场只存在于介质2中并且靠近界面附近很薄的介质层内，故称其为倏逝波或表面波。下面讨论倏逝波的有关性质和特征。

1. 相速度

式（3.2-12）表明，倏逝波是一种沿 x 方向传播的行波，其相速度为

$$v_\varphi=\frac{\omega}{k_{2x}}=\frac{\omega}{k_1\sin\theta_1}=\frac{v_1}{\sin\theta_1}=\frac{n_2v_2}{n_1\sin\theta_1} \tag{3.2-13}$$

由于 $\sin\theta_1>n_2/n_1$，故 $v_\varphi<v_2$。可见，倏逝波沿 x 方向传播的相速度比一般情况下电磁波在介质中传播的相速度小，故称为慢波。

2. 穿透深度

指数因子 e^{-Kz} 的出现，表明倏逝波振幅沿 z（界面法线）方向按指数急剧衰减。在距离界面 $z=d_z=K^{-1}$ 处，倏逝波的振幅衰减为界面处的 e^{-1} 倍。故一般将距离 d_z 作为倏逝

波能够存在的介质层厚度，称为倏逝波的有效深度或穿透深度，其大小可表示为

$$d_z=K^{-1}=\frac{1}{k_1\sqrt{\sin^2\theta_1-n_{21}^2}}=\frac{\lambda_1}{2\pi\sqrt{\sin^2\theta_1-n_{21}^2}} \tag{3.2-14}$$

图3.2-2所示为穿透深度 d_z 与入射光波波长 λ_1 之比值随入射角 θ_1 的变化关系（取 $n_{21}^{-1}=1.5$）。可以看出，入射角接近临界角时，倏逝波的穿透深度较大；随着入射角增大，倏逝波的穿透深度逐渐减小；掠射时，穿透深度最小。一般情况下，穿透深度 d_z 的大小与光波在介质1中的波长 λ_1 具有相同的数量级。

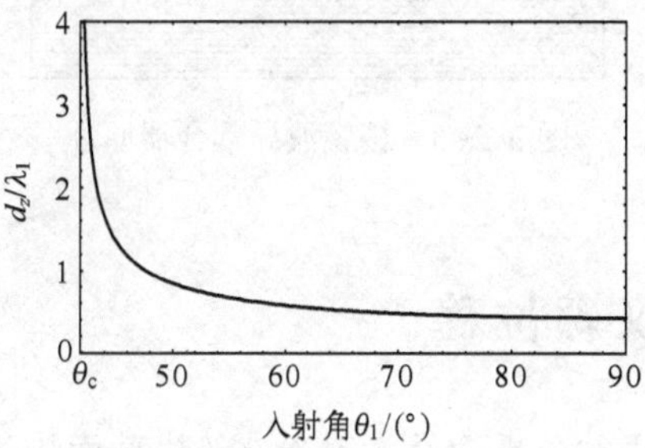

图3.2-2　倏逝波的穿透深度（$n_{21}^{-1}=1.5$）

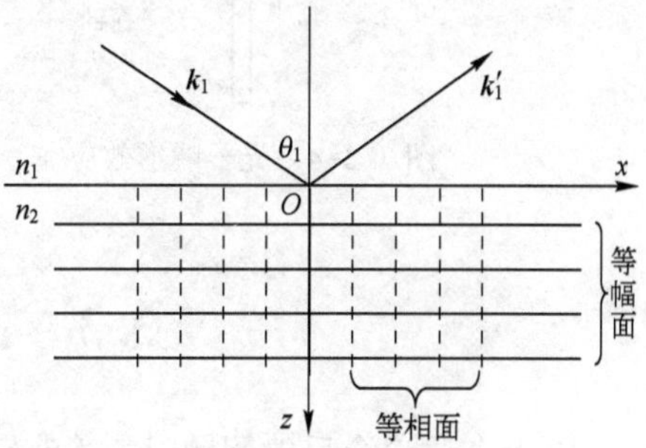

图3.2-3　倏逝波的等相面和等幅面

3. 等相面与等幅面

由式（3.2-12）及图3.2-3可以看出，倏逝波的等相面和等幅面正交，分别为 x=常数和 z=常数的平面，并且等相面上沿 z 方向各点振幅不相等，因而倏逝波是一种振幅沿横向非均匀分布的平面波。由菲涅耳公式可以证明，倏逝波的电场强度矢量在传播方向（x 方向）的分量 E_{2x} 不为0，说明倏逝波也不是一种横电波。

3.2.3　光子隧道效应

倏逝波的存在，表明全反射时光波在两种介质分界面处存在穿透效应。考虑这样一种情况：如图3.2-4所示，假设有一个直角全反射棱镜置于空气中，垂直进入棱镜一个侧面的光束将在棱镜底边发生全反射。这时，若在底边外侧有另一折射率大于空气的透明介质向棱镜底边方向移动，如图中的光纤探头，则当该光纤探头远离棱镜底边时，对全反射不会产生任何影响；当光纤探头与棱镜底边接触时，接触点不再发生全反射（因光纤折射率接近或者大于棱镜材料折射率）。问题是当光纤探头与棱镜底边的间距很小，如接近或小于倏逝波的穿透深度 d_z 时，结果会怎样？显然，由于倏逝波的存在，位于该探头顶部处的倏逝波的能量将有可能进入光纤，因此反射光的能量将随之减小，即发生光子隧道效应。

光子隧道效应具有非常重要的应用，如根据这一原理制造的光子扫描隧道显微镜（PSTM）可用于观察纳米尺度的表面结构，正好弥补了光学显微镜和电子显微镜两者在这一尺度所固有的缺陷。同时，与电子扫描隧道显微镜（STM）相比，光子扫描隧道显微镜对被测试样的导电性没有特殊要求。基于光子隧道效应的棱镜波导耦合器（图3.2-5），可以用来将光信号方便、有效地耦合进薄膜波导中，或者将在薄膜波导中传播的光信号引出波导。此外，光纤与光纤之间也可以通过倏逝波进行耦合，或者利

用光纤的倏逝波对一些环境参量（如介质温度、折射率、湿度、浓度等）进行高灵敏度感知。

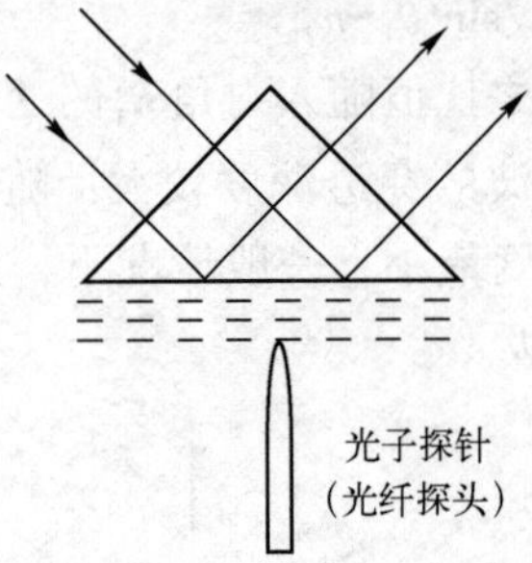

图 3.2-4　光子隧道效应

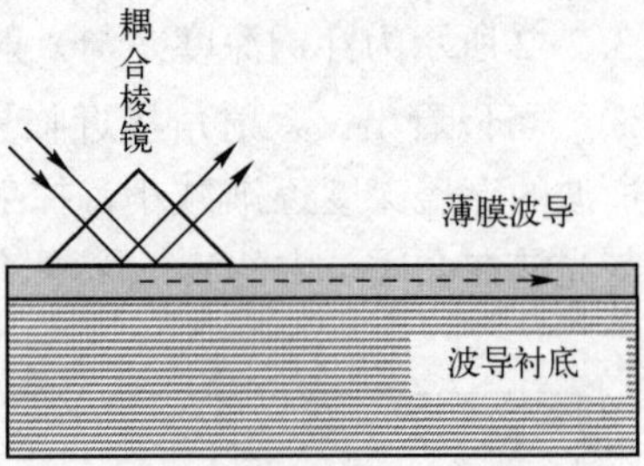

图 3.2-5　棱镜波导耦合器原理

3.3　古斯-汉森位移

以上在讨论全反射问题时，曾假定两种介质的分界面及入射光波的横截面均为无限大，而实际中遇到的介质分界面及入射光波的横截面均为有限大小。古斯（Gus）和汉森（Hansen）于 1947 年发现，当极窄的光束发生全反射时，反射光束在界面上相对于几何光学预言的位置有一个很小的侧向位移，这就是所谓的古斯-汉森位移（Gus-Hansen displacement）。下面讨论古斯-汉森位移的特征与产生机制。

我们知道，具有有限横向宽度的平面光波，可以看成横向截面无限大的平面光波受到一个具有有限大小孔径的光屏限制的结果。按照 2.1 节的讨论，对于沿 $xz(y=0)$平面传播且波矢量为 $\boldsymbol{k}_1(k_{1x},k_{1z})$的单色平面波，其在空间 $\boldsymbol{r}(x,z)$点处的复振幅分布 $\psi(\boldsymbol{k}_1,x,z)$（即场的横向分量——s 或 p）可表示为

$$\begin{aligned}\psi(\boldsymbol{k}_1,x,z)&=A\exp[\mathrm{i}(k_{1x}x+k_{1z}z)]\\&=A\exp[\mathrm{i}(k_{1x}x+z\sqrt{k_1^2-k_{1x}^2})]\end{aligned}\tag{3.3-1}$$

而对于具有有限横向宽度的平面光波，由于边缘的衍射效应，其在空间同一点的复振幅分布可以表示为具有不同波矢量 $\boldsymbol{k}_1(k_{1x},k_{1z})$的平面波分量的线性叠加，即

$$\psi(x,z)=\frac{1}{\sqrt{2\pi}}\int_{-\infty}^{\infty}\Psi(k_{1x})\exp\left[\mathrm{i}(k_{1x}x+z\sqrt{k_1^2-k_{1x}^2})\right]\mathrm{d}k_{1x}\tag{3.3-2}$$

式中：积分因子 $\Psi(k_{1x})$表示波矢量为 $\boldsymbol{k}_1(k_{1x},k_{1z})$的平面波分量所占权重（即振幅 $A(k_{1x})$）。按照 3.1 节和 3.2 节的讨论，当 $k_{1x}^2<k_1^2$时，$\psi(\boldsymbol{k}_1,x,z)$为均匀平面波；而当 $k_{1x}^2>k_1^2$时，$\psi(\boldsymbol{k}_1,x,z)$为倏逝波——沿 z 方向振幅急剧衰减的非均匀平面波，并且随着 z 的增大，倏逝波的振幅迅速减小。故而可以认为，随着 z 值增大，倏逝波对积分式（3.3-2）的贡献越来越小。现取 $z=0$，则由式（3.3-2）得

$$\psi(x,0)=\frac{1}{\sqrt{2\pi}}\int_{-\infty}^{\infty}\Psi(k_{1x})\exp(\mathrm{i}k_{1x}x)\,\mathrm{d}k_{1x}\tag{3.3-3}$$

显然，$\Psi(k_{1x})$是 $\psi(x,0)$的傅里叶变换，即

$$\Psi(k_{1x})=\frac{1}{\sqrt{2\pi}}\int_{-\infty}^{\infty}\psi(x,0)\exp(-\mathrm{i}k_{1x}x)\,\mathrm{d}x \tag{3.3-4}$$

将其代入式（3.3-2），得

$$\psi(x,z)=\frac{1}{2\pi}\iint_{-\infty}^{\infty}\psi(x',0)\exp\{\mathrm{i}[k_{1x}(x-x')+z\sqrt{k_1^2-k_{1x}^2}]\}\,\mathrm{d}x'\mathrm{d}k_{1x} \tag{3.3-5}$$

这样，若已知入射光波在平面 $z=0$ 处的复振幅分布，便可由上式求出其在任意平面处的复振幅分布。

参考图 3.3-1，现假设入射光波在 $z=0$ 平面上沿 x 方向的投影宽度为 $2a$，入射角为 θ_1，则有

$$\psi(x,0)=\begin{cases}A\exp(\mathrm{i}k_1x\sin\theta_1), & |x|<a\\ 0, & |x|>a\end{cases} \tag{3.3-6}$$

代入式（3.3-4），得

$$\begin{aligned}\Psi(k_{1x})&=\frac{A}{\sqrt{2\pi}}\int_{-a}^{a}\exp[\mathrm{i}(k_1\sin\theta_1-k_{1x})x]\,\mathrm{d}x\\&=A\sqrt{\frac{2}{\pi}}\frac{\sin[(k_1\sin\theta_1-k_{1x})a]}{k_1\sin\theta_1-k_{1x}}\end{aligned} \tag{3.3-7}$$

可见，入射光波的频谱分布 $\Psi(k_{1x})$ 具有 sinc 函数特征，其主极大值位于 $k_{1x}=k_1\sin\theta_1$ 处，半宽度为 $1/a$，如图 3.3-2 所示。当 a 较大时，半宽度极窄，从而 k_{1x} 只能取 $k_1\sin\theta_1$ 附近的值，将其代入积分式（3.3-2），得

$$\psi(x,z)=\frac{A}{\pi}\int_{-\infty}^{\infty}\frac{\sin[(k_1\sin\theta_1-k_{1x})a]}{k_1\sin\theta_1-k_{1x}}\exp[\mathrm{i}(k_{1x}x+z\sqrt{k_1^2-k_{1x}^2})]\,\mathrm{d}k_{1x} \tag{3.3-8}$$

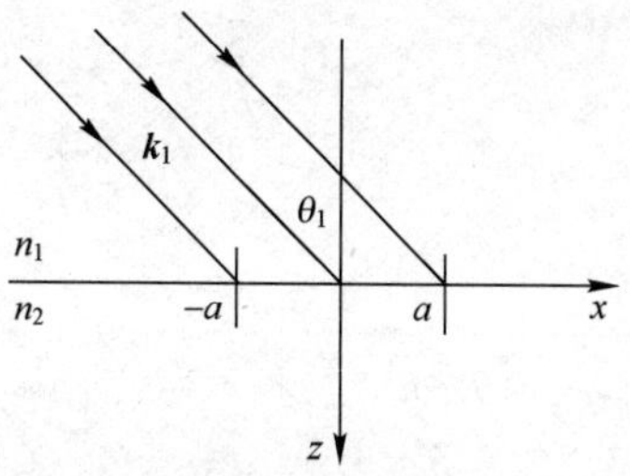

图 3.3-1　有限宽平面光波的全反射

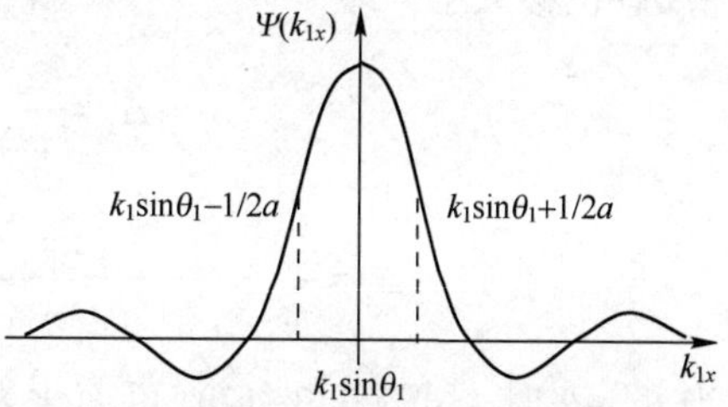

图 3.3-2　有限宽平面光波的空间频谱分布

现考虑该光波在界面上的反射。由式（3.3-2），在 $z=d$ 平面，入射平面波复振幅分布为

$$\psi(x,d)=\frac{1}{\sqrt{2\pi}}\int_{-\infty}^{\infty}\Psi(k_{1x})\exp[\mathrm{i}(k_{1x}x+d\sqrt{k_1^2-k_{1x}^2})]\,\mathrm{d}k_{1x} \tag{3.3-9}$$

若取每个平面波成分的复振幅反射系数为 $r(k_{1x})$，并考虑反射波沿 $-z$ 方向，则对整个反射光场，有

$$\psi'(x,d)=\frac{1}{\sqrt{2\pi}}\int_{-\infty}^{\infty}r(k_{1x})\Psi(k_{1x})\exp\left[\mathrm{i}(k_{1x}x-d\sqrt{k_1^2-k_{1x}^2})\right]\mathrm{d}k_{1x} \tag{3.3-10}$$

一般情况下，由于存在衍射，因此入射光波可能包含各种方向（即具有不同入射

角 θ_1）的平面波分量。其中入射角 $\theta_1<\theta_c$ 的平面波分量将发生部分反射、部分透射；而 $\theta_1>\theta_c$ 的平面波分量将发生全反射。现只考虑 $\theta_1>\theta_c$ 且横向宽度具有有限大小（大于波长）的入射光波。在此情况下，反射系数 $r(k_x)$ 变为纯相位函数 $\exp[\mathrm{i}\delta(k_{1x})]$，而对积分式（3.3-10）起主要贡献的仅为入射角在 θ_1（主方向）附近的平面波成分，即 $\Psi(k_{1x})$ 对 k_{1x} 限制的范围很小。因此，可以对相位突变 $\delta(k_{1x})$ 在 $k_{1x}=k_1\sin\theta_1$ 附近作近似的泰勒（Taylor）展开。取其展开式的一级近似，得

$$\delta(k_{1x})=\delta_0+\delta_0'\bar{k}_{1x} \tag{3.3-11}$$

式中：δ_0 为 $k_{1x}=k_1\sin\theta_1$ 时的相位突变，$\bar{k}_{1x}=k_{1x}-k_1\sin\theta_1$，而

$$\delta_0'=\left.\frac{\partial\delta}{\partial k_{1x}}\right|_{k_{1x}=k_1\sin\theta_1} \tag{3.3-12}$$

于是，式（3.3-10）变为

$$\psi'(x,d)=\frac{1}{\sqrt{2\pi}}\mathrm{e}^{\mathrm{i}(\delta_0+xk_1\sin\theta_1)}\int_{-\infty}^{\infty}\Psi(k_{1x})\,\mathrm{e}^{\mathrm{i}\left[(x+\delta_0')\bar{k}_{1x}-d\sqrt{k_1^2-(\bar{k}_{1x}+k_1\sin\theta_1)^2}\right]}\mathrm{d}k_{1x} \tag{3.3-13}$$

按照几何光学观点，光波应该自入射点发生全反射，并且按照菲涅耳公式，其相位突变 $\delta(k_{1x})=\delta_0$，则由式（3.3-10）得

$$\psi'(x,d)=\frac{1}{\sqrt{2\pi}}\mathrm{e}^{\mathrm{i}(\delta_0+xk_1\sin\theta_1)}\int_{-\infty}^{\infty}\Psi(k_{1x})\,\mathrm{e}^{\mathrm{i}\left[\bar{k}_{1x}x-d\sqrt{k_1^2-(\bar{k}_{1x}+k_1\sin\theta_1)^2}\right]}\mathrm{d}k_{1x} \tag{3.3-14}$$

比较两式发现，反射光波在 x 方向有一侧向位移

$$\Delta=-\delta_0'=-\left.\frac{\partial\delta}{\partial k_{1x}}\right|_{k_{1x}=k_1\sin\theta_1} \tag{3.3-15}$$

这个位移即古斯-汉森位移。将式（3.2-2）代入上式，可分别得到 s 分量和 p 分量的古斯-汉森位移大小，即

$$\Delta_s=\frac{\lambda_1}{\pi}\cdot\frac{\tan\theta_1}{\sqrt{\sin^2\theta_1-n_{21}^2}} \tag{3.3-16}$$

$$\Delta_p=\frac{\lambda_1}{\pi}\cdot\frac{n_{21}^2(1-n_{21}^2)\tan\theta_1}{[n_{21}^4\cos^2\theta_1+(\sin^2\theta_1-n_{21}^2)]\sqrt{\sin^2\theta_1-n_{21}^2}} \tag{3.3-17}$$

当 $\theta_1\to\theta_c$ 时，式（3.3-17）可简化为

$$\Delta_p=\frac{\lambda_1}{\pi}\cdot\frac{\tan\theta_1}{n_{21}^2\sqrt{\sin^2\theta_1-n_{21}^2}}=\frac{\Delta_s}{n_{21}^2} \tag{3.3-18}$$

由此可见，古斯-汉森位移的大小仅与两种介质的相对折射率及入射光波方向有关，而与入射光波的横向宽度无关。也就是说，无论入射光波的横向线度大小如何，古斯-汉森位移始终存在。只是在通常情况下，古斯-汉森位移数值很小，只有波长数量级。如此小的侧向位移只有用非常细的光束才有可能观察到，对于横截面具有宏观尺寸的入射光束则一般很难检测出来。

根据式（3.2-14）给出的倏逝波穿透深度 d_z 的定义，也可以将式（3.3-16）和式（3.3-18）简化如下：

$$\Delta_s=2d_z\tan\theta_1 \tag{3.3-19a}$$

$$\Delta_{\mathrm{p}} = \frac{2d_z}{n_{21}^2}\tan\theta_1 \tag{3.3-19b}$$

式（3.3-19）表明，古斯-汉森位移与倏逝波的穿透深度有关，或者说两者之间存在着某种内在的联系。实际上，如果假设发生全反射时，光波的反射点不是起始于两种介质的分界面，而是自介质2中距离界面 d_z 处的一个假想平面，如图3.3-3所示，则相应的反射光波在界面处相对于入射光波将有一个大小为

$$\Delta = 2d_z\tan\theta_1 \tag{3.3-20}$$

的侧向平移，这正好就等于 Δ_{s}。由此可见，引起古斯-汉森位移的原因是电磁波并非由界面直接反射，而是在深入介质2的同时逐渐被反射，其平均反射面位于穿透深度处。

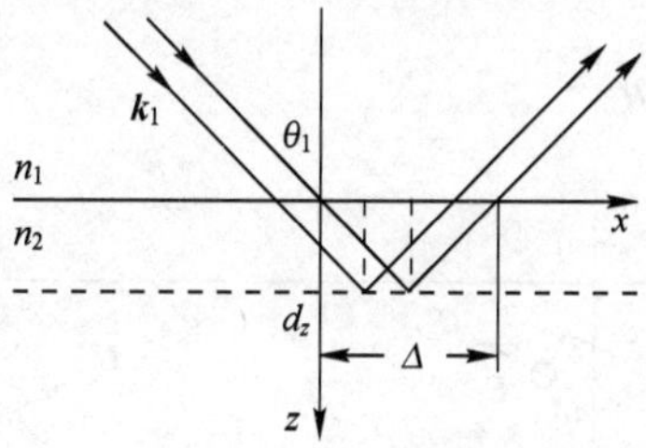

图3.3-3　古斯-汉森位移的起因

全反射时存在古斯-汉森位移的事实，也可以用来说明发生全反射时介质2中光波的平均能流密度情况。由于在介质2中，反射光波与入射光波的波矢量在界面法线方向上的投影分量方向相反，而在界面方向上的投影分量方向却相同，故沿界面法线方向上总的平均能流密度等于0，而沿界面方向不为0。前者导致了能流的全部反射，后者则导致了古斯-汉森位移。

此外，第4章将会看到，古斯-汉森位移对于研究介质波导问题也具有十分重要的意义。

3.4　光波在分层介质上的反射和折射

在光学系统中，为了消除各个光学元件表面对入射光波的反射干扰，或者增强某个元件表面对给定波长范围入射光波的反射率或者透射率，往往在元件表面镀制一层或多层介质薄膜，通过光波在这些介质膜层中透射和反射时产生的相长或者相消干涉，以实现对给定波长范围的光波的选择性增透或者增反。如成像透镜表面的增透膜、激光谐振腔和全息照相光路中的窄带反射镜、光谱仪中使用的干涉滤光片等，均基于这一原理。本节主要讨论这种介质膜层对光波电磁场的反射和透射规律。

3.4.1　单层膜的特征矩阵

首先考虑单色平面光波在单层介质薄膜上的反射和透射情况。如图3.4-1所示，设有一层厚度为 h_1、折射率为 n_1 的透明介质薄膜，置于某种折射率为 n_G 的透明介质基片上，一束单色平面光波以角度 θ_{1i} 自折射率为 n_0 的透明介质入射到该薄膜表面上。为方便讨论，我们暂且将薄膜的上表面和下表面分别用界面1和界面2标记。考虑到一般

情况下，偏振方向垂直于入射面的 s 分量和平行于入射面的 p 分量的反射特性不同，须分别进行讨论，故假定这里所讨论的入射光波只有 s 分量，其振动方向与入射面正交(图中规定该电场强度矢量在入射点的瞬时正方向为自纸平面向内)。

根据反射和折射定律，入射光波将分别在界面 1 和界面 2 处发生反射和折射（透射)。分别用下标 i、r 和 t 表示在各个界面上光波的入射、反射和透射分量。这样，对于界面 1 和界面 2 两侧的场分布情况可作如下分析：

在介质 n_0中：同时存在入射光场 $\boldsymbol{E}_{1i}(\boldsymbol{H}_{1i})$和反射光场 $\boldsymbol{E}_{1r}(\boldsymbol{H}_{1r})$。注意，这里的反射光场并非只是由该界面反射所产生，而是由整个系统产生的总反射光场。

在介质 n_1的上界面内侧：同时存在透射光场 $\boldsymbol{E}_{1t}(\boldsymbol{H}_{1t})$和来自下界面的反射光场 $\boldsymbol{E}'_{2r}(\boldsymbol{H}'_{2r})$。

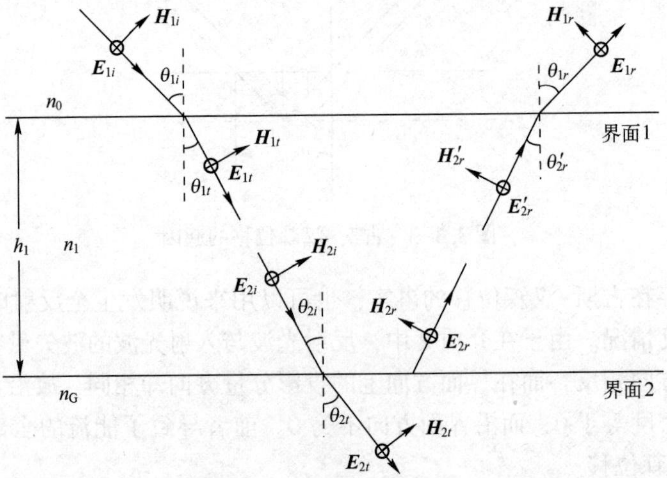

图 3.4-1　薄膜界面两侧电磁场矢量的边值关系

在介质 n_1的下界面内侧：同时存在入射光场 $\boldsymbol{E}_{2i}(\boldsymbol{H}_{2i})$和反射光场 $\boldsymbol{E}_{2r}(\boldsymbol{H}_{2r})$。

在基片（介质 n_G）中：存在透射光场 $\boldsymbol{E}_{2t}(\boldsymbol{H}_{2t})$。

各处电场强度和磁场强度矢量的方向如图 3.4-1 所示。根据电磁场的边值关系，并且考虑到电场强度矢量的 s 分量与界面平行，于是在界面 1 处，可得

$$E_1 = E_{1i} + E_{1r} = E_{1t} + E'_{2r} \tag{3.4-1}$$

$$H_1 = H_{1i}\cos\theta_{1i} - H_{1r}\cos\theta_{1r} = H_{1t}\cos\theta_{1t} - H'_{2r}\cos\theta'_{2r} \tag{3.4-2a}$$

对于一般透明电介质，$H=\sqrt{\varepsilon/\mu}\,E$，$\mu=\mu_0\mu_r\approx\mu_0$，$\varepsilon=\varepsilon_r\varepsilon_0=\varepsilon_0 n^2$，且 $\theta_{1i}=\theta_{1r}$，$\theta_{1t}=\theta_{2i}=\theta'_{2r}$，代入式（3.4-2a）得

$$H_1 = \sqrt{\frac{\varepsilon_0}{\mu_0}}(E_{1i}-E_{1r})n_0\cos\theta_{1i} = \sqrt{\frac{\varepsilon_0}{\mu_0}}(E_{1t}-E'_{2r})n_1\cos\theta_{2i} \tag{3.4-2b}$$

在界面 2 处，可得

$$E_2 = E_{2i} + E_{2r} = E_{2t} \tag{3.4-3}$$

$$H_2 = \sqrt{\frac{\varepsilon_0}{\mu_0}}(E_{2i}-E_{2r})n_1\cos\theta_{2i} = \sqrt{\frac{\varepsilon_0}{\mu_0}}E_{2t}n_G\cos\theta_{2t} \tag{3.4-4}$$

当不考虑介质自身的吸收时，应有

$$E_{2i}=E_{1t}\mathrm{e}^{\mathrm{i}\delta_1} \tag{3.4-5a}$$

$$E'_{2r}=E_{2r}\mathrm{e}^{\mathrm{i}\delta_1} \tag{3.4-5b}$$

式（3.4-5）说明 E_{2i} 与 E_{1t}，E'_{2r} 与 E_{2r} 振幅大小相等，但由于所处空间位置不同而有一相对相位延迟 δ_1。由几何关系可以导出此相位延迟 δ_1 为

$$\delta_1=\frac{2\pi}{\lambda}\cdot\frac{n_1h_1}{\cos\theta_{2i}} \tag{3.4-6}$$

由图 3.4-1 可以看出，δ_1 实际上反映了光波通过薄膜一次引起的相位变化，其大小只取决于薄膜厚度 h_1、折射率 n_1 及入射角 $\theta_{2i}(=\theta_{1t})$。

将式（3.4-5a）、式（3.4-5b）和式（3.4-6）分别代入式（3.4-3）和式（3.4-4），并取

$$\eta_1=\sqrt{\frac{\varepsilon_0}{\mu_0}}n_1\cos\theta_{2i} \tag{3.4-7}$$

可得

$$E_2=E_{1t}\mathrm{e}^{\mathrm{i}\delta_1}+E'_{2r}\mathrm{e}^{-\mathrm{i}\delta_1} \tag{3.4-8}$$

$$H_2=(E_{1t}\mathrm{e}^{\mathrm{i}\delta_1}-E'_{2r}\mathrm{e}^{-\mathrm{i}\delta_1})\eta_1 \tag{3.4-9}$$

由此解得

$$E_{1t}=\frac{\mathrm{e}^{-\mathrm{i}\delta_1}}{2}\left(E_2+\frac{H_2}{\eta_1}\right) \tag{3.4-10}$$

$$E'_{2r}=\frac{\mathrm{e}^{\mathrm{i}\delta_1}}{2}\left(E_2-\frac{H_2}{\eta_1}\right) \tag{3.4-11}$$

再将所得的 E_{1t} 及 E'_{2r} 的表达式代入式（3.4-1）及式（3.4-2），得

$$E_1=E_2\cos\delta_1-H_2\,\frac{\mathrm{i}\sin\delta_1}{\eta_1} \tag{3.4-12}$$

$$H_1=-\mathrm{i}E_2\eta_1\sin\delta_1+H_2\cos\delta_1 \tag{3.4-13}$$

显然，上两式可以统一在一个矩阵方程中，即

$$\begin{bmatrix}E_1\\H_1\end{bmatrix}=\begin{bmatrix}\cos\delta_1 & -\dfrac{\mathrm{i}}{\eta_1}\sin\delta_1\\ -\mathrm{i}\eta_1\sin\delta_1 & \cos\delta_1\end{bmatrix}\begin{bmatrix}E_2\\H_2\end{bmatrix}=\boldsymbol{M}_1\begin{bmatrix}E_2\\H_2\end{bmatrix} \tag{3.4-14}$$

式中

$$\boldsymbol{M}_1=\begin{bmatrix}\cos\delta_1 & -\dfrac{\mathrm{i}}{\eta_1}\sin\delta_1\\ -\mathrm{i}\eta_1\sin\delta_1 & \cos\delta_1\end{bmatrix} \tag{3.4-15}$$

称为介质膜层 n_1 的特征矩阵，其重要意义在于它联系了膜层上下两个界面处的场（$\boldsymbol{E}_1,\boldsymbol{H}_1$）和（$\boldsymbol{E}_2,\boldsymbol{H}_2$），并且包含了该介质膜层的所有特征参数——$\delta_1$ 和 η_1。

在上面的讨论中，我们曾事先假定入射光波的电场强度矢量只有 s 分量。可以证明，当入射光波电场强度矢量只有 p 分量，并且其瞬时方向与图 3.4-1 中 s 分量的磁场强度矢量方向相同时，相应的磁场强度矢量的瞬时方向正好与图 3.4-1 中 s 分量电场强度矢量的方向相反。因此，只要将上面导出的矩阵方程式（3.4-14）中的电场强度矢

量与磁场强度矢量交换位置，或者将式中特征矩阵的对角元素交换位置，并以参数

$$\eta_1'=\sqrt{\frac{\varepsilon_0}{\mu_0}}\cdot\frac{n_1}{\cos\theta_{2i}} \tag{3.4-16}$$

代替参数 $1/\eta_1$，则对于 p 分量，同样可将光场在两界面处所满足的方程表示为与式（3.4-14）相同的形式，即

$$\begin{bmatrix}E_1\\H_1\end{bmatrix}=\begin{bmatrix}\cos\delta_1 & -\frac{\mathrm{i}}{\eta_1'}\sin\delta_1\\ -\mathrm{i}\eta_1'\sin\delta_1 & \cos\delta_1\end{bmatrix}\begin{bmatrix}E_2\\H_2\end{bmatrix}=\boldsymbol{M}_1'\begin{bmatrix}E_2\\H_2\end{bmatrix} \tag{3.4-17}$$

式中的特征矩阵

$$\boldsymbol{M}_1'=\begin{bmatrix}\cos\delta_1 & -\frac{\mathrm{i}}{\eta_1'}\sin\delta_1\\ -\mathrm{i}\eta_1'\sin\delta_1 & \cos\delta_1\end{bmatrix} \tag{3.4-18}$$

与式（3.4-15）给出 M_1的形式完全相同，只是参数 η_1'与 η_1不同，即

$$\eta_1'=\frac{\eta_1}{\cos^2\theta_{2i}} \tag{3.4-19}$$

3.4.2 多层膜的特征矩阵

以上只给出了单层介质薄膜的情况，然而实际中遇到的往往都是多层介质膜。假设某一膜系共有 N 层，折射率分别为 $n_1,n_2,\cdots,n_N$，各自的特征矩阵为分别 $\boldsymbol{M}_1,\boldsymbol{M}_2,\cdots,\boldsymbol{M}_N$，则由上述讨论可知，对界面 1 和界面 2 处的光波场，有

$$\begin{bmatrix}E_1\\H_1\end{bmatrix}=\boldsymbol{M}_1\begin{bmatrix}E_2\\H_2\end{bmatrix} \tag{3.4-20}$$

对界面 2 和界面 3 处的场，有

$$\begin{bmatrix}E_2\\H_2\end{bmatrix}=\boldsymbol{M}_2\begin{bmatrix}E_3\\H_3\end{bmatrix} \tag{3.4-21}$$

类似地，对界面 N 和界面 N+1 处的场，有

$$\begin{bmatrix}E_N\\H_N\end{bmatrix}=\boldsymbol{M}_N\begin{bmatrix}E_{N+1}\\H_{N+1}\end{bmatrix} \tag{3.4-22}$$

于是，可得膜系两边即界面 1 与界面 N+1 处的场之间的关系为

$$\begin{bmatrix}E_1\\H_1\end{bmatrix}=\boldsymbol{M}_1\cdot\boldsymbol{M}_2\cdot\cdots\cdot\boldsymbol{M}_N\begin{bmatrix}E_{N+1}\\H_{N+1}\end{bmatrix}=\boldsymbol{M}\begin{bmatrix}E_{N+1}\\H_{N+1}\end{bmatrix} \tag{3.4-23}$$

式中：矩阵 $\boldsymbol{M}$ 是整个膜系的特征矩阵，等于膜系中各介质膜层特征矩阵的乘积，即

$$\boldsymbol{M}=\boldsymbol{M}_1\cdot\boldsymbol{M}_2\cdot\cdots\cdot\boldsymbol{M}_N \tag{3.4-24}$$

3.4.3 膜系反射率

假设某一膜系共有 N 层介质膜，其膜系特征矩阵为

$$\boldsymbol{M}=\begin{bmatrix}A & B\\C & D\end{bmatrix} \tag{3.4-25}$$

根据式（3.4.23），膜系第一层与第 N 层外侧的场满足如下关系：

$$\begin{bmatrix} E_1 \\ H_1 \end{bmatrix} = \begin{bmatrix} A & B \\ C & D \end{bmatrix} \begin{bmatrix} E_{N+1} \\ H_{N+1} \end{bmatrix} \tag{3.4-26}$$

式中

$$\begin{cases} E_1 = E_{1i} + E_{1r} \\ H_1 = (E_{1i} - E_{1r})\eta_0 \\ E_{N+1} = E_{N+1,t} \\ H_{N+1} = E_{N+1,t}\eta_G \end{cases} \tag{3.4-27}$$

式中：E_{1i} 和 E_{1r} 分别表示膜系界面 1 外侧的总入射光场和反射光场；$E_{N+1,t}$ 表示界面 $N+1$ 外侧基片介质中的透射光场；参数 η_0 和 η_G 视入射光波的偏振方向不同而不同，即

对 s 分量： $\eta_0 = \sqrt{\dfrac{\varepsilon_0}{\mu_0}} n_0 \cos\theta_{1i}$，$\eta_G = \sqrt{\dfrac{\varepsilon_0}{\mu_0}} n_G \cos\theta_{N+1,i}$

对 p 分量： $\eta_0' = \sqrt{\dfrac{\varepsilon_0}{\mu_0}} \dfrac{n_0}{\cos\theta_{1i}}$，$\eta_G{}' = \sqrt{\dfrac{\varepsilon_0}{\mu_0}} \dfrac{n_G}{\cos\theta_{N+1,i}}$

将式（3.4-27）代入矩阵方程式（3.4-26），得

$$\begin{bmatrix} E_{1i} + E_{1r} \\ (E_{1i} - E_{1r})\eta_0 \end{bmatrix} = \begin{bmatrix} A & B \\ C & D \end{bmatrix} \begin{bmatrix} E_{N+1,t} \\ E_{N+1,t}\eta_G \end{bmatrix} \tag{3.4-28}$$

解此方程组，可得膜系的振幅反射系数和透射系数分别为

$$r = \frac{E_{1r}}{E_{1i}} = \frac{(A+B\eta_G)\eta_0 - (C+D\eta_G)}{(A+B\eta_G)\eta_0 + (C+D\eta_G)} \tag{3.4-29a}$$

$$t = \frac{E_{N+1,t}}{E_{1i}} = \frac{2\eta_0}{(A+B\eta_G)\eta_0 + (C+D\eta_G)} \tag{3.4-29b}$$

由此得膜系的强度反射率

$$R = r \cdot r^* = |r|^2 \tag{3.4-30}$$

可见，只要依次求出膜系中各层介质膜的特征矩阵，并将其按自然顺序依次相乘，得到整个膜系的特征矩阵，再将膜系的特征矩阵元素代入式（3.4-29a）或式（3.4-29b），即可求出该膜系的振幅反射系数 r 或者透射系数 t，进而由式（3.4-30）得到膜系的强度反射率 R。

3.5 光波在金属表面上的反射和透射

金属的电导率一般很大，例如铜的电导率约为 6×10^7 S/m（西门子每米），而水的电导率却只有 10^{-3} S/m。金属的导电性不仅与电导率有关，而且与电磁波频率有关，频率越大，导电性越低。对一般金属，当频率远小于 10^{17} Hz 时可以认为是良导体。良导体的体内无自由电荷分布，在高频电场作用下，电荷仅积聚在导体的表面，形成表面电流——趋肤效应，并由此产生焦耳热，使光波能量不断损耗。因此，一般情况下，光波在金属表面上会产生强烈反射，而穿过金属表面进入其内部的部分也将迅速衰减。

3.5.1 良导体条件

设导体内有自由电荷分布，密度为ρ，该自由电荷将激发出电场$\boldsymbol{E}$，由麦克斯韦方程组第三式及物质方程第一式，得

$$\nabla\cdot\boldsymbol{E}=\frac{\rho}{\varepsilon} \tag{3.5-1}$$

由于场对电荷的作用，导体内将形成电流分布$\boldsymbol{J}$，其大小由欧姆定律决定，即

$$\boldsymbol{J}=\sigma\boldsymbol{E} \tag{3.5-2}$$

于是有

$$\nabla\cdot\boldsymbol{J}=\sigma\,\nabla\cdot\boldsymbol{E}=\frac{\sigma}{\varepsilon}\rho \tag{3.5-3}$$

根据电荷守恒定律，电流密度$\boldsymbol{J}$与电荷密度ρ应满足如下微分关系：

$$\nabla\cdot\boldsymbol{J}+\frac{\partial\rho}{\partial t}=0 \tag{3.5-4}$$

将上式代入式（3.5-3），得

$$\frac{\partial\rho}{\partial t}=-\frac{\sigma}{\varepsilon}\rho \tag{3.5-5}$$

解此方程可得到导体内自由电荷密度随时间的变化关系，即

$$\rho(t)=\rho_0\exp\left(-\frac{\sigma}{\varepsilon}t\right) \tag{3.5-6}$$

式中：ρ_0表示初始时刻（即$t=0$时）导体内的自由电荷密度。式（3.5-6）表明，由于场对电荷的作用，导体内产生电流，具体表现为体内自由电荷不断涌向导体表面，从而使体内电荷不断减少。ρ减小到初值ρ_0的e^{-1}倍所需的时间为

$$\tau=\frac{\varepsilon}{\sigma} \tag{3.5-7}$$

显然，只要入射电磁波的周期T远大于该时间常数τ，或者频率$\omega\ll\tau^{-1}=\sigma/\varepsilon$，就可以认为导体内电荷密度$\rho(t)=0$。故良导体条件为

$$\frac{\sigma}{\omega\varepsilon}\gg 1 \tag{3.5-8}$$

对一般金属而言，$\tau\approx 10^{-17}\,\mathrm{s}$，故只要$\omega\ll 10^{17}\,\mathrm{Hz}$，该金属就可视为良导体。

3.5.2 光波在金属中的传播特性

由3.5.1小节的讨论知，在金属良导体内$\rho=0$，$\boldsymbol{J}=\sigma\boldsymbol{E}$。因此，相应的麦克斯韦方程组可表示为

$$\begin{cases}\nabla\times\boldsymbol{E}=-\dfrac{\partial\boldsymbol{B}}{\partial t}\\ \nabla\times\boldsymbol{H}=\sigma\boldsymbol{E}+\dfrac{\partial\boldsymbol{D}}{\partial t}\\ \nabla\cdot\boldsymbol{E}=0\\ \nabla\cdot\boldsymbol{B}=0\end{cases} \tag{3.5-9}$$

对此方程组第一式两侧求旋度，并将第二式、第三式代入，得

左边：
$$\nabla\times(\nabla\times\boldsymbol{E})=\nabla(\nabla\cdot\boldsymbol{E})-\nabla^2\boldsymbol{E}=-\nabla^2\boldsymbol{E}$$

右边：
$$-\frac{\partial}{\partial t}\nabla\times\boldsymbol{B}=-\mu\frac{\partial}{\partial t}\left(\sigma\boldsymbol{E}+\frac{\partial\boldsymbol{D}}{\partial t}\right)=-\mu\sigma\frac{\partial\boldsymbol{E}}{\partial t}-\varepsilon\mu\frac{\partial^2\boldsymbol{E}}{\partial t^2}$$

整理后便得到光波电场在金属良导体内的波动方程：

$$\nabla^2\boldsymbol{E}-\mu\sigma\frac{\partial\boldsymbol{E}}{\partial t}-\varepsilon\mu\frac{\partial^2\boldsymbol{E}}{\partial t^2}=0 \tag{3.5-10}$$

对于频率为 ω 的单色电磁波，式（3.5-10）的解可表示为

$$\boldsymbol{E}(\boldsymbol{r},t)=\boldsymbol{E}(\boldsymbol{r})\exp(-\mathrm{i}\omega t) \tag{3.5-11}$$

代入式（3.5-10），得到金属良导体内电磁场所满足的定态波动方程：

$$\nabla^2\boldsymbol{E}(\boldsymbol{r})+(\omega^2\mu\varepsilon+\mathrm{i}\omega\mu\sigma)\boldsymbol{E}(\boldsymbol{r})=0 \tag{3.5-12}$$

取复常数

$$\tilde{k}^2=\omega^2\mu\varepsilon+\mathrm{i}\omega\mu\sigma \tag{3.5-13}$$

则

$$\nabla^2\boldsymbol{E}(\boldsymbol{r})+\tilde{k}^2\boldsymbol{E}(\boldsymbol{r})=0 \tag{3.5-14}$$

这是一个亥姆霍兹方程，其平面波解可表示为

$$\boldsymbol{E}(\boldsymbol{r})=\boldsymbol{E}_0\exp(\mathrm{i}\tilde{\boldsymbol{k}}\cdot\boldsymbol{r}) \tag{3.5-15}$$

$$\boldsymbol{B}(\boldsymbol{r})=-\frac{\mathrm{i}}{\omega}\nabla\times\boldsymbol{E}(\boldsymbol{r}) \tag{3.5-16}$$

由于这里的（角）波数$\tilde{k}$为复数，故相应的波矢量$\tilde{\boldsymbol{k}}$应该是一个复矢量，设$\tilde{\boldsymbol{k}}$的形式为

$$\tilde{\boldsymbol{k}}=\boldsymbol{\beta}+\mathrm{i}\boldsymbol{\alpha} \tag{3.5-17}$$

则电磁波在金属良导体内的电场强度矢量可表示为

$$\boldsymbol{E}(\boldsymbol{r},t)=\boldsymbol{E}_0\exp(-\boldsymbol{\alpha}\cdot\boldsymbol{r})\exp[\mathrm{i}(\boldsymbol{\beta}\cdot\boldsymbol{r}-\omega t)] \tag{3.5-18}$$

式（3.5-18）表明，金属良导体内的电磁波是一种振幅按指数衰减的非均匀平面波，其衰减特性和相位特性分别由矢量 $\boldsymbol{\alpha}$ 和 $\boldsymbol{\beta}$ 确定。下面对其作三点讨论。

1. 矢量 $\boldsymbol{\alpha}$ 与 $\boldsymbol{\beta}$ 的关系

由式（3.5-17），取复矢量$\tilde{\boldsymbol{k}}$的平方，得

$$\tilde{\boldsymbol{k}}\cdot\tilde{\boldsymbol{k}}=\tilde{k}^2=\beta^2-\alpha^2+\mathrm{i}2\boldsymbol{\alpha}\cdot\boldsymbol{\beta} \tag{3.5-19}$$

将上式与式（3.5-13）相比较，可以看出

$$\beta^2-\alpha^2=\omega^2\mu\varepsilon \tag{3.5-20}$$

$$\boldsymbol{\alpha}\cdot\boldsymbol{\beta}=\frac{1}{2}\omega\mu\sigma \tag{3.5-21}$$

但是，仅仅由上面两式尚不能求解出矢量 $\boldsymbol{\alpha}$ 和 $\boldsymbol{\beta}$，还需要利用边值关系。设光波由某种介质入射到金属表面，入射面和金属表面分别为 $y=0$ 和 $z=0$ 平面，并且入射光波和透射光波的波矢量分别为 $\boldsymbol{k}_i$ 和 $\boldsymbol{k}$，则由 3.1 节给出的边值关系，得

$$k_{ix}=k_x=\beta_x+\mathrm{i}\alpha_x \tag{3.5-22}$$

由于 k_{ix} 为实数，故 k_x 也为实数，从而 $\alpha_x=0$，$\beta_x=k_x$。这表明，矢量 $\boldsymbol{\alpha}$ 只有 z 分量，无 x 分量，亦即其方向始终垂直于金属表面。但只要 $k_x\neq0$，矢量 $\boldsymbol{\beta}$ 的 x 分量 β_x 就不等于 0。因而，一般情况下，$\boldsymbol{\beta}$ 与 $\boldsymbol{\alpha}$ 不同向，但是也不会正交。由此可见，金属良导体

内的光波与全反射时电介质 2 中的倏逝波不同，其等幅面与等相面既不平行，也不垂直。当入射光波垂直于金属表面，即 $k_{ix}=0$ 时，由式（3.5-22）得 $\beta_x=k_x=0$，故 $\beta=\beta_z$，$\alpha=\alpha_z$，从而 $\boldsymbol{\beta}$ 与 $\boldsymbol{\alpha}$ 同向，都沿界面法线方向——z 方向。此时金属内的光波电场强度矢量为

$$\boldsymbol{E}=\boldsymbol{E}_0\exp(-\alpha z)\exp[\mathrm{i}(\beta z-\omega t)] \tag{3.5-23}$$

可见，矢量 $\boldsymbol{\alpha}$、$\boldsymbol{\beta}$ 的模值分别就是光波的衰减常数和传播常数。由式（3.5-20）和式（3.5-21）可解得

$$\beta=\omega\sqrt{\mu\varepsilon}\left[\frac{1}{2}\left(\sqrt{1+\frac{\sigma^2}{\varepsilon^2\omega^2}}+1\right)\right]^{\frac{1}{2}} \tag{3.5-24}$$

$$\alpha=\omega\sqrt{\mu\varepsilon}\left[\frac{1}{2}\left(\sqrt{1+\frac{\sigma^2}{\varepsilon^2\omega^2}}-1\right)\right]^{\frac{1}{2}} \tag{3.5-25}$$

对于不良导体，亦即传导电流远小于位移电流时，$\sigma/\varepsilon\omega\ll1$，式（3.5-24）和式（3.5-25）可分别简化为

$$\beta\approx\omega\sqrt{\mu\varepsilon}\left(1+\frac{\sigma^2}{8\varepsilon^2\omega^2}\right)\approx\omega\sqrt{\mu\varepsilon} \tag{3.5-26}$$

$$\alpha\approx\frac{\sigma}{2}\sqrt{\frac{\mu}{\varepsilon}} \tag{3.5-27}$$

对于良导体，亦即传导电流远大于位移电流时，$\sigma/\varepsilon\omega\gg1$，则有

$$\beta=\alpha=\sqrt{\frac{\omega\mu\sigma}{2}} \tag{3.5-28}$$

2. 穿透深度（趋肤效应）

由式（3.5-23），对于垂直入射情况，在良导体内 $z_0=\alpha^{-1}$ 处，入射光波电场的振幅将衰减到入射点的 e^{-1} 倍，这个距离称作穿透距离或趋肤深度。由式（3.5-28）得

$$z_0=\frac{1}{\alpha}=\sqrt{\frac{2}{\omega\mu\sigma}} \tag{3.5-29}$$

可见，光波在导体内的穿透深度与光波频率 ω 及电导率 σ 的平方根成反比。频率越高，电导率越大，穿透深度越小，趋肤效应越明显。

3. 电场强度矢量与磁场强度矢量的振幅比

根据单色光波电场强度与磁场强度的矢量关系，可得到金属中光波的磁场强度矢量为

$$\boldsymbol{H}=-\frac{\mathrm{i}}{\omega\mu}\nabla\times\boldsymbol{E}=\frac{1}{\omega\mu}\tilde{\boldsymbol{k}}\times\boldsymbol{E}=\frac{1}{\omega\mu}(\boldsymbol{\beta}+\mathrm{i}\boldsymbol{\alpha})\times\boldsymbol{E} \tag{3.5-30}$$

对于良导体，设光波垂直入射，并且界面法线方向单位矢量为 $\boldsymbol{n}$，则有

$$\begin{aligned}\boldsymbol{H}&=\frac{1}{\omega\mu}(\beta+\mathrm{i}\alpha)\boldsymbol{n}\times\boldsymbol{E}\\&=\frac{1}{\omega\mu}\sqrt{\frac{\omega\mu\sigma}{2}}(1+\mathrm{i})\boldsymbol{n}\times\boldsymbol{E}\end{aligned}$$

$$=\sqrt{\frac{\sigma}{\omega\mu}}\exp\left(-\sqrt{\frac{\omega\mu\sigma}{2}}z\right)\exp\left[\mathrm{i}\left(\sqrt{\frac{\omega\mu\sigma}{2}}z-\omega t+\frac{\pi}{4}\right)\right]\boldsymbol{n}\times\boldsymbol{E}_0 \tag{3.5-31}$$

可见，在良导体内，光波磁场比电场的相位滞后 π/4，并且振幅比满足关系：

$$\frac{\sqrt{\mu}\,|\boldsymbol{H}|}{\sqrt{\varepsilon}\,|\boldsymbol{E}|}=\sqrt{\frac{\sigma}{\omega\varepsilon}}\gg 1 \tag{3.5-32}$$

而在真空或者绝缘介质中，此比值却等于 1。因此，相比绝缘体而言，在金属良导体内，磁场远比电场重要，光场的能量主要是磁场能量。

3.5.3 金属的色散特性

由上述讨论可知，金属对于不同频率的电磁波表现出不同的传输特性，源于其色散特性。下面介绍常用的描述金属色散特性的两种模型：洛伦兹模型和杜鲁德（Drude）模型。

1. 洛伦兹模型

参考 2.3 节的讨论，按照洛伦兹的观点，金属中的束缚电子与带正电的原子核之间通过电场作用构成线性弹性偶极振子，并且在频率为 ω 的等效电场 $\boldsymbol{E}'=\boldsymbol{E}_0'\mathrm{e}^{-\mathrm{i}\omega t}$ 作用下，束缚电子相对于其平衡位置做阻尼振动，其瞬时振动位移为

$$\boldsymbol{l}=\frac{q/m}{\omega_0^2-\omega^2-\mathrm{i}\gamma\omega}\boldsymbol{E}' \tag{3.5-33}$$

式中：q、m、ω_0 和 γ 的含义与 2.3 节相同，分别表示电子的电量、质量、固有圆频率和阻尼系数。假设金属中的电子数密度为 N，则相应的宏观电极化强度为

$$\boldsymbol{P}=Nq\boldsymbol{l}=\frac{Nq^2/m}{\omega_0^2-\omega^2-\mathrm{i}\gamma\omega}\boldsymbol{E}'=\chi\varepsilon_0\boldsymbol{E}' \tag{3.5-34}$$

由式（3.5-34）可以看出，金属的电极化率应为

$$\chi=\frac{Nq^2/\varepsilon_0 m}{\omega_0^2-\omega^2-\mathrm{i}\gamma\omega}=\frac{\omega_\mathrm{p}^2}{\omega_0^2-\omega^2-\mathrm{i}\gamma\omega} \tag{3.5-35}$$

式中：$\omega_\mathrm{p}=q(N/\varepsilon_0 m)^{1/2}$，表示金属的一个特征参量。由此可得金属的相对介电常数为

$$\varepsilon_r(\omega)=1+\chi=1+\frac{\omega_\mathrm{p}^2}{\omega_0^2-\omega^2-\mathrm{i}\gamma\omega} \tag{3.5-36}$$

式（3.5-36）表明，金属的相对介电常数是一个复数，源于其电极化率为复数。

2. 杜鲁德模型

杜鲁德（P. Drude）假设，金属中的自由电子与其他原子核之间没有电磁交互作用，其在外力或者外加电场作用下的运动服从麦克斯韦-玻尔兹曼统计规律和牛顿运动规律，并且在运动过程中会因为与金属中原子核、杂质或者晶格缺陷等发生随机的弹性碰撞而被散射。若平均碰撞持续时间为 τ_0，则单位时间内电子与原子核发生碰撞的概率为 $1/\tau_0$。现在 t 时刻给金属中的自由电子施加一电场力 $\boldsymbol{F}(t)=q\boldsymbol{E}'$，假设此时电子的平均运动速度为 $\boldsymbol{v}$，则每个自由电子的平均动量为 $\boldsymbol{p}(t)=m\boldsymbol{v}$。若自由电子在运动过程中不与其他原子核发生碰撞，则在 $\mathrm{d}t$ 时间内其平均动量将增加 $\boldsymbol{F}(t)\mathrm{d}t$；若自由电子在运动过程中与其他原子核发生随机碰撞，则其平均动量在碰撞后将归零。于是，在 $t+\mathrm{d}t$

时刻，自由电子的平均动量变为

$$\boldsymbol{p}(t+\mathrm{d}t)=\left(1-\frac{\mathrm{d}t}{\tau_0}\right)[\boldsymbol{p}(t)+\boldsymbol{F}(t)\mathrm{d}t] \tag{3.5-37}$$

考虑到电流密度矢量 $\boldsymbol{J}=Nq\boldsymbol{v}$ 与自由电子平均动量 $\boldsymbol{p}(t)=m\boldsymbol{v}$ 之间的线性关系，当 dt 很小时，式（3.5-37）可以近似简化为

$$\frac{\mathrm{d}\boldsymbol{J}}{\mathrm{d}t}+\frac{1}{\tau_0}\boldsymbol{J}=\frac{Nq^2}{m}\boldsymbol{E}' \tag{3.5-38}$$

假设在高频电场作用下，自由电子运动形成随时间作同频率振荡的电流密度，即 $\boldsymbol{J}(t)=\boldsymbol{J}_0\mathrm{e}^{-\mathrm{i}\omega t}$，则式（3.5-38）的解可以表示为

$$\boldsymbol{J}=\frac{Nq^2\tau_0/m}{1-\mathrm{i}\omega\tau_0}\boldsymbol{E}'=\frac{\sigma_0}{1-\mathrm{i}\omega\tau_0}\boldsymbol{E}'=\sigma(\omega)\boldsymbol{E}' \tag{3.5-39}$$

式中：$\sigma_0=Nq^2\tau/m$，$\sigma(\omega)=\sigma_0/(1-\mathrm{i}\omega\tau_0)$，分别表示无高频电场作用和高频电场作用下金属的电导率。

进一步，如果将金属中自由电子的位移看作是束缚电子相对于其平衡位置的振动位移 $\boldsymbol{l}$，则 $\boldsymbol{v}=\mathrm{d}\boldsymbol{l}/\mathrm{d}t$。于是，由电流密度矢量 $\boldsymbol{J}$ 与电子运动速度 $\boldsymbol{v}$ 的关系，以及电极化强度 $\boldsymbol{P}$ 的定义，得

$$\boldsymbol{J}=Nq\frac{\mathrm{d}\boldsymbol{l}}{\mathrm{d}t}=\frac{\mathrm{d}}{\mathrm{d}t}(Nq\boldsymbol{l})=\frac{\mathrm{d}\boldsymbol{P}}{\mathrm{d}t} \tag{3.5-40}$$

同时，考虑到 $\boldsymbol{E}'=\boldsymbol{E}'_0\mathrm{e}^{-\mathrm{i}\omega t}$，则可将式（3.5-39）改写为

$$\boldsymbol{J}=\sigma(\omega)\boldsymbol{E}'=\mathrm{i}\frac{\sigma(\omega)}{\omega}\frac{\partial\boldsymbol{E}'}{\partial t}=\frac{\partial}{\partial t}\left[\mathrm{i}\frac{\sigma(\omega)}{\omega}\boldsymbol{E}'\right] \tag{3.5-41}$$

比较式（3.5-40）和式（3.5-41），得

$$\boldsymbol{P}=\mathrm{i}\frac{\sigma(\omega)}{\omega}\boldsymbol{E}'=\mathrm{i}\frac{\sigma_0}{\omega(1-\mathrm{i}\omega\tau_0)}\boldsymbol{E}'=-\frac{Nq^2/m}{\omega^2+\mathrm{i}\omega/\tau_0}\boldsymbol{E}'=\chi\varepsilon_0\boldsymbol{E}' \tag{3.5-42}$$

由此可得到金属的电极化率和相对介电常数分别为

$$\chi=-\frac{Nq^2/\varepsilon_0 m}{\omega^2+\mathrm{i}\omega/\tau_0}=-\frac{\omega_\mathrm{p}^2}{\omega^2+\mathrm{i}\omega/\tau_0} \tag{3.5-43}$$

$$\varepsilon_r(\omega)=1+\chi=1-\frac{\omega_\mathrm{p}^2}{\omega^2+\mathrm{i}\omega/\tau_0} \tag{3.5-44}$$

式（3.5-44）描述了金属的相对介电常数与作用电磁场频率的关系，称为杜鲁德模型。它表明一般情况下，由于金属的电极化率为复数，因此其相对介电常数也是复数。值得注意的是，当 $\omega\gg1/\tau_0$时，$\varepsilon_r(\omega)\approx1-(\omega_\mathrm{p}/\omega)^2$。此时若 $\omega<\omega_\mathrm{p}$，则相对介电常数为负，导致折射率为虚数，金属与入射电磁波存在较强的相互作用；若 $\omega>\omega_\mathrm{p}$，则相对介电常数为正，因而折射率为实数，此时金属对入射电磁波而言只是一种常规的介电材料。

3.5.4 金属表面的反射

1. 复数折射率

上述讨论结果显示，光波电磁场在金属良导体内所满足的定态波动方程，与在电介质中的亥姆霍兹方程具有相同的形式。两者的唯一区别仅仅在于，光波在一般介质中的

波矢量 $\boldsymbol{k}$ 为实矢量，而在金属中的波矢量$\tilde{\boldsymbol{k}}$为复矢量。同时，由描述金属色散的洛伦兹模型和杜鲁德模型也进一步证明金属的相对介电常数为复数。实际上，我们知道，光波在电介质中的波数 k 与介电常数 ε、磁导率 μ 及光波圆频率 ω 有如下关系：

$$k^2=\omega^2\varepsilon\mu \tag{3.5-45}$$

式中：ε、ω、μ 均为实数。对于金属而言，可以将式（3.5-13）改写为

$$\tilde{k}^2=\omega^2\mu\varepsilon+\mathrm{i}\omega\mu\sigma=\omega^2\mu\left(\varepsilon+\mathrm{i}\frac{\sigma}{\omega}\right) \tag{3.5-46}$$

显然，对比式（3.5-45），若用一个复常数$\tilde{\varepsilon}$表示上式最右边括号内包含的因子，即

$$\tilde{\varepsilon}=\varepsilon+\mathrm{i}\frac{\sigma}{\omega} \tag{3.5-47}$$

则式（3.5-46）可简化为与式（3.5-45）相同的形式，即

$$\tilde{k}^2=\omega^2\mu\tilde{\varepsilon} \tag{3.5-48}$$

可见，式（3.5-48）中的复常数$\tilde{\varepsilon}$就是金属的介电常数。按照介电常数的定义，它应该等于真空的介电常数 ε_0乘以金属的相对介电常数 $\varepsilon_r(\omega)$。这说明复数的金属介电常数起因于其相对介电常数 $\varepsilon_r(\omega)$具有复数形式，并且是电导率和作用场频率的函数，从而呼应了金属的洛伦兹色散模型和杜鲁德色散模型。换句话说，若将光波在金属中的波数也表示成与在电介质中相同的形式，则该波数是一个复数，其原因是金属的介电常数是一个复常数，而介电常数为复数的原因又是由于金属具有导电性所致。由式（3.5-47）可以看出，对于任何介质，只要其电导率不为 0，其介电常数就是复数，只不过对于电介质而言，其电导率很小，相应的复介电常数的虚部可以忽略不计，因而一般视为实常数。

引入复介电常数和复波数（矢）以后，单色平面光波在透明介质中满足的麦克斯韦方程组与在金属中满足的麦克斯韦方程组形式上完全一致。既然基本方程式相同，那么由此引入的在两种介质分界面处的边界条件，以及进而导出的反射和折射公式的形式也应相同。对于非铁磁介质，其折射率取决于其相对介电常数 ε_r，即 $n=\sqrt{\varepsilon_r}$。依此类推，在金属中，由于 ε 为复数而导致折射率 n 也应该是一个复数。这就是说，只要将金属的复介电常数 $\tilde{\varepsilon}$ 以及由其决定的复折射率 $\tilde{n}$ 代替透明电介质的介电常数 ε 和折射率 n，则对透明电介质所导出的所有公式，如反射与折射公式、菲涅耳公式等，对金属也同样适用。

令复折射率 $\tilde{n}$ 的形式为

$$\tilde{n}=n(1+\mathrm{i}\kappa) \tag{3.5-49}$$

式中：n 和 κ 均为正的实常数，称为金属光学常数。显然，由于折射率与波数呈线性关系，故复折射率 $\tilde{n}$ 的实部 n 与复波矢的实部 $\boldsymbol{\beta}$ 相对应，反映了光波在金属内的相位传播特性。而 $\tilde{n}$ 的虚部 $n\kappa$ 与复波矢的虚部 $\boldsymbol{\alpha}$ 相对应，反映了光波在金属内的衰减特性。因此，这里的金属光学常数 n 就是一般所说的金属对光波的折射率，而常数 κ 又称为金属对光波的衰减指数或消光指数。

需要说明的是，在金属光学中，电导率 σ 一般与光波频率 ω 有关，当波长 $\lambda>10^{-3}$cm 时，σ 为实数；当 $\lambda<10^{-3}$cm 时，σ 为复数，此时不能直接用 ε、μ、σ 计算 n 和 κ 的值。

2. 金属表面的反射率

对于透明介质分界面，由菲涅耳公式可得其对 p 分量和 s 分量的振幅反射比（或反射系数）分别为

$$r_p=\frac{(n_2\cos\theta_1-n_1\cos\theta_2)}{(n_2\cos\theta_1+n_1\cos\theta_2)}=\frac{\tan(\theta_1-\theta_2)}{\tan(\theta_1+\theta_2)} \tag{3.5-50a}$$

$$r_s=\frac{(n_1\cos\theta_1-n_2\cos\theta_2)}{(n_1\cos\theta_1+n_2\cos\theta_2)}=-\frac{\sin(\theta_1-\theta_2)}{\sin(\theta_1+\theta_2)} \tag{3.5-50b}$$

设光波自介质 1 向介质 2 垂直入射，并且介质 1 为空气，则 $\theta_1=\theta_2=0$，$n_1=1$，$n_2=n$。于是，由式（3.5-50）得

$$r_p=\frac{(n-1)}{(n+1)} \tag{3.5-51a}$$

$$r_s=-\frac{(n-1)}{(n+1)} \tag{3.5-51b}$$

相应的强度（能流）反射率为

$$R=|r_p|^2=|r_s|^2=\left|\frac{(n-1)}{(n+1)}\right|^2 \tag{3.5-52}$$

若介质 2 为金属，则以复折射率 $\tilde{n}$ 取代上式中的折射率 n，可得到其强度（能流）反射率为

$$R=\left|\frac{(\tilde{n}-1)}{(\tilde{n}+1)}\right|^2=\frac{n^2(1+\kappa^2)+1-2n}{n^2(1+\kappa^2)+1+2n} \tag{3.5-53}$$

表 3.5-1 所示为几种金属薄膜强度反射率的实验测量结果。

若光波自空气倾斜入射于金属表面，则应有

$$\sin\theta_2=\frac{\sin\theta_1}{\tilde{n}} \tag{3.5-54}$$

表 3.5-1　几种金属薄膜在不同波长光波垂直照射下的强度反射率

λ/nm	Ag/%	Al/%	Au/%	Cu/%
450	96.6	92.2	38.7	55.2
500	97.7	91.8	47.7	60.0
550	97.9	91.6	81.7	66.9
600	98.1	91.1	91.9	93.3
700	98.5	89.9	97.0	97.5

可见，θ_2与通常的折射角意义有所不同，也是一个复数。取

$$\tilde{n}\cos\theta_2=u+\mathrm{i}v \tag{3.5-55}$$

依次代入式（3.5-50a）和式（3.5-50b），可分别得到入射光波的 p 分量和 s 分量在空气-金属界面处的振幅反射比和强度（能流）反射率表达式，其中

对 s 分量：

$$r_s=|r_s|e^{\mathrm{i}\delta_s}=\frac{\cos\theta_1-(u+\mathrm{i}v)}{\cos\theta_1+(u+\mathrm{i}v)} \tag{3.5-56}$$

$$R_s=|r_s|^2=\frac{(\cos\theta_1-u)^2+v^2}{(\cos\theta_1+u)^2+v^2} \tag{3.5-57}$$

$$\tan\delta_s=\frac{2v\cos\theta_1}{u^2+v^2-\cos^2\theta_1} \tag{3.5-58}$$

对 p 分量：
$$r_p=|r_p|e^{i\delta_p}=\frac{\tilde{n}^2\cos\theta_1-(u+iv)}{\tilde{n}^2\cos\theta_1+(u+iv)}=\frac{[n^2(1-\kappa^2)+2in^2\kappa]\cos\theta_1-(u+iv)}{[n^2(1-\kappa^2)+2in^2\kappa]\cos\theta_1+(u+iv)} \tag{3.5-59}$$

$$R_p=|r_p|^2=\frac{[n^2(1-\kappa^2)\cos\theta_1-u]^2+(2n^2\kappa\cos\theta_1-v)^2}{[n^2(1-\kappa^2)\cos\theta_1+u]^2+(2n^2\kappa\cos\theta_1+v)^2} \tag{3.5-60}$$

$$\tan\delta_p=\frac{2n^2\cos\theta_1[2\kappa u-(1-\kappa^2)v]}{[n^4(1+\kappa^2)\cos^2\theta_1-(u^2+v^2)]} \tag{3.5-61}$$

可以看出，δ_s和δ_p的存在，表明自金属表面反射的光波相对于入射光波存在一定的相位突变，称为反射相移。当光波掠入射时，$\theta_1\to 90°$，因此 R_p、$R_s\to 1$，强度反射率最大。倾斜入射时，金属表面的强度反射率随光波入射角的变化关系相当复杂。实验测量结果表明，s 分量的强度反射率 R_s随入射角的增大而单调增大，p 分量的强度反射率 R_p则存在一个极小值 R_{pmin}，但 $R_{pmin}\neq 0$。通常将与 R_{pmin}对应的入射角 θ_0称为主入射角，并定义与 θ_0对应的 R_p和 R_s的比值的反正切为主方位角 ψ，即

$$\tan\psi=\frac{R_p}{R_s} \tag{3.5-62}$$

可以证明，金属光学常数 n 和消光系数 κ 与 ψ 及 θ_0的关系分别为

$$n\approx\sin\theta_0\tan\theta_0\cos2\psi \tag{3.5-63}$$

$$\kappa=\tan2\psi \tag{3.5-64}$$

因此，通过测量主方位角 ψ 及主入射角 θ_0，即可求出金属的光学常数 n 和 κ。

需要说明的是，在 2.3 节中已经提到，当介质对光波有吸收时，其折射率应为复数，这意味着其相对介电常数也应为复数。因此，光波在此类有吸收介质表面上的反射特性应与上述讨论的金属表面类似。此处不再赘述。

3.5.5 金属表面等离子体共振

3.5.3 小节和 3.5.4 小节主要讨论了光波电磁场在金属中的传播和在金属表面处的反射特性，并且得知，由于趋肤效应，进入金属中的高频电磁场会沿金属表面法线方向按指数衰减，因此只能存在于金属表面附近的极浅层区域。实际上，由于金属与电介质界面两侧物理性质的突变，进入该区域的高频电磁场与金属表面层电子的相互作用特性与金属体内有所不同，甚至在一定条件下会激发出一种沿金属表面传播的等离子体波，并且发生等离子体共振现象。

1. 金属表面等离子体/等离激元

按照杜鲁德的金属自由电子气体模型，在无外场作用情况下，金属良导体内带正电的原子核或离子被固定在晶格格点上不能移动，而带负电的电子则可以在晶格之间自由移动，类似构成一种自由电子气体，但均匀的电子密度分布仍使金属在宏观上呈现电中

性。当有高频电磁场进入金属中时，由于电场的驱动作用，金属中某个局域点的自由电子将发生移动，导致该局域点的电子密度瞬间减小至平均密度以下，从而出现正电荷过剩。过剩的正电荷所产生的库伦力反过来又吸引邻近区域内的自由电子发生聚集性移动，进而使该局域点的自由电子密度瞬间增大至平均密度以上。如此不断地重复变化，导致该局域点的自由电子密度出现相应的振荡性波动。金属中的这种能够产生集约性振荡行为的类自由电子气体称为等离子体（Plasma），其量子化的最小振荡单元称为等离子体激元，简称等离激元（Plasmon）。

假设单位体积内有 N 个自由电子相对于相应晶格点的原子核或正离子被激发，并且产生大小为 l 的位移，则由于电子移动引起的极化电场大小为

$$E=\frac{Nql}{\varepsilon_0} \tag{3.5-65}$$

式中：q 为单个电子所携带的电量。同时，该极化电场对每个电子产生如下弹性恢复力：

$$F=-qE=-\frac{Nq^2l}{\varepsilon_0} \tag{3.5-66}$$

假设单个电子的质量为 m，在不考虑焦耳热等阻尼的情况下，根据牛顿第二运动定律，有

$$m\frac{\mathrm{d}^2l}{\mathrm{d}t^2}=-\frac{Nq^2l}{\varepsilon_0} \tag{3.5-67}$$

由此可得到自由电子运动的加速度大小为

$$\frac{\mathrm{d}^2l}{\mathrm{d}t^2}=-\frac{Nq^2l}{m\varepsilon_0}=-\omega_{\mathrm{p}}^2l \tag{3.5-68}$$

式（3.5-68）为一个简谐振动方程，描述了金属中自由电子的集体振荡，即金属等离子体或者金属等离激元特性。其中 $\omega_{\mathrm{p}}=q(N/\varepsilon_0m)^{1/2}$，表示振动圆频率，与 3.5.2 小节中得到的金属的特征参量完全相同，因此定义为金属等离子体的特征频率。

由于趋肤效应，由高频电磁场激发的这种金属等离子体或等离激元仅存在于金属表面附近区域，故一般称为表面等离子体或表面等离激元（Surface Plasmon，SP）。对于金属微纳结构而言，其产生的表面等离激元仅局限在微纳米尺度，为加以区分，称为局域表面等离激元（Localized Surface Plasmon，LSP）。

当作用电磁场的偏振方向与金属/电介质界面垂直，频率与金属等离子体振荡频率相近或相同时，作用电磁场的能量将全部或大部分转化为自由电子的集体振荡能量，并且在金属/电介质界面处激发出一种具有倏逝波特征的界面电磁波，称为表面等离子体波或者表面等离激元波（Surface Plasmon Wave，SPW）。当作用电磁场的波矢量在金属/电介质界面上的投影分量与 SPW 的波矢量大小相等时，金属/电介质的界面处将发生表面等离子体共振或者等离激元共振（Surface Plasmon Resonance，SPR），也称为表面等离子体极化激元（Surface Plasmon Polariton，SPP）。

2. 金属表面等离子体波及其色散特性

如图 3.5-1（a）所示，假设由电介质和金属所构成的界面位于 xy 平面，界面法线沿 z 轴方向，界面上（$z>0$）、下（$z<0$）半无限空间分别填充相对介电常数为 ε_{r1} 和 ε_{r2}

的均匀电介质和金属材料，并且在电介质和金属中的电磁场只有圆频率为 ω 的 p 偏振分量，即为横磁（TM）波，则在 $z>0$ 区域，有

$$\boldsymbol{H}_1=H_{10}\mathrm{e}^{\mathrm{i}(k_{1x}x+k_{1z}z)}\hat{\boldsymbol{y}}_0 \tag{3.5-69a}$$

$$\boldsymbol{E}_1=E_{1x}\hat{\boldsymbol{x}}_0+E_{1z}\hat{\boldsymbol{z}}_0 \tag{3.5-69b}$$

并且有 $k_{1z}=\sqrt{\varepsilon_{r1}k_0^2-k_{1x}^2}$，$k_0=\omega/c$；而在 $z<0$ 区域，有

$$\boldsymbol{H}_2=H_{20}\mathrm{e}^{\mathrm{i}(k_{2x}x-k_{2z}z)}\hat{\boldsymbol{y}}_0 \tag{3.5-70a}$$

$$\boldsymbol{E}_2=E_{2x}\hat{\boldsymbol{x}}_0+E_{2z}\hat{\boldsymbol{z}}_0 \tag{3.5-70b}$$

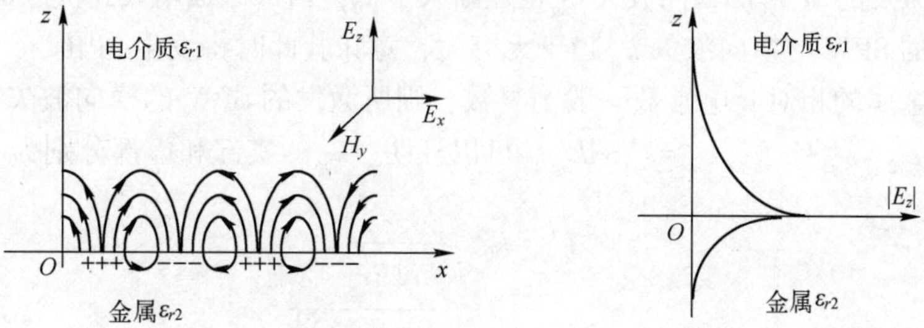

(a) 表面处的电磁场分布　　(b) 表面处的倏逝波

图 3.5-1　金属表面等离子体波

并且有 $k_{2z}=\sqrt{\varepsilon_{r2}k_0^2-k_{2x}^2}$。式（3.5-70）中，$(\hat{\boldsymbol{x}}_0,\hat{\boldsymbol{y}}_0,\hat{\boldsymbol{z}}_0)$ 表示三个坐标轴方向单位矢量，k_{2z}前取负号是因为此时坐标 $z<0$。考虑到在界面 $z=0$ 处电场和磁场的切向分量连续，可得 $H_{10}=H_{20}=A$，$E_{1x}=E_{2x}$，$k_{1x}=k_{2x}=k_{\mathrm{sp}}$。进而，由麦克斯韦方程组中的磁场旋度方程 $\nabla\times\boldsymbol{H}=-\mathrm{i}\omega\varepsilon\boldsymbol{E}$ 得

$$\begin{cases} E_{1x}=\dfrac{k_{1z}A}{\omega\varepsilon_0\varepsilon_{r1}}\mathrm{e}^{\mathrm{i}(k_{\mathrm{sp}}x+k_{1z}z)} \\ E_{1z}=-\dfrac{k_{\mathrm{sp}}A}{\omega\varepsilon_0\varepsilon_{r1}}\mathrm{e}^{\mathrm{i}(k_{\mathrm{sp}}x+k_{1z}z)} \\ E_{2x}=-\dfrac{k_{2z}A}{\omega\varepsilon_0\varepsilon_{r2}}\mathrm{e}^{\mathrm{i}(k_{\mathrm{sp}}x-k_{2z}z)} \\ E_{2z}=-\dfrac{k_{\mathrm{sp}}A}{\omega\varepsilon_0\varepsilon_{r2}}\mathrm{e}^{\mathrm{i}(k_{\mathrm{sp}}x-k_{2z}z)} \end{cases} \tag{3.5-71}$$

并且，在 $z=0$ 处，有

$$\frac{k_{1z}}{\varepsilon_{r1}}=-\frac{k_{2z}}{\varepsilon_{r2}} \tag{3.5-72}$$

进一步，由 k_{1z}和 k_{2z}与 k_0、k_{1x}、k_{2x}的关系，得

$$k_{\mathrm{sp}}=k_0\sqrt{\frac{\varepsilon_{r1}\varepsilon_{r2}}{\varepsilon_{r1}+\varepsilon_{r2}}}=\frac{\omega}{c}\sqrt{\frac{\varepsilon_{r1}\varepsilon_{r2}}{\varepsilon_{r1}+\varepsilon_{r2}}} \tag{3.5-73}$$

式（3.5-73）给出了金属中由 TM 波激发的 SPW 的色散关系，其中 k_{sp}为 SPW 的横向波矢分量，相当于 SPW 沿界面方向的传播常数。下面借助该色散关系来分析这种表面等离子体波的特点。

根据式（3.5-44）给出的金属介电常数的杜鲁德模型，在忽略损耗情况下，金属的介电常数可近似简化为 $\varepsilon_{r2}(\omega)\approx 1-(\omega_{\mathrm{p}}/\omega)^2$，此时，对于光频波段，$\omega<\omega_{\mathrm{p}}$，因而 $\varepsilon_{r2}<0$，$|\varepsilon_{r2}|\gg 1$，$|\varepsilon_{r1}+\varepsilon_{r2}|<|\varepsilon_{r2}|$。于是由式（3.5-73）可以看出，$k_{\mathrm{sp}}>k_0$。此外，将 $\varepsilon_{r2}(\omega)\approx 1-(\omega_{\mathrm{p}}/\omega)^2$ 代入式（3.5-73），得

$$k_{\mathrm{sp}}=k_0\sqrt{\frac{\varepsilon_{r1}(\omega_p^2-\omega^2)}{\omega_p^2-(1+\varepsilon_{r1})\omega^2}} \tag{3.5-74}$$

式（3.5-74）更具体地描述了 SPW 的色散关系。可以看出，随着入射光波频率 ω 的逐渐增大，所激发的 SPW 的横向波矢 k_{sp} 也逐渐大于 k_0；当 ω 继续增大到接近 $\omega_{\mathrm{p}}/(1+\varepsilon_{r1})^{1/2}$ 时，所激发的 SPW 的横向波矢 k_{sp} 趋于无穷大，意味着此时将发生 SPR。

若考虑金属的相对介电常数一般为复数，则所激发的 SPW 的横向波矢 k_{sp} 也应为复数，故可令 $\varepsilon_{r2}=\varepsilon'_{r2}+\mathrm{i}\varepsilon''_{r2}$，$k_{\mathrm{sp}}=k'_{\mathrm{sp}}+\mathrm{i}k''_{\mathrm{sp}}$。可以证明，$k_{\mathrm{sp}}$ 的实部和虚部分别为

$$k'_{\mathrm{sp}}=k_0\sqrt{\frac{\varepsilon_{r1}\varepsilon'_{r2}}{\varepsilon_{r1}+\varepsilon'_{r2}}} \tag{3.5-75a}$$

$$k''_{\mathrm{sp}}=k_0\,\frac{\varepsilon''_{r2}}{2\varepsilon'^2_{r2}}\sqrt{\left(\frac{\varepsilon_{r1}\varepsilon'_{r2}}{\varepsilon_{r1}+\varepsilon'_{r2}}\right)^3} \tag{3.5-75b}$$

此时，k_{sp} 的实部 k'_{sp} 反映了 SPW 沿界面方向的传播特性，即传播常数，而虚部 k''_{sp} 则反映了 SPW 沿界面方向的衰减特性。由式（3.5-75），可以得到金属 SPW 的几个特征参量。

（1）穿透深度 d_1 和 d_2。由 $k_{1z}=\sqrt{\varepsilon_{r1}k_0^2-k_{1x}^2}$ 和 $k_{2z}=\sqrt{\varepsilon_{r2}k_0^2-k_{2x}^2}$，$k'_{\mathrm{sp}}=k_{1x}=k_{2x}$ 可得知，在介质中，k_{1z} 为虚数；而在金属中，由于 $\varepsilon_{r2}<0$，k_{2z} 同样为虚数。这说明 SPW 在金属介质界面两侧均沿界面法线方向按指数衰减，并且可求得其在介质和金属中的穿透深度分别为

$$d_1=\frac{1}{|k_{1z}|}=\frac{\lambda_0}{2\pi}\sqrt{\frac{\varepsilon_{r2}+\varepsilon_{r1}}{\varepsilon_{r1}^2}} \tag{3.5-76a}$$

$$d_2=\frac{1}{|k_{2z}|}=\frac{\lambda_0}{2\pi}\sqrt{\frac{\varepsilon_{r2}+\varepsilon_{r1}}{\varepsilon_{r2}^2}} \tag{3.5-76b}$$

（2）波长 λ_{sp} 和速度。假设光波在真空中的波长为 λ_0，则由式（3.5-75a）可得金属 SPW 的波长及传播速度分别为

$$\lambda_{\mathrm{sp}}=\frac{2\pi}{k'_{\mathrm{sp}}}=\lambda_0\sqrt{\frac{1}{\varepsilon_{r1}}+\frac{1}{\varepsilon'_{r2}}}<\lambda_0 \tag{3.5-77}$$

$$v_{\mathrm{sp}}=\frac{\omega}{k'_{\mathrm{sp}}}=c\sqrt{\frac{1}{\varepsilon_{r1}}+\frac{1}{\varepsilon'_{r2}}}<c \tag{3.5-78}$$

上两式表明，金属 SPW 的波长总是小于激发光波在真空中的波长，并且速度小于真空中光速。

（3）传播长度 L_{sp}。前面已经得知，k_{sp} 的虚部决定了金属 SPW 在沿界面方向传播时呈指数衰减，因而传播距离有限。定义金属 SPW 的强度下降至初始值的 1/e 时的传播距离为其传播长度 L_{sp}，则有

$$L_{sp}=\frac{1}{2k''_{sp}}=\lambda_0\frac{\varepsilon'^2_{r2}}{2\pi\varepsilon''_{r2}}\sqrt{\left(\frac{1}{\varepsilon_{r1}}+\frac{1}{\varepsilon'_{r2}}\right)^3} \tag{3.5-79}$$

需要说明的是，若介质和金属中的电磁场只有 s 偏振分量，即为横电（TE）波，则由麦克斯韦方程及电磁场的边值关系将得不到非零解，表明金属和介质界面处不支持 TE 模式的表面波。因此，只能由 p 偏振的 TM 波激发 SPW。然而，由式（3.5-70）或式（3.5-71）可以看出，在倾斜入射下，界面处的 TM 波有两个正交的电场分量 E_x 和 E_z。由于电磁场的法向分量在界面处不连续，E_z 分量的作用只是导致金属表面形成电子堆积并沿法线方向产生振荡；而 E_x 分量的作用才使得表面处的电子密度分布产生波动并且沿着界面方向传播。

3. 衰减全反射与金属表面等离子体共振

由于 $k_{sp}>k_0$ 意味着在通常情况下，SPW 与入射光波的波矢无法满足匹配条件，因此难以被共振激发。只有当激发光波在界面方向的波矢分量大小接近或者等于 k_{sp} 时，才能满足产生 SPR 的波矢匹配条件。假设波矢量为 $\boldsymbol{k}$ 的 p 偏振单色平面波以入射角 θ 投射到电介质与金属的分界面上，介质的折射率为 $n_1=(\varepsilon_{r1})^{1/2}$，则界面两侧光波沿界面方向的波矢分量大小为 $k_{2x}=k_{1x}=k\sin\theta<k=n_1k_0$。因而对于光频波段而言，仍有 $k_{sp}>n_1k_0>k\sin\theta=k_{1x}=k_{2x}$。因此，只有在 $k\sin\theta>k_2$ 时，才有可能满足波矢匹配条件。于是人们想到了全反射原理。

如图 3.5-2 所示，令一束 p 偏振的平面偏振光波自全反射棱镜斜边进入棱镜并投射到其底边上。当入射角 θ 大于全反射临界角 θ_c 时，光波将在棱镜底边处发生全反射，并且在棱镜底边外侧产生倏逝波，其沿 x 方向的波矢分量 $k_{2x}=k_{1x}=k_1\sin\theta>k_2$。随着入射角的继续增大，$k_{2x}$ 继续增大。此时，如果将一金属薄膜表面与棱镜底边耦合，则倏逝波将进入金属表面层并激发出 SPW。当继续增大入射角 θ，以至于使 k_{2x} 接近或等于金属 SPW 的横向波矢 k_{sp} 时，将发生 SPR。此时的入射角 θ_{sp} 称为 SPR 激发角，并表示为 θ_{sp}。发生 SPR 时，金属对倏逝波具有强烈的吸收，导致能够自棱镜表面反射的光波强度急剧衰减，同时伴随着剧烈的相位变化，从而形成衰减全反射。当金属薄膜厚度很小时，所激发的 SPW 将穿过金属薄膜另一侧表面而与此处介质（空气或者其他薄膜介质）发生耦合，并且该区域介质的介电特性同样会影响实际反射光波的强度和相位。利用这一原理，通过测量发生 SPR 时，棱镜表面反射光波的强度和相位变化，便可以获得金属表面外侧近场区域介质的介电参量或者厚度等几何参量及其变化等信息。

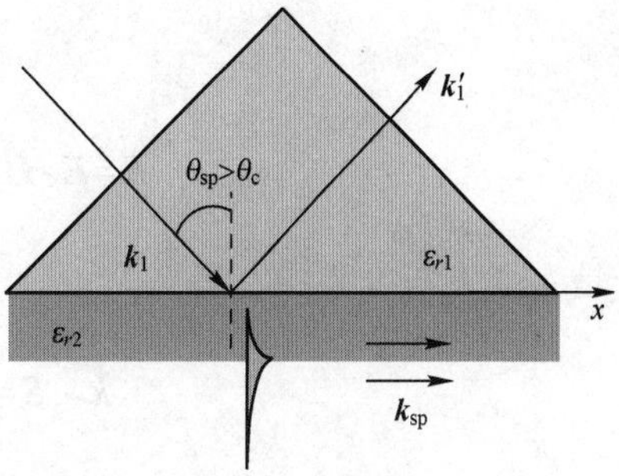

图 3.5-2　衰减全反射原理

此外，也可以利用光栅耦合、金属微纳结构及表面缺陷散射等方式激发金属 SPR。利用这种金属 SPR 效应可以实现对光场的各种调控，如实现局域场增强、偏振和相位控制、透射增强等，以及实现金属波导、金属纳米天线阵列、金属超构表面等器件。由此形成了等离激元光子学（Plasmonics）这一微纳光学新分支。此处不再赘述。

3.6 光波在左手介质表面上的反射和折射

3.6.1 左手介质中光波的波矢量与能流密度矢量

由前面的讨论可知，对光波无吸收的电介质的介电常数是一个正的实数，而有吸收的电介质和金属的介电常数是复数，其虚部反映了该介质对光波的吸收特性。现假设有这样一种均匀各向同性介质，其介电常数 ε 和磁导率 μ 均为负值。那么，光波在其中的传播特性如何？在其表面上又如何反射和折射呢？

首先，我们知道，麦克斯韦方程组对所有介质具有普适性。因此，根据麦克斯韦方程组的两个旋度方程，单色平面光波在该介质中传播时，其波矢量 $\boldsymbol{k}$ 与电场强度矢量 $\boldsymbol{E}$ 和磁场强度矢量 $\boldsymbol{H}$ 应该满足下面的关系：

$$\boldsymbol{k}\times\boldsymbol{E}=\omega\mu\boldsymbol{H} \tag{3.6-1a}$$

$$\boldsymbol{k}\times\boldsymbol{H}=-\omega\varepsilon\boldsymbol{E} \tag{3.6-1b}$$

由此可以得到光波在该介质中的能流密度矢量为

$$\boldsymbol{S}=\boldsymbol{E}\times\boldsymbol{H}=\frac{1}{\omega\mu}\boldsymbol{E}\times(\boldsymbol{k}\times\boldsymbol{E})=\frac{\boldsymbol{k}}{\omega\mu}|\boldsymbol{E}|^2 \tag{3.6-2a}$$

或

$$\boldsymbol{S}=\boldsymbol{E}\times\boldsymbol{H}=\frac{1}{\omega\varepsilon}(\boldsymbol{k}\times\boldsymbol{H})\times\boldsymbol{E}=\frac{\boldsymbol{k}}{\omega\varepsilon}|\boldsymbol{H}|^2 \tag{3.6-2b}$$

于是，令 $\boldsymbol{k}$ 与 $\boldsymbol{S}$ 点乘，得

$$\boldsymbol{k}\cdot\boldsymbol{S}=\frac{|\boldsymbol{k}|^2}{\omega\mu}|\boldsymbol{E}|^2=\omega\varepsilon|\boldsymbol{E}|^2<0 \tag{3.6-3a}$$

或

$$\boldsymbol{k}\cdot\boldsymbol{S}=\frac{|\boldsymbol{k}|^2}{\omega\varepsilon}|\boldsymbol{H}|^2=\omega\mu|\boldsymbol{H}|^2<0 \tag{3.6-3b}$$

上述结果表明，由于 $\varepsilon<0$，$\mu<0$，因此光波在该介质中的波矢量 $\boldsymbol{k}$ 与能流密度矢量 $\boldsymbol{S}$ 方向相反。如图 3.6-1 所示，考虑到 $\boldsymbol{S}$ 与 $\boldsymbol{E}$ 和 $\boldsymbol{H}$ 满足右手螺旋关系，可以认为，在该介质中，$\boldsymbol{k}$ 与 $\boldsymbol{E}$ 和 $\boldsymbol{H}$ 应该满足左手螺旋关系。因此，将这种具有负介电常数和负磁导率的介质材料称为左手介质，而将通常具有正介电常数和磁导率的介质材料称为右手介质。实际上，根据电磁场的物质方程($\boldsymbol{D}=\varepsilon\boldsymbol{E},\boldsymbol{B}=\mu\boldsymbol{H}$)，由于左手介质的介电常数和磁导率均为负值，因此光波在其中传播时，由介质极化引起的电位移矢量 $\boldsymbol{D}$ 和磁感应强度矢量 $\boldsymbol{B}$ 分别与作用电场 $\boldsymbol{E}$ 和磁场 $\boldsymbol{H}$ 反向。然而，需要注意的是，由折射率的定义 $n_2=(\varepsilon\mu)^{1/2}$，即使左手介质的介电常数和磁导率均为负值，其折射率按照此定义仍为正值。

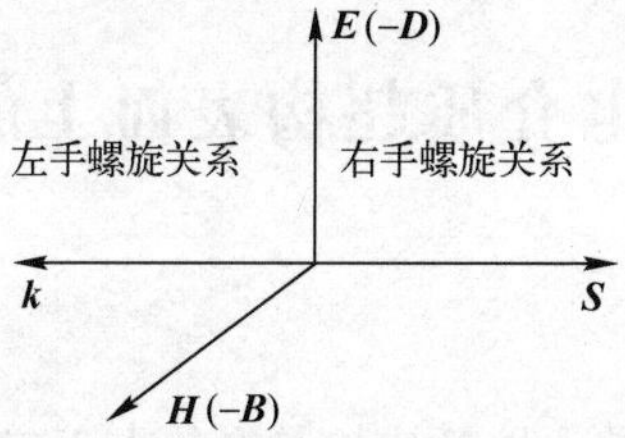

图 3. 6-1　左手介质中光波的波矢量与能流密度矢量

3. 6. 2　左手介质表面的反射和折射

现在讨论光波在左手介质表面上的反射和折射特性。假设一束单色平面波自均匀各向同性的常规电介质（即右手介质）中入射到某种均匀各向同性的左手介质表面，根据 3. 1 节的讨论，其反射波的波矢量 $\boldsymbol{k}_1'$、折射波的波矢量 $\boldsymbol{k}_2$ 与入射波的波矢量 $\boldsymbol{k}_1$ 之间仍然满足式（3. 1-8）的波矢关系，即其波矢量在界面上的投影分量相等。因此，对于反射光波而言，其波矢量 $\boldsymbol{k}_1'$ 与 3. 1 节讨论的情况没有区别，仍然满足式（3. 1-4）的反射定律；对于折射光波而言，根据式（3. 1-8），由于此时波矢量 $\boldsymbol{k}_2$ 与能流密度矢量 $\boldsymbol{S}$ 反向，故其在界面上的投影关系与式（3. 1-9）不再相同，而是应该满足如下关系：

$$n_1\sin\theta_1=-n_2\sin\theta_2=n_2\sin(-\theta_2) \tag{3. 6-4}$$

显然，上式成立的条件是此时的折射角 θ_2 为负值（因为上面已指出折射率 n_2 不能为负值），这说明此时折射光波的偏折方向应该与图 3. 1-1 所示相反，即偏向界面法线左侧，如图 3. 6-2 所示，相当于发生“负折射”。值得注意的是，这种“负折射”起因于左手介质的负介电常数和负磁导率所导致的波矢量与能流密度矢量反向，并非其折射率本身为负值，否则将有悖于折射率的定义。

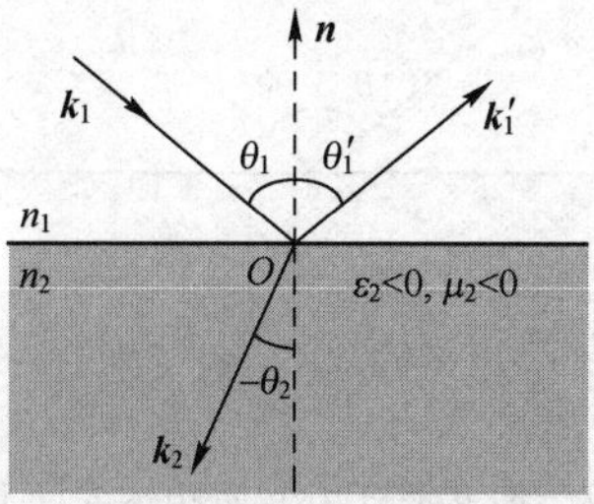

图 3. 6-2　单色平面光波在左手介质表面上的反射和折射

这里需要说明的是，迄今为止，自然界中尚未发现存在天然的介电常数 ε 和磁导率 μ 同时为负值的左手介质材料。目前研究和应用的左手材料均来自人工设计合成。即通过将不同金属和电介质材料设计加工成具有亚波长尺度的特殊单元结构阵列，如一些亚波长尺度的金属开口环、V 形或者 L 形天线结构等，使其对于一定波段的电磁波呈现出等效于负介电常数和负磁导率的极化响应特性。因此，这种左手材料属于一类超构材料（Metamaterial）。由于加工工艺限制，这种人工合成的左手材料的研究和应用目前仍主要限于微波、太赫兹波、红外波段等长波范围。

3.7 光波在电介质超构表面上的反射和折射

3.7.1 广义斯涅耳定律

超构表面（Metasurface）是一种亚波长厚度的人工二维阵列结构材料，阵列单元主要为亚波长尺度的柱状结构。这种材料能够有效抑制光波衍射，同时具有平面化和结构设计灵活等特点。电介质超构表面主要由亚波长尺度的高折射率柱状结构单元和低折射率的薄膜衬底构成，光波穿过这种电介质超构表面时，柱状结构单元区域和周围空隙的散射使光波产生一定的相位延迟。于是，通过柱状结构阵列对入射光波产生特定的相位梯度，可以实现对光波偏振、相位、振幅等的按需灵活调控。然而，需要注意的是，光波在这种超构表面上的反射与折射与在传统电介质分界面上的反射与折射规律有所不同。

参考 3.1 节的讨论，如图 3.7-1 所示，假设一束单色平面波沿 xz 平面自均匀各向同性电介质 n_1 入射至超构表面上 O 点，x 轴与界面方向平行，y 轴垂直于入射面，z 轴平行于界面法线。考虑到超构表面属于亚波长尺度非连续介质结构，光波在该表面上反射或折射时，会产生一个随表面位置坐标变化的附加相位突变 $\phi_r(\boldsymbol{r})$ 或 $\phi_t(\boldsymbol{r})$，因此，其界面两侧光波电场可由式（3.1.1）改写为

$$\begin{cases}\boldsymbol{E}_1=\boldsymbol{E}_{10}\mathrm{e}^{-\mathrm{i}(\omega t-\boldsymbol{k}_1\cdot\boldsymbol{r})}\\ \boldsymbol{E}_1'=\boldsymbol{E}_{10}'\mathrm{e}^{-\mathrm{i}[\omega t-\boldsymbol{k}_1'\cdot\boldsymbol{r}+\phi_r(\boldsymbol{r})]}\\ \boldsymbol{E}_2=\boldsymbol{E}_{20}\mathrm{e}^{-\mathrm{i}[\omega t-\boldsymbol{k}_2\cdot\boldsymbol{r}+\phi_t(\boldsymbol{r})]}\end{cases} \tag{3.7-1}$$

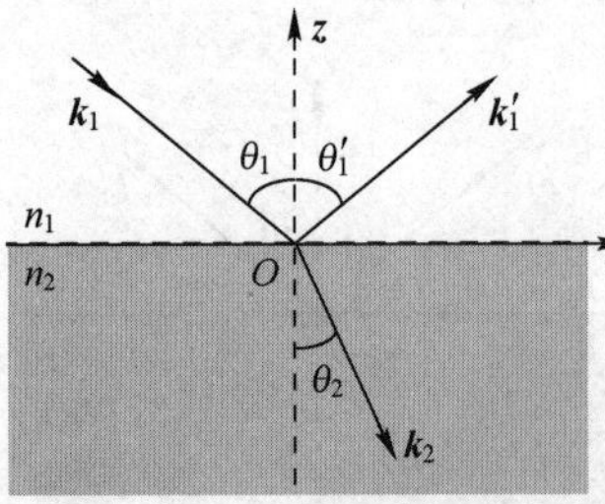

图 3.7-1　单色平面光波在电介质超构表面上的反射和折射

由 3.1 节的讨论已经得知，此时反射光波的波矢量 $\boldsymbol{k}_1'$、折射光波的波矢量 $\boldsymbol{k}_2$ 与入射光波的波矢量 $\boldsymbol{k}_1$ 三者同时位于 xz 平面（入射面），并且，其在界面上的投影相等，即

$$\boldsymbol{k}_2\cdot\boldsymbol{r}-\phi_t(\boldsymbol{r})=\boldsymbol{k}_1'\cdot\boldsymbol{r}-\phi_r(\boldsymbol{r})=\boldsymbol{k}_1\cdot\boldsymbol{r} \tag{3.7-2}$$

现考虑相位突变仅发生在 x 方向，即 $\phi_r(\boldsymbol{r})=\phi_r(x)$，$\phi_t(\boldsymbol{r})=\phi_t(x)$，仅仅是 x 的函数，则式（3.7-2）可以简化为

$$k_1x=k_{1x}'x-\phi_r(x)=k_{2x}x-\phi_t(x) \tag{3.7-3}$$

在式（3.7-3）等号两边对 x 求导，得

$$k_1=k'_{1x}-\frac{\mathrm{d}\phi_r(x)}{\mathrm{d}x}=k_{2x}-\frac{\mathrm{d}\phi_t(x)}{\mathrm{d}x} \tag{3.7-4}$$

由此，可分别得到

$$\sin\theta'_1=\sin\theta_1+\frac{\lambda}{2\pi n_1}\frac{\mathrm{d}\phi_r(x)}{\mathrm{d}x} \tag{3.7-5}$$

$$n_2\sin\theta_2=n_1\sin\theta_1+\frac{\lambda}{2\pi}\frac{\mathrm{d}\phi_t(x)}{\mathrm{d}x} \tag{3.7-6}$$

式（3.7-5）和式（3.7-6）分别反映了在界面因为不连续性而存在横向相位梯度情况下，反射光波和折射光波相对于入射光波的波矢方向之间的关系，称为广义斯涅耳定律，是研究电介质超构表面这类非连续界面对电磁波反射和折射规律的重要理论基础。

3.7.2 光波在电介质超构表面上的全透射与全反射

由式（3.7-5）可以看出，由于界面处相位梯度 $\mathrm{d}\phi_r(x)/\mathrm{d}x$ 的存在，光波的反射角与入射角不再相等，并且当 $\mathrm{d}\phi_r(x)/\mathrm{d}x>0$ 时，反射角总是大于入射角。因此，设计不同的相位梯度 $\mathrm{d}\phi_r(x)/\mathrm{d}x$，可使光波沿不同方向反射。并且，当入射角大于某个临界值时，反射光波将消失，表明光波将全部透射。因此，定义这个使反射角等于90°的临界入射角为电介质超构表面的全透射临界角，以 θ_{tc} 表示，其大小为

$$\theta_{\mathrm{tc}}=\arcsin\left[1-\frac{\lambda}{2\pi n_1}\frac{\mathrm{d}\phi_r(x)}{\mathrm{d}x}\right] \tag{3.7-7}$$

显然，利用超构表面的这一完全透射特性，有可能实现光隐身。

由式（3.7-6）可以看出，设计不同的界面相位梯度 $\mathrm{d}\phi_t(x)/\mathrm{d}x$，可以使折射光波有不同的折射角。而且，即使光波由光疏介质入射至光密介质界面，在特殊设计的界面相位梯度 $\mathrm{d}\phi_t(x)/\mathrm{d}x$ 下，也可以使折射角大于入射角，甚至发生全反射。因此，与常规电介质界面的全反射类似，将折射角等于90°时的入射角定义为电介质超构表面的全反射临界角，以 θ_{rc} 表示，其大小为

$$\theta_{\mathrm{rc}}=\arcsin\left[\frac{n_2}{n_1}-\frac{\lambda}{2\pi n_1}\frac{\mathrm{d}\phi_t(x)}{\mathrm{d}x}\right] \tag{3.7-8}$$

此外，由式（3.7-5）和式（3.7-6）还可以看出，当界面相位梯度 $\mathrm{d}\phi_r(x)=\mathrm{d}\phi_t(x)=\mathrm{d}\phi(x)/\mathrm{d}x=0$ 时，式（3.7-5）和式（3.7-6）退化为常规电介质界面的反射和折射关系。因此，广义斯涅耳定律包含了常规界面的反射和折射定律。

需要说明的是，上述关于广义斯涅耳定律的讨论，虽然只是以电介质超构表面为例，实际上相关结论对金属超构表面同样成立，只是相位函数不同而已。此处不再赘述。

第 4 章 波导中的光波

光纤通信和集成光学的发展，取决于光波导的研究、制造及应用技术的不断进步。波导将光路中各个分立的光学元件连接起来，其作用是传输光信息与光能量，并使之尽可能免受外界环境的干扰。因此，探究光在波导中的传输特性是光纤通信和集成光学研究的重要基础。本章主要讨论光波在空心型（金属）波导、平板型（薄膜）波导和圆柱型（光纤）波导中的传输特性。

4.1 金属波导

传统的金属波导，即空心的金属管。其截面通常为圆形或矩形，主要用于传输微波。根据第 3 章中关于电磁波与导体相互作用特性的讨论，我们已经得知，电磁波主要是在导体表面以外的空间或者绝缘介质内传播的，只有很小部分进入导体表层内。在良导体情况下，电磁波几乎全部被导体表面反射，其穿透深度趋于 0。因此，一般可以认为良导体表面构成电磁波的自然边界，电磁波在金属波导中的传播实际上就是在有界空间中的传播，故问题的关键是求出满足边界条件的电磁场解。在无界空间中，电磁波的最基本形式是平面电磁波，其特点是电场和磁场均作横向振荡，称为横电磁波（TEM 波）。那么，有界空间中的电磁波究竟具有何种特征呢？

4.1.1 理想导体的边界条件

所谓理想导体即前面所提到的良导体，也就是通常使用的金属导体，其特点是导体内无电磁场，电磁场仅存在于很薄的表层内。将积分形式的麦克斯韦方程组应用于绝缘介质和理想导体的分界面，可得到理想导体的边界条件如下：

$$\begin{cases} \boldsymbol{n}\times\boldsymbol{E}=0 \\ \boldsymbol{n}\times\boldsymbol{H}=\boldsymbol{\alpha} \\ \boldsymbol{n}\cdot\boldsymbol{D}=\rho_s \\ \boldsymbol{n}\cdot\boldsymbol{B}=0 \end{cases} \tag{4.1-1}$$

式中：$\boldsymbol{n}$ 表示分界面法线方向单位矢量；$\boldsymbol{E}$、$\boldsymbol{H}$、$\boldsymbol{D}$、$\boldsymbol{B}$ 均表示导体外的电磁场量；$\boldsymbol{\alpha}$ 为传导电流的面密度矢量；ρ_s 为自由电荷面密度。由式（4.1-1）中第一式和第四式可知，在理想导体表面处，电力线与界面正交，磁力线与界面相切。

4.1.2 矩形金属波导中的电磁波

图 4.1-1 所示为一沿 z 方向延伸的矩形金属波导。假设该波导在 x 和 y 方向的内壁分别位于 $x=0$、a 和 $y=0$、b 平面，其内表面上无传导电流和自由电荷分布，电磁波沿正 z 方向传播，则在给定频率下，波导内的电磁波满足亥姆霍兹方程：

$$\nabla^2\boldsymbol{E}+k^2\boldsymbol{E}=0 \tag{4.1-2}$$

以及约束条件和边界条件：

$$\begin{cases}\nabla\cdot\boldsymbol{E}=0\\ \boldsymbol{n}\times\boldsymbol{E}=0\end{cases} \tag{4.1-3}$$

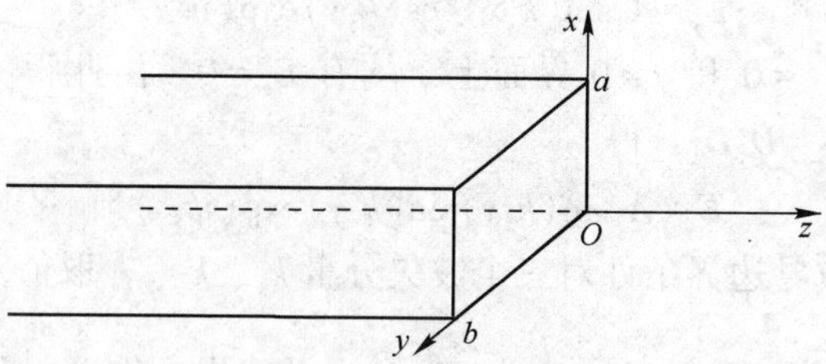

图 4.1-1　矩形金属波导

由于波导内的电磁场在 z 方向无边界约束，故亥姆霍兹方程的解中沿 z 方向具有行波特征，其传播因子应具有平面波形式，即可以将式（4.1-2）的解表示为

$$\boldsymbol{E}(x,y,z)=\boldsymbol{E}(x,y)\exp(\mathrm{i}k_z z) \tag{4.1-4}$$

代入式（4.1-2），得

$$\left(\frac{\partial^2}{\partial x^2}+\frac{\partial^2}{\partial y^2}\right)\boldsymbol{E}(x,y)+(k^2-k_z^2)\boldsymbol{E}(x,y)=0 \tag{4.1-5}$$

设函数 $u(x,y)$ 表示 $\boldsymbol{E}(x,y)$ 的任一横向坐标分量，并取如下形式：

$$u(x,y)=X(x)Y(y) \tag{4.1-6}$$

代入式（4.1-5），便可得到两个标量的定态波动方程，即

$$\frac{\mathrm{d}^2X}{\mathrm{d}x^2}+k_x^2X=0 \tag{4.1-7a}$$

$$\frac{\mathrm{d}^2Y}{\mathrm{d}y^2}+k_y^2Y=0 \tag{4.1-7b}$$

并且

$$k^2=k_x^2+k_y^2+k_z^2 \tag{4.1-8}$$

式（4.1-7a）和式（4.1-7b）同为谐振方程，其解可分别表示为

$$X(x)=C_1\cos(k_x x)+D_1\sin(k_x x) \tag{4.1-9a}$$

$$Y(y)=C_2\cos(k_y y)+D_2\sin(k_y y) \tag{4.1-9b}$$

式中：C_1、C_2、D_1、D_2 均为任意常数。将式（4.1-9）代入式（4.1-6），可得 $\boldsymbol{E}(x,y)$ 的坐标分量的一般解为

$$u(x,y)=[C_1\cos(k_x x)+D_1\sin(k_x x)][C_2\cos(k_y y)+D_2\sin(k_y y)] \tag{4.1-10}$$

考虑到函数 $u(x,y)$ 的有效性，式（4.1-10）中的 C_1 和 D_1，C_2 和 D_2 不能同时为0。因此，需要根据矩形波导的边界条件对电场强度矢量的三个坐标分量 E_x、E_y 和 E_z 分别确定其四个常数。

（1）对于 E_x，在 $x=0$ 和 $y=0$ 界面上，分别有 $\dfrac{\partial E_x}{\partial x}=0$，$E_x=0$。由此得 $D_1=0$，$C_2=0$。代入式（4.1-10），并取 $A_1=C_1D_2$，得

$$E_x = A_1\cos(k_x x)\sin(k_y y)\exp(\mathrm{i}k_z z) \tag{4.1-11}$$

（2）对于 E_y，在 $x=0$ 和 $y=0$ 界面上，分别有 $E_y=0$，$\dfrac{\partial E_y}{\partial y}=0$。由此得 $C_1=0$，$D_2=0$。代入式（4.1-10），并取 $A_2=C_2D_1$，得

$$E_y = A_2\sin(k_x x)\cos(k_y y)\exp(\mathrm{i}k_z z) \tag{4.1-12}$$

（3）对于 E_z，在 $x=0$ 和 $y=0$ 界面上，均有 $E_z=0$。由此得 $C_1=0$，$C_2=0$。代入式（4.1-10），并取 $A_3=D_1D_2$，得

$$E_z = A_3\sin(k_x x)\sin(k_y y)\exp(\mathrm{i}k_z z) \tag{4.1-13}$$

下面进一步讨论波导边界条件对三个波矢分量 k_x、k_y、k_z 取值范围的限制。

由式（4.1-11）、式（4.1-12）、式（4.1-13）及边界条件，在界面 $x=a$ 处，$\dfrac{\partial E_x}{\partial x}=0$，$E_y=0$，$E_z=0$。于是可得

$$k_x = m\frac{\pi}{a},\quad m=0,1,2,\cdots \tag{4.1-14}$$

在界面 $y=b$ 处，$\dfrac{\partial E_y}{\partial y}=0$，$E_x=0$，$E_z=0$。由此可得

$$k_y = n\frac{\pi}{b},\quad n=0,1,2,\cdots \tag{4.1-15}$$

进一步，利用条件 $\nabla\cdot\boldsymbol{E}=0$，可得

$$k_xA_1+k_yA_2-\mathrm{i}k_zA_3=0 \tag{4.1-16}$$

显然，m 和 n 分别等于波导内沿 x 和 y 方向可能包含的半波数目。

由此可以得出以下三点结论：

（1）波导内允许存在的电磁场的波矢量不是任意的，其横向分量 k_x 和 k_y 必须分别满足式（4.1-14）和式（4.1-15），亦即 k_x 和 k_y 只取某些离散值，不同的 k 或者 (m,n) 对应不同的电磁场模式（波型）。

（2）电磁场在 z 方向为行波——平面波，在 x、y 方向为驻波，并且半波数目分别为 m 和 n。

（3）对于给定的波矢 $\boldsymbol{k}(k_x,k_y,k_z)$，式（4.1-16）中的三个系数中只有两个是独立的。因此，对于同一组 (m,n)，电场强度矢量 $\boldsymbol{E}$ 的解有两个：$\boldsymbol{E}_1$ 和 $\boldsymbol{E}_2$。或者说，同一组 (m,n) 对应两个独立的模式。根据 $\boldsymbol{H}$ 与 $\boldsymbol{E}$ 的关系，当 $E_z=0$ 时，$H_z\neq0$；而当 $H_z=0$ 时，$E_z\neq0$。这表明，在金属波导内 E_z 和 H_z 不能同时为 0，或者说 $\boldsymbol{E}$ 和 $\boldsymbol{H}$ 不能同时横向。可见，同一组 (m,n) 所对应的两种模式，要么是电场横向（$E_z=0$）——横电（TE_{mn}）波，要么是磁场横向（$H_z=0$）——横磁（TM_{mn}）波。一般地，金属波导内可能存在的总是这两种模式的叠加。

4.1.3 截止频率及 TE_{10} 波的场分布

1. 截止频率

由式（4.1-8）知，当 $k_x^2+k_y^2>k^2$ 时，k_z 为虚数，传播因子 $\exp(\mathrm{i}k_z z)$ 变为衰减因子，

意味着具有相应波数的电磁波的振幅沿 z 方向按指数衰减，因而将无法在波导内稳定传输。可见，能够在矩形金属波导内稳定传输的电磁波存在着一个频率下限（对应 $k_x^2+k_y^2=k^2$），通常称为截止频率，这里表示为 ω_c。由式（4.1-14）和式（4.1-15），对于传播模式为(m,n)的电磁波，其截止频率 $\omega_{c,m,n}$ 可表示为

$$\omega_{c,m,n}=\frac{1}{\sqrt{\varepsilon\mu}}\sqrt{k_x^2+k_y^2}=\frac{\pi}{\sqrt{\varepsilon\mu}}\sqrt{\left(\frac{m}{a}\right)^2+\left(\frac{n}{b}\right)^2} \tag{4.1-17}$$

相应的截止波长为

$$\lambda_{c,m,n}=\frac{2\pi}{\sqrt{k_x^2+k_y^2}}=\frac{2}{\sqrt{(m/a)^2+(n/b)^2}} \tag{4.1-18}$$

2. TE_{10}波的场分布

对于 TE_{10}波，$m=1$，$n=0$，故截止频率和截止波长分别为

$$\omega_{c10}=\frac{\pi}{a\sqrt{\mu\varepsilon}} \tag{4.1-19}$$

$$\lambda_{c10}=2a \tag{4.1-20}$$

显然，当 $a>b$ 时，在所有可能存在的传播模式中，TE_{10}波的截止频率 ω_{c10}最小（截止波长 λ_{c10}最大）。

对于 TE_{10}波，$k_x=\pi/a$，$k_y=0$，因此金属波导内只存在 E_y 分量（$E_x=E_z=0$）。根据磁场强度与电场强度的矢量关系 $\boldsymbol{H}=-(\mathrm{i}/\mu\omega)\nabla\times\boldsymbol{E}$，得

$$\begin{cases} H_x=\dfrac{\mathrm{i}}{\mu\omega}\dfrac{\partial E_y}{\partial z} \\ H_z=-\dfrac{\mathrm{i}}{\mu\omega}\dfrac{\partial E_y}{\partial x} \\ H_y=0 \end{cases} \tag{4.1-21}$$

将式（4.1-12）代入式（4.1-21），可得矩形金属波导内 TE_{10}波的场分布为

$$\begin{cases} E_x=E_z=H_y=0 \\ E_y=\mathrm{i}\dfrac{\omega\mu a}{\pi}H_0\sin\left(\dfrac{\pi x}{a}\right)\exp(\mathrm{i}k_z z) \\ H_z=H_0\cos\left(\dfrac{\pi x}{a}\right)\exp(\mathrm{i}k_z z) \\ H_x=-\dfrac{\mathrm{i}k_z a}{\pi}H_0\sin\left(\dfrac{\pi x}{a}\right)\exp(\mathrm{i}k_z z) \end{cases} \tag{4.1-22}$$

式中：H_0为 H_z的振幅，并且有

$$H_0=\frac{\pi}{\mathrm{i}\omega\mu a}A_2 \tag{4.1-23}$$

图 4.1-2 所示即为矩形金属波导中 TE_{10}波的场分布情况。

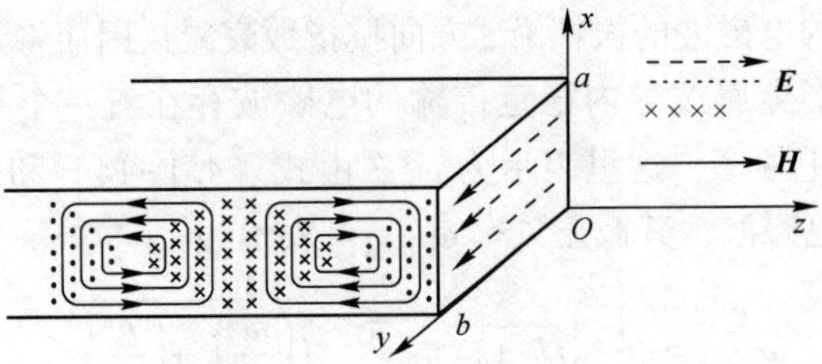

图 4.1-2　矩形金属波导中的 TE_{10} 波

4.2　薄 膜 波 导

薄膜波导又称平面或者平板波导，实际上是沉积在某种衬底材料上的一层光学薄膜，厚度为 1~10μm，波导上表面外一般为空气或者覆盖层。如图 4.2-1 所示，通常取覆盖层、导光层及衬底的折射率分别为 n_0、n 和 n_g，且有 $n>n_0$ 和 $n>n_g$。根据覆盖层与衬底材料的异同，可将薄膜波导分为对称型（$n_0=n_g$）和非对称型（$n_0\neq n_g$ 且 $n_0<n_g$）两类。在可见光波段，对称型波导常用材料为砷化镓（GaAs，$n=3.6$，$n_0=n_g=3.55$）；非对称型波导常用材料有铌酸锂（$LiNbO_3$，$n=2.215$，$n_0=1$，$n_g=2.214$）、钽酸锂（$LiTaO_3$，$n=2.16$，$n_0=1$，$n_g=2.15$）及溅射玻璃（$n=1.62$，$n_0=1$，$n_g=1.515$）等。

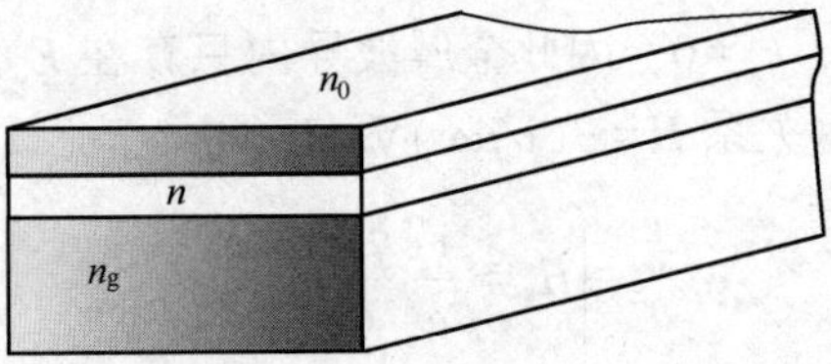

图 4.2-1　薄膜波导

薄膜波导主要用于制作集成光学器件，即类比集成电路原理，将一些独立的光学元器件，如发光、放大、传输、耦合和接收等器件，以薄膜的形式集成在同一衬底上，形成一个具有独立功能的微型光学系统。这种光学系统具有体积小、效率高、性能稳定等优点。显然，这类集成光学器件的最基本问题是薄膜波导中光的传输特性问题。

4.2.1　薄膜波导的传输条件

1. 全反射条件

一般情况下，光波在薄膜波导中是经导光层的上下界面不断地发生内反射而向前传播的，见图 4.2-2。按照全反射原理，当这种内反射满足全反射条件，即光波在导光层的上下界面处的入射角 θ_i 大于全反射临界角 θ_c 时，光能量将全部被限制于导光层中，而不会透过界面进入覆盖层或者衬底；当这种内反射不满足全反射条件，即在上下界面处的入射角 θ_i 小于全反射临界角 θ_c 时，在发生反射的同时还将发生透射，从而使返回导光层的光能量减少。由于薄膜波导的导光层厚度很小，因此光波在波导内传输过程中必然经历许多次反射，如果每次反射时都伴随有部分透射，则光波在波导中传输有限距离后，其能量便衰减至很小。因此，为使光波在波导内传输过程中其能量损耗尽可能小，须使光波在薄膜波导内的反射满足全反射条件。亦即在导光层的上、下界面处，要求入射角分别满足条件

$$\theta_i > \theta_{c1} = \arcsin\left(\frac{n_0}{n}\right) \tag{4.2-1}$$

$$\theta_i > \theta_{c2} = \arcsin\left(\frac{n_g}{n}\right) \tag{4.2-2}$$

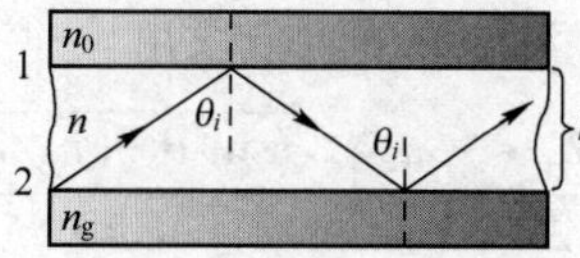

图 4.2-2　薄膜波导中的光线径迹

需要注意的是，全反射条件要求薄膜波导的导光层上下界面均为理想的光学表面。当导光层的上下界面上有划痕等缺欠或者有尘埃颗粒附着时，光波在该处发生反射的同时还会产生散射，从而也会导致部分光能量损失。因此，制作薄膜波导时，对其表面的光学质量有很高的要求。由于光波在波导中的传播路径呈现 Z 字形，其实际路径的长度远远大于波导沿光波传播方向的表观长度。假如波导介质对入射光波有一定的吸收，则由此引起的光能损耗将不可忽视。故而选择制作薄膜波导（特别是长距离传光波导）的材料时，还必须考虑其吸收系数的大小。

2. 谐振条件

对于图 4.2-3 所示无限大薄膜波导，设其上下界面分别位于 $x=h$ 和 $x=0$ 平面，并且在其中传播沿着 y 和 z 方向无限延伸的平面光波，光波入射面为 xz 平面，入射角 $\theta_i > \theta_{c1,2}$。

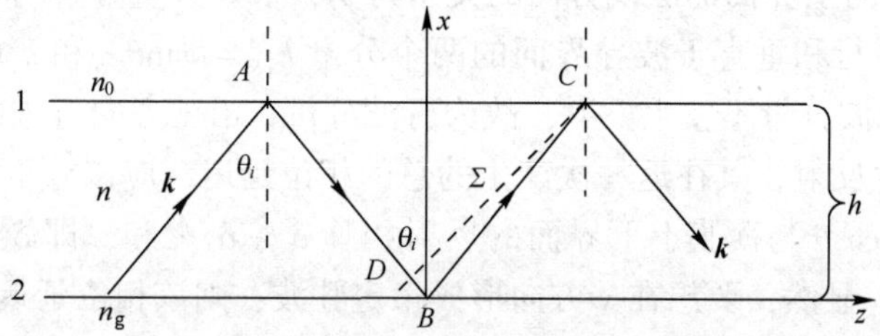

图 4.2-3　光波在薄膜波导中传输的谐振条件

现考虑两列向前传播的相干光波在某一时刻的相位差及叠加情况。假设其中一列光波的波面在 t 时刻刚刚到达平面 Σ 处（图中虚线位置），另一列光波在 t 时刻之前已通过 Σ 平面向下传播，并且先后经下界面（如 B 点）和上界面（如 C 点）内反射，此时波面又到达 Σ 平面处。显然，这两列光波将发生干涉叠加，其相位差 δ 可表示为

$$\begin{aligned}\delta &= \frac{2\pi}{\lambda}2nh\frac{1}{\cos\theta_i}+\delta_1+\delta_2-\frac{2\pi}{\lambda}2nh\tan\theta_i\sin\theta_i \\ &= 2nhk_0\cos\theta_i+\delta_1+\delta_2\end{aligned} \tag{4.2-3}$$

式中：$k_0(=2\pi/\lambda)$表示真空中的波数；λ 为真空中波长；δ_1和δ_2分别表示光波在薄膜波导的导光层上下界面处反射时的相位突变。根据第 3 章的讨论，对于偏振方向垂直于入射面的 s 波，可求出 δ_1和δ_2分别为

$$\tan\frac{\delta_1}{2}=-\frac{\sqrt{\sin^2\theta_i-(n_0/n)^2}}{\cos\theta_i} \tag{4.2-4}$$

$$\tan\frac{\delta_2}{2}=-\frac{\sqrt{\sin^2\theta_i-(n_g/n)^2}}{\cos\theta_i} \tag{4.2-5}$$

对于偏振方向平行于入射面的 p 波，同样可以求出

$$\tan\frac{\delta_1}{2}=-\left(\frac{n_0}{n}\right)^2\frac{\sqrt{\sin^2\theta_i-(n_0/n)^2}}{\cos\theta_i} \tag{4.2-6}$$

$$\tan\frac{\delta_2}{2}=-\left(\frac{n_g}{n}\right)^2\frac{\sqrt{\sin^2\theta_i-(n_g/n)^2}}{\cos\theta_i} \tag{4.2-7}$$

由干涉条件，当$\delta=2m\pi(m=0,1,2,\cdots)$时，两光波相互增强（干涉相长），产生谐振；当$\delta=(2m+1)\pi(m=0,1,2,\cdots)$时，两波相互减弱（干涉相消），传输受到抑制。这就是说，并非所有满足全反射条件的光波都能在薄膜波导内形成稳定的传输。能够在波导内稳定传输的光波，除了要满足全反射条件外，还要满足谐振条件——相长干涉条件。也就是说，光波的入射角 θ_i应满足条件

$$2nhk_0\cos\theta_i+\delta_1+\delta_2=2m\pi,\quad m=0,1,2,\cdots \tag{4.2-8}$$

才能在薄膜波导内稳定传输。对于给定的光波导器件，n、h 及 n_0、n_g均为常数，故当波长给定时，θ_i只与 m 有关。可见，能够在波导内稳定传输的光波之入射角 θ_i仅仅取一些分立值。每个 θ_i值对应一个 m 值，称为波导内光场分布的一种模式。

也可以从另一个角度分析上述谐振条件。如图 4.2-4 所示，假设波导内某一光波的波矢量为$\boldsymbol{k}$，其与上界面的法线方向的夹角为 θ_i，根据矢量分解与合成原理，可以将该波矢量分解为平行和垂直于波导界面的两个分量 $k_z(=k\sin\theta_i)$和 $k_x(=k\cos\theta_i)$。其中，沿 z 方向行进的光波分量不发生反射，故为行波分量；沿 x 方向行进的光波分量将依次在上下界面处发生反射，其往返一次产生的总的相位延迟，应该等于所经历几何路径引起的相位延迟 $2hk\cos\theta_i$与薄膜上下界面的反射相移 δ_1、δ_2之和，即 $\delta=2hk\cos\theta_i+\delta_1+\delta_2=2nhk_0\cos\theta_i+\delta_1+\delta_2$。显然，要想在 x 方向形成稳定驻波，则该相位延迟必须等于 2π 的整数倍（即单程的相位延迟应为 π 的奇数倍），于是有式（4.2-8）。基于此，式（4.2-8）描述的薄膜波导的谐振条件实际上也可以认为就是其驻波条件。

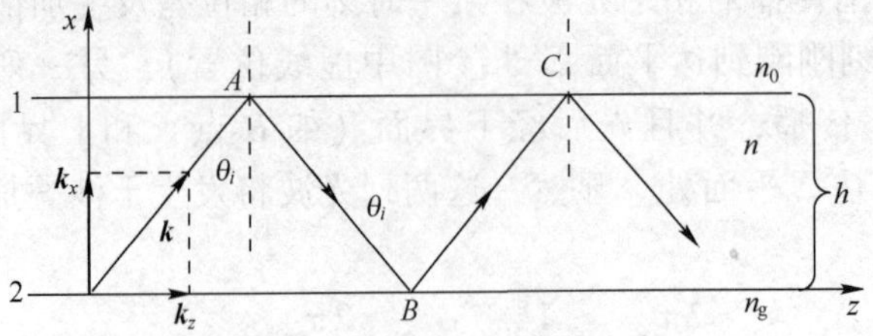

图 4.2-4　薄膜波导中的波矢分解

3. 波导的截止波长与模式数

由于已假设光波沿 z 方向传播且入射面为 xz 平面，故对于 s 偏振分量而言，其电场强度矢量与传播方向正交（即沿 y 方向）；对于 p 偏振分量而言，其磁场强度矢量与传播方向正交（即沿 y 方向）。这表明，在薄膜波导中，s 波为 TE 波（横电波），p 波为 TM 波（横磁波）。一般情况下，波导内传输的光波可能同时包含 s 波和 p 波两部分。这表明，对于每一种可能存在的模式（m），薄膜波导中可能存在着两种不同波型，即 TE_m 和 TM_m 波。

由式（4.2-8）还可以看出，对于给定的波导参数（h,n,n_0,n_g）及模式 m，入射角 θ_i 与波长 λ 有关。波长不同，要求入射角 θ_i 不同（即波矢量方向不同）。因此，当入射光波含有多种波长成分时，则同一模式对应的不同波长成分要求具有不同的入射角 θ_i，即不同的波矢量方向。故式（4.2-8）又称为薄膜波导的色散方程。

全反射条件要求入射角 θ_i 满足式（4.2-1）和式（4.2-2）（$>\theta_{c1,2}$），而谐振条件要求 θ_i 满足方程式（4.2-8）。对于给定的波导及模式 m，驻波条件要求能够稳定传输的光波的波长有一个上限——截止波长，波长大于截止波长的光波将不能在波导中形成稳定传输，并且 m 不同时，截止波长也不同。

现假设波导内只有 TE 波，并且波导结构为非对称型，其覆盖层折射率小于衬底（$n_0<n_g$），入射角 $\theta_i=\theta_{c2}$，即等于光波在导光层下界面处的全反射临界角。于是，薄膜波导下界面处于临界反射状态，而上界面仍处于全反射状态。显然，当 $\theta_i<\theta_{c2}$ 时，光波能量将因为在导光层下界面处产生泄漏而不能在波导内形成稳定传输。此时，由式（4.2-4）和式（4.2-5）得

$$\begin{cases}\delta_1=-2\arctan\left[\dfrac{\sqrt{\sin^2\theta_{c2}-(n_0/n)^2}}{\cos\theta_{c2}}\right]=-2\arctan\left(\sqrt{\dfrac{n_g^2-n_0^2}{n^2-n_g^2}}\right)\\ \delta_2=0\end{cases} \tag{4.2-9}$$

将 δ_1、δ_2 代入式（4.2-8）并整理简化，得 TE_m 模的截止波长为

$$\lambda_{cm}=\frac{2\pi h\sqrt{n^2-n_g^2}}{m\pi+\arctan\left(\sqrt{\dfrac{n_g^2-n_0^2}{n^2-n_g^2}}\right)} \tag{4.2-10}$$

可以看出，n_g/n 越小，临界角 θ_{c2} 越小，则相应模式的截止波长 λ_{cm} 越大。或者说，色散方程式（4.2-8）给出的波长 λ 与入射角 θ_i 的关系是：波长越大，要求相应模式光波的入射角 θ_i 越小。当光波的波长 $\lambda>\lambda_{cm}$ 时，其由色散方程式（4.2-8）确定的相应的入射角 θ_i 将小于临界角 θ_c，导致光波在导光层界面处的内反射不再满足全反射条件，从而发生泄漏。

将式（4.2-10）中的 λ_{cm} 与 m 交换位置，则有

$$m=\frac{2h}{\lambda_{cm}}\sqrt{n^2-n_g^2}-\frac{1}{\pi}\arctan\sqrt{\frac{n_g^2-n_0^2}{n^2-n_g^2}} \tag{4.2-11}$$

可以看出，上式中的 m 即为波长等于 λ_{cm} 的光波在波导内稳定传输时，允许其存在的模式数。对于对称型波导，$n_0=n_g$，其截止波长和模式数可分别简化为

$$\lambda'_{cm}=\frac{2h}{m}\sqrt{n^2-n_g^2}=\frac{2hn_g}{m}\sqrt{\left(\frac{n}{n_g}\right)^2-1} \tag{4.2-12}$$

$$m=\frac{2h}{\lambda'_{cm}}\sqrt{n^2-n_g^2}=\frac{2hn_g}{\lambda'_{cm}}\sqrt{\left(\frac{n}{n_g}\right)^2-1} \tag{4.2-13}$$

具体计算模式数 m 时，只要将光波长代替 λ_{cm} 即可（取最小整数）。上两式表明，n/n_0、n/n_g 及 h 越大、λ_{cm} 越小，模式数 m 越大。

4. 基模传输条件

基模是指 $m=0$ 的波导传输模式，相应的基模波型分别为 TE_0 和 TM_0。对于非对称型薄膜波导中的 TE_0 模，$m=0$，$n_g\neq n_0$，故由式（4.2-10）得其截止波长为

$$\lambda_{c0}=\frac{2\pi h\sqrt{n^2-n_g^2}}{\arctan\sqrt{\dfrac{n_g^2-n_0^2}{n^2-n_g^2}}} \tag{4.2-14}$$

式（4.2-14）表明，$\lambda_{c0}>\lambda_{cm}(m\neq 0)$。这就是说，薄膜波导内允许存在的所有各种模式中，基模的截止波长 λ_{c0} 最大。因此，当入射光波的波长小于基模的截止波长而大于其他模式的截止波长（即 $\lambda_{c0}>\lambda>\lambda_{c1}$）时，波导可以允许其以单模形式传输；当 $\lambda<\lambda_{c1}$ 时，波导内将发生多模传输。

对于对称型薄膜波导，由式（4.2-12）得 TE_0 模的截止波长为

$$\lambda'_{c0}\to\infty \tag{4.2-15}$$

这就是说，对称型薄膜波导中，基模的截止波长为无限大，或者说，对称型薄膜波导中的基模没有截止波长。因此，任何波长的基模光波均可在对称型薄膜波导内传输。

由此可见，对于波长为 λ 的光波，其在薄膜波导中的单模传输条件可表示为

对称型：
$$\lambda>\lambda'_{c1}=2h\sqrt{n^2-n_g^2} \tag{4.2-16}$$

非对称型：
$$\lambda_{c0}>\lambda>\lambda_{c1} \tag{4.2-17}$$

4.2.2 薄膜波导中的场分布

满足全反射条件及谐振条件的光波能够在薄膜波导中形成稳定传输，意味着其光波电磁场在波导内能够形成一种稳定分布。这种稳定分布的场应满足麦克斯韦方程组及相应的边界条件。或者说，通过求解麦克斯韦方程组并利用薄膜波导的边界条件，就可以得到存在于波导内的各种模式的光波电磁场的分布形式。由第 1 章的讨论可知，对于一定频率的单色波，其电磁场满足由麦克斯韦方程组导出的亥姆霍兹方程，即

$$\begin{cases}\nabla^2\boldsymbol{E}+k^2\boldsymbol{E}=0\\ \boldsymbol{H}=-\dfrac{\mathrm{i}}{\mu\omega}\nabla\times\boldsymbol{E}\\ \nabla\cdot\boldsymbol{E}=0\end{cases} \tag{4.2-18}$$

现取光波的入射面为 xz 平面，并假定薄膜波导的导光层上、下界面分别为 $x=h$ 和 $x=0$ 平面，如图 4.2-5 所示。为方便讨论，假设所考察的光波为 TE 波（s 波），因此，电场强度矢量只有 y 分量，磁场强度矢量只有 x 分量和 z 分量。即

$$\begin{cases}\boldsymbol{E}=E_y\,\hat{\boldsymbol{y}}_0\\ \boldsymbol{H}=-H_x\,\hat{\boldsymbol{x}}_0-H_z\,\hat{\boldsymbol{z}}_0\end{cases} \tag{4.2-19}$$

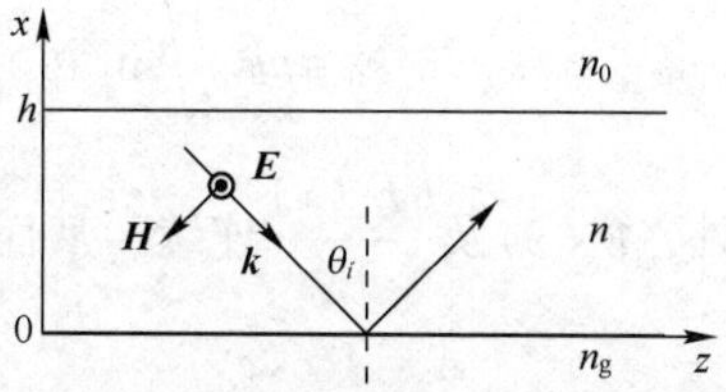

图 4.2-5　薄膜波导中的场分布

这样，可将式（4.2-18）给出的亥姆霍兹方程简化为如下标量形式：

$$\nabla^2 E_y+k^2 E_y=0 \tag{4.2-20}$$

考虑到薄膜波导在 z 方向无界，故光波沿 z 方向自由传播，具有行波特征。在 y 方向波导虽然也无界，但该方向与传播方向正交，故可不考虑电场沿 y 方向的变化。只有在 x 方向有界，导致电场在该方向上存在未知分布。于是，可将式（4.2-20）的解表示为

$$E_y=E_y(x)\mathrm{e}^{\mathrm{i}k_z z} \tag{4.2-21}$$

将式（4.2-21）代入式（4.2-20），可分别得到光波在薄膜波导的导光层、覆盖层及衬底中的场方程为

$$\frac{\partial^2 E_y(x)}{\partial x^2}+(n^2k_0^2-k_z^2)E_y(x)=0,\quad 0\leqslant x\leqslant h \tag{4.2-22a}$$

$$\frac{\partial^2 E_y(x)}{\partial x^2}+(n_0^2k_0^2-k_{0z}^2)E_y(x)=0,\quad x>h \tag{4.2-22b}$$

$$\frac{\partial^2 E_y(x)}{\partial x^2}+(n_g^2k_0^2-k_{gz}^2)E_y(x)=0,\quad x<0 \tag{4.2-22c}$$

式中：k_0为真空中的波数；k_z、k_{0z}、k_{gz}分别为三种介质中光波的波矢量沿 z 方向的分量。由边值关系知 $k_z=k_{0z}=k_{gz}$，反映了光波沿 z 方向传播的相位特性，通常称为传播常数，并以 β 表示，即 $\beta=k_z=k_{0z}=k_{gz}$。式（4.2-22a）的解可表示为

$$E_y(x)=A\cos(k_x x+\varphi),\quad 0\leqslant x\leqslant h \tag{4.2-23}$$

式中：A 和 φ 分别为波导内光波电场强度矢量沿 y 方向分量的振幅和初相位；k_x为波矢量在 x 方向的投影，并且可表示为

$$k_x=nk_0\cos\theta_i=\sqrt{n^2k_0^2-k_z^2}=k\cos\theta_i \tag{4.2-24}$$

在全反射情况下，进入覆盖层和衬底中的光波为倏逝波，故微分方程式（4.2-22b）及式（4.2-22c）的解分别具有如下形式：

$$E_y(x)=A_0\exp[-K_{0x}(x-h)],\quad x>h \tag{4.2-25}$$

$$E_y(x)=A_g\exp(K_{gx}x),\quad x<0 \tag{4.2-26}$$

式中：A_0和 A_g分别为覆盖层和衬底内光波电场强度矢量沿 y 方向投影分量的振幅；K_{0x}和 K_{gx}分别为覆盖层和衬底内光波沿 x 方向的衰减系数，并且有

$$K_{0x}=-\mathrm{i}k_{0x}=\sqrt{k_{0z}^2-n_0^2k_0^2}=nk_0\sqrt{\sin^2\theta_i-\left(\frac{n_0}{n}\right)^2} \tag{4.2-27a}$$

$$K_{gx}=-\mathrm{i}k_{gx}=\sqrt{k_{gz}^2-n_g^2k_0^2}=nk_0\sqrt{\sin^2\theta_i-\left(\frac{n_g}{n}\right)^2} \tag{4.2-27b}$$

根据边界条件，在 $x=0$，h 处，$E_y(x)$ 及 $\frac{\partial E_y(x)}{\partial x}$ 连续，从而得

$$A_g=A\cos\varphi \tag{4.2-28a}$$

$$K_{gx}=k_x\frac{A}{A_g}\sin\varphi=k_x\tan\varphi \tag{4.2-28b}$$

$$A_0=A\cos(k_xh+\varphi) \tag{4.2-28c}$$

$$K_{0x}=k_x\frac{A}{A_0}\sin(k_xh+\varphi)=k_x\tan(k_xh+\varphi) \tag{4.2-28d}$$

这样，由式（4.2-24）、式（4.2-27）及色散方程式

$$2k_xh+\delta_1+\delta_2=2m\pi \tag{4.2-29}$$

即可求出对应于不同模式的传播常数 $\beta(k_{0z},k_z,k_{gz})$ 及 k_x、K_{0x}、K_{gx}；再由式（4.2-28）可确定出 A_0、A、A_g 及 φ 的相对关系，从而得到薄膜波导内场分布的解析表达式。

综上所述，光波在薄膜波导的导光层中沿 x 方向为一驻波场，沿 z 方向为一行波场。由于界面处的全反射，进入覆盖层和衬底中的光波电场为倏逝场，其振幅按指数衰减，平均能流密度为 0，有效穿透深度分别为

$$d_{0x}=\frac{\lambda}{2\pi}\frac{1}{\sqrt{\sin^2\theta_i-\sin^2\theta_{c1}}}=\frac{1}{K_{0x}} \tag{4.2-30}$$

$$d_{gx}=\frac{\lambda}{2\pi}\frac{1}{\sqrt{\sin^2\theta_i-\sin^2\theta_{c2}}}=\frac{1}{K_{gx}} \tag{4.2-31}$$

可以看出，比值 n/n_0、n/n_g 越大，θ_{c1}、θ_{c2} 越小，从而 d_{0x}、d_{gx} 也越小，表明光波在覆盖层及衬底内衰减得越快，在导光层内就越集中。通常情况下，$n_g>n_0$，故 $d_{gx}>d_{0x}$，因此光波电磁场在覆盖层内的衰减比衬底内更快。此外，m 值越大，k_x 越大，从而 $k_z=\beta$ 越小，d_{gx}、d_{0x} 也就越大，光场在覆盖层及衬底内的衰减就越慢。这表明，高次模相比较低次模具有更强的穿透能力，因而更容易发生泄漏和衰减。

以上结论同样适用于矩形及圆形波导。

4.2.3 薄膜波导的有效厚度和能量流

1. 有效厚度

我们已经知道，光波在两种介质分界面上发生全反射时，反射光波相对入射光波有一侧向位移 Δ，即古斯-汉森位移。根据式（3.3-19），对于 TE 波，其在薄膜波导的导光层上、下界面处发生全反射时所产生的古斯-汉森位移可分别表示为

$$\Delta_{s1}=2d_{0x}\tan\theta_i \tag{4.2-32}$$

$$\Delta_{s2}=2d_{gx}\tan\theta_i \tag{4.2-33}$$

古斯-汉森位移的存在，表明光波在波导内的全反射并不是在实际的几何界面处进

行的，而是分别深入到覆盖层和衬底内一定深度处，这个深度就是倏逝波的穿透深度 d_{0x} 和 d_{gx}，如图 4.2-6 所示。这个结论表明，薄膜波导实际上存在着一个有效厚度，这个有效厚度与光波模式有关，其大小应该等于导光层的实际几何厚度与光波在其上、下界面处的穿透深度之和。于是，若以 h_{eff} 表示波导的有效厚度，则有

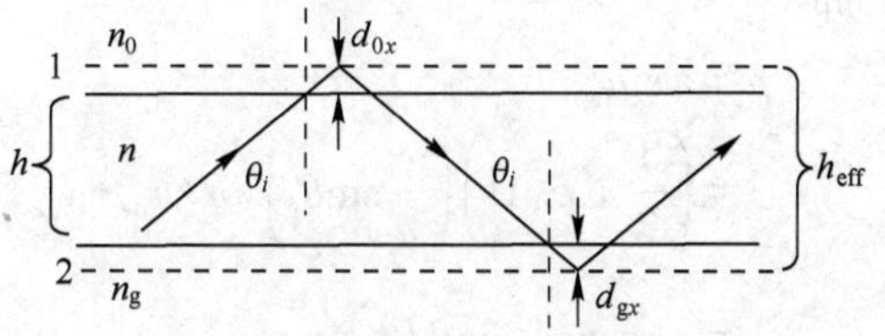

图 4.2-6　薄膜波导的有效厚度

$$h_{\text{eff}}=h+d_{0x}+d_{gx}=h+\frac{\lambda}{2\pi}\left[\frac{1}{\sqrt{\sin^2\theta_i-(n_0/n)^2}}+\frac{1}{\sqrt{\sin^2\theta_i-(n_g/n)^2}}\right] \tag{4.2-34}$$

由以上讨论可以看出，薄膜波导与金属波导不同。对于满足良导体条件的金属波导，电磁波只限于波导内，而波导外无场分布。薄膜波导则不同，不仅在导光层内有场分布，而且在覆盖层及衬底内也有场分布。只是该场随距离界面深度的增加迅速衰减而已，实际增加的厚度近似等于电磁波在覆盖层及衬底内的穿透深度之和。考虑到穿透深度为波长数量级，而薄膜波导的导光层一般又很薄，因此，讨论薄膜波导传输问题时，必须考虑光波在界面处全反射时的侧向位移的影响。

2. 能量流

所谓能量流，对于薄膜波导而言，是指波导每单位宽度（对 TE 波即 y 方向）的功率流，这里用 p 表示。对 TE 波，它等于能流密度矢量 $\boldsymbol{S}$ 沿波导的导光层厚度（x）方向的积分。需要注意的是，这个厚度应当是有效厚度 h_{eff}。由式（4.2-19）知，此时，对于 TE 波而言，波导内电场强度矢量只有 E_y 分量，磁场强度矢量只有 H_x 和 H_z 分量，故能流密度矢量变为

$$\boldsymbol{S}=\boldsymbol{E}\times\boldsymbol{H}=-E_yH_z\,\hat{\boldsymbol{x}}_0+E_yH_x\,\hat{\boldsymbol{z}}_0 \tag{4.2-35}$$

考虑光波在波导内实际上沿 z 方向传播，而沿 x 方向的平均能流密度等于 0，故可得功率流

$$p=\int_{-\infty}^{+\infty}S_z\mathrm{d}x=\int_{-\infty}^{+\infty}E_yH_x\mathrm{d}x \tag{4.2-36}$$

进一步，由磁场强度 $\boldsymbol{H}$ 与电场强度 $\boldsymbol{E}$ 的关系 $\boldsymbol{H}=\dfrac{1}{\omega\mu}\boldsymbol{k}\times\boldsymbol{E}$，得

$$H_x=\frac{k_z}{\mu\omega}E_y=\frac{k\sin\theta_i}{\mu\omega}E_y=\varepsilon_0nc\sin\theta_iE_y \tag{4.2-37}$$

代入式（4.2-36），得

$$\begin{aligned}p&=\int_{-\infty}^{+\infty}\varepsilon_0nc\sin\theta_iE_y^2\mathrm{d}x\\&=\varepsilon_0nc\sin\theta_i\left[\int_o^hA^2\cos^2(k_xx-\varphi)\mathrm{d}x+\int_h^{+\infty}A_0^2\exp^{-2K_{0x}(x-h)}\mathrm{d}x+\int_{-\infty}^0A_g^2\exp^{2K_{gx}x}\mathrm{d}x\right]\\&=\frac{1}{2}\varepsilon_0nc\sin\theta_iA^2\left[h+\frac{1}{K_{0x}}+\frac{1}{K_{gx}}\right]\end{aligned} \tag{4.2-38}$$

即

$$p=\frac{1}{2}\varepsilon_0 nc\sin\theta_i A^2[h+d_{0x}+d_{gx}]=\frac{1}{2}\varepsilon_0 nc\sin\theta_i A^2 h_{\text{eff}} \tag{4.2-39}$$

另外，也可以由波导内光波的能量密度 w、能量传播速度 v_s 和导光层的有效厚度 h_{eff} 的乘积得到功率流，即

$$\begin{aligned} p &= wv_s h_{\text{eff}} \\ &= \left(\frac{1}{2}n^2\varepsilon_0 A^2\right)\left(\frac{c}{n}\sin\theta_i\right)(h+d_{0x}+d_{gx}) \\ &= \frac{1}{2}\varepsilon_0 ncA^2\sin\theta_i(h+d_{0x}+d_{gx}) \end{aligned} \tag{4.2-40}$$

4.2.4 薄膜波导的光耦合

上面详细讨论了光波在薄膜波导中的传输特性。现在的问题是，如何将光波引入薄膜波导中？我们知道，薄膜波导的导光层厚度很小，如果将激光束直接照射到薄膜波导的一端，则不仅临界调整困难，而且由波导端面的不规则所引起的散射等也会导致能量耦合的总效率大为降低。我们在第 3 章讨论全反射倏逝波的特性时曾提到，利用全反射时的光子隧道效应可以有效地解决光波能量向薄膜波导内耦合的问题，这就是所谓的倏逝波耦合方法，其最简单的一种实现途径就是采用棱镜-波导耦合方式。如图 4.2-7 所示，波长为 λ 的激光束自某一折射率为 n_p 的直角棱镜的斜边垂直进入棱镜，并以 θ_p 角（棱镜角）在棱镜的一直角边处（棱镜-空气分界面）发生全内反射，所产生的倏逝波自该棱镜边向薄膜波导方向按指数规律衰减。若 $n_p>n$，并且棱镜边到波导表面的间隙很小，如小于等于 $\lambda/4$，则在波导内将激发出传播常数为 $\beta=k_0 n_p\sin\theta_p$ 的传输模式。选择不同的入射角 θ_p，就会得到不同的模式。同时，由于光路的可逆性，也可以利用同样的耦合器将光波能量从薄膜波导中耦合出来。这种耦合器的耦合效率可达 80%。

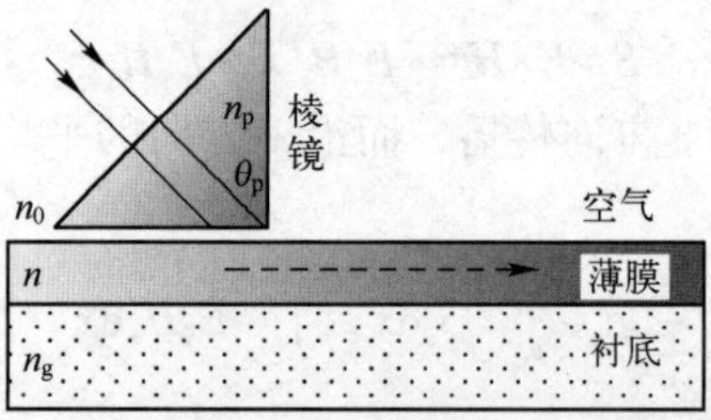

图 4.2-7　棱镜-波导耦合器

此外，也可以通过在薄膜波导表面特定区域放置或直接制作一个特殊设计的光栅（如体相位光栅），利用光栅衍射原理，将光波耦合进薄膜波导中。此处不再赘述。

4.2.5 薄膜波导的色散

薄膜波导对在其中传输的光波的色散包括两种类型，即折射率色散和模式色散。由于波导介质对不同频率的光波具有不同的折射率或传播速度，因此当具有一定频谱带宽的光脉冲在波导中传输时，折射率色散将导致其脉宽随传输距离的延伸而不断增大。类似地，由于不同模式的光波在波导中的传播路径不同，因此当具有一定空间频谱带宽的

光脉冲（即点脉冲）在波导中传输时，其不同模式分量传播的几何路径长度不同，导致该空间光脉冲宽度随传输距离的延伸而不断增大。

4.3 梯度折射率波导

4.2 节中讨论的薄膜波导，是一种均匀介质波导，其导光层介质的折射率 n 为一常数。本节讨论另一类波导——非均匀介质波导的传输特性。所谓非均匀，主要是指波导的导光层介质的折射率 n 沿横向（即垂直于传播方向）呈梯度变化，故通常又将这种非均匀介质波导称为梯度折射率波导。

4.3.1 非均匀介质中的光线方程

如图 4.3-1 所示，设某一非均匀介质的折射率沿 x 方向连续变化，在 $x=0$ 处，$n=n_0$，且光线与 x 方向夹角为 $\theta=\theta_0$；在任一位置 x 处，有 $n=n(x)$，$\theta=\theta(x)$。显然，该介质可以看成由一系列厚度和折射率分别为 dx_i 和 n_i 的均匀介质薄层沿 x 方向叠置构成，并且各薄层厚度 $dx_i \to 0$。根据折射定律，在各个介质薄层的分界面处，光线的方向应满足关系

$$n_0\sin\theta_0=n_1\sin\theta_1=n_2\sin\theta_2=n_3\sin\theta_3=\cdots \tag{4.3-1}$$

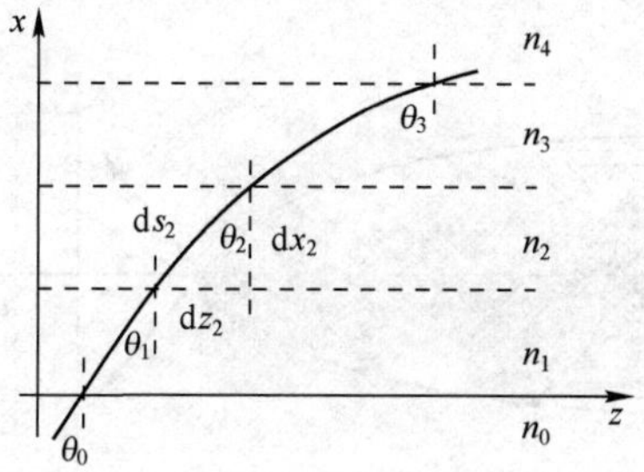

图 4.3-1 非均匀介质中的光线轨迹

故对于任一 x 处，应有

$$n(x)\sin\theta(x)=n_0\sin\theta_0=\text{常数} \tag{4.3-2}$$

对于光线轨迹上某点 (x,z) 附近的一段曲线元，其弧长 ds 的大小可以表示为

$$(ds)^2=(dx)^2+(dz)^2 \tag{4.3-3}$$

并且有

$$\frac{dz}{ds}=\sin\theta(x) \tag{4.3-4}$$

将式（4.3-4）代入式（4.3-3），得

$$\left(\frac{ds}{dz}\right)^2=\left(\frac{dx}{dz}\right)^2+1=\frac{1}{\sin^2\theta(x)}=\frac{n^2(x)}{n_0^2\sin^2\theta_0}$$

即

$$\left(\frac{dx}{dz}\right)^2=\frac{n^2(x)}{n_0^2\sin^2\theta_0}-1 \tag{4.3-5}$$

将式（4.3-5）等号两端分别对 z 求导，得

$$2\frac{dx}{dz}\frac{d^2x}{dz^2}=\frac{1}{n_0^2\sin^2\theta_0}\frac{dn^2(x)}{dx}\frac{dx}{dz}$$

即

$$\frac{d^2x}{dz^2}=\frac{1}{2n_0^2\sin^2\theta_0}\frac{dn^2(x)}{dx} \tag{4.3-6}$$

上式即非均匀介质中的光线方程。由于二阶导数$\frac{d^2x}{dz^2}$代表曲线的曲率，故当 $n(x)=$ 常数时，$\frac{d^2x}{dz^2}=0$，表明光线的轨迹呈直线状；当$\frac{dn^2(x)}{dx}\neq 0$ 时，$\frac{d^2x}{dz^2}\neq 0$，表明光线的轨迹呈曲线状。这就是说，光线在非均匀介质中的轨迹形状取决于介质折射率 n 随横向坐标 x 的变化关系。若已知介质的折射率分布 $n(x)$，则由式（4.3-6）即可求出非均匀介质中光线的位置坐标 x 随 z 的关系，从而得到光线在非均匀介质中的轨迹曲线。

需要指出的是，在非均匀介质中，光线的轨迹为一曲线，这一结论不难用惠更斯原理给以解释。考察某一处的波面，当 $\theta\neq 0$ 时，同一波面上各点所处介质的折射率不同，因而其传播速度不同。折射率较大处，波面的传播速度较小，反之亦然。于是，在单位时间后的波面将相对于原波面发生弯曲，从而意味着光束也将发生朝向折射率大的一侧弯曲。此结论也可以用来解释光波经梯度折射率透镜的自聚焦现象，其原理如图 4.3-2 所示。

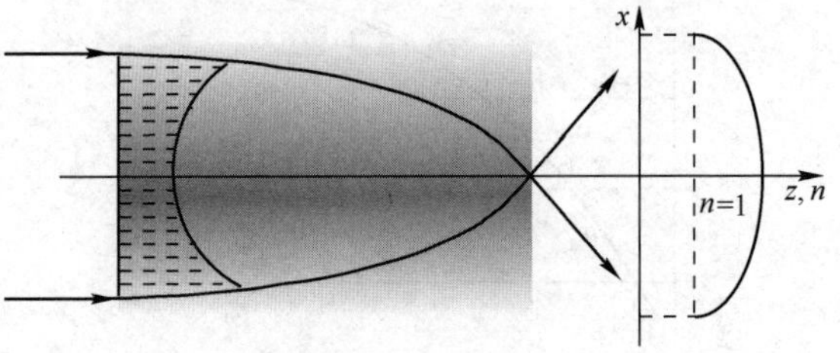

图 4.3-2　梯度折射率透镜的自聚焦原理

4.3.2　平方律介质波导中的光线轨迹

如图 4.3-3 所示，设某一薄膜波导的导光层介质折射率沿 x 方向（横向）按抛物线关系变化，即

$$n^2(x)=n_0^2-n_2x^2 \tag{4.3-7}$$

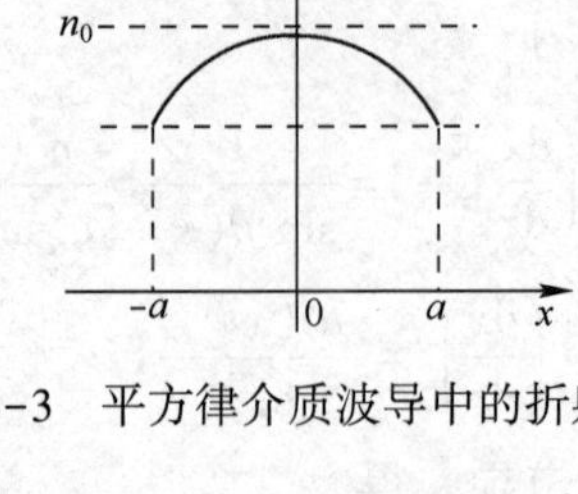

图 4.3-3　平方律介质波导中的折射率分布

式中：n_0为 $x=0$ 处介质的折射率。当 $n_2x^2 \ll n_0^2$ 时，将式（4.3-7）给出的 $n(x)$ 作二项式展开并取一级近似，得

$$n(x)=n_0-\frac{n_2}{2n_0}x^2 \tag{4.3-8}$$

通常，将这种折射率随横向位置坐标平方变化的梯度折射率介质称为平方律介质。

将式（4.3-7）代入式（4.3-6），得

$$\frac{\mathrm{d}^2x}{\mathrm{d}z^2}=-\frac{n_2}{n_0^2\sin^2\theta_0}x \tag{4.3-9}$$

式（4.3-9）具有谐振方程的特点，故其解具有正/余弦函数的形式，即可表示为

$$x(z)=A\sin\left(\frac{\sqrt{n_2}}{n_0\sin\theta_0}z+\phi_0\right) \tag{4.3-10}$$

式中：A、ϕ_0均为常数，其大小由入射光线的初始方位决定。式（4.3-10）表明，在平方律介质中，光线的轨迹呈正弦曲线状，其周期大小取决于入射角 θ_0。

下面作两点讨论。

1. 光线的发射角

一般取 $\alpha=(\pi/2)-\theta_0$，定义为光线的发射角。设光线初始入射点坐标为（0，0），即 $z=0$ 时，$x=0$，并且 $\theta=\theta_0$，则由式（4.3-10）得

$$\phi_0=0 \tag{4.3-11}$$

$$A=\frac{n_0}{\sqrt{n_2}}\cos\theta_0=\frac{n_0}{\sqrt{n_2}}\sin\alpha \tag{4.3-12}$$

式（4.3-12）表明，光线轨迹上任意一点的横向坐标 x 随纵向坐标 z 的变化幅度 A 与发射角 α 有关。$\alpha\uparrow$，则 $A\uparrow$；$\alpha\downarrow$，则 $A\downarrow$。假设由非均匀介质构成的波导的边界位于 $x=\pm a$ 处，则当波导内光线振荡的振幅 $A=A_{\mathrm{m}}=a$ 时，相应的发射角

$$\alpha_{\mathrm{m}}=\arcsin\left(\frac{\sqrt{n_2}}{n_0}a\right) \tag{4.3-13}$$

式（4.3-13）表明，当 $\alpha<\alpha_{\mathrm{m}}$时，平方律介质波导内光线振荡的振幅 $A<a$，即光线在尚未到达导光层边界时，就因弯曲而返回导光层内，永远不会到达其边界处。此时，界面处的缺陷将不会对光波的传输产生影响（例如因散射而发生光能量泄漏）。这是平方律介质光波导的一个重要特点。

2. 光线的振荡周期

由式（4.3-10）还可以看出，平方律介质波导内光线轨迹的振荡周期为

$$T=\frac{2\pi n_0}{\sqrt{n_2}}\sin\theta_0=\frac{2\pi n_0}{\sqrt{n_2}}\cos\alpha \tag{4.3-14}$$

当 α 很小时，$\cos\alpha\to 1$，从而有

$$T\approx\frac{2\pi n_0}{\sqrt{n_2}}=\text{常数} \tag{4.3-15}$$

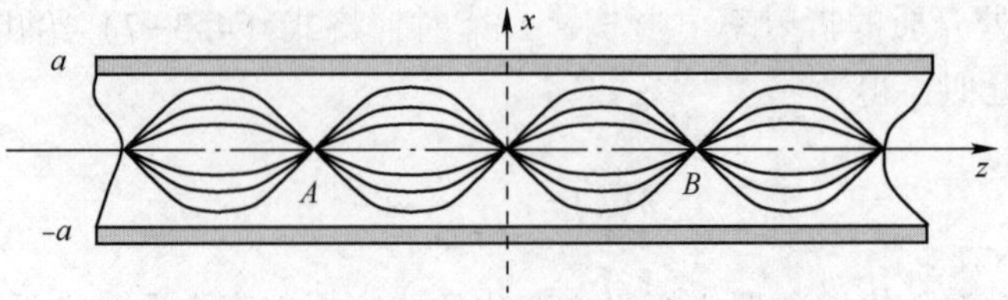

图 4.3-4　平方律介质波导中的光线轨迹

式（4.3-15）表明，在傍轴近似条件下（即 α 很小时），进入该平方律介质波导的所有模式的光线轨迹均具有相同的振荡周期，如图 4.3-4 所示，因此这些模式能够以相同时间从波导的一端到达另一端，不会发生模式色散。

由于在这种平方律介质波导中不存在模式色散，光脉冲在传输过程中的增宽极小，这将使得波导能够传输的光信息量变得很大。平方律介质波导的这种传输特性，使其在光纤通信方面具有广泛应用。

4.3.3　梯度折射率波导中的电磁场方程及其解

根据 1.2.4 小节的讨论，在非铁磁性的非均匀各向同性介质中，波动方程应具有如下形式：

$$\nabla^2\boldsymbol{E}+\nabla[\nabla(\ln\varepsilon)\cdot\boldsymbol{E}]=\varepsilon\mu\frac{\partial^2\boldsymbol{E}}{\partial t^2} \tag{4.3-16}$$

对于给定频率 ω 的单色波，上式可简化为

$$\nabla^2\boldsymbol{E}+\nabla[\nabla(\ln\varepsilon)\cdot\boldsymbol{E}]+k^2\boldsymbol{E}=0 \tag{4.3-17}$$

式中：$k^2=\mu\varepsilon\omega^2=n^2k_0^2$，表示介质中的（角）波数，$k_0$为真空中的（角）波数。假设所考察的波型为 TE 波，其入射面位于 xz 平面，传播方向沿正 z 方向，则有

$$\boldsymbol{E}=E_y(x,z)\hat{\boldsymbol{y}}_0$$

$$\nabla(\ln\varepsilon)=\frac{\nabla\varepsilon}{\varepsilon}=\frac{1}{\varepsilon}\frac{\mathrm{d}\varepsilon}{\mathrm{d}x}\hat{\boldsymbol{x}}_0$$

式中：$\hat{\boldsymbol{x}}_0$ 和$\hat{\boldsymbol{y}}_0$ 分别为 x 和 y 方向的单位矢量。显然，由于$\hat{\boldsymbol{x}}_0\perp\hat{\boldsymbol{y}}_0$，$\nabla(\mathrm{lin}\varepsilon)\cdot\boldsymbol{E}=0$。于是，式（4.3-17）可简化为如下的标量亥姆霍兹方程：

$$\nabla^2E_y(x,z)+k^2E_y(x,z)=0 \tag{4.3-18}$$

考虑到光波沿 z 方向无任何限制，式（4.3-18）的解应具有 $E_y(x,z)=E_y(x)\mathrm{e}^{\mathrm{i}k_zz}$的形式，则

$$\frac{\partial E_y}{\partial y}=0,\quad \frac{\partial E_y}{\partial z}=\mathrm{i}k_zE_y=\mathrm{i}\beta E_y$$

于是，可将式（4.3-18）进一步简化为

$$\frac{\mathrm{d}^2E_y(x)}{\mathrm{d}x^2}+(n^2k_0^2-\beta^2)E_y(x)=0 \tag{4.3-19a}$$

或

$$\frac{\mathrm{d}^2E_y(x)}{\mathrm{d}x^2}+k_x^2E_y(x)=0 \tag{4.3-19b}$$

与均匀介质波导相比，这里的 $k_x^2=n^2k_0^2-\beta^2\neq$常数，而是 x 的函数。

下面分两种典型情况讨论。

（1）$n^2(x)$相对于 x 轴呈对称抛物线变化（平方律介质），即

$$n^2(x)=n_1^2\left(1-\frac{x^2}{x_0^2}\right) \tag{4.3-20}$$

式中：$x=\pm x_0$ 为薄膜波导上下表面位置坐标，故波导的导光层厚度为 $h=2x_0$。将式（4.3-20）代入由式（4.3-19b）给出的亥姆霍兹方程，得

$$\frac{\mathrm{d}^2E_y(x)}{\mathrm{d}x^2}+\left[n_1^2k_0^2\left(1-\frac{x^2}{x_0^2}\right)-\beta^2\right]E_y(x)=0 \tag{4.3-21}$$

或

$$\frac{\mathrm{d}^2E_y(x)}{\mathrm{d}x^2}+\left[(n_1^2k_0^2-\beta^2)-\frac{n_1^2k_0^2}{x_0^2}x^2\right]E_y(x)=0 \tag{4.3-22}$$

为使方程进一步简化，特作变量代换，并取

$$W=\sqrt{\frac{2x_0}{n_1k_0}} \tag{4.3-23}$$

$$X=\left(\sqrt{\frac{2n_1k_0}{x_0}}\right)x=\frac{2x}{W} \tag{4.3-24}$$

代入式（4.3-22），整理后得

$$\frac{\mathrm{d}^2E_y(X)}{\mathrm{d}X^2}+\left(\frac{n_1^2k_0^2-\beta^2}{4}W^2-\frac{1}{4}X^2\right)E_y(X)=0 \tag{4.3-25}$$

取

$$\frac{n_1^2k_0^2-\beta^2}{4}W^2=m+\frac{1}{2} \tag{4.3-26}$$

则可以将式（4.3-25）进一步简化为

$$\frac{\mathrm{d}^2E_y(X)}{\mathrm{d}X^2}+\left(m+\frac{1}{2}-\frac{1}{4}X^2\right)E_y(X)=0 \tag{4.3-27}$$

此即韦伯（Weber）方程，其解称为抛物柱函数或者韦伯-厄米（Weber-Hermite）函数。

可以证明，当 m 为正整数时，即满足条件 $m=0,1,2,\cdots$时，韦伯方程（4.3-27）收敛，并且其解的形式为

$$E_y(X)=N_m\mathrm{e}^{-\frac{X^2}{4}}H_m\left(\frac{X}{\sqrt{2}}\right)=N_m\mathrm{e}^{-\frac{x^2}{W^2}}H_m\left(\frac{\sqrt{2}}{W}x\right) \tag{4.3-28}$$

式中：N_m为常数，表达式为

$$N_m=\frac{\sqrt{2}\,W}{\sqrt{2^m m!\sqrt{\pi}}}=\frac{W}{\sqrt{2^{m-1}m!\sqrt{\pi}}} \tag{4.3-29}$$

函数 $H_m(\sqrt{2}x/W)$为厄米（Hermite）多项式，若以 x'代替$\sqrt{2}x/W$，则 $H_m(x')$可表示为

$$H_m(x')=(-1)^m\mathrm{e}^{x'^2}\frac{\mathrm{d}^m}{\mathrm{d}x'^m}(\mathrm{e}^{-x'^2}) \tag{4.3-30}$$

不同的 m 值对应不同的厄米多项式 $H_m(x')$ 及常系数 N_m，从而对应着电磁场的不同解——不同的导波模式。其中，TE_0 和 TE_1 模的解分别为

$$TE_0\text{模：}\quad \begin{cases} E_y(x')=N_0\exp\left(-\dfrac{x'^2}{2}\right) \\ H_0(x')=1 \end{cases} \tag{4.3-31}$$

$$TE_1\text{模：}\quad \begin{cases} E_y(x')=2N_1x'\exp\left(-\dfrac{x'^2}{2}\right) \\ H_1(x')=2x' \end{cases} \tag{4.3-32}$$

图 4.3-5 所示为相应模式的电场分量 $E_y(x)$ 沿 x 方向的分布曲线。

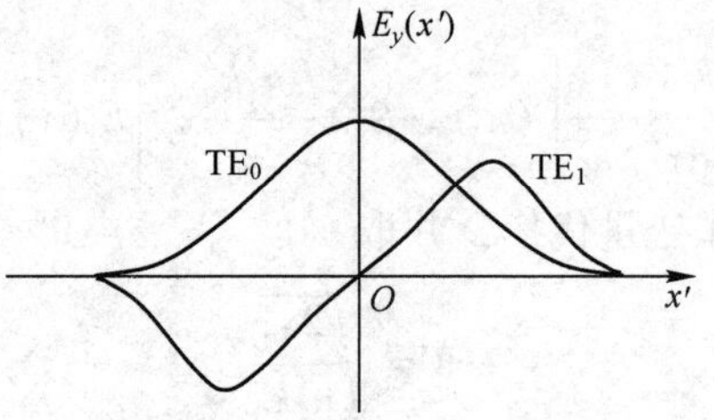

图 4.3-5　平方律介质波导中的场分布

由式（4.3-26）可看出，该平方律介质波导中，不同模式 m，要求 β 不同，亦即 k_z 不同。对于第 m 个模式，有

$$\beta_m^2=n_1^2k_0^2-\left(m+\frac{1}{2}\right)\frac{2n_1k_0}{x_0}=\left[n_1^2-\left(m+\frac{1}{2}\right)\frac{n_1\lambda_0}{\pi x_0}\right]k_0^2=n_m^2k_0^2 \tag{4.3-33}$$

式中

$$n_m=\sqrt{n_1^2-\left(m+\frac{1}{2}\right)\frac{n_1\lambda_0}{\pi x_0}} \tag{4.3-34}$$

相当于波导介质对 TE_m 模式的折射率，故称为波导介质的有效折射率。

（2）$n^2(x)$ 相对于中线（z 轴）呈对称指数变化，即

$$n^2(x)=n_0^2+2n_0\Delta n\exp\left(-\frac{2|x|}{h}\right) \tag{4.3-35}$$

代入式（4.3-19），得

$$\frac{d^2E_y(x)}{dx^2}+\left[n_0^2k_0^2+2n_0k_0^2\Delta n\exp\left(-\frac{2|x|}{h}\right)-\beta^2\right]E_y(x)=0 \tag{4.3-36}$$

当 x 位于 $0\sim h/2$ 区域时，$|x|=x$，故取变量代换

$$X=\gamma\exp\left(-\frac{x}{h}\right) \tag{4.3-37}$$

则

$$\frac{dX}{dx}=-\frac{\gamma}{h}\exp\left(-\frac{x}{h}\right)=-\frac{1}{h}X \tag{4.3-38}$$

$$\frac{dE_y}{dx}=\frac{dE_y}{dX}\frac{dX}{dx}=\frac{dE_y}{dX}\left(-\frac{1}{h}X\right) \tag{4.3-39}$$

$$\frac{\mathrm{d}^2E_y}{\mathrm{d}x^2}=-\frac{1}{h}\frac{\mathrm{d}}{\mathrm{d}X}\left(\frac{\mathrm{d}E_y}{\mathrm{d}X}X\right)\frac{\mathrm{d}X}{\mathrm{d}x}=\frac{X^2}{h^2}\frac{\mathrm{d}^2E_y}{\mathrm{d}X^2}+\frac{X}{h^2}\frac{\mathrm{d}E_y}{\mathrm{d}X} \tag{4.3-40}$$

于是可将式（4.3-36）变换为

$$\frac{\mathrm{d}^2E_y(X)}{\mathrm{d}X^2}+\frac{1}{X}\frac{\mathrm{d}E_y(X)}{\mathrm{d}X}+\left[\frac{2n_0k_0^2\Delta nh^2}{\gamma^2}-\frac{h^2(\beta^2-n_0^2k_0^2)}{X^2}\right]E_y(X)=0 \tag{4.3-41}$$

令

$$\gamma^2=2n_0k_0^2\Delta nh^2 \tag{4.3-42a}$$

$$m^2=h^2(\beta^2-n_0^2k_0^2) \tag{4.3-42b}$$

则式（4.3-41）可进一步简化为如下标准贝塞尔（Bessel）方程：

$$\frac{\mathrm{d}^2E_y(X)}{\mathrm{d}X^2}+\frac{1}{X}\frac{\mathrm{d}E_y(X)}{\mathrm{d}X}+\left(1-\frac{m^2}{X^2}\right)E_y(X)=0 \tag{4.3-43}$$

其解为 m 阶第一类贝塞尔函数 $J_m(X)$，即

$$E_y(X)=J_m(X)=\sum_{j=0}^{\infty}(-1)^j\frac{1}{j!}\cdot\frac{1}{\Gamma(m+j+1)}\cdot\left(\frac{X}{2}\right)^{2j+m} \tag{4.3-44}$$

当 m 为正整数时，函数 $J_m(X)$ 具有如下形式：

$$J_m(X)=\sum_{j=0}^{\infty}(-1)^j\frac{1}{j!}\frac{1}{(m+j)!}\left(\frac{X}{2}\right)^{2j+m} \tag{4.3-45}$$

此时，不同的 m 值对应电磁场的不同传播模式。如对 TE 波，当 $m=0,1,2,\cdots$ 时，分别对应 TE_0、TE_1、$TE_2\cdots$ 等模式。由式（4.3-41b）知，m 取分立值时，对于给定薄膜厚度 h 及入射光波长 λ，其传播常数 β 也只能取分立值，故不同模式的传播常数不同。

4.4 光纤波导

4.4.1 光纤波导的结构特征

光纤（即光学纤维）是一种圆柱形对称介质光波导。典型的结构如图 4.4-1 所示，一般由纤芯、包层及涂覆层或护套三部分构成。纤芯用于导光；包层用于隔离纤芯与周围环境的直接接触，以防止纤芯内光的外泄和外部光的透入；涂覆层或护套用于增强光纤的柔韧性。通常的纤芯由玻璃、熔石英、塑料等材料拉制而成。按照纤芯介质结构的不同，一般可将光纤分为均匀和非均匀型两类。图 4.4-2 给出了两类常规光纤的折射率分布剖面。其中图 4.4-2（a）表示均匀光纤，其纤芯与包层介质的折射率均呈均匀分布，但在分界面处折射率发生突变，故又称均匀光纤为阶跃光纤。图 4.4-2（b）表示非均匀光纤，其纤芯的折射率呈现指数或抛物线分布，但包层中折射率为均匀分布，故非均匀光纤又称为梯度折射率光纤（简称梯折光纤），也称自聚焦光纤。此外，还有包层折射率呈周期分布或者由大量微纳米尺度空气孔构成的光子晶体光纤以及多孔光纤。本节主要讨论圆柱型阶跃光纤波导的导光特性。至于光波在自聚焦光纤中的传输特性，只需要将 4.3 节的结论稍加推广即可以得出。

光纤的主要用途是传输光能量或光信号。用于传输光能量时，光纤具有数值孔径大、可以弯曲且结构简单等优点；用于传输光信息时，光纤又具有信息量大、抗干扰及

保密性强等优点。梯度折射率（自聚焦）光纤还有模式间色散小、光能不易损失等优点。

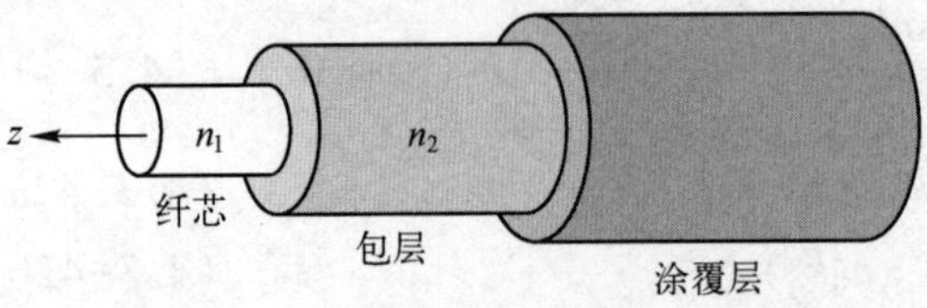

图 4.4-1 典型光纤波导的几何结构

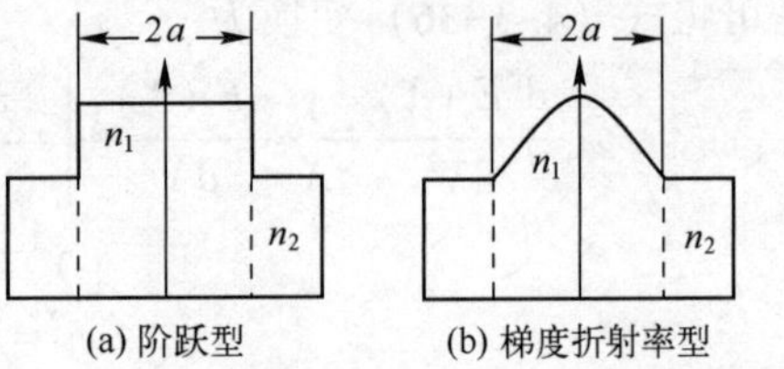

图 4.4-2 两种常规光纤波导的折射率分布

按照模式传输特性的不同，一般又可将光纤分为单模和多模两种。其区别主要在于单模光纤较细，纤芯直径（$2a$）为 4~10μm，只允许单一模式的光场在其中稳定传输；多模光纤较粗，纤芯直径（$2a$）为 50~100μm，可同时传输多个光场模式。此外，单模光纤中各层介质的折射率呈均匀分布，多模光纤各层介质的折射率既可以是均匀的（阶跃型光纤），也可以是纤芯介质折射率渐变（梯度折射率光纤）的，如图 4.4-3 所示。

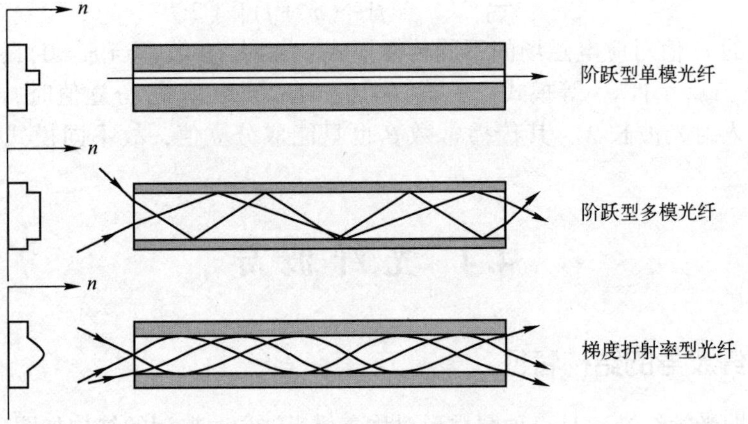

图 4.4-3 三种主要光纤类型的传光特性

均匀光纤中一般存在两种光线，即子午光线和弧矢光线。子午光线始终位于过光纤轴的子午面（即主截面）内；弧矢光线则不过光纤轴，也不在子午面内，而是始终绕着光纤轴按螺旋状轨迹前进。

1. 子午光线及其数值孔径

假设阶跃光纤的纤芯和包层介质的折射率分别为 n_1 和 n_2，光线在光纤端面上的入射角为 θ_0，在纤芯与包层分界面处的入射角为 θ_i，则对于子午光线，入射角 θ_i 应满足全反射条件

$$\theta_i > \theta_c = \arcsin\left(\frac{n_2}{n_1}\right) \tag{4.4-1}$$

才能够在光纤内长距离传输而不致很快衰减。当 $\theta_i < \theta_c$ 时，该光线在分界面处发生内反射的同时会发生透射泄漏，从而在经过有限传播距离后将完全损耗掉。

由于全反射临界角 θ_c 的限制，光纤对自其端面外侧入射的光束相应地存在着一个最大入射孔径角。参考图 4.4-4，假设光纤端面垂直于光纤轴，端面外侧介质的折射率为 n_0，自端面外侧以 θ_0 角入射的子午光线进入光纤后，其到达纤芯与包层分界面时的入射角 θ_i 刚好等于临界角 θ_c。当端面外侧光线的入射角大于 θ_0 时，进入光纤后将不满足全反射条件（$\theta_i<\theta_c$）。因此，此时的 θ_0 就是能够进入光纤并且形成稳定传输的入射光束的最大孔径角（又称 $2\theta_0$ 为光纤的受光角）。

由折射定律及式（4.4-1）得

$$n_0\sin\theta_0=n_1\sin\left(\frac{\pi}{2}-\theta_c\right)=n_1\cos\theta_c=\sqrt{n_1^2-n_2^2} \tag{4.4-2}$$

$$\theta_0=\arcsin\left(\frac{1}{n_0}\sqrt{n_1^2-n_2^2}\right) \tag{4.4-3}$$

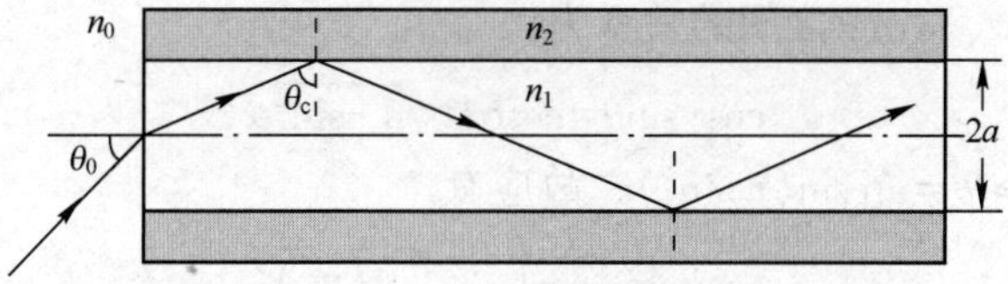

图 4.4-4　光纤中的子午光线及最大孔径角

可见，子午光线的最大孔径角 θ_0 除了与光纤纤芯和包层介质折射率的平方差 $n_1^2-n_2^2$ 有关外（$n_1^2-n_2^2\uparrow,\theta_0\uparrow$），还与端面外侧介质的折射率 n_0 有关（$n_0\uparrow,\theta_0\downarrow$）。故一般用 n_0 与最大孔径角正弦的乘积 $n_0\sin\theta_0$，表征允许进入光纤纤芯并且能够形成稳定传输的光线的最大入射角范围，称为光纤的数值孔径，通常写为 NA。若输入端位于空气中，则阶跃光纤中子午光纤的数值孔径就等于最大孔径角的正弦，即

$$\mathrm{NA}=\sin\theta_0=\sqrt{n_1^2-n_2^2} \tag{4.4-4}$$

一般感兴趣的是光纤与包层的相对折射率差，定义为

$$\Delta_n=\frac{n(0)-n(a)}{n(0)} \tag{4.4-5}$$

对于阶跃光纤，$n(0)=n_1$，$n(a)=n_2$，$\Delta_n=(n_1-n_2)/n_1$。于是，由式（4.4-3），阶跃光纤中子午光线的最大孔径角

$$\theta_0=\arcsin\left[\frac{n_1}{n_0}\sqrt{1-\left(\frac{n_2}{n_1}\right)^2}\right]=\arcsin\left(\frac{n_1}{n_0}\sqrt{2\Delta_n}\right) \tag{4.4-6}$$

数值孔径为

$$\mathrm{NA}=n_0\sin\theta_0=n_1\sqrt{2\Delta_n} \tag{4.4-7}$$

假设光纤的长度为 L，纤芯半径为 a，光线在纤芯端面外侧的入射角为 θ，则可以证明，不考虑倏逝波及古斯-汉森位移情况下，子午光线在阶跃光纤内传输过程中被反射的总次数为

$$N=\frac{n_0\sin\theta}{2a\sqrt{n_1^2-n_0^2\sin^2\theta}}L \tag{4.4-8}$$

上式表明，光线在光纤中的反射次数与纤芯直径成反比。纤芯直径越小，则反射次数越大。

同理也可以证明，在不考虑古斯-汉森位移情况下，子午光线在阶跃光纤纤芯中所经历的实际路径长度为

$$s=\frac{n_1}{\sqrt{n_1^2-n_0^2\sin^2\theta}}L \tag{4.4-9}$$

2. 弧矢光线及其数值孔径

对于弧矢光线，其每经包层反射一次，入射面的方位便改变一次，故弧矢光线的轨迹在光纤内呈现围绕轴线的螺旋形折线。如图 4.4-4 所示，设光线 QP 在 P 点的入射角为 α（即与过 P 点的法线 OP 的夹角），与平行于光纤轴线的线段 QH 夹角为 θ，在过 P 点的光纤横断面上的投影为 HP，HP 与过 P 点的法线的夹角为 γ，Q、H、P 三点构成一直角三角形，则 α、θ、γ 之间的关系为

$$\cos\gamma\sin\theta=\cos\alpha=\sqrt{1-\sin^2\alpha} \tag{4.4-10}$$

全反射条件要求 $\alpha\geqslant\theta_c=\arcsin(n_2/n_1)$，故应有

$$\cos\gamma\sin\theta=\sqrt{1-\sin^2\alpha}\leqslant\sqrt{1-\left(\frac{n_2}{n_1}\right)^2}=\sqrt{2\Delta_n} \tag{4.4-11}$$

即数值孔径为

$$\mathrm{NA}=n_0\sin\theta_0=n_1\sqrt{2\Delta_n}/\cos\gamma \tag{4.4-12}$$

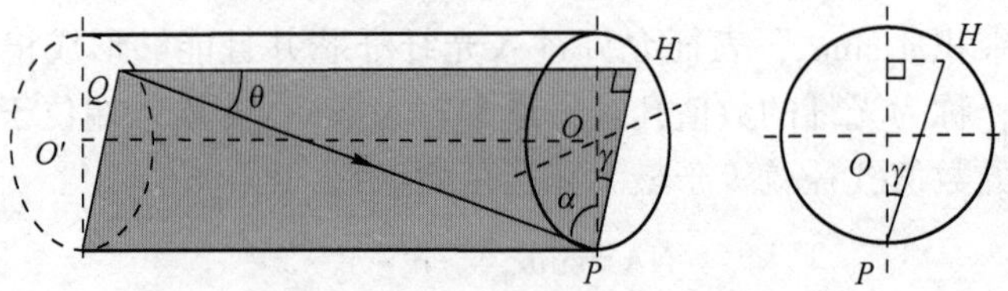

图 4.4-5 光纤中的弧矢光线

4.4.2 阶跃光纤波导中的电磁场方程

设阶跃光纤纤芯的折射率为 n_1，直径为 $2a$，包层的折射率为 n_2，轴线沿 z 轴。为了限制光纤的传输模式数，要求 n_1 与 n_2 相差很小，即近似认为 $(n_1-n_2)/n_1\ll1$。这种近似称为弱波导近似，它意味着，波导内只能传输有限的几个较低阶的线偏振光波模式。

与平面波导类似，对于给定频率 ω 的定态光波，其在光纤波导中的各光场分量（$\boldsymbol{E}$ 或 $\boldsymbol{H}$）应满足亥姆霍兹方程

$$\nabla^2\psi+n^2k_0^2\psi=0 \tag{4.4-13}$$

式中：ψ 表示电场或者磁场的任一坐标分量；k_0 表示光波在真空中的波数。考虑到光波沿 z 方向传播，且光纤具有轴对称性，故在柱坐标系中讨论较为方便。假设在柱坐标系 (r,ϕ,z) 中，式（4.4-13）的解具有下面的形式：

$$\psi(r,\phi,z)=\psi(r,\phi)\exp(\mathrm{i}\beta z) \tag{4.4-14}$$

将此解代入式（4.4-13），并以柱坐标表示$\nabla^2\psi$，则有

$$\frac{1}{r}\frac{\partial}{\partial r}\left(r\frac{\partial\psi}{\partial r}\right)+\frac{1}{r^2}\frac{\partial^2\psi}{\partial\phi^2}+m^2\psi=0 \tag{4.4-15}$$

式中：ψ为变量r和ϕ的函数；$m=\sqrt{n^2k_0^2-\beta^2}$。式（4.4-15）即光纤波导中的电磁场基本方程。为使该方程进一步简化，将$\psi(r,\phi)$作变量分离，即令

$$\psi(r,\phi)=R(r)\Phi(\phi) \tag{4.4-16}$$

代入式（4.4-15），得

$$\frac{r^2}{R}\left(\frac{\mathrm{d}^2R}{\mathrm{d}r^2}+\frac{1}{r}\frac{\mathrm{d}R}{\mathrm{d}r}\right)+m^2r^2=-\frac{1}{\Phi}\frac{\mathrm{d}^2\Phi}{\mathrm{d}\phi^2} \tag{4.4-17}$$

上式成立的条件是等号两边恒等于一个常数，设其为l^2，则有

$$\frac{\mathrm{d}^2R}{\mathrm{d}r^2}+\frac{1}{r}\frac{\mathrm{d}R}{\mathrm{d}r}+\left(m^2-\frac{l^2}{r^2}\right)R=0 \tag{4.4-18}$$

$$\frac{\mathrm{d}^2\Phi}{\mathrm{d}\phi^2}+l^2\Phi=0 \tag{4.4-19}$$

式（4.4-18）为l阶贝塞尔方程，其特解可取为贝塞尔函数或者汉克尔（Hankel）函数。现取其为贝塞尔函数，即设$R(r)$的特解为

$$R(r)=B_l(mr) \tag{4.4-20}$$

式（4.4-19）为简谐振荡方程，其特解可取为正弦或者余弦函数，以$h(l\phi)$表示，即

$$\Phi(\varphi)=h(l\phi) \tag{4.4-21}$$

于是式（4.4-15）的特解可表示为

$$\psi(r,\phi)=B_l(mr)h(l\phi)=\psi_{lm} \tag{4.4-22}$$

这个解代表着阶跃光纤波导中可能存在的一种场分布形式。显然，l、m不同，场分布形式不同（即ψ_{lm}不同），故称l和m为表征光纤波导中不同场分布模式的特征值，相应的解ψ_{lm}称为该模式的特征函数——特征解。特征值的大小由边界条件构成的特征方程决定。当波导内存在多种模式的场时，则总场分布为所有特征解的线性叠加。显然，这个叠加同样满足式（4.4-15）给出的基本方程。

4.4.3 阶跃光纤波导的特征方程

特征函数ψ_{lm}给出了阶跃光纤波导内具有特征值m和l的场分布的任一分量应具有的形式。由于纤芯和包层具有不同的折射率，故存在不同形式的场分布。而由边界条件可知，在纤芯和包层的分界处，电场强度和磁场强度分布均应满足切向连续条件。

1. 纤芯中的场分布

对于纤芯，$m=\sqrt{n_1^2k_0^2-\beta^2}>0$，故$m$为实数。现取$m=u/a$，则有

$$u=a\sqrt{n_1^2k_0^2-\beta^2} \tag{4.4-23}$$

于是贝塞尔函数$B_i(mr)$变为$B_l(ur/a)$形式。通常将宗量u称为光波的径向归一化传播常数。考虑到$r=0$时，场强应取有限值，故贝塞尔函数应取为第一类，即取$J_l(ur/a)$形式。再考虑归一化问题，可将$B_l(mr)$的形式取为

$$B_l(mr)=E_l\frac{J_l(ur/a)}{J_l(u)} \tag{4.4-24}$$

式中：E_l 为 $r=a$（即纤芯与包层分界）处的电场强度分量。同时取谐函数 $h(l\phi)$ 为余弦或正弦函数形式，即

$$h(l\varphi)=\cos(l\phi) \quad 或 \quad h(l\phi)=\sin(l\phi) \tag{4.4-25}$$

下面分三种情况讨论。

（1）场为横向偏振（TEM 波），即电场和磁场分别只有 E_y 和 H_x 分量，而 $E_x=E_z=H_y=H_z=0$，则有

$$E_y=E_l\frac{J_l(ur/a)}{J_l(u)}\cos(l\phi)\exp(\mathrm{i}\beta z) \tag{4.4-26}$$

$$H_x=\sqrt{\frac{\varepsilon}{\mu}}E_y=\frac{n_1E_l}{z_0}\frac{J_l(ur/a)}{J_l(u)}\cos(l\phi)\exp(\mathrm{i}\beta z) \tag{4.4-27}$$

式中：$z_0=\sqrt{\mu_0/\varepsilon_0}$。若以柱坐标表示，则有

$$\begin{aligned}E_\phi&=E_y\cos\phi=E_l\frac{J_l(ur/a)}{J_l(u)}\cos(l\phi)\cos\phi\exp(\mathrm{i}\beta z)\\&=E_l\frac{J_l(ur/a)}{2J_l(u)}\{\cos[(l+1)\phi]+\cos[(l-1)\phi]\}\exp(\mathrm{i}\beta z)\end{aligned} \tag{4.4-28}$$

$$H_\phi=-H_x\sin\varphi=-\frac{n_1E_l}{z_0}\frac{J_l(ur/a)}{2J_l(u)}\{\sin[(l+1)\phi]-\sin[(l-1)\phi]\}\exp(\mathrm{i}\beta z) \tag{4.4-29}$$

$$E_r=E_y\sin\phi=E_l\frac{J_l(ur/a)}{2J_l(u)}\{\sin[(l+1)\phi]-\sin[(l-1)\phi]\}\exp(\mathrm{i}\beta z) \tag{4.4-30}$$

$$H_r=H_x\cos\phi=\frac{n_1E_l}{z_0}\frac{J_l(ur/a)}{2J_l(u)}\{\cos[(l+1)\phi]+\cos[(l-1)\phi]\}\exp(\mathrm{i}\beta z) \tag{4.4-31}$$

（2）电场横向（TE 波），即电场只有 E_y 分量，磁场存在 H_x 和 H_z 分量，而 $E_x=E_z=H_y=0$，则有

$$E_y=E_l\frac{J_l(ur/a)}{J_l(u)}\cos(l\phi)\exp(\mathrm{i}\beta z) \tag{4.4-32}$$

$$H_x=-\frac{\mathrm{i}}{k_0z_0}\frac{\partial E_y}{\partial z}=\frac{\beta}{k_0z_0}E_y \tag{4.4-33}$$

$$\begin{aligned}H_z&=-\frac{\mathrm{i}}{k_0z_0}\frac{\partial E_y}{\partial x}\\&=-\frac{\mathrm{i}uE_l}{2k_0z_0aJ_l(u)}\left\{J_{l+1}\left(\frac{u}{a}r\right)\cos[(l+1)\phi]-J_{l-1}\left(\frac{u}{a}r\right)\cos[(l-1)\phi]\right\}\exp(\mathrm{i}\beta z)\end{aligned} \tag{4.4-34}$$

（3）磁场横向（TM 波），即只有 H_x、E_y、E_z，而 $E_y=H_y=H_z=0$，则有

$$H_x=\frac{n_1E_l}{z_0}\frac{J_l(ur/a)}{J_l(u)}\cos(l\phi)\exp(\mathrm{i}\beta z) \tag{4.4-35}$$

$$E_y = \frac{\mathrm{i}z_0}{k_0 n_1^2}\frac{\partial H_x}{\partial z} = -\frac{z_0\beta}{k_0 n_1^2}H_x \tag{4.4-36}$$

$$\begin{aligned} E_z &= \frac{\mathrm{i}z_0}{k_0 n_1^2}\frac{\partial H_x}{\partial y} \\ &= -\frac{\mathrm{i}uE_l}{2k_0 n_1 a J_l(u)}\left\{J_{l+1}\left(\frac{u}{a}r\right)\sin[(l+1)\phi] + J_{l-1}\left(\frac{u}{a}r\right)\sin[(l-1)\phi]\right\}\exp(\mathrm{i}\beta z) \end{aligned} \tag{4.4-37}$$

2. 包层中的场分布

对于包层，$m^2=n_2^2k_0^2-\beta^2<0$，故 m 为虚数，取 $m=-\mathrm{i}\eta/a$，则有

$$\eta = a\sqrt{\beta^2-n_2^2k_0^2} \tag{4.4-38}$$

于是贝塞尔函数 $B_i(mr)$ 变为 $B_l(-\mathrm{i}\eta r/a)$ 形式。通常将宗量 η 称为光波的径向归一化衰减常数。考虑到 $r\to\infty$ 时，$B_l(-\mathrm{i}\eta r/a)$ 应取有限值，故 $B_l(-\mathrm{i}\eta r/a)$ 实际上为汉克尔函数，即取 $K_l(\eta r/a)$ 形式。再考虑归一化问题，可将 $B_l(mr)$ 表示为

$$B_l(mr) = E_l\frac{K_l(\eta r/a)}{K_l(\eta)} \tag{4.4-39}$$

式中：E_l 为 $r\to a$ 时的电场强度分量。同时，仍取谐函数 $h(l\phi)$ 为余弦函数，于是有如下结论：

（1）电和磁场均为横向偏振时，在直角坐标系中，有

$$E_y = E_l\frac{K_l(\eta r/a)}{K_l(\eta)}\cos(l\phi)\exp(\mathrm{i}\beta z) \tag{4.4-40}$$

$$H_x = \sqrt{\frac{\varepsilon}{\mu}}E_y = \frac{n_2E_l}{z_0}\frac{K_l(\eta r/a)}{K_l(\eta)}\cos(l\phi)\exp(\mathrm{i}\beta z) \tag{4.4-41}$$

$$E_x = E_z = H_y = H_z = 0$$

在柱坐标系中，有

$$E_\phi = E_l\frac{K_l(\eta r/a)}{2K_l(\eta)}\{\cos[(l+1)\phi]+\cos[(l-1)\phi]\}\exp(\mathrm{i}\beta z) \tag{4.4-42}$$

$$H_\phi = -\frac{n_2E_l}{z_0}\frac{K_l(\eta r/a)}{2K_l(\eta)}\{\sin[(l+1)\phi]-\sin[(l-1)\phi]\}\exp(\mathrm{i}\beta z) \tag{4.4-43}$$

$$E_r = E_y\sin\phi,\quad H_r = H_x\cos\phi,\quad H_z = E_z = 0$$

（2）电场横向时，若

$$E_y = E_l\frac{K_l(\eta r/a)}{K_l(\eta)}\cos(l\phi)\exp(\mathrm{i}\beta z) \tag{4.4-44}$$

则

$$H_x = -\frac{\mathrm{i}}{k_0z_0}\frac{\partial E_y}{\partial z} = \frac{\beta}{k_0z_0}E_y \tag{4.4-45}$$

$$\begin{aligned} H_z &= -\frac{\mathrm{i}}{k_0z_0}\frac{\partial E_y}{\partial x} \\ &= -\frac{\mathrm{i}\eta E_l}{2k_0z_0aK_l(\eta)}\left\{K_{l+1}\left(\frac{\eta}{a}r\right)\cos[(l+1)\phi] + K_{l-1}\left(\frac{\eta}{a}r\right)\cos[(l-1)\phi]\right\}\exp(\mathrm{i}\beta z) \end{aligned} \tag{4.4-46}$$

$$E_x = E_z = H_y = 0$$

（3）磁场横向时，若

$$H_x = \frac{n_2 E_l}{z_0} \frac{K_l(\eta r/a)}{K_l(\eta)} \cos(l\phi)\exp(\mathrm{i}\beta z) \tag{4.4-47}$$

则

$$E_y = \frac{\mathrm{i}z_0}{k_0 n_2^2} \frac{\partial H_x}{\partial z} = -\frac{z_0 \beta}{k_0 n_2^2} H_x \tag{4.4-48}$$

$$\begin{aligned} E_z &= \frac{\mathrm{i}z_0}{k_0 n_2^2} \frac{\partial H_x}{\partial y} \\ &= -\frac{\mathrm{i}\eta E_l}{2k_0 n_2 a K_l(\eta)} \left\{ K_{l+1}\left(\frac{\eta}{a} r\right) \sin[(l+1)\phi] - K_{l-1}\left(\frac{\eta}{a} r\right) \sin[(l-1)\phi] \right\} \exp(\mathrm{i}\beta z) \end{aligned} \tag{4.4-49}$$

$$E_x = H_y = H_z = 0 \tag{4.4-50}$$

3. 边界条件及特征方程

按照光纤波导的边界条件，在纤芯与包层分界处，电场强度和磁场强度的切向分量连续。可以看出，当 $r = a$ 时，$E_{\phi 1} = E_{\phi 2}$，$H_{\phi 1} = H_{\phi 2}$，或者 $E_{x1}\cos\phi = E_{x2}\cos\phi$，$H_{x1}\cos\phi = H_{x2}\cos\phi$，即横向电场和磁场的切向分量自动满足边界条件。而电场或者磁场的轴向分量在界面处仍然是切向分量。因此，要满足边界条件，则对于电场，应有

$$\begin{aligned} &\frac{u}{n_1 J_l(u)} \{ J_{l+1}(u)\sin[(l+1)\phi] + J_{l-1}(u)\sin[(l-1)\phi] \} \\ &= \frac{\eta}{n_2 K_l(\eta)} \{ K_{l+1}(\eta)\sin[(l+1)\phi] - K_{l-1}(\eta)\sin[(l-1)\phi] \} \end{aligned} \tag{4.4-51}$$

比较上式等号两边，可得其成立的条件是

$$\frac{u}{n_1} \frac{J_{l+1}(u)}{J_l(u)} = \frac{\eta}{n_2} \frac{K_{l+1}(\eta)}{K_l(\eta)} \tag{4.4-52a}$$

$$\frac{u}{n_1} \frac{J_{l-1}(u)}{J_l(u)} = -\frac{\eta}{n} \frac{K_{l-1}(\eta)}{K_l(\eta)} \tag{4.4-52b}$$

此即阶跃光纤波导的特征方程，它决定着光纤内可能传输的线偏振模式。可以证明，由磁场的边界条件同样可以得到上述式（4.4-51）和式（4.4-52），此处不再赘述。利用式（4.4-52），可以解出参数 u 和 η，进而由式（4.4-23）或式（4.4-38）确定传播常数 β。

在弱波导近似下，$n_1 \approx n_2$，并利用递推公式

$$uJ_{l+1}(u) = 2lJ_l(u) - uJ_{l-1}(u) \tag{4.4-53a}$$

$$\eta K_{l+1}(\eta) = 2lK_l(\eta) + \eta K_{l-1}(\eta) \tag{4.4-53b}$$

可以证明，式（4.4-52a）和式（4.4-52b）完全等价，并且均可简化为

$$u \frac{J_{l-1}(u)}{J_l(u)} = -\eta \frac{K_{l-1}(\eta)}{K_l(\eta)} \tag{4.4-54}$$

式（4.4-54）即阶跃光纤波导在弱波导近似（$n_2 \approx n_1$）下的特征方程。

4.4.4 阶跃光纤波导的截止模、传输模及基模

1. 截止模

显然，当 $\eta^2<0$ 时，包层中的电磁场由衰减型变为振荡型。这意味着光波也可以在包层中稳定传输。或者说该光波的能量在纤芯中传输的同时不断向包层泄漏，从而导致在纤芯中不断衰减。由此可以认为，光纤波导存在着一个截止模，且对应于 $\eta=0$，所有与 $\eta^2<0$ 对应的模式均被波导截止而不能形成稳定传输。由特征方程式（4.4-54），当 $\eta=0$ 时，得截止模的临界条件

$$J_{l-1}(u)=0 \tag{4.4-55}$$

解此方程得到的归一化传播常数 u 对应着光纤波导的截止模。根据贝塞尔函数的性质，若 $l=0$，则由式（4.4-55）解得 $u=0,3.83,7.02,10.17,13.32,16.47,\cdots$；若 $l=1$，则有 $u=2.41,5.52,8.65,11.79,14.93,\cdots$。

通常定义

$$V=\sqrt{u^2+\eta^2}=ak_0\sqrt{n_1^2-n_2^2} \tag{4.4-56}$$

为阶跃光纤波导中传输模式的归一化频率。显然，对于截止模，$\eta=0$，故此时有

$$V=u=ak_0\sqrt{n_1^2-n_2^2} \tag{4.4-57}$$

将由式（4.4-55）解得的归一化传播常数 u 代入上式，即可得到相应截止模的截止波长：

$$\lambda_c=\frac{2\pi a}{u}\sqrt{n_1^2-n_2^2} \tag{4.4-58}$$

2. 传输模（导模）

当 $\eta\to\infty$ 时，光波可以在光纤波导中形成稳定传输。由式（4.4-54），此时应有

$$J_l(u)=0 \tag{4.4-59}$$

可见，满足式（4.4-59）的归一化传播常数 u 所对应的模式，可以在光纤波导中稳定传输，故称为传输模或者导模。显然，当 $l=0$ 时，由式（4.4-59）可解得 $u=2.41,5.52,8.65,11.79,14.93,\cdots$。

3. 基模（ψ_{00}模）

基模是指 $m=l=0$ 时的模式。由于 $m=0$，故 $u=0$。对基模光波，满足截止条件时，$\eta=0$，由此可得

$$V=\sqrt{u^2+\eta^2}=ak_0\sqrt{n_1^2-n_2^2}=0 \tag{4.4-60}$$

因 $n_1^2\neq n_2^2$，所以 $k_0=0$ 或 $\lambda\to\infty$，即基模的截止波长为无限大，任何波长的光波都可以在光纤中以基模形式传输。当光波的波长大于一阶模的截止波长时，便可以以单一的基模传输。

第 5 章　各向异性介质中的光波

光电子器件中最常用的材料是固体材料。固体可分为晶态和非晶态两大类。除常用的透镜、棱镜及通信用光纤多采用低损耗玻璃等非晶态材料外，大多数无源或有源光电子器件通常采用固态的晶体材料。晶体是指内在结构长程有序的固体，由某种微观结构（即晶胞）按照一定规律在空间宏观地重复所构成。因此，生长良好的单晶体具有规则的几何外形。构成晶体的原子或分子在空间排列上的规则性，导致许多晶体的光学性质表现为空间上的各向异性。正因为如此，在光学及光电子学范畴，只要提到各向异性介质，人们首先想到的就是晶体材料。为此，本章主要以晶体为核心，讨论光波在各向异性介质中的传播特性。

5.1　晶体的各向异性及介电张量

5.1.1　晶体的各向异性

在基础光学中，我们已经得知，自然光通过某些晶体（如方解石，石英石）时，会发生双折射现象。也就是说，这些晶体对沿不同方向偏振的光波具有不同的传播性质，具体表现为具有不同的折射率及传播速度。这个现象表明，某些晶体具有光学上的各向异性。

按照光的电磁理论观点，当光波进入晶体时，在光波电场的作用下，晶体中的原子或分子将发生极化。若晶体结构具有各向同性，则极化响应具有各向同性；若晶体结构具有各向异性，则极化响应也具有各向异性，从而使光波的传播具有各向异性。由此可见，晶体在光学上的各向异性，实际上反映了晶体在与入射光波电场相互作用时具有各向异性的极化响应，这种各向异性极化的根源在于晶体具有各向异性结构。

实际上，许多非晶态物质的原子、分子的结构也具有不对称的方向性，但由于构成这些物质的原子或分子的排列具有随机不规则性和热运动特性，从而在整体上仍呈现出宏观的各向同性。然而，在一定的外场（如电磁的、机械的）作用下，构成该物质的原子或分子的取向也可能出现一定的规则性，从而在宏观上由各向同性演变为各向异性。类似地，在外场作用下，某些各向同性晶体也可能出现各向异性极化响应，或者各向异性晶体的各向异性极化响应发生改变。此即场致双折射现象。

5.1.2　晶体的介电张量

由第 1 章的介绍可知，在各向同性的介质中，电位移矢量 $\boldsymbol{D}$ 与电场强度矢量 $\boldsymbol{E}$ 具有简单的线性关系 $\boldsymbol{D}=\varepsilon\boldsymbol{E}=\varepsilon_0\varepsilon_r\boldsymbol{E}$。由于式中的 ε（或者 ε_r）为标量常数，故 $\boldsymbol{D}$ 与 $\boldsymbol{E}$ 具有相同的方向。在各向异性介质中，介质的极化响应具有空间上的各向异性，意味着 ε

的取值因作用场的方向而异，从而导致 $\boldsymbol{D}$ 与 $\boldsymbol{E}$ 之间具有更为复杂的关系，这种复杂关系需要用张量来描述，即 $\boldsymbol{D}=[\varepsilon]\boldsymbol{E}=\varepsilon_0[\varepsilon_r]\boldsymbol{E}$，式中 $[\varepsilon]$ 和 $[\varepsilon_r]$ 均为二阶张量，分别称为介质的介电张量和相对介电张量，其关系为 $[\varepsilon]=\varepsilon_0[\varepsilon_r]$。在任意直角坐标系 (x', y', z') 中，介电张量 $[\varepsilon]$ 和相对介电张量 $[\varepsilon_r]$ 均可以用一个二阶对称矩阵表示，即

$$[\varepsilon]=\begin{bmatrix}\varepsilon_{x'x'} & \varepsilon_{x'y'} & \varepsilon_{x'z'}\\ \varepsilon_{y'x'} & \varepsilon_{y'y'} & \varepsilon_{y'z'}\\ \varepsilon_{z'x'} & \varepsilon_{z'y'} & \varepsilon_{z'z'}\end{bmatrix} \tag{5.1-1}$$

$$[\varepsilon_r]=\begin{bmatrix}\varepsilon_{rx'x'} & \varepsilon_{rx'y'} & \varepsilon_{rx'z'}\\ \varepsilon_{ry'x'} & \varepsilon_{ry'y'} & \varepsilon_{ry'z'}\\ \varepsilon_{rz'x'} & \varepsilon_{rz'y'} & \varepsilon_{rz'z'}\end{bmatrix} \tag{5.1-2}$$

式中：矩阵元素 $\varepsilon_{i'j'}$ 和 $\varepsilon_{ri'j'}(i', j'=x', y', z')$ 分别称为晶体的介电张量元素和相对介电张量元素。一般情况下，由于晶体的对称性，9 个（相对）介电张量元素中只有 6 个是相互独立的。晶体物理学研究表明，若适当选取三个直角坐标轴方向 (x,y,z)，则可以将介电张量 $[\varepsilon]$ 或者相对介电张量 $[\varepsilon_r]$ 简化为对角张量，并用对角矩阵表示为

$$[\varepsilon]=\begin{bmatrix}\varepsilon_x & 0 & 0\\ 0 & \varepsilon_y & 0\\ 0 & 0 & \varepsilon_z\end{bmatrix} \tag{5.1-3}$$

$$[\varepsilon_r]=\begin{bmatrix}\varepsilon_{rx} & 0 & 0\\ 0 & \varepsilon_{ry} & 0\\ 0 & 0 & \varepsilon_{rz}\end{bmatrix} \tag{5.1-4}$$

于是相应的 $\boldsymbol{D}$ 与 $\boldsymbol{E}$ 的关系也可以简化为

$$\begin{bmatrix}D_x\\ D_y\\ D_z\end{bmatrix}=\begin{bmatrix}\varepsilon_x & 0 & 0\\ 0 & \varepsilon_y & 0\\ 0 & 0 & \varepsilon_z\end{bmatrix}\cdot\begin{bmatrix}E_x\\ E_y\\ E_z\end{bmatrix}=\varepsilon_0\begin{bmatrix}\varepsilon_{rx} & 0 & 0\\ 0 & \varepsilon_{ry} & 0\\ 0 & 0 & \varepsilon_{rz}\end{bmatrix}\cdot\begin{bmatrix}E_x\\ E_y\\ E_z\end{bmatrix} \tag{5.1-5}$$

或

$$\begin{cases}D_x=\varepsilon_x E_x=\varepsilon_0\varepsilon_{rx}E_x\\ D_y=\varepsilon_y E_y=\varepsilon_0\varepsilon_{ry}E_y\\ D_z=\varepsilon_z E_z=\varepsilon_0\varepsilon_{rz}E_z\end{cases} \tag{5.1-6}$$

可以证明，任何一种介质中，均存在这样三个相互正交的方向，当它们依次取为 x、y、z 轴时，该介质的介电张量即可表示为式（5.1-3）所示的对角矩阵形式。这三个特殊方向称为介质的介电主轴，以此为坐标轴建立的坐标系称为介电主轴坐标系，相应的张量元素 ε_x、ε_y、ε_z（ε_{rx}、ε_{ry}、ε_{rz}）称为介质的主介电常数（相对主介电常数）。式（5.1-6）的意义是，在各向异性介质的介电主轴方向上，电位移矢量 $\boldsymbol{D}$ 与电场强度矢量 $\boldsymbol{E}$ 具有简单的线性关系。或者说，当光波电场正好沿着介质的某个介电主轴方向时，其相应的电位移矢量也将沿同一介电主轴方向，此时介质的（相对）介电常数即相应的（相对）主介电张量元素。

对于晶体而言，在生长过程中，其介电主轴就已经确定。至于何者为 x，何者为 y 或 z，则是为便于讨论而人为规定的。一般按数值大小顺序确定其角标，即 $\varepsilon_x<\varepsilon_y<\varepsilon_z$ 或 $\varepsilon_x>\varepsilon_y>\varepsilon_z$。前者称为正晶体，后者称为负晶体。若 $\varepsilon_x=\varepsilon_y=\varepsilon_z$，则表明晶体的介电特性具有空间各向同性，如属于立方晶系的各种晶体，称为各向同性晶体；若 $\varepsilon_x\neq\varepsilon_y\neq\varepsilon_z$，则表明晶体的介电特性在整个空间具有各向异性，如属于正交、单斜、三斜晶系的各种晶体，称为双轴晶体；若 $\varepsilon_x=\varepsilon_y\neq\varepsilon_z$，则表明晶体在 xy 平面上具有各向同性，但在 xz 或者 yz 平面上具有各向异性，如属于三方、四方、六方晶系的各种晶体，称为单轴晶体。

由式（5.1-5）或式（5.1-6）可看出，各向同性晶体中，电位移矢量 $\boldsymbol{D}$ 与电场强度矢量 $\boldsymbol{E}$ 的方向一致；双轴晶体中，一般情况下 $\boldsymbol{D}$ 与 $\boldsymbol{E}$ 的方向不一致，只有当 $\boldsymbol{E}$ 正好沿某个介电主轴方向时，$\boldsymbol{D}$ 才与 $\boldsymbol{E}$ 方向一致，并具有简单的正比关系；单轴晶体中，一般情况下，$\boldsymbol{D}$ 与 $\boldsymbol{E}$ 的方向也不一致，只有当 $\boldsymbol{E}$ 沿 z 方向或者其正交方向（xy 平面）时，$\boldsymbol{D}$ 才与 $\boldsymbol{E}$ 方向一致。

5.1.3 晶体的主折射率

我们已经知道，对于各向同性的非铁磁介质，其相对介电常数 $\varepsilon_r=n^2$。对于各向异性介质，其介电特性的各向异性导致其折射率也具有各向异性。为此，对应于主介电常数，可引入主折射率的概念，定义为

$$n_i=\sqrt{\varepsilon_{ri}},\quad i=x,y,z \tag{5.1-7}$$

显然，主折射率仅仅反映了介质对振动方向沿某个介电主轴方向的平面偏振光波的折射特性。也就是说，当光波电场沿某个介电主轴（如 i）方向振动时，晶体对该光波的折射率正好就是沿该方向的主折射率 n_i，相应的电位移矢量也沿该方向。同样，$n_x<n_y<n_z$ 对应于正晶体，$n_x>n_y>n_z$ 对应于负晶体。当 $n_x=n_y=n_z$ 时，即各向同性晶体；$n_x\neq n_y\neq n_z$ 时，即双轴晶体；$n_x=n_y\neq n_z$ 时，即单轴晶体。一般取单轴晶体的主折射率 $n_x=n_y=n_o$，$n_z=n_e$，且 $n_o\neq n_e$。

5.2 单色平面波在各向异性晶体中的传播

光波在晶体中的传播特性仍可由麦克斯韦方程组及相应的物质方程来求解。对照均匀各向同性介质的情况，假定在各向异性的非铁磁晶体中无自由电荷和传导电流分布，则可以将光波在该晶体中所满足的麦克斯韦方程组及相应的物质方程分别表示为

$$\begin{cases}\nabla\times\boldsymbol{E}=-\dfrac{\partial\boldsymbol{B}}{\partial t}\\ \nabla\times\boldsymbol{H}=\dfrac{\partial\boldsymbol{D}}{\partial t}\\ \nabla\cdot\boldsymbol{D}=0\\ \nabla\cdot\boldsymbol{B}=0\end{cases} \tag{5.2-1}$$

$$\begin{cases}\boldsymbol{D}=[\varepsilon]\boldsymbol{E}\\ \boldsymbol{B}=\mu_0\boldsymbol{H}\end{cases} \tag{5.2-2}$$

显然，与均匀各向同性介质不同，式（5.2-2）描述的物质方程中，电位移矢量 $\boldsymbol{D}$ 与电场强度矢量 $\boldsymbol{E}$ 之间的关系变复杂了，从而导致麦克斯韦方程组的求解也相应地复杂化了。

下面详细讨论光波在各向异性晶体中传播时，其各场量之间的关系。

5.2.1 光波与光线

设有一列波矢量为 $\boldsymbol{k}$ 的单色平面波在晶体中传播，其各电磁场量分别表示为

$$\begin{bmatrix}\boldsymbol{E}\\\boldsymbol{D}\\\boldsymbol{H}\end{bmatrix}=\begin{bmatrix}\boldsymbol{E}_0\\\boldsymbol{D}_0\\\boldsymbol{H}_0\end{bmatrix}\exp[-\mathrm{i}(\omega t-\boldsymbol{k}\cdot\boldsymbol{r})] \tag{5.2-3}$$

式中：$\boldsymbol{E}_0$、$\boldsymbol{D}_0$ 和 $\boldsymbol{H}_0$ 分别表示电磁场量 $\boldsymbol{E}$、$\boldsymbol{D}$ 和 $\boldsymbol{H}$ 的振幅矢量。将式（5.2-3）代入式（5.2-1）中所列方程组的第一式，并以 $\hat{\boldsymbol{x}}_0$、$\hat{\boldsymbol{y}}_0$ 和 $\hat{\boldsymbol{z}}_0$ 分别表示直角坐标系中三个坐标轴方向单位矢量，得

$$\nabla\times\boldsymbol{E}=\begin{vmatrix}\hat{\boldsymbol{x}}_0 & \hat{\boldsymbol{y}}_0 & \hat{\boldsymbol{z}}_0\\ \dfrac{\partial}{\partial x} & \dfrac{\partial}{\partial y} & \dfrac{\partial}{\partial z}\\ E_x & E_y & E_z\end{vmatrix}=\mathrm{i}\begin{vmatrix}\hat{\boldsymbol{x}}_0 & \hat{\boldsymbol{y}}_0 & \hat{\boldsymbol{z}}_0\\ k_x & k_y & k_z\\ E_x & E_y & E_z\end{vmatrix}=\mathrm{i}\boldsymbol{k}\times\boldsymbol{E}=\mathrm{i}\mu_0\omega\boldsymbol{H} \tag{5.2-4}$$

由此得

$$\boldsymbol{H}=\frac{1}{\mu_0\omega}\boldsymbol{k}\times\boldsymbol{E} \tag{5.2-5}$$

同理，将式（5.2-3）代入式（5.2-1）中方程组的第二式，则有

$$\nabla\times\boldsymbol{H}=\mathrm{i}\boldsymbol{k}\times\boldsymbol{H}=-\mathrm{i}\omega\boldsymbol{D}$$

即

$$\boldsymbol{D}=-\frac{1}{\omega}\boldsymbol{k}\times\boldsymbol{H} \tag{5.2-6}$$

或

$$\boldsymbol{D}=-\frac{1}{\mu_0\omega^2}\boldsymbol{k}\times(\boldsymbol{k}\times\boldsymbol{E}) \tag{5.2-7}$$

利用矢量运算关系式 $\boldsymbol{a}\times(\boldsymbol{b}\times\boldsymbol{c})=\boldsymbol{b}(\boldsymbol{a}\cdot\boldsymbol{c})-\boldsymbol{c}(\boldsymbol{a}\cdot\boldsymbol{b})$，可进一步将式（5.2-7）简化为

$$\boldsymbol{D}=-\frac{1}{\mu_0\omega^2}[\boldsymbol{k}(\boldsymbol{k}\cdot\boldsymbol{E})-k^2\boldsymbol{E}] \tag{5.2-8}$$

式（5.2-5）、式（5.2-6）和式（5.2-8）分别给出了三组矢量关系，即 $\boldsymbol{H}$ 与 $\boldsymbol{k}$ 和 $\boldsymbol{E}$，$\boldsymbol{D}$ 与 $\boldsymbol{k}$ 和 $\boldsymbol{H}$，以及 $\boldsymbol{D}$ 与 $\boldsymbol{k}$ 和 $\boldsymbol{E}$。首先，由式（5.2-6）可看出，$\boldsymbol{D}$ 与 $\boldsymbol{H}$ 及 $\boldsymbol{k}$ 正交；而由式（5.2-5），$\boldsymbol{H}$ 又与 $\boldsymbol{k}$ 和 $\boldsymbol{E}$ 正交。这表明 $\boldsymbol{D}$ 与 $\boldsymbol{H}$ 和 $\boldsymbol{k}$ 之间两两正交，并且三者构成右手螺旋关系。其次，由式（5.2-8）可看出，当 $\boldsymbol{k}\cdot\boldsymbol{E}\neq0$ 时，$\boldsymbol{D}$ 与 $\boldsymbol{E}$ 方向不同。或者说，在各向异性晶体中，由于 $\boldsymbol{D}$ 与 $\boldsymbol{E}$ 方向一般不同，因而导致 $\boldsymbol{k}\cdot\boldsymbol{E}\neq0$，即波矢量方向与电场强度矢量方向不垂直。另外，根据能流密度矢量 $\boldsymbol{S}$ 的定义，应有

$$\boldsymbol{S}=\boldsymbol{E}\times\boldsymbol{H} \tag{5.2-9}$$

这就是说，$\boldsymbol{E}$ 与 $\boldsymbol{H}$ 和 $\boldsymbol{S}$ 之间两两正交，并且三者构成右手螺旋关系。这样，在各向异性晶体中就存在着两组右手螺旋关系：其一是 $\boldsymbol{D}$ 与 $\boldsymbol{H}$ 和 $\boldsymbol{k}$，其二是 $\boldsymbol{E}$ 与 $\boldsymbol{H}$ 和 $\boldsymbol{S}$。显然，由于 $\boldsymbol{D}$、$\boldsymbol{k}$、$\boldsymbol{E}$、$\boldsymbol{S}$ 均与 $\boldsymbol{H}$ 正交，故 $\boldsymbol{D}$、$\boldsymbol{k}$、$\boldsymbol{E}$、$\boldsymbol{S}$ 共面。然而，由于 $\boldsymbol{D}$ 与 $\boldsymbol{E}$ 的方向一般不同，导致 $\boldsymbol{k}$ 与 $\boldsymbol{S}$ 的方向一般也不一致。如图 5.2-1 所示，当 $\boldsymbol{D}$ 与 $\boldsymbol{E}$ 之间的夹角为 α 时，$\boldsymbol{k}$ 与 $\boldsymbol{S}$ 之间的夹角也为 α。所谓能流方向即光能量的传播方向，也就是通常所说的光线方向，而波矢量方向即波面法线方向，后面讨论中将不再区分两者。

由此可以得出结论：在各向异性晶体中，平面波的波矢量方向（即波面法线方向）与其能流密度矢量方向（即光线方向）一般不一致。与波矢量方向正交的是光波的电位移矢量 $\boldsymbol{D}$，而不是电场强度矢量 $\boldsymbol{E}$；与能流密度矢量方向正交的是电场强度矢量 $\boldsymbol{E}$，而不是电位移矢量 $\boldsymbol{D}$。

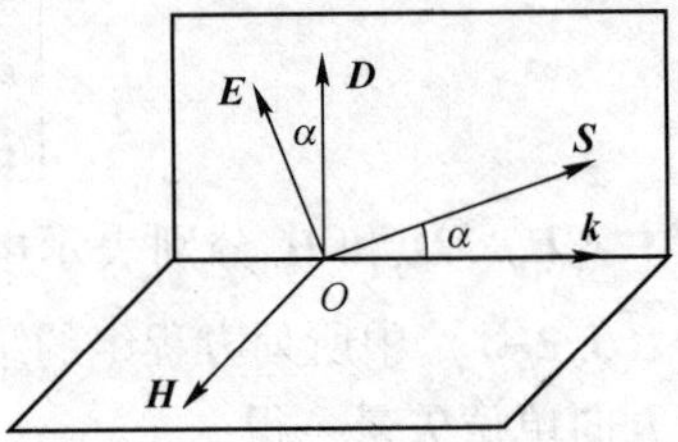

图 5.2-1　各向异性晶体中各场量的空间取向

考虑到在单位时间内波面沿其法线方向前进一定距离时，光能流则沿光线方向前进相应距离。这里实际上存在着两个速度概念，其一是波面沿其法线方向传播的速度，或者简称法线速度（即相速度），表示为 $\boldsymbol{v}_k$；其二是光能流沿光线方向的传播速度，或者简称光线速度，表示为 $\boldsymbol{v}_s$。在各向异性晶体中，由于光线方向与波面法线方向不一致，导致光波的法线速度和光线速度大小不相等，但法线速度的大小应等于光线速度在波面法线方向上的投影，即有

$$v_k=v_s\cos\alpha \tag{5.2-10}$$

此外，我们曾将介质的折射率定义为真空中的光速与介质中的光速（对于色散介质而言应该是相速度）之比，即 $n=c/v$。需要注意的是，在各向异性晶体中，这里所讲的介质中的相速度实际上就是法线速度，即应有

$$n=\frac{c}{v_k} \tag{5.2-11}$$

5.2.2　菲涅耳方程及其解的意义

设 $\hat{\boldsymbol{k}}_0$ 为光波在晶体中的波面法线方向矢量（即单位波矢量），k 为波数，则有

$$\boldsymbol{k}=k\hat{\boldsymbol{k}}_0=\frac{\omega}{c}n\hat{\boldsymbol{k}}_0 \tag{5.2-12}$$

代入式（5.2-8），得

$$\boldsymbol{D}=-\frac{n^2}{\mu_0c^2}[\hat{\boldsymbol{k}}_0(\hat{\boldsymbol{k}}_0\cdot\boldsymbol{E})-\boldsymbol{E}]=\varepsilon_0n^2[\boldsymbol{E}-\hat{\boldsymbol{k}}_0(\hat{\boldsymbol{k}}_0\cdot\boldsymbol{E})] \tag{5.2-13}$$

假设所取直角坐标系为晶体的介电主轴坐标系，并取 $\varepsilon_i=\varepsilon_0\varepsilon_{ri}\,(i=x,y,z)$，则由式（5.2-13），电位移矢量 $\boldsymbol{D}$ 沿某个介电主轴方向的分量可表示为

$$D_i=\varepsilon_0n^2[E_i-\hat{k}_{0i}(\hat{\boldsymbol{k}}_0\cdot\boldsymbol{E})]=n^2\left[\frac{D_i}{\varepsilon_{ri}}-\varepsilon_0\,\hat{k}_{0i}(\hat{\boldsymbol{k}}_0\cdot\boldsymbol{E})\right],\quad i=x,y,z \tag{5.2-14}$$

移项并整理，得

$$D_i=-\varepsilon_0\,\hat{k}_{0i}(\hat{\boldsymbol{k}}_0\cdot\boldsymbol{E})\left(\frac{1}{n^2}-\frac{1}{\varepsilon_{ri}}\right)^{-1},\quad i=x,y,z \tag{5.2-15}$$

由于 $\boldsymbol{D}\perp\boldsymbol{k}$，取其点乘，得

$$\boldsymbol{D}\cdot\boldsymbol{k}=D_xk_x+D_yk_y+D_zk_z=0 \tag{5.2-16}$$

将式（5.2-15）代入式（5.2-16）并简化，得

$$\frac{\hat{k}_{0x}^2}{\frac{1}{n^2}-\frac{1}{\varepsilon_{rx}}}+\frac{\hat{k}_{0y}^2}{\frac{1}{n^2}-\frac{1}{\varepsilon_{ry}}}+\frac{\hat{k}_{0z}^2}{\frac{1}{n^2}-\frac{1}{\varepsilon_{rz}}}=0 \tag{5.2-17}$$

式（5.2-17）给出了单色平面波在各向异性晶体中传播时，晶体折射率与波矢量之间所满足的关系，称为菲涅耳方程。将菲涅耳方程通分，并利用条件

$$\hat{k}_{0x}^2+\hat{k}_{0y}^2+\hat{k}_{0z}^2=1 \tag{5.2-18}$$

可得

$$An^4+Bn^2+1=0 \tag{5.2-19}$$

式中

$$A=\frac{\hat{k}_{0x}^2}{\varepsilon_{ry}\varepsilon_{rz}}+\frac{\hat{k}_{0y}^2}{\varepsilon_{rz}\varepsilon_{rx}}+\frac{\hat{k}_{0z}^2}{\varepsilon_{rx}\varepsilon_{ry}} \tag{5.2-20}$$

$$B=-\left[\frac{\hat{k}_{0x}^2(\varepsilon_{ry}+\varepsilon_{rz})}{\varepsilon_{ry}\varepsilon_{rz}}+\frac{\hat{k}_{0y}^2(\varepsilon_{rz}+\varepsilon_{rx})}{\varepsilon_{rz}\varepsilon_{rx}}+\frac{\hat{k}_{0z}^2(\varepsilon_{rx}+\varepsilon_{ry})}{\varepsilon_{rx}\varepsilon_{ry}}\right] \tag{5.2-21}$$

若已知波面法线方向矢量（即单位波矢量）$\hat{\boldsymbol{k}}_0$ 和晶体的主介电常数（或主折射率），则可以由菲涅耳方程（式（5.2-17）或式（5.2-19））求得光波在晶体中的折射率 n。显然，$B\neq0$ 时，由式（5.2-19）可得到两对不相等的实根，即

$$n=\pm n_1,\pm n_2 \tag{5.2-22}$$

式中：两个正实根 n_1 和 n_2 分别代表晶体中所存在的与给定波面法线方向矢量 $\hat{\boldsymbol{k}}_0$ 对应的两种折射率。分别将 n_1 和 n_2 代入式（5.2-15），即可求出对应于某一折射率的光波电位移矢量 $\boldsymbol{D}_1$ 或者 $\boldsymbol{D}_2$。并且可以证明，当 $n_1\neq n_2$ 时，$\boldsymbol{D}_1\perp\boldsymbol{D}_2$，即晶体中同一波矢量 $\boldsymbol{k}$ 对应的两个光波分量之电位移矢量方向正交。

由以上讨论可得出结论：各向异性晶体中，对应一个给定的波矢量方向，可能存在着两种不同的折射特性，从而有两种不同的光波相速度，分别对应着电位移矢量（$\boldsymbol{D}_1$，$\boldsymbol{D}_2$）相互正交的两种平面偏振光波分量。一般情况下，由于 $\boldsymbol{D}$ 与 $\boldsymbol{E}$ 的方向不同，故两光波分量的振动方向（即 $\boldsymbol{E}_1$ 和 $\boldsymbol{E}_2$ 的方向）不一定正交，并且两光波分量的能量传播方向，即光线方向也不一定重合，于是出现双折射现象。

图 5.2-2 显示了各向异性晶体中与两种折射光波对应的两组电磁场量之间的取向关系。

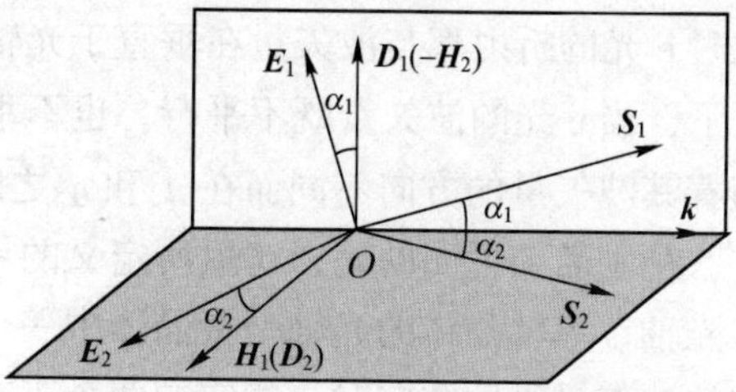

图 5.2-2　各向异性晶体中的双折射

5.2.3 单轴晶体的双折射

用晶体的主折射率替代相对主介电常数，可将式（5.2-17）给出的菲涅耳方程改写为

$$\frac{\hat{k}_{0x}^2}{\frac{1}{n^2}-\frac{1}{n_x^2}}+\frac{\hat{k}_{0y}^2}{\frac{1}{n^2}-\frac{1}{n_y^2}}+\frac{\hat{k}_{0z}^2}{\frac{1}{n^2}-\frac{1}{n_z^2}}=0 \tag{5.2-23}$$

对于单轴晶体，$n_x=n_y=n_o$，$n_z=n_e$，因而上式可以进一步简化为

$$\frac{\hat{k}_{0x}^2}{\frac{1}{n^2}-\frac{1}{n_o^2}}+\frac{\hat{k}_{0y}^2}{\frac{1}{n^2}-\frac{1}{n_o^2}}+\frac{\hat{k}_{0z}^2}{\frac{1}{n^2}-\frac{1}{n_e^2}}=0 \tag{5.2-24}$$

将式（5.2-24）中的各项通分，得

$$(n_o^2-n^2)\{n^2[n_o^2(\hat{k}_{0x}^2+\hat{k}_{0y}^2)+n_e^2\hat{k}_{0z}^2]-n_e^2n_o^2\}=0 \tag{5.2-25}$$

解此方程，得

$$\begin{cases} n_1^2=n_o^2 \\ n_2^2=\dfrac{n_o^2n_e^2}{n_o^2(\hat{k}_{0x}^2+\hat{k}_{0y}^2)+n_e^2\hat{k}_{0z}^2} \end{cases} \tag{5.2-26}$$

式（5.2-26）表明，单轴晶体中，对于给定方向的波矢量 $\boldsymbol{k}$，可能存在着两种具有不同折射特性的光波。由于 n_1 与 $\boldsymbol{k}$ 的方向无关，恒等于 n_o，相当于各向同性介质的折射率，故通常将按 n_1 折射的光波称为单轴晶体中的寻常光，简称 o 光，相应的折射率 n_o 称为寻常光（或者 o 光）折射率。n_2 与 $\boldsymbol{k}$ 的方向有关，即其大小随波矢量 $\boldsymbol{k}$ 的方向不同而变化，与通常所讲的折射率不同（各向同性介质中，n 与 $\boldsymbol{k}$ 方向无关），意味着按此折射率折射的光波不满足折射定律，故通常称之为单轴晶体中的非常光或异常光，简称 e 光。

由式（5.2-26）还可以看出，当光波沿 z 方向传播时，$\hat{k}_{0x}^2=\hat{k}_{0y}^2=0$，$\hat{k}_0^2=\hat{k}_{0z}^2=1$。于是得 $n_2^2=n_o^2=n_1^2$。表明当光波的波矢量沿着单轴晶体的 z 轴方向时，晶体内只存在一种光波——寻常光，并且不发生双折射现象。故称 z 方向为单轴晶体的光轴方向。当光波垂直于 z 轴方向传播时，$\hat{k}_{0x}^2+\hat{k}_{0y}^2=1$，$\hat{k}_{0z}^2=0$，于是又有 $n_2^2=n_e^2\neq n_1^2$。表明当光波的波矢量 $\boldsymbol{k}$ 垂直于单轴晶体的光轴时，晶体内将同时存在着两种光波分量——o 光和 e 光，并且，此时 e 光的折射率与波矢量在垂直于光轴的平面上的方向无关，等于一常数 n_e。一般情况下，当 e 光的波矢量既不平行，也不垂直于光轴时，其折射率 n_2 将不再是常数，而是随着其波矢量的方向不同而在 n_e 和 n_o 之间变化。

特别需要说明的是，这里所定义的单轴晶体的光轴，完全不同于成像光学系统中的主光轴。单轴晶体的光轴是指晶体中一个特殊的方向，而不是一个固定的对称轴。当光波的波矢量沿此方向时，相应的两个正交振动的偏振分量具有相同的折射特性。光学系统的主光轴则是系统的对称轴。

5.2.4 单轴晶体中寻常光与非常光的振动方向

如图 5.2-3 所示，设坐标轴 x、y、z 分别代表晶体的三个介电主轴，晶体中有一单色平面光波，其单位波矢量 $\hat{\boldsymbol{k}}_0$ 平行于 yz 平面，并且与 z 轴夹角为 θ，则有

$$\hat{k}_{0x}=0,\quad \hat{k}_{0y}=\sin\theta,\quad \hat{k}_{0z}=\cos\theta \tag{5.2-27}$$

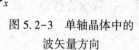

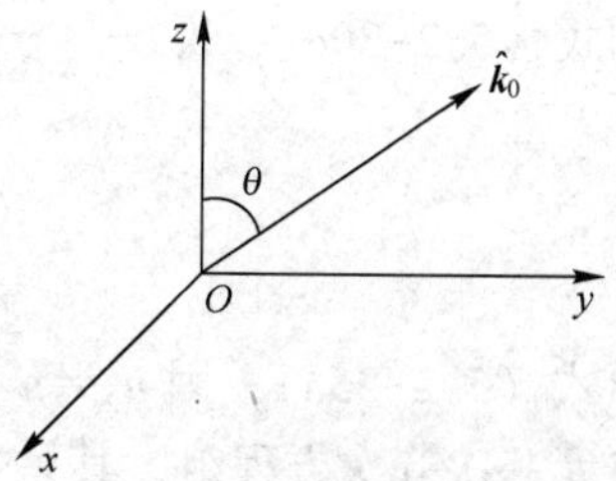

图 5.2-3　单轴晶体中的波矢量方向

将 $\hat{\boldsymbol{k}}_0$ 的坐标分量代入式（5.2-15），得

$$\left(\frac{1}{n_x^2}-\frac{1}{n^2}\right)D_x=0 \tag{5.2-28a}$$

$$\left(\frac{1}{n_y^2}-\frac{1}{n^2}\right)D_y=\varepsilon_0\sin\theta(E_y\sin\theta+E_z\cos\theta) \tag{5.2-28b}$$

$$\left(\frac{1}{n_z^2}-\frac{1}{n^2}\right)D_z=\varepsilon_0\cos\theta(E_y\sin\theta+E_z\cos\theta) \tag{5.2-28c}$$

考虑到在介电主轴方向，$D_i=\varepsilon_0 n_i^2 E_i$ $(i=x,y,z)$，于是上面三式可分别简化为

$$(n^2-n_x^2)E_x=0 \tag{5.2-29a}$$

$$(n^2-n_y^2)E_y=n^2\sin\theta(E_y\sin\theta+E_z\cos\theta) \tag{5.2-29b}$$

$$(n^2-n_z^2)E_z=n^2\cos\theta(E_y\sin\theta+E_z\cos\theta) \tag{5.2-29c}$$

对于单轴晶体，z 轴即光轴，且 $n_x=n_y=n_o$，$n_z=n_e$。于是得

$$(n^2-n_o^2)E_x=0 \tag{5.2-30a}$$

$$(n^2-n_o^2)E_y=n^2\sin\theta(E_y\sin\theta+E_z\cos\theta) \tag{5.2-30b}$$

$$(n^2-n_e^2)E_z=n^2\cos\theta(E_y\sin\theta+E_z\cos\theta) \tag{5.2-30c}$$

若晶体中的光波为 o 光，则 $n=n_o=n_1$，将其分别代入式（5.2-30a）~式（5.2-30c），得

$$(n_o^2-n_o^2)E_x=0 \tag{5.2-31a}$$

$$\sin^2\theta E_y+\cos\theta\sin\theta E_z=0 \tag{5.2-31b}$$

$$n_o^2\sin\theta\cos\theta E_y+(n_e^2-n_o^2\sin^2\theta)E_z=0 \tag{5.2-31c}$$

显然，由式（5.2-31a），E_x不一定等于 0。而式（5.2-31b）与式（5.2-31c）构成齐次的二元一次方程组，其系数行列式

$$\begin{vmatrix} \sin^2\theta & \sin\theta\cos\theta \\ n_o^2\sin\theta\cos\theta & n_e^2-n_o^2\sin^2\theta \end{vmatrix}=(n_e^2-n_o^2)\sin^2\theta\neq 0 \tag{5.2-32}$$

故只有 0 解，即 $E_y=E_z=0$。这表明，该光波电磁场能够有非 0 解的条件是 $E_x\neq 0$。于是 o 光的电场强度矢量可表示为

$$\boldsymbol{E}=E_x\,\hat{\boldsymbol{x}}_0 \tag{5.2-33}$$

由此得到相应的电位移矢量为（$D_y=D_z=0$）

$$\boldsymbol{D}=D_x\,\hat{\boldsymbol{x}}_0=\varepsilon_0 n_o^2 E_x\,\hat{\boldsymbol{x}}_0=\varepsilon_0 n_o^2\boldsymbol{E} \tag{5.2-34}$$

可见，在单轴晶体中，o 光的电位移矢量 $\boldsymbol{D}$ 与电场强度矢量 $\boldsymbol{E}$ 方向一致，也就是说两者同时垂直于晶体光轴与波矢量 $\boldsymbol{k}$ 所在的平面——yz 平面，因而 o 光的波面法线与光线

方向重合。

同理，若晶体中的光波为 e 光，则 $n=n_2$，将其分别代入式（5.2-30a）、式（5.2-30b）和式（5.2-30c），得

$$(n_2^2-n_o^2)E_x=0 \tag{5.2-35a}$$

$$(n_o^2-n_2^2\cos^2\theta)E_y+n_2^2\sin\theta\cos\theta E_z=0 \tag{5.2-35b}$$

$$n_2^2\sin\theta\cos\theta E_y+(n_e^2-n_2^2\sin^2\theta)E_z=0 \tag{5.2-35c}$$

由式（5.2-35a），因 $n_2\neq n_o$，故 $E_x=0$。对于式（5.2-35b）和式（5.2-35c）构成的二元一次齐次方程组，其系数行列式

$$\begin{vmatrix} n_o^2-n_2^2\cos^2\theta & n_2^2\sin\theta\cos\theta \\ n_2^2\sin\theta\cos\theta & n_e^2-n_2^2\sin^2\theta \end{vmatrix}=0 \tag{5.2-36}$$

故 E_y 和 E_z 有非 0 解，亦即 E_y 和 E_z 不可能同时等于 0。由此推得 $D_x=0$，而 D_y 和 D_z 不同时为 0。可见，在单轴晶体中，e 光的电位移矢量 $\boldsymbol{D}$ 和电场强度矢量 $\boldsymbol{E}$ 均位于波矢量 $\boldsymbol{k}$ 与晶体光轴构成的平面内，因而其分别与 o 光的电位移矢量 $\boldsymbol{D}$ 和电场强度矢量 $\boldsymbol{E}$ 垂直，但 e 光的电位移矢量 $\boldsymbol{D}$ 与电场强度矢量 $\boldsymbol{E}$ 并不一定重合。按照假定，θ 表示波矢量 $\boldsymbol{k}$ 与 z 轴间的夹角。与此对应，这里用 θ'' 表示电场强度矢量 $\boldsymbol{E}$ 与 y 轴间的夹角。于是，由式（5.2-35b），得

$$\frac{E_z}{E_y}=-\frac{n_o^2-n_2^2\cos^2\theta}{n_2^2\sin\theta\cos\theta}=-\frac{n_o^2\sin^2\theta}{n_e^2\sin\theta\cos\theta}=-\frac{n_o^2}{n_e^2}\tan\theta=-\tan\theta' \tag{5.2-37}$$

$$\frac{D_z}{D_y}=\frac{n_z^2E_z}{n_y^2E_y}=\frac{n_e^2E_z}{n_o^2E_y}=-\tan\theta \tag{5.2-38}$$

显然，因 $n_o\neq n_e$，故 $\theta'\neq\theta$。由于 $\boldsymbol{D}\perp\boldsymbol{k}$，$\boldsymbol{E}\perp\boldsymbol{S}$，所以 θ 也是电位移矢量 $\boldsymbol{D}$ 与 y 轴间的夹角，而 θ' 又表示能流密度矢量 $\boldsymbol{S}$（光线方向）与 z 轴间的夹角。这说明，由于 e 光的电位移矢量 $\boldsymbol{D}$ 与电场强度矢量 $\boldsymbol{E}$ 不同向，导致其波面法线方向与光线方向在空间分开。设其夹角为 α，则应有

$$\begin{cases}\alpha_o=0\\ \alpha_e=\theta-\theta'\end{cases} \tag{5.2-39}$$

利用 θ' 与 θ 的关系，可得

$$\tan\alpha_e=\tan(\theta-\theta')=\frac{\tan\theta-\tan\theta'}{1+\tan\theta\tan\theta'}=\frac{(n_e^2-n_o^2)\tan\theta}{n_e^2+n_o^2\tan^2\theta} \tag{5.2-40}$$

这样，已知波面法线方向（或者波矢量方向）角 θ 及主折射率 n_o 和 n_e，则由式（5.2-40）即可确定出光线方向。

综上所述，在单轴晶体中，对于给定的波矢量方向，可能存在着两种不同的传播特性。其中，o 光的振动方向（$\boldsymbol{E}$ 矢量）始终垂直于波矢量 $\boldsymbol{k}$ 和晶体光轴 z 构成的平面，而 e 光的振动方向始终平行于波矢量 $\boldsymbol{k}$ 与晶体光轴 z 构成的平面。并且，o 光的光线方向与波矢量方向重合，e 光的光线方向与波矢量方向存在一定夹角，但是仍位于波矢与光轴构成的平面内。图 5.2-4 给出了各矢量间的方向关系。

上述结论的一个直接推论是：当自然光垂直入射于某一单轴晶体的表面时，其进入晶体的波矢量方向与原入射光方向相同，即此时 o 光与 e 光具有相同的波矢量方向，并

且 o 光的光线方向亦与该波矢量方向相同，即沿原入射光方向，不偏折。但是，e 光的光线方向将发生偏折，具体偏折方向取决于晶体光轴相对于光束入射点所在晶体表面法线的方位，其夹角（即 e 光光线方向与 o 光光线方向间的夹角）α_e 可由式（5.2-39）或式（5.2-40）确定。

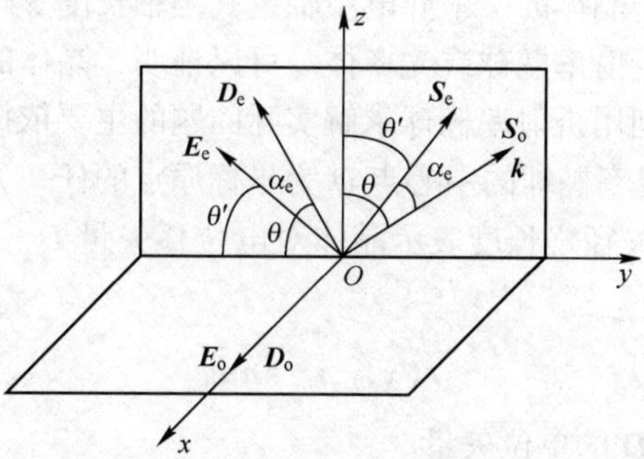

图 5.2-4　单轴晶体中同一波矢下的 o 光和 e 光场量取向

以上仅仅讨论了单轴晶体的双折射现象。对于双轴晶体，可以如法炮制，只是比单轴晶体情形处理更复杂，此处从略。

5.3　晶体光学性质的几何图形表示

在讨论晶体光学问题时，常常可以借助于一些几何图形来直观地表征晶体的各向异性光学性质。下面将会看到，与解析法相比，在某种意义上，利用这些图形并结合一定的几何作图法，甚至可以更为简便而有效地解决光波在晶体中的传播问题。常用的几何图形有折射率椭球、波矢面、法线面、光线面。

5.3.1　折射率椭球

根据式（5.1-6）给出的各向异性晶体在介电主轴坐标系中的物质方程，可以将光波场在各向异性晶体中的电能密度表示为

$$w=\frac{1}{2}\boldsymbol{E}\cdot\boldsymbol{D}=\frac{1}{2\varepsilon_0}\left(\frac{D_x^2}{\varepsilon_{rx}}+\frac{D_y^2}{\varepsilon_{ry}}+\frac{D_z^2}{\varepsilon_{rz}}\right) \tag{5.3-1}$$

对于定态波场，若不考虑晶体材料的吸收和散射等损耗，则 w 应保持恒定不变。现设 $w=A/2\varepsilon_0$，其中 A 为一常数，则上式可改写为

$$\frac{D_x^2}{\varepsilon_{rx}}+\frac{D_y^2}{\varepsilon_{ry}}+\frac{D_z^2}{\varepsilon_{rz}}=A \tag{5.3-2}$$

或

$$\frac{D_x^2}{n_x^2}+\frac{D_y^2}{n_y^2}+\frac{D_z^2}{n_z^2}=A \tag{5.3-3}$$

取变量代换：

$$i=D_i/\sqrt{A}\,,\quad (i=x,y,z) \tag{5.3-4}$$

代入式（5.3-3），得

$$\frac{x^2}{n_x^2}+\frac{y^2}{n_y^2}+\frac{z^2}{n_z^2}=1 \tag{5.3-5}$$

上式描述了一个空间椭球，如图 5.3-1 所示，椭球的中心即介电主轴坐标系的原点，椭球的三个轴分别平行于晶体的三个介电主轴，其半轴长度等于晶体在该介电主轴方向的主折射率，故称其为折射率椭球或光率体。可以证明，晶体的折射率椭球具有两点重要性质，这两点性质是利用折射率椭球求解实际问题的主要依据。

（1）性质1：以折射率椭球的中心点 O 为坐标原点的任一矢径方向，表示光波电位移矢量 $\boldsymbol{D}$ 的一个方向，矢径之长度表示晶体对电位移矢量 $\boldsymbol{D}$ 沿该矢径方向的光波的折射率，即有

$$\boldsymbol{r}(x,y,z)=n\hat{\boldsymbol{d}}_0 \tag{5.3-6}$$

式中：$\hat{\boldsymbol{d}}_0$ 为电位移矢量 $\boldsymbol{D}$ 的单位矢量。

（2）性质2：如图 5.3-2 所示，以给定波矢量 $\boldsymbol{k}$ 方向为法线，过折射率椭球中心点 O 作一空间平面（即波矢量的垂足平面），则该平面与椭球的交线为一椭圆，并且该椭圆的长、短半轴方向，分别为晶体中与该波矢量 $\boldsymbol{k}$ 对应的两个允许存在的光波分量之电位移矢量 $\boldsymbol{D}_1$ 和 $\boldsymbol{D}_2$ 的方向，椭圆的长、短半轴大小分别为相应的两光波分量之折射率 n_1 和 n_2。

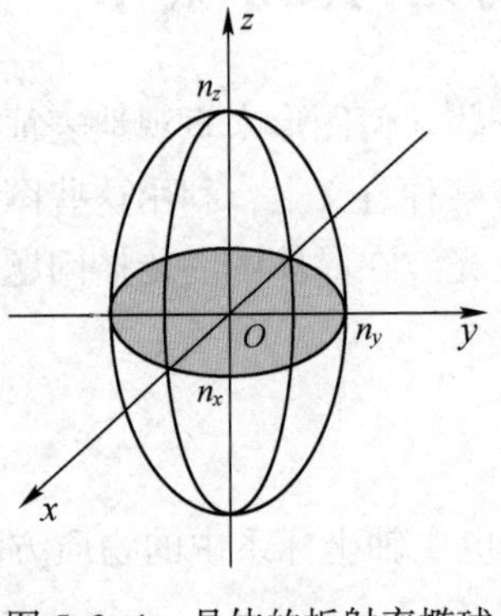

图 5.3-1　晶体的折射率椭球

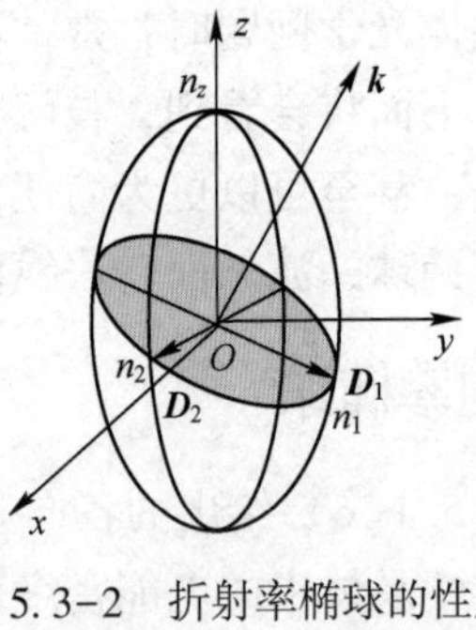

图 5.3-2　折射率椭球的性质

性质 1 不难由式（5.3-3）和式（5.3-5）证明。性质 2 的证明思路是，先由给定的波矢量 $\boldsymbol{k}$ 或者波面法线方向确定其垂足平面方程，再将该垂足平面方程代入式（5.3-5），得到一空间曲线方程——椭圆方程，即可证明之。

下面讨论一种简单情况。参考图 5.3-3（a），假设所考察的晶体为正单轴晶体，光轴方向沿 z 轴，波矢量 $\boldsymbol{k}$ 沿 yz 平面，并且与 z 轴夹角为 θ。显然，对于单轴晶体而言，$n_x=n_y=n_o$，$n_z=n_e$，因而其折射率椭球变为以 z 轴为对称轴的旋转椭球，并且过原点与波矢量 $\boldsymbol{k}$ 正交的平面刚好与 x 轴平行。由此可得到其截线方程在 xy 和 xz 平面上的投影分别为

$$\frac{x^2}{n_o^2}+\frac{y^2}{\left(\dfrac{1}{n_o^2}+\dfrac{\tan^2\theta}{n_e^2}\right)^{-1}}=1 \tag{5.3-7}$$

$$\frac{x^2}{n_o^2}+\frac{z^2}{\left(\frac{1}{n_o^2\tan^2\theta}+\frac{1}{n_e^2}\right)^{-1}}=1 \tag{5.3-8}$$

式（5.3-7）和式（5.3-8）分别描述了一个椭圆，并且由椭圆的性质可得

$$n_1^2=n_o^2 \tag{5.3-9}$$

$$n_{2y}^2=\left(\frac{1}{n_o^2}+\frac{\tan^2\theta}{n_e^2}\right)^{-1}=\frac{n_o^2n_e^2}{n_e^2+n_o^2\tan^2\theta} \tag{5.3-10}$$

$$n_{2z}^2=\left(\frac{1}{n_o^2\tan\theta}+\frac{1}{n_e^2}\right)^{-1}=\frac{n_o^2n_e^2\tan^2\theta}{n_e^2+n_o^2\tan^2\theta} \tag{5.3-11}$$

$$n_2^2=n_{2y}^2+n_{2z}^2=\frac{n_o^2n_e^2}{n_e^2\cos^2\theta+n_o^2\sin^2\theta} \tag{5.3-12}$$

这正是 5.2 节中由菲涅耳方程求得的结果。

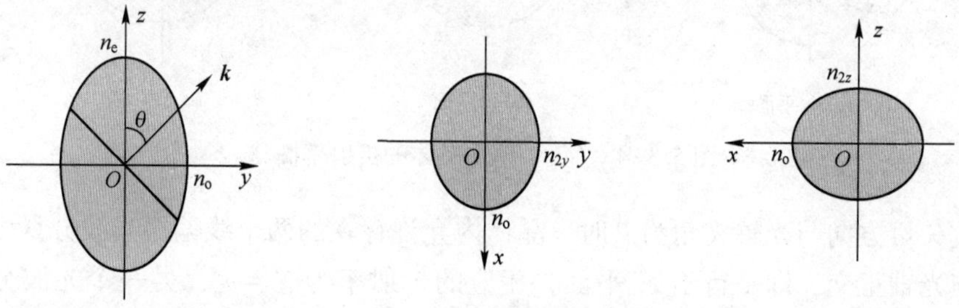

图 5.3-3　折射率椭球的性质 2 的证明

由此可见，对于给定的波矢量 $\boldsymbol{k}$ 或者波面法线方向矢量 $\hat{\boldsymbol{k}}_0$，其相应的两个光波分量的电位移矢量 $\boldsymbol{D}$ 的方向和大小同样可以由折射率椭球求得，并且用折射率椭球求解比用菲涅耳方程更为直观和简便。下面分别就单轴和双轴晶体进行讨论。

1. 单轴晶体中光波的传播特性

对于单轴晶体，$n_x=n_y=n_o$，$n_z=n_e$，代入式（5.3-5），得

$$\frac{x^2}{n_o^2}+\frac{y^2}{n_o^2}+\frac{z^2}{n_e^2}=1 \tag{5.3-13}$$

上式描述了一个以 z 轴为对称轴的旋转椭球。该旋转椭球沿 x 和 y 轴方向的半轴长度均为 n_o，而沿 z 轴方向的半轴长度为 n_e。对于负单轴晶体，$n_o>n_e$，旋转椭球呈陀螺（扁）形；对于正单轴晶体，$n_o<n_e$，旋转椭球呈橄榄（长）形。图 5.3-4 所示为（负）单轴晶体的折射率椭球在三个坐标平面上的投影形状。显然，当 $z=0$ 时，由式（5.3-13）得

$$x^2+y^2=n_o^2 \tag{5.3-14}$$

上式表明，在 xy 平面上，单轴晶体的折射率椭球的投影（或截线）为一个圆（图 5.3-4（a）），圆的半径为 n_o。这就是说，当光波的波矢量方向沿 z 方向时，单轴晶体内只有一种可能的传播状态，此时，$\boldsymbol{D}$ 矢量可以是垂直于 z 轴的任意方向，即 $\boldsymbol{D}_1$ 和 $\boldsymbol{D}_2$ 重合，不发生双折射，故称 z 轴为单轴晶体的光轴。

当 $x=0$ 或 $y=0$ 时，由式（5.3-13）可分别得到

$$\frac{y^2}{n_o^2}+\frac{z^2}{n_e^2}=1 \tag{5.3-15}$$

$$\frac{x^2}{n_o^2}+\frac{z^2}{n_e^2}=1 \tag{5.3-16}$$

上两式表明，在 yz 和 xz 平面上，单轴晶体折射率椭球的投影（或者截线）均为椭圆（图 5.3-4（b）和图 5.3-4（c））。这就是说，当波矢量方向垂直于光轴（z 轴）时，晶体内将允许两个速度不同的线偏振光波分量传播，其中一个分量的 $\boldsymbol{D}$ 矢量平行于光轴方向，折射率为 n_e；另一个分量的 $\boldsymbol{D}$ 矢量垂直于光轴及波矢量方向，折射率为 n_o。

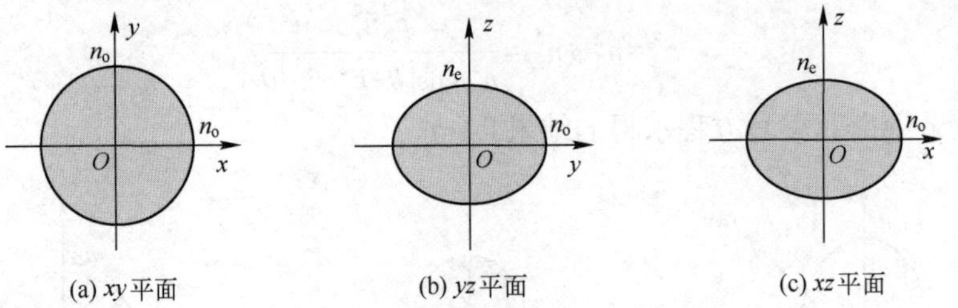

图 5.3-4 （负）单轴晶体的折射率椭球

当波矢量方向与光轴夹角为 θ 时，晶体内允许存在的两个线偏振光波分量中的一个 $\boldsymbol{D}$ 矢量与光轴正交，即平行于 xy 平面，相应的折射率为 $n_1=n_o$；另一个光波分量的 $\boldsymbol{D}$ 矢量与 z 轴夹角为 $90°\pm\theta$，相应的折射率为

$$n_2=\frac{n_e n_o}{\sqrt{n_o^2\sin^2\theta+n_e^2\cos^2\theta}} \tag{5.3-17}$$

2. 双轴晶体中光波的传播特性

对于双轴晶体，$n_x\neq n_y\neq n_z$，故其折射率椭球满足式（5.3-5）。首先考察椭球在 xz 平面上的投影。当 $y=0$ 时，式（5.3-5）变为

$$\frac{x^2}{n_x^2}+\frac{z^2}{n_z^2}=1 \tag{5.3-18}$$

这是一个长短轴分别为 n_x 和 n_z 的椭圆方程。由图 5.3-5 可以看出，若由椭圆中心 O 向椭圆引矢径 $\boldsymbol{r}$，则 $\boldsymbol{r}$ 的大小随其与 x 轴夹角 φ 的大小不同而改变，并且有

$$n_x\geqslant|\boldsymbol{r}|\geqslant n_z \tag{5.3-19}$$

考虑到双轴晶体沿 y 轴的主折射率 n_y 正好也介于 n_x 和 n_z 之间，故必有一矢径 $\boldsymbol{r}_0$，其大小 $|\boldsymbol{r}_0|=n_y$。换句话说，折射率椭球在由矢径 $\boldsymbol{r}_0$ 和 y 轴所决定的平面（过 y 轴）上的投影（或者截线）为一个圆，圆的半径即 y 轴主折射率 n_y。因此，当波矢量方向垂直于此平面时，电位移矢量 $\boldsymbol{D}$ 在该平面上可取任意方向。故将该平面的法线方向称为该晶体的一个光轴方向，如图 5.3-5 所示 C_1 方向。相应地，由对称性可知，该晶体还存在另一个光轴 C_2 方向，位于 xz 平面上 z 轴的另一侧，并且取向与 C_1 相对于 z 轴对称。这也就是取名双轴晶体的原因。

现在我们来考察双轴晶体中两光轴 C_1 和 C_2 的方向角。设光轴 C_1 相对于 z 轴的方向

角为 γ，则由图 5.3-5 可以看出 $\gamma=\varphi_0$，并且对于矢径 $\boldsymbol{r}_0(x_0, z_0)$，有

$$\begin{cases}x_0=r_0\cos\varphi_0=n_y\cos\varphi_0\\ z_0=r_0\sin\varphi_0=n_y\sin\varphi_0\end{cases}\tag{5.3-20}$$

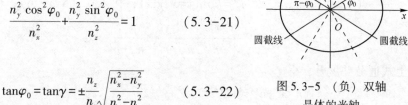

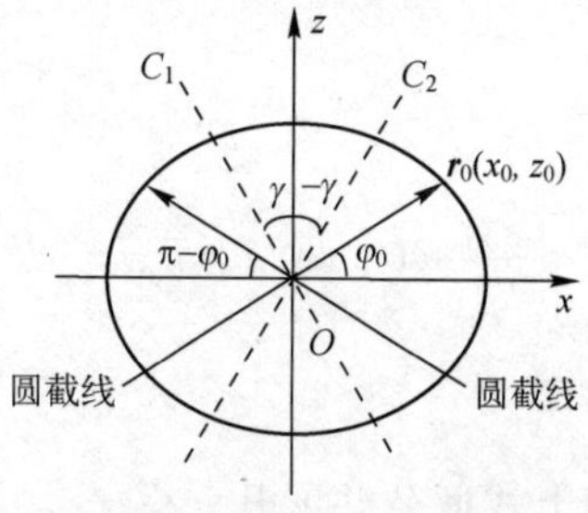

图 5.3-5 （负）双轴晶体的光轴

代入式（5.3-18），得

$$\frac{n_y^2\cos^2\varphi_0}{n_x^2}+\frac{n_y^2\sin^2\varphi_0}{n_z^2}=1\tag{5.3-21}$$

由上式可解得

$$\tan\varphi_0=\tan\gamma=\pm\frac{n_z}{n_x}\sqrt{\frac{n_x^2-n_y^2}{n_y^2-n_z^2}}\tag{5.3-22}$$

这样，已知晶体的介电主轴方向及相应的主折射率，即可确定出双轴晶体的两个光轴方向。显然，当 $n_x=n_y=n_o$ 时，$\tan\varphi_0=\tan\gamma=0$，双轴与 z 轴重合，双轴晶体退化为单轴晶体。

这里需要注意的是，由折射率椭球的性质 2 可以很容易看出，当波矢量方向（注意：不是作用场方向!）沿双轴晶体的某一介电主轴 x、y 或 z 时，其对应的两个光波分量之 $\boldsymbol{D}$ 矢量与 $\boldsymbol{E}$ 矢量分别重合，因而光线方向与波面法线方向重合。然而，与单轴晶体的光轴不同，当波矢量方向沿双轴晶体的某一光轴方向时，虽然两光波的折射率相同，均等于 n_y，但由于其各自的 $\boldsymbol{D}$ 矢量与 $\boldsymbol{E}$ 矢量不重合，因而各自的波矢量方向与光线方向也不重合，从而形成所谓圆锥折射现象。详见 5.4 节的讨论。此外，对于双轴晶体，当波矢量沿其他方向时，相应的光线方向与波面法线方向均不重合。因此，双轴晶体中的两个光波分量都是非常光，其折射特征均与波矢量的方向有关。

5.3.2 波矢面

所谓波矢面，是指晶体中自任一点（设其为介电主轴坐标系原点）指向各个方向的波矢量 $\boldsymbol{k}$ 末端的轨迹所构成的空间曲面。其矢径 $\boldsymbol{r}$ 的长度等于入射光波在介质中的波数 k，矢径的方向与波矢量或波面法线方向相同。以 k_0 和 $\hat{\boldsymbol{k}}_0(\hat{k}_{0x},\hat{k}_{0y},\hat{k}_{0z})$ 分别表示光波在真空中的波数和在晶体中的单位波矢量，则由波矢面定义，在介电主轴坐标系下，可将其矢径 $\boldsymbol{r}$ 表示为

$$\boldsymbol{r}=\boldsymbol{k}=k\hat{\boldsymbol{k}}_0=k_0n\hat{\boldsymbol{k}}_0\tag{5.3-23}$$

此定义式表明，由于波数 $k(=k_0n)$ 正比于介质的折射率 n，因此波矢面也等同于这样一个空间曲面，其矢径的长度等于光波的折射率，矢径的方向即光波的波面法线方向。顾名思义，这样一个空间曲面称为折射率面。显然，折射率面与波矢面具有相似的几何形状，因而数学处理方法相同，不同之处仅在于矢径的长度比例不同。因此，对于波矢面的讨论结果也完全适用于折射率面。

根据波矢面的定义可得

$$|\boldsymbol{r}|=\sqrt{x^2+y^2+z^2}=k_0n=k\tag{5.3-24}$$

式中

$$x=k_x=k_0n\hat{k}_{0x},\quad y=k_y=k_0n\hat{k}_{0y},\quad z=k_z=k_0n\hat{k}_{0z}\tag{5.3-25}$$

将式（5.3-25）代入菲涅耳方程，得

$$\frac{x^2}{\frac{1}{n^2}-\frac{1}{n_x^2}}+\frac{y^2}{\frac{1}{n^2}-\frac{1}{n_y^2}}+\frac{z^2}{\frac{1}{n^2}-\frac{1}{n_z^2}}=0 \tag{5.3-26}$$

进一步，取 $n'=k_0n=r$ 及 $n_i'=k_0n_i(i=x,y,z)$，代入式（5.3-26），得

$$\frac{n_x'^2x^2}{n_x'^2-n'^2}+\frac{n_y'^2y^2}{n_y'^2-n'^2}+\frac{n_z'^2z^2}{n_z'^2-n'^2}=0 \tag{5.3-27}$$

将上式通分并展开，得

$$\begin{aligned}&(n_x'^2x^2+n_y'^2y^2+n_z'^2z^2)(x^2+y^2+z^2)\\&-[n_x'^2(n_y'^2+n_z'^2)x^2+n_y'^2(n_x'^2+n_z'^2)y^2+n_z'^2(n_x'^2+n_y'^2)z^2]\\&+n_x'^2n_y'^2n_z'^2=0\end{aligned} \tag{5.3-28}$$

式（5.3-28）即光波在晶体中的波矢面方程。显然，由于其复杂的数学表达式，直接求解方程比较困难，但可以首先分析由该方程所构成的空间曲面与三个坐标轴的交点及在三个坐标平面上截线的特征。

1. 双轴晶体中的波矢面

为了便于讨论，假设所考察的晶体为负双轴晶体，即 $n_x'>n_y'>n_z'$。首先考察波矢面与三个坐标轴的交点。在 x 轴上，$y=z=0$，将其代入式（5.3-28），得

$$x^4-(n_y'^2+n_z'^2)x^2+n_y'^2n_z'^2=0 \tag{5.3-29}$$

这是一个一元四次方程，解此方程可得两对不相等的实根，即

$$\begin{cases}x_1=\pm n_y'=\pm k_0n_y\\x_2=\pm n_z'=\pm k_0n_z\end{cases} \tag{5.3-30}$$

同理，分别将 $x=z=0$ 和 $x=y=0$ 代入式（5.3-28），即可求得波矢面与 y 轴和 z 轴的交点坐标：

$$\begin{cases}y_1=\pm n_z'=\pm k_0n_z\\y_2=\pm n_x'=\pm k_0n_x\end{cases} \tag{5.3-31}$$

$$\begin{cases}z_1=\pm n_x'=\pm k_0n_x\\z_2=\pm n_y'=\pm k_0n_y\end{cases} \tag{5.3-32}$$

式（5.3-30）和式（5.3-31）的结果表明，双轴晶体的波矢面与每个坐标轴在同一侧相交两次，即有两个交点，表明该波矢面为一空间双层曲面。

其次，考察波矢面在三个坐标平面上的截线特征。在 xy 平面上，$z=0$，代入式（5.3-28）并整理，得

$$(x^2+y^2-n_z'^2)(n_x'^2x^2+n_y'^2y^2-n_x'^2n_y'^2)=0 \tag{5.3-33}$$

令上式中两个因子分别等于0，得

$$\begin{cases}x^2+y^2=n_z'^2\\\dfrac{x^2}{n_y'^2}+\dfrac{y^2}{n_x'^2}=1\end{cases} \tag{5.3-34}$$

上式表明，波矢面在 xy 平面上的截线，由一个半径为 n_z' 的圆和一个半轴长度分别为 n_x'

和 n'_y 的椭圆构成。

同理，分别将 $x=0$ 和 $y=0$ 代入式（5.3-28），则可以得到波矢面在 xz 和 yz 平面上的截线方程为

$$xz\text{ 平面上：}\quad \begin{cases} x^2+z^2=n_y'^2 \\ \dfrac{x^2}{n_z'^2}+\dfrac{z^2}{n_x'^2}=1 \end{cases} \tag{5.3-35}$$

$$yz\text{ 平面上：}\quad \begin{cases} y^2+z^2=n_x'^2 \\ \dfrac{y^2}{n_z'^2}+\dfrac{z^2}{n_y'^2}=1 \end{cases} \tag{5.3-36}$$

可见，波矢面在 xz 平面上的截线，由一个半径为 n'_y 的圆和一个半轴长度分别为 n'_x 和 n'_z 的椭圆构成波矢面；波矢面在 yz 平面上的截线，由一个半径为 n'_x 的圆和一个半轴长度分别为 n'_y 和 n'_z 的椭圆构成。

图 5.3-6 给出了波矢面在三个坐标平面上的截线形状。可以看出，对于负双轴晶体，在 xy 平面上的圆包含在椭圆内；相反地，在 yz 平面上的椭圆包含在圆内。只有在 xz 平面上，圆和椭圆相交，并且有四个交点：P_1、P_2、P_3、P_4。过原点作两直线 C_1 和 C_2 将对应的两个交点（P_1P_3，P_2P_4）连起来，则当光波的波面法线方向沿某一直线（C_1 或 C_2）方向时，所对应的两光波分量具有同样的折射率。因此将这两个直线方向 C_1 和 C_2 定义为双轴晶体的光轴方向。一般情况下，波面法线与波矢面都有两个交点，这表明双轴晶体中对应同一波矢量的两个光波分量具有不同的折射率，因而出现双折射现象。

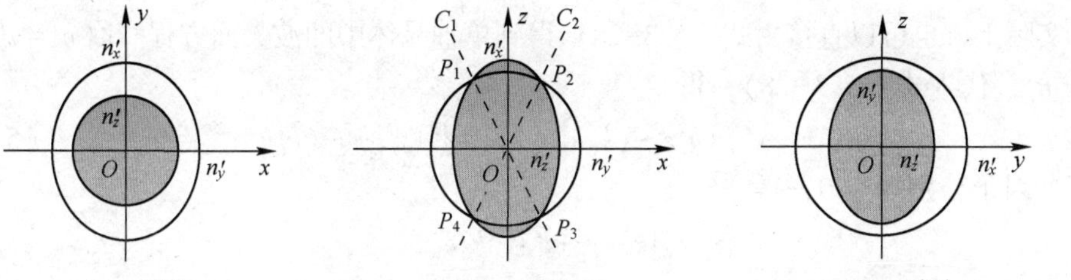

图 5.3-6 （负）双轴晶体中的波矢面在坐标平面上的截线

根据波矢面在三个坐标平面上的截线形状及其与三个坐标轴的交点坐标，我们不难绘出波矢面的空间形状。图 5.3-7 所示形状即其位于第一象限的部分（八分之一曲面）。

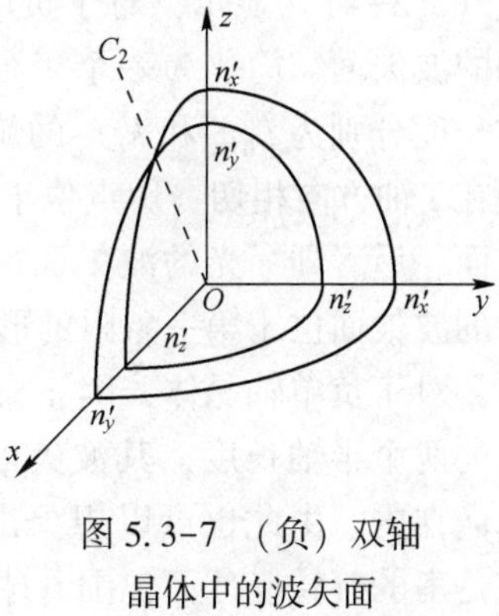

图 5.3-7 （负）双轴晶体中的波矢面

2. 单轴晶体中的波矢面

对于单轴晶体，$n'_x=n'_y=k_0n_o$，$n'_z=k_0n_e$，分别代入式（5.3-34）、式（5.3-35）和式（5.3-36），可得

$$xy\text{ 平面上：}\quad \begin{cases} x^2+y^2=(k_0n_e)^2 \\ x^2+y^2=(k_0n_o)^2 \end{cases} \tag{5.3-37}$$

xz 平面上：
$$\begin{cases} x^2+z^2=(k_0 n_{\mathrm{o}})^2 \\ \dfrac{x^2}{(k_0 n_{\mathrm{e}})^2}+\dfrac{z^2}{(k_0 n_{\mathrm{o}})^2}=1 \end{cases} \tag{5.3-38}$$

yz 平面上：
$$\begin{cases} y^2+z^2=(k_0 n_{\mathrm{o}})^2 \\ \dfrac{y^2}{(k_0 n_{\mathrm{e}})^2}+\dfrac{z^2}{(k_0 n_{\mathrm{o}})^2}=1 \end{cases} \tag{5.3-39}$$

可以看出，单轴晶体中的波矢面在 xy 平面上的截线，为两个半径分别等于 $k_0 n_{\mathrm{e}}$ 和 $k_0 n_{\mathrm{o}}$ 的圆；而在 xz 和 yz 平面上的截线，则为一个半径等于 $k_0 n_{\mathrm{o}}$ 的圆和一个长短半轴长度分别等于 $k_0 n_{\mathrm{o}}$ 和 $k_0 n_{\mathrm{e}}$ 的椭圆，并且圆的半径与椭圆在 z 轴方向的半轴长度相等，表明圆与椭圆在 z 轴方向相切。这说明单轴晶体中的双层波矢面不相交，但有一对切点，因而也只有一个光轴方向，并且光轴方向刚好与 z 轴方向重合。图 5.3-8 显示了负单轴晶体波矢面在三个坐标平面上的截线。

(a) xy 平面　　　　(b) xz 平面　　　　(c) yz 平面

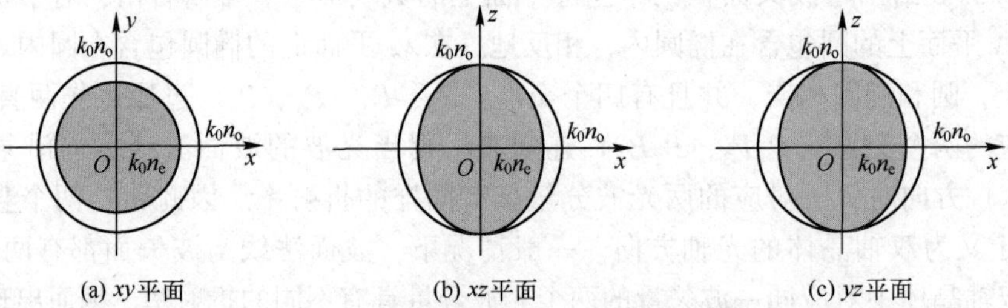

图 5.3-8　（负）单轴晶体中的波矢面在坐标平面上的截线

实际上，也可以直接由式（5.3-28）得到单轴晶体中的波矢面方程。取 $n_x'=n_y'=k_0 n_{\mathrm{o}}$，$n_z'=k_0 n_{\mathrm{e}}$，代入式（5.3-28），得

$$[\,n_{\mathrm{o}}^2(x^2+y^2)+n_{\mathrm{e}}^2 z^2-(k_0 n_{\mathrm{o}} n_{\mathrm{e}})^2\,][\,x^2+y^2+z^2-(k_0 n_{\mathrm{o}})^2\,]=0 \tag{5.3-40}$$

令两个因子分别等于 0，得

$$\begin{cases} x^2+y^2+z^2=(k_0 n_{\mathrm{o}})^2 \\ \dfrac{x^2+y^2}{(k_0 n_{\mathrm{e}})^2}+\dfrac{z^2}{(k_0 n_{\mathrm{o}})^2}=1 \end{cases} \tag{5.3-41}$$

式（5.3-41）显示，对于负单轴晶体，其复杂双层曲面结构的波矢面，简化为一个半径为 $k_0 n_{\mathrm{o}}$ 的球面和一个长短半轴长度分别为 $k_0 n_{\mathrm{o}}$ 和 $k_0 n_{\mathrm{e}}$ 的旋转椭球面。球面和旋转椭球面在 z 轴方向相切，切点位于 $z=\pm k_0 n_{\mathrm{o}}$ 处，前者即 o 光的波矢面，后者即 e 光的波矢面。图 5.3-9 所示为负单轴晶体中的波矢面位于第一象限的形状（八分之一曲面）。可以看出，对于负单轴晶体，因 $n_{\mathrm{o}}>n_{\mathrm{e}}$，所以球面半径大于旋转椭球的两个半轴长度，其波矢面的特点是球面在外，旋转椭球面在内。由此也可以想象出，正单轴晶体的波矢面则应该是扁的旋转椭球面包围着球面。

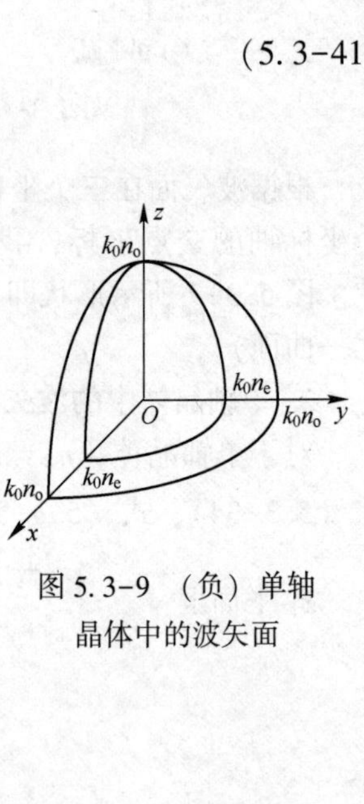

图 5.3-9　（负）单轴晶体中的波矢面

5.3.3 法线面

法线面定义为自晶体中任一点（设其为介电主轴坐标系原点）指向各个方向的法线速度矢量 $\boldsymbol{v}_k$ 末端的轨迹所构成的空间曲面。其特点是：矢径方向平行于给定光波的波面法线方向，矢径长度等于相应光波之相速度（或者法线速度）v_k。根据这一定义，若以 $\boldsymbol{r}$ 表示法线面的矢径，则有

$$\boldsymbol{r}=v_k\hat{\boldsymbol{k}}_0=\frac{c}{n}\hat{\boldsymbol{k}}_0 \tag{5.3-42}$$

显然，矢径 $\boldsymbol{r}=(c/n)\hat{\boldsymbol{k}}_0$ 与 $\boldsymbol{r}=(1/n)\hat{\boldsymbol{k}}_0$ 及 $\boldsymbol{r}=(1/nk_0)\hat{\boldsymbol{k}}_0$ 仅相差一比例常数，其形状完全相同，只是大小不同。与折射率面和波矢面之间的关系相对应，由矢径 $\boldsymbol{r}=(1/n)\hat{\boldsymbol{k}}_0$ 和 $\boldsymbol{r}=(1/nk_0)\hat{\boldsymbol{k}}_0$ 所确定的空间曲面分别称为折射率面和波矢面的倒数面。可见，法线面实际上就等价于折射率面或波矢面的倒数面。或者说，研究法线面的形状与研究折射率面的倒数面的形状特征，其效果是一样的。因此，为简便数学推导，本节从折射率面的倒数面出发讨论法线面的空间特征。

类似于波矢面的讨论，在介电主轴坐标系下，取矢径坐标分量及矢径大小分别为

$$i=\frac{1}{n}\hat{k}_{0i},\quad i=x,y,z \tag{5.3-43}$$

$$|\boldsymbol{r}|^2=x^2+y^2+z^2=\frac{1}{n^2} \tag{5.3-44}$$

代入菲涅耳方程，得

$$\frac{x^2}{\frac{1}{n^2}-\frac{1}{n_x^2}}+\frac{y^2}{\frac{1}{n^2}-\frac{1}{n_y^2}}+\frac{z^2}{\frac{1}{n^2}-\frac{1}{n_z^2}}=0 \tag{5.3-45}$$

通分并整理，得

$$\begin{aligned}&n_x^2n_y^2n_z^2\ (x^2+y^2+z^2)^3\\&-[n_x^2(n_y^2+n_z^2)x^2+n_y^2(n_x^2+n_z^2)y^2+n_z^2(n_x^2+n_y^2)z^2](x^2+y^2+z^2)\\&+(n_x^2x^2+n_y^2y^2+n_z^2z^2)=0\end{aligned} \tag{5.3-46}$$

式（5.3-46）即折射率面的倒数面，其矢径大小乘以真空中光速后的末端轨迹所绘出的空间曲面即实际的法线面，故以下均称法线面方程。下面讨论法线面的空间形状及特点。

1. 双轴晶体中的法线面

同样，为便于讨论，假设所考察的晶体为负双轴晶体，即 $n_x>n_y>n_z$。首先考察法线面在三个坐标平面上的截线特征。在 xz 平面上，$y=0$，故式（5.3-46）简化为

$$\begin{aligned}&n_x^2n_y^2n_z^2\ (x^2+z^2)^3\\&-[n_x^2(n_y^2+n_z^2)x^2+n_z^2(n_x^2+n_y^2)z^2](x^2+z^2)+n_x^2x^2+n_z^2z^2=0\end{aligned} \tag{5.3-47}$$

整理后得

$$[n_y^2(x^2+z^2)-1][n_x^2n_z^2\ (x^2+z^2)^2-(n_x^2x^2+n_z^2z^2)]=0 \tag{5.3-48}$$

上式成立的条件是两个因式分别等于0。由此解得

$$x^2+z^2=\frac{1}{n_y^2} \tag{5.3-49a}$$

$$(x^2+z^2)^2-\left(\frac{x^2}{n_z^2}+\frac{z^2}{n_x^2}\right)=0 \tag{5.3-49b}$$

式（5.3-49a）给出了一个半径为 $1/n_y$ 的圆，而式（5.3-49b）给出了一个四次卵形线，其与 x 和 z 轴的交点位置分别为 $x=\pm 1/n_z$，$z=\pm 1/n_x$，如图5.3-10（a）所示。显然，无论是正晶体还是负晶体，四次卵形线与圆在 xz 平面上必定相交，其交点位置 (x_c, z_c) 可由式（5.3-49a）和式（5.3-49b）联立求得，即

$$x_c=\pm\frac{n_z}{n_y^2}\sqrt{\frac{n_x^2-n_y^2}{n_x^2-n_z^2}},\ z_c=\pm\frac{n_x}{n_y^2}\sqrt{\frac{n_y^2-n_z^2}{n_x^2-n_z^2}} \tag{5.3-50}$$

式（5.3-50）表明，四次卵形线与圆在 xz 平面上有四个交点，并且两两对称于原点，其连线构成晶体的光轴 C_1 和 C_2，并且两光轴与 z 轴的夹角为

$$\gamma=\arctan\left(\frac{x_c}{z_c}\right)=\arctan\left(\pm\frac{n_z}{n_x}\sqrt{\frac{n_x^2-n_y^2}{n_y^2-n_z^2}}\right) \tag{5.3-51}$$

同理可得法线面在 xy 和在 yz 平面上的截线方程分别为

$$xy\text{ 平面：}\quad \begin{cases} x^2+y^2=\dfrac{1}{n_z^2} \\ (x^2+y^2)^2-\left(\dfrac{x^2}{n_y^2}+\dfrac{y^2}{n_x^2}\right)=0 \end{cases} \tag{5.3-52}$$

$$yz\text{ 平面：}\quad \begin{cases} y^2+z^2=\dfrac{1}{n_x^2} \\ (y^2+z^2)^2-\left(\dfrac{y^2}{n_z^2}+\dfrac{z^2}{n_y^2}\right)=0 \end{cases} \tag{5.3-53}$$

可以看出，式（5.3-52）给出了一个半径为 $1/n_z$ 的圆和一个卵形线。该四次卵形线与 x 和 y 轴的交点分别为 $\pm 1/n_y$ 和 $\pm 1/n_x$。对于负晶体，四次卵形线位于圆内，故两者不相交（图5.3-10（b））。同样，式（5.3-53）给出了一个半径为 $1/n_x$ 的圆和一个卵形线，后者与 y 和 z 轴的交点分别为 $\pm 1/n_z$ 和 $\pm 1/n_y$。对于负晶体，圆位于四次卵形线内，两者亦不相交（见图5.3-10（c））。同样，将法线面在以上三个坐标平面上的投影综合起来，便得到其空间形状——一个双层曲面结构。

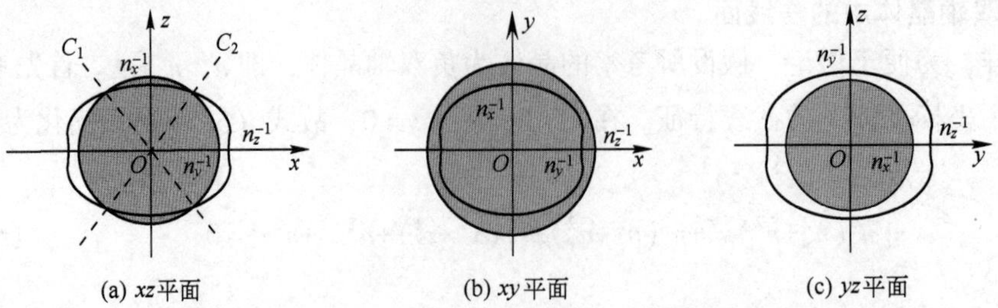

图5.3-10 （负）双轴晶体中的法线面（折射率面的倒数面）在坐标平面上的截线

2. 单轴晶体中的法线面

将 $n_x=n_y=n_o$ 及 $n_z=n_e$ 分别代入式（5.3-49）、式（5.3-52）和式（5.3-53），即可得到单轴晶体的法线面在三个坐标平面上的截线方程，即

$$xz\text{ 平面：}\quad \begin{cases} x^2+z^2=n_o^{-2} \\ (x^2+z^2)^2-\left(\dfrac{x^2}{n_e^2}+\dfrac{z^2}{n_o^2}\right)=0 \end{cases} \tag{5.3-54}$$

$$xy\text{ 平面：}\quad \begin{cases} x^2+y^2=n_e^{-2} \\ x^2+y^2=n_o^{-2} \end{cases} \tag{5.3-55}$$

$$yz\text{ 平面：}\quad \begin{cases} y^2+z^2=n_o^{-2} \\ (y^2+z^2)^2-\left(\dfrac{y^2}{n_e^2}+\dfrac{z^2}{n_o^2}\right)=0 \end{cases} \tag{5.3-56}$$

式（5.3-54）和式（5.3-56）表明，单轴晶体中的法线面在 xz 和 yz 平面上的截线形状相同，均由一个半径为 $1/n_o$ 的圆和一个四次卵形线构成，如图 5.3-11（a）和图 5.3-11（c）所示。四次卵形线与圆在 z 轴上相切，除此之外，二者不再有其他交点，因此晶体光轴与 z 轴重合。与波矢面类似，单轴晶体中的法线面在 xy 平面上的截线是一对半径分别为 $1/n_e$ 和 $1/n_o$ 的同心圆，如图 5.3-11（b）所示。同样，将三个坐标平面上的截线图形综合在一起，即可绘出单轴晶体中法线面的形状。可以想象，该法线面应该是由一个球面和一个与球面在 z 轴上相切的旋转四次卵形面构成的双层曲面。

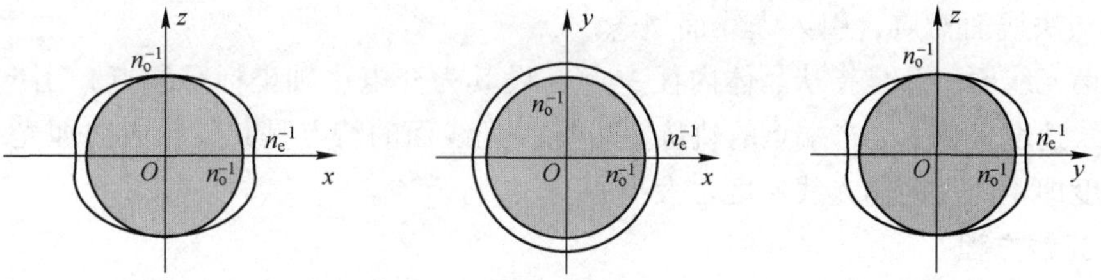

图 5.3-11 （负）单轴晶体中的法线面（折射率面的倒数面）在坐标平面上的截线

综上所述，可以得出以下结论：

（1）光波在双轴晶体中的法线面为双层曲面，该双层曲面在三个坐标平面上的截线由一个圆和一个四次卵形线构成；圆和四次卵形线在 xz 平面上有四个交点，将四个交点以过原点的直线连接，可得到两条对称于 z 轴的直线，即晶体的两个光轴方向。一般情况下，过原点沿任一方向的矢径均与法线面有两个交点，这两个交点所对应的矢径的两个长度，正好等于晶体中与相应波面法线方向对应的两种光波之相速度（对于折射率面的倒数面，即两光波之折射率的倒数）。当矢径方向沿光轴方向时，交点只有一个，因而只有一种光波相速度（对于折射率面的倒数面，即一种光波折射率）。

（2）光波在单轴晶体中的法线面亦为双层曲面。与双轴晶体不同的是，该双层曲面以 z 轴为旋转对称，实际上是由一个球面和一个旋转四次卵形面构成。两曲面在 z 轴

方向上相切，故光轴只有一个——z 轴方向。对于正单轴晶体，$n_e>n_o$，球面在外；对于负晶体，$n_e<n_o$，球面在内。在 xz 和 yz 平面上，球面和旋转四次卵形面之截线均为一个圆和一个与之在 z 轴方向相切的四次卵形线。在 xy 平面上，截线变为两个同心圆。显然，此球面即 o 光之法线面，而旋转四次卵形面即 e 光之法线面。实际中，由于 n_e 与 n_o 相差很小，故 e 光法线面很接近一个旋转椭球面，其曲面方程为

$$\begin{cases}x^2+y^2+z^2=n_o^{-2}\\(x^2+y^2+z^2)^2-\left(\dfrac{x^2+y^2}{n_e^2}+\dfrac{z^2}{n_o^2}\right)=0\end{cases}\tag{5.3-57}$$

5.3.4 光线面

我们在研究各向同性介质中光波的传播问题时，有关波面、波的传播方向和传播速度等概念，都只引进了唯一的一种：波面乃等相位面，波的传播方向由波矢量 $\boldsymbol{k}$ 的方向表征，等价于波面的法线方向，它既代表波面向前推进的方向，也代表波的能流方向（即光线方向）。所谓波的速度，即波面沿法线向前推进的速度——相速度。也就是说，在各向同性介质中，光波的波面法线方向与光线方向是一致的，因而相速度即光线速度（无色散介质中或者单色波情况下）。然而，在各向异性晶体中，这些概念全都复杂化了。首先，波面法线方向与光线方向有可能不一致，因而相应的相速度与光线速度便不一致。前面讨论的三种曲面均与波面法线及相速度有关，但未涉及光线方向及光线速度，而后者又用以表征光能流。故从实际应用角度，讨论晶体中光线方向与光线速度等问题对于了解光波在晶体中的传播特性具有重要意义。为此，与法线面对应，引入光线面概念。

所谓光线面，乃是指从晶体内任一点（设其为介电主轴坐标系原点）引向各个方向的光线速度矢量 $\boldsymbol{v}_s$ 之末端点的轨迹。可见，光线面的特点是其矢径方向即光线方向，矢径长度即相应方向的光线速度之大小 v_s。

1. 光线方程

由式（5.2-13）给出的各向异性晶体中光波的 $\boldsymbol{D}$ 矢量与 $\boldsymbol{E}$ 矢量之关系可得

$$\boldsymbol{D}\cdot\boldsymbol{D}=|\boldsymbol{D}|^2=\varepsilon_0 n^2(\boldsymbol{D}\cdot\boldsymbol{E})=\varepsilon_0 n^2|\boldsymbol{D}||\boldsymbol{E}|\cos\alpha$$

即

$$|\boldsymbol{D}|=\varepsilon_0 n^2|\boldsymbol{E}|\cos\alpha\tag{5.3-58}$$

或

$$|\boldsymbol{E}|=\frac{|\boldsymbol{D}|}{\varepsilon_0 n^2\cos\alpha}\tag{5.3-59}$$

式（5.3-59）表明，在各向异性晶体中，电位移矢量 $\boldsymbol{D}$ 的大小正比于电场强度矢量 $\boldsymbol{E}$ 在其方向上的投影（α 为 $\boldsymbol{D}$ 与 $\boldsymbol{E}$ 的夹角）。由于光线方向和波面法线方向分别与电场强度矢量 $\boldsymbol{E}$ 和电位移矢量 $\boldsymbol{D}$ 正交，故 α 也是光线速度矢量 $\boldsymbol{v}_s$ 和法线速度矢量 $\boldsymbol{v}_k$ 之间的夹角。

与折射率的定义 $n=c/v_k$ 相对应，现定义 $n_s=c/v_s$ 为光线折射率。由式（5.2-11）和式（5.2-10）得

$$n_s = n\cos\alpha \tag{5.3-60}$$

代入式（5.3-59），得

$$|\boldsymbol{E}| = \frac{|\boldsymbol{D}|}{\varepsilon_0 n_s^2}\cos\alpha \tag{5.3-61}$$

与式（5.3-59）比较可看出，若以$\hat{\boldsymbol{s}}_0$ 表示光线方向矢量（即单位能流密度矢量），则也可以将电场强度矢量 $\boldsymbol{E}$ 与电位移矢量 $\boldsymbol{D}$ 之间的关系表示为

$$\boldsymbol{E} = \frac{1}{\varepsilon_0 n_s^2}[\boldsymbol{D} - \hat{\boldsymbol{s}}_0(\hat{\boldsymbol{s}}_0 \cdot \boldsymbol{D})] \tag{5.3-62}$$

相应地，在介电主轴坐标系中，$\boldsymbol{E}$ 的分量表达式为

$$\begin{cases} E_x = -\dfrac{1}{\varepsilon_0(n_s^2 - n_x^2)}\hat{s}_{0x}(\hat{\boldsymbol{s}}_0 \cdot \boldsymbol{D}) \\ E_y = -\dfrac{1}{\varepsilon_0(n_s^2 - n_y^2)}\hat{s}_{0y}(\hat{\boldsymbol{s}}_0 \cdot \boldsymbol{D}) \\ E_z = -\dfrac{1}{\varepsilon_0(n_s^2 - n_z^2)}\hat{s}_{0z}(\hat{\boldsymbol{s}}_0 \cdot \boldsymbol{D}) \end{cases} \tag{5.3-63}$$

由于$\hat{\boldsymbol{s}}_0$ 与 $\boldsymbol{E}$ 正交，故有

$$\hat{\boldsymbol{s}}_0 \cdot \boldsymbol{E} = \hat{s}_{0x}E_x + \hat{s}_{0y}E_y + \hat{s}_{0z}E_z = 0 \tag{5.3-64}$$

即

$$\frac{\hat{s}_{0x}^2}{n_s^2 - n_x^2} + \frac{\hat{s}_{0y}^2}{n_s^2 - n_y^2} + \frac{\hat{s}_{0z}^2}{n_s^2 - n_z^2} = 0 \tag{5.3-65}$$

或

$$\frac{\hat{s}_{0x}^2}{\dfrac{1}{v_s^2} - \dfrac{1}{v_x^2}} + \frac{\hat{s}_{0y}^2}{\dfrac{1}{v_s^2} - \dfrac{1}{v_y^2}} + \frac{\hat{s}_{0z}^2}{\dfrac{1}{v_s^2} - \dfrac{1}{v_z^2}} = 0 \tag{5.3-66}$$

式（5.3-66）称为各向异性晶体中的光线方程。式中 $v_i = c/n_i(i=x,y,z)$ 表示晶体中电场强度矢量沿相应介电主轴方向时的光波相速度或法线速度（注意：不是光波或光线沿介电主轴方向传播的速度！），这里简称为主法线速度。由于在介电主轴方向，电位移矢量与电场强度矢量方向重合，故相应光波的波矢量与能流密度矢量方向也相同，因而 v_i 也表示电场强度矢量沿相应介电主轴方向时的光线速度，这里简称为主光线速度。也就是说，当光波的电场强度矢量沿某个介电主轴方向时，其光线速度与法线速度相同，即主光线速度与主法线速度实际上是一个量。可以看出，光线方程与菲涅耳方程形式上完全相同，其区别仅在于，光线方程中以光线方向矢量（即单位能流密度矢量）$\hat{\boldsymbol{s}}_0$ 代替了菲涅耳方程中的单位波矢量 $\hat{\boldsymbol{k}}_0$，以光线速度大小 v_s 及主光线速度 v_i（$i=x$，y，z）分别代替了折射率 n 及主折射率 n_i（$i=x$，y，z）。菲涅耳方程给出了单色平面光波在各向异性晶体中传播时，光波的折射率 n 与光波的波面法线方向矢量 $\hat{\boldsymbol{k}}_0$ 之间所满足的关系。类似地，光线方程则给出了单色平面光波在各向异性晶体中传播时，光线速度 v_s 与光线方向矢量 $\hat{\boldsymbol{s}}_0$ 之间所满足的关系。因此，一般情况下，对于给定的光线方向矢量 $\hat{\boldsymbol{s}}_0$，

由光线方程可以得出两个不相等的实数解 v_1 和 v_2，分别对应于晶体中允许存在的两种光波之光线速度。或者说，在各向异性晶体中，对于给定的光线方向，一般存在两种以不同光线速度传播的光波，这两种光波的波法线一般也不重合。

2. 光线面方程

我们在讨论波矢面时，曾定义其矢径为 $\boldsymbol{r}=k\hat{\boldsymbol{k}}_0$，并将其代入菲涅耳方程而导出了波矢面方程。同样，根据光线面的定义，其矢径应为 $\boldsymbol{r}=v_s\hat{\boldsymbol{s}}_0$。比较由式（5.3-66）给出的光线方程与由式（5.2-17）给出的菲涅耳方程，可以看出，两者的形式相同。因此，只要将波矢面方程中的 $\hat{\boldsymbol{k}}_0$ 换为 $\hat{\boldsymbol{s}}_0$，并作相应地代换：$\hat{k}_{0x},\hat{k}_{0y},\hat{k}_{0z}\rightarrow\hat{s}_{0x},\hat{s}_{0y},\hat{s}_{0z}$，$n'_x,n'_y,n'_z\rightarrow v_x,v_y,v_z$，即可得到如下光线面方程，即

$$(v_x^2x^2+v_y^2y^2+v_z^2z^2)(x^2+y^2+z^2)-[v_x^2(v_y^2+v_z^2)x^2+v_y^2(v_x^2+v_z^2)y^2+v_z^2(v_x^2+v_y^2)z^2]+v_x^2v_y^2v_z^2=0 \tag{5.3-67}$$

显然，由方程（5.3-67）给出的光线面形状与波矢面相同，也是一个双层曲面，其在各坐标平面上的截线方程分别如下：

xy 平面上：
$$\begin{cases}x^2+y^2=v_z^2\\ \dfrac{x^2}{v_y^2}+\dfrac{y^2}{v_x^2}=1\end{cases} \tag{5.3-68}$$

xz 平面上：
$$\begin{cases}x^2+z^2=v_y^2\\ \dfrac{x^2}{v_z^2}+\dfrac{z^2}{v_x^2}=1\end{cases} \tag{5.3-69}$$

yz 平面上：
$$\begin{cases}y^2+z^2=v_x^2\\ \dfrac{y^2}{v_z^2}+\dfrac{z^2}{v_y^2}=1\end{cases} \tag{5.3-70}$$

式（5.3-68）、式（5.3-69）及式（5.3-70）表明，在介电主轴坐标系的三个坐标平面上，光线面的截线均为一个圆和一个椭圆（见图 5.3-12）。圆和椭圆在 xz 平面上有 4 个交点，过原点作四个点的连线有两条：B_1 和 B_2。当光线方向平行于其中一条直线方向时，晶体中允许存在的光波的光线速度只有一个，故称此方向为晶体的光线轴（注意：有别于晶体的光轴）。有时也称光线轴为晶体的第二类光轴，同时将实际的光轴称为第一类光轴。光线轴仅表示晶体内两种光波之光线速度相同的方向，而光轴则表示法线速度相同的方向。对于双轴晶体而言，光线轴与光轴虽然都位于 xz 平面，但一般不重合，只是二者之间的夹角很小。同样，综合光线面在三个坐标平面上的截线，即可绘出其空间形状，如图 5.3-13 所示。

对于单轴晶体，$v_x=v_y=v_o$，$v_z=v_e$，于是光线面方程变为

$$\begin{cases}x^2+y^2+z^2=v_o^2\\ \dfrac{x^2+y^2}{v_e^2}+\dfrac{y^2}{v_o}=1\end{cases} \tag{5.3-71}$$

式中：前者表示一个球面，半径为 v_o，对应 o 光；后者表示一个以 z 轴为对称轴的旋转椭球面，其半轴长度分别为 v_o 和 v_e，对应 e 光。如图 5.3-14 所示，两曲面在 z 轴方向

相切，表明单轴晶体的光线面（双层曲面）只有一对交点，因而也只有一个光线轴，并且光线轴与光轴重合，都沿 z 方向。

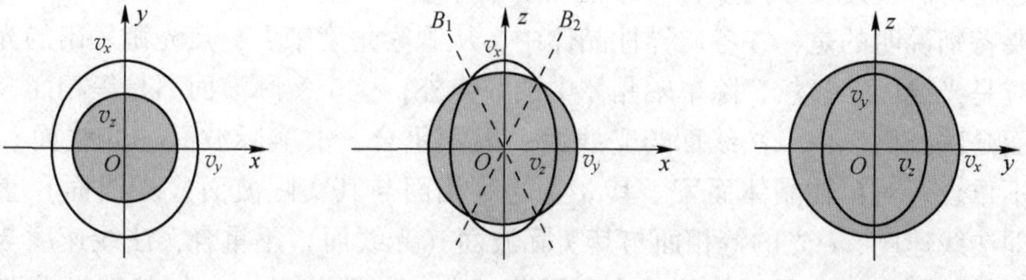

图 5.3-12 （正）双轴晶体中的光线面在坐标平面上的截线

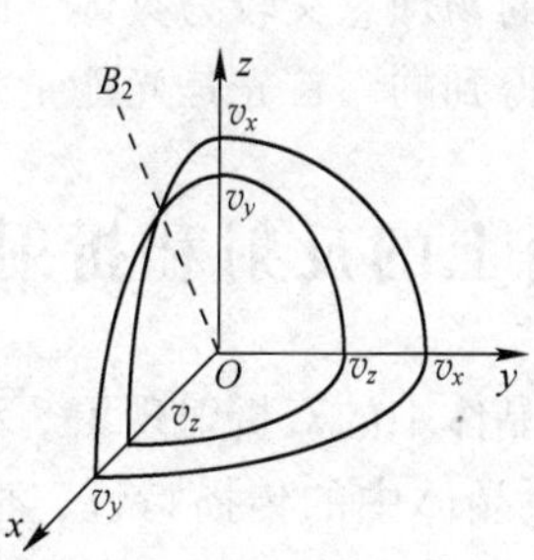

图 5.3-13 （正）双轴晶体中的光线面

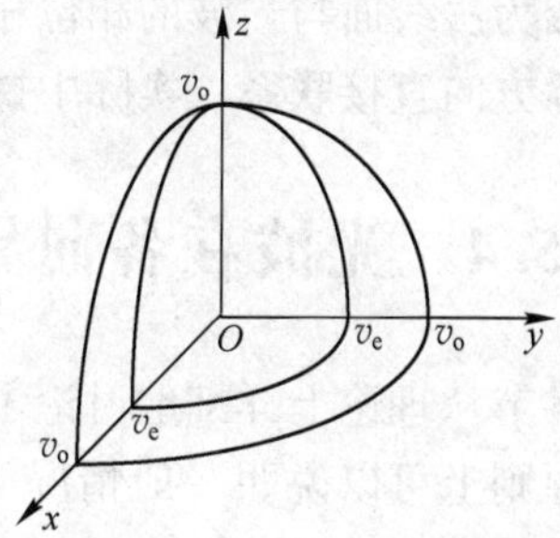

图 5.3-14 （正）单轴晶体中的光线面

3. 光线面与法线面的几何关系

我们已经得知，法线速度 v_k 与光线速度 v_s 的关系为 $v_k = v_s\cos\alpha$。这就是说，如果以光线速度矢量 $\boldsymbol{v}_s$（即光线面矢径）为一个直角三角形的斜边，则法线速度矢量 $\boldsymbol{v}_k$（即法线面矢径）就是该直角三角形的一个直边（图 5.3-15）。因此，以光线面矢径作为斜边对应的所有直角三角形的直角顶点的轨迹，即晶体的法线面。换言之，这个变边长和顶角的直角三角形短直角边的两端点在空间的轨迹，分别构成晶体的法线面和光线面。

上述结论也可以由图 5.3-16 更直观地加以说明。通过光线面上任一点 P 作光线面之切面，再由原点 O 向该切面引垂线 OP'，则 OP' 为与相应光线 OP 对应的波面法线方向，P' 点的轨迹即法线面。反过来，通过法线面上任一点 P' 作其波法线的垂足平面，则所有垂足平面之包络面即光线面。

图 5.3-15 光线速度与法线速度

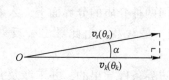

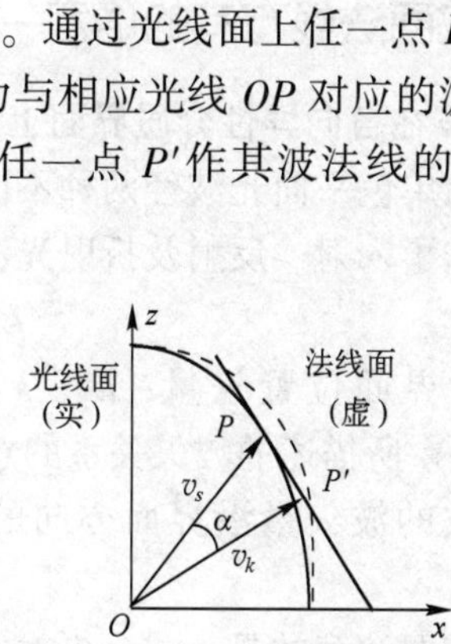

图 5.3-16 光线面与法线面的几何关系

此外，由光线面的空间特征也可以看出，光线面与法线面在三个介电主轴方向相切。这表明，在介电主轴坐标系的三个坐标轴方向，光线方向与波面法线方向重合，因而光线速度与法线速度方向重合，并且大小相等。

需要特别说明的是，在各向异性晶体中，从观察角度来看，点光源发出的光波的实际波面应是光线面。显然，除单轴晶体中的 o 光外，这个实际波面不是等相面，而相应的等相面是法线面。由于法线面与光线面一般不重合，故实际波面（光线面）一般与等相面不重合。对单轴晶体而言，其 o 光的等相面与其实际波面（光线面）重合，光线速度即法线速度；e 光的等相面与其实际波面（光线面）不重合，法线速度与光线速度也不相等，但一般情况下相差很小。因此，在一些简单讨论（如基础光学课程）中也往往不对二者加以区分。

由 5.4 节的讨论将可以看出，利用法线面来计算光波在晶体中的传播问题比较方便，这是因为法线面与光波的相位相联系。但光线面的物理意义较为具体，因为它与光能量的传播方向直接联系。实际中探测器所能够探测得到的，首先是光能量。

5.4 光波在各向异性晶体表面上的反射和折射

以上各节从理论上详细地讨论了光波在各向异性晶体中的双折射现象。利用这些讨论结果，原则上可以说明一般情况下光波在各向异性晶体中的传播特性，但前提条件是：已知晶体中光波之波面法线方向（即波矢量方向）或光线方向（即能流密度矢量方向）。然而，我们知道，由于双折射的存在，一般情况下，对于一定方向入射的单色平面光波，晶体内将可能同时存在两束不同波面法线方向或不同光线方向的折射光波，并且这些方向事先并不确切知道。只有当光波垂直于晶体表面方向入射时，其折射光波的波面法线方向才与入射光波一致。也就是说，只有在垂直入射这种特殊情况下，折射光波的波面法线方向才是已知的，于是方可利用前面讨论的结果。那么，在一般情况下研究光波在各向异性晶体中的传播特性问题时，怎样确定折射光波的波面法线方向或光线方向？本节讨论如何利用波矢面及光线面的性质并通过几何作图法来确定波面法线及光线方向。

5.4.1 波面法线方向的确定——斯涅耳作图法

1. 光波在各向异性介质界面上反射和折射时的波矢关系

在讨论单色平面光波经两种不同介质分界面反射和折射时，我们曾根据电磁场的边界条件导出了入射、反射及折射光波的波矢量在分界面上的投影关系，即

$$\boldsymbol{k}_1 \cdot \boldsymbol{r}=\boldsymbol{k}_1' \cdot \boldsymbol{r}=\boldsymbol{k}_2 \cdot \boldsymbol{r} \tag{5.4-1}$$

式中：$\boldsymbol{r}$ 为界面位置矢量；$\boldsymbol{k}_1$、$\boldsymbol{k}_1'$及 $\boldsymbol{k}_2$ 分别为入射、反射及折射光波的波矢量。式（5.4-1）所描述的波矢关系的意义在于，在任何两种介质的分界面上，入射、反射及折射光波的波矢量沿界面方向的投影大小不变，是常数。由此导出了反射和折射定律。

这里需要注意的是，式（5.4-1）是由电磁场边界条件导出的，并未涉及介质的具体性质，故不仅适用于各向同性介质的分界面，而且适用于各向异性介质的分界面。只

是对于各向同性介质而言，波面法线方向即光线方向，因此对于各向同性介质的分界面，由式（5.4-1）确定的是波矢关系形式的反射和折射定律，既决定了光波的波面法线方向，又决定了其光线方向。对于各向异性介质而言，波面法线方向与光线方向一般不一致，因此对于各向异性介质的分界面，由式（5.4-1）确定的反射和折射定律，只能决定光波的波面法线方向或波矢量方向，并不能决定相应的光线方向。换句话说，由式（5.4-1）波矢关系所确定的反射和折射定律，对于各向异性介质中可能存在的两个光波波矢量 $\boldsymbol{k}_{21}$ 和 $\boldsymbol{k}_{22}$ 均成立，且有

$$\boldsymbol{k}_1 \cdot \boldsymbol{r}=\boldsymbol{k}_1' \cdot \boldsymbol{r}=\boldsymbol{k}_{21} \cdot \boldsymbol{r}=\boldsymbol{k}_{22} \cdot \boldsymbol{r} \tag{5.4-2}$$

然而，对于光线方向却并不一定成立。

这里需要作几点说明：

（1）根据波矢关系，由式（5.4-1）规定的折射光波的波矢量总是位于入射面内，故式（5.4-2）确定的两个折射光波的波矢量 $\boldsymbol{k}_{21}$ 和 $\boldsymbol{k}_{22}$ 共面，并且均位于入射面内。

（2）设 θ_1 为入射角，θ_{21} 和 θ_{22} 分别为两折射光波的波矢量与分界面法线之间的夹角，则由式（5.4-2）得

$$k_1\sin\theta_1=k_{21}\sin\theta_{21}=k_{22}\sin\theta_{22} \tag{5.4-3}$$

我们已经知道，一般情况下，各向异性晶体中的 k_{21} 和 k_{22} 并非常数，因此比值 $\sin\theta_1/\sin\theta_{21}$ 和 $\sin\theta_1/\sin\theta_{22}$ 都不是恒量。故通常将各向异性晶体中的折射光波称为非常光。只有在单轴晶体中，有可能存在一种折射光波，其波矢量大小（即波数 k_{21} 或者 k_{22}）为恒定值，因而 $\sin\theta_1/\sin\theta_{21}$ 或 $\sin\theta_1/\sin\theta_{22}$ 也为恒定值，故称为寻常光。

（3）在一般情况下，晶体中的波数 k_{21} 和 k_{22} 并非常数，因此，要从给定的 θ_1 来确定 θ_{21} 和 θ_{22} 并不容易。只有对单轴晶体，或者双轴晶体的一些特殊方向，才有可能比较容易地确定出 θ_{21} 和 θ_{22}。此外，即使已经确定出 θ_{21} 和 θ_{22} 的方向，也要通过一定的数学换算才能得到折射光波的光线方向。

2. 斯涅耳作图法

根据式（5.4-2）给出的波矢关系，可以利用几何作图法来确定光波自某种各向同性介质进入各向异性晶体时，折射光波的波矢量方向。如图 5.4-1 所示，以光波在晶体表面上的入射点 O 为原点，分别画出入射光波的波矢面 Σ 和在晶体中的两个折射光波的波矢面 Σ_1 和 Σ_2，过 O 点延长入射光线（波矢量 $\boldsymbol{k}$）与 Σ 交于 A 点，过 A 点作晶体表面（即分界面）的垂线，使之与波矢面 Σ_1 和 Σ_2 分别相交于 B、C 两点。显然，该垂线到 O 点的距离正好等于 $\boldsymbol{k}_1 \cdot \boldsymbol{r}$，并且连线 OA 与入射光线共面，均位于入射面内，因而 B、C 点也位于入射面内。于是由 O 点与 B、C 两点的连线——OB 和 OC，即决定了晶体中两个折射光波的波矢量 $\boldsymbol{k}_{21}$ 和 $\boldsymbol{k}_{22}$ 的方向。此方法称为斯涅耳作图法。

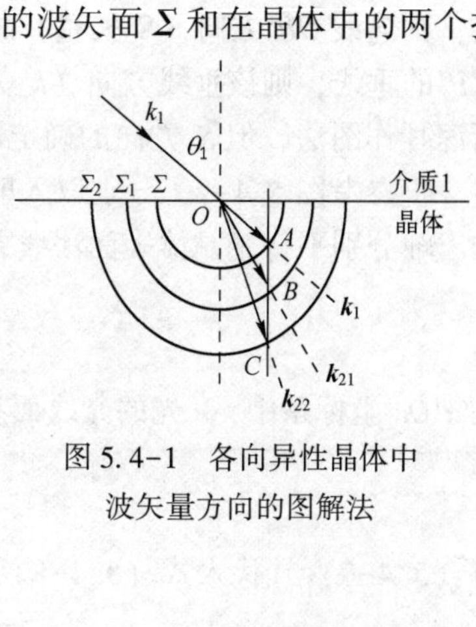

图 5.4-1　各向异性晶体中波矢量方向的图解法

5.4.2　光线方向的确定——惠更斯作图法

如图 5.4-2 所示，设一束位于 xz 平面内的单色平面光波（自然光）以角度 θ_1 自折

射率为 n_1 的各向同性介质入射到一负单轴晶体表面，晶体光轴 z' 平行于入射面，并且与界面法线方向的夹角为 φ。入射光波在入射面内的两边缘光线与晶体表面分别相交于 O 和 O' 点，与过 O 点的波面 $\boldsymbol{\Sigma}$ 交于 P 点。假定在单位时间内自 P 点传播到 O' 点，则 $\overline{PO'}=v_1$，$\overline{OO'}=v_1/\sin\theta_1$。与此同时，波面 $\boldsymbol{\Sigma}$ 自 O 点进入晶体后的 o 光和 e 光子波，其光线面分别形成半径为 r 的球面和半长轴与半短轴分别为 R 和 r 的旋转椭球面。下面利用几何作图法分析进入晶体中的 o 光和 e 光的光线方向。

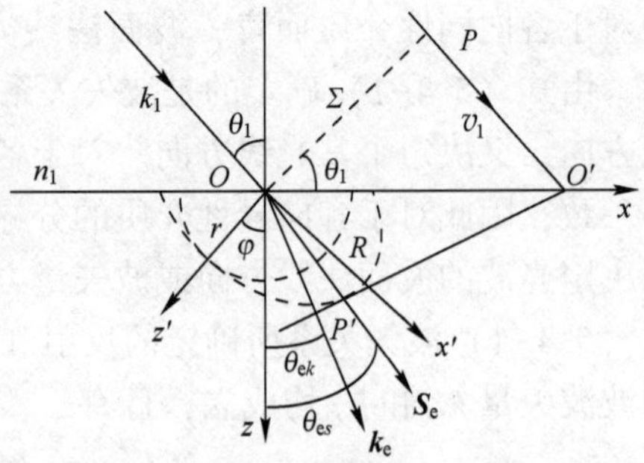

图 5.4-2 负单轴晶体中的 e 光光线与波面法线方向

首先，以 O 点为中心，分别画出晶体中 o 光和 e 光子波经单位时间后的光线面与入射面（xz 平面）的截线。按照光线面的定义，o 光的光线面与入射面的截线为一个圆，而 e 光的光线面与入射面的截线为一个椭圆，两者在光轴方向相切。对于负单轴晶体，椭圆的短轴沿晶体光轴方向（z'方向），长轴沿垂直于光轴方向（x'方向），并且两个半轴长度分别为

$$r=v_o=\frac{n_1}{n_o}v_1=\frac{n_1}{n_o}\overline{OO'}\sin\theta_1 \tag{5.4-4}$$

$$R=v_e=\frac{n_1}{n_e}v_1=\frac{n_1}{n_e}\overline{OO'}\sin\theta_1 \tag{5.4-5}$$

式中：v_o 和 v_e 分别表示单轴晶体中的两个主光线速度，实际上也等于两个主法线速度。

对于 o 光而言，其光线方向与波面法线方向重合，故可以直接根据折射定律确定出其光线方向与界面法线方向（z 轴）之夹角：

$$\theta_o=\arcsin\left(\frac{n_1}{n_o}\sin\theta_1\right)=\arcsin\left(\frac{v_o}{v_1}\sin\theta_1\right) \tag{5.4-6}$$

对于 e 光而言，按照惠更斯定理，过 O' 点作椭圆之切线 $O'P'$ 使之与椭圆相切于 P' 点，则连线 OP' 方向（$\boldsymbol{S}_e$ 矢量）即为单轴晶体中 e 光之光线方向。过 O 点再作该切线 $O'P'$ 的垂线，则该垂线方向（$\boldsymbol{k}_e$ 矢量）即 e 光之波面法线方向。$\boldsymbol{k}_e$ 方向的确定可借助于斯涅耳作图法，但 $\boldsymbol{S}_e$ 方向的确定却较为复杂。

仍参考图 5.4-2，分别取入射面坐标系 xOz 和晶体介电主轴坐标系 $x'Oz'$，并使 z 轴和 z' 轴分别平行于晶体表面法线方向和光轴方向，则两坐标系的坐标分量之间关系为

$$\begin{cases}x'=x\cos\varphi+z\sin\varphi\\ z'=-x\sin\varphi+z\cos\varphi\end{cases} \tag{5.4-7}$$

在 $x'Oz'$ 坐标系中，e 光的光线面在 $x'z'$ 平面上的截线（椭圆）方程为

$$\frac{x'^2}{R^2}+\frac{z'^2}{r^2}=1 \tag{5.4-8}$$

将（5.4-7）式代入式（5.4-8），得该光线面在 xOz 坐标系的截线（椭圆）方程为

$$Ax^2+Bxz+Cz^2=1 \tag{5.4-9}$$

式中

$$\begin{cases}A=\dfrac{\sin^2\varphi}{r^2}+\dfrac{\cos^2\varphi}{R^2}\\ B=2\left(\dfrac{1}{R^2}-\dfrac{1}{r^2}\right)\sin\varphi\cos\varphi\\ C=\dfrac{\cos^2\varphi}{r^2}+\dfrac{\sin^2\varphi}{R^2}\end{cases} \tag{5.4-10}$$

假设自 O 点折射的 e 光线与该椭圆相交于 $P'(x_p,z_p)$ 点，由式（5.4-9）可得该椭圆在 $P'(x_p,z_p)$ 点的切线斜率为

$$\frac{\mathrm{d}x}{\mathrm{d}z}=-\frac{Bx_p+2Cz_p}{2Ax_p+Bz_p} \tag{5.4-11}$$

其次，若设过 O'点的直线斜率为 M，则该直线方程可表示为

$$x=Mz+\frac{v_1}{\sin\theta_1} \tag{5.4-12}$$

显然，要让该直线在 $P'(x_p,z_p)$ 点与椭圆相切，则应有

$$M=-\frac{Bx_p+2Cz_p}{2Ax_p+Bz_p} \tag{5.4-13}$$

将式（5.4-9）、式（5.4-12）及式（5.4-13）联立求解，即可得到 M。可以证明，其大小为

$$M=-\frac{1}{2A_1}\left[B+\sqrt{(B^2-4AC)\cdot\left(1-A\frac{v_1^2}{\sin^2\theta_1}\right)}\right] \tag{5.4-14}$$

由此可得 e 光线的折射角（即 $\boldsymbol{S}_e$ 与 z 轴的夹角）θ_{es} 为

$$\begin{aligned}\tan\theta_{es}&=\frac{x_p}{z_p}=-\frac{BM+2C}{2AM+B}\\&=\frac{(n_o^2-n_e^2)\sin2\varphi+\dfrac{2n_on_en_1\sin\theta_1}{\sqrt{n_o^2\sin^2\varphi+n_e^2\cos^2\varphi-n_1^2\sin^2\theta_1}}}{2(n_o^2\sin^2\varphi+n_e^2\cos^2\varphi)}\end{aligned} \tag{5.4-15}$$

下面需要作几点说明：

（1）式（5.4-15）是在假定单轴晶体的光轴平行于入射面的条件下得出的，故只适用于这一情况，即光轴必须位于入射面内。

（2）当自然光垂直于晶体表面入射时（图5.4-3），$\theta_1=0$，由式（5.4-15）得

$$\tan\theta_{es}=\frac{(n_o^2-n_e^2)\sin\varphi\cos\varphi}{n_o^2\sin^2\varphi+n_e^2\cos^2\varphi} \tag{5.4-16}$$

上式表明，即使自然光垂直于单轴晶体的表面入射，但只要晶体的光轴不在界面方向或界面的法线方向，则 e 光的光线方向就一定会出现偏折，其偏折角度取决于晶体的主折射率 n_o和 n_e，以及晶体光轴与截面法线方向的夹角 φ。不过，由图 5.4-3 可以看出，此时 e 光的波面法线方向（即 $\boldsymbol{k}_e$方向）仍然满足折射定律——与 o 光的波面法线方向（即 $\boldsymbol{k}_o$方向）重合且平行于界面法线。

（3）一般情况下，式（5.4-15）和式（5.4-16）并不适用于双轴晶体。只有当双轴晶体的某个介电主轴平面平行于入射面时，由于晶体内的双层光线面与入射面之交线变为一个圆和一个椭圆，因此只要知道对应于该椭圆长、短轴方向的两个主折射率，就可以利用式（5.4-16）计算出相应折射光线的折射角（此时应以 n_x、n_y 及 n_z 中的两个分别代替 n_o 和 n_e）。不过需要注意的是，对于双轴晶体，即使在自然光垂直于晶体表面入射情况下，晶体中被分解的一束光不发生偏折，但其仍然是非常光，只是其正好沿着某个介电主轴方向传播。

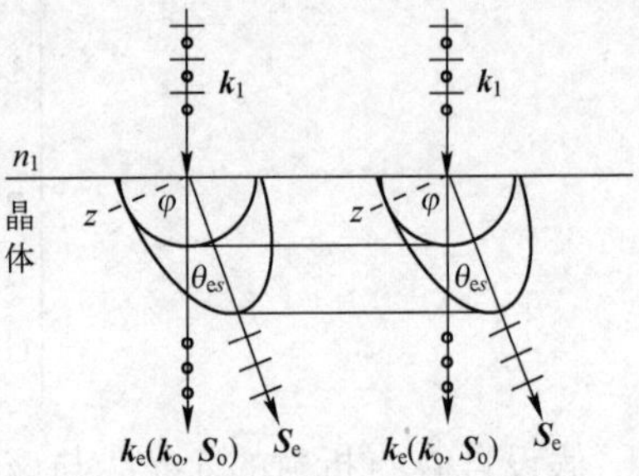

图 5.4-3　自然光垂直入射时负单轴晶体内的光线方向

5.4.3　双轴晶体的圆锥折射

根据双轴晶体光线面与法线面的几何关系，过光线面上任一点的切平面的法线方向，正好就是与过该切点的光线方向对应的波面法线方向或波矢量方向。反过来，以波面法线方向或波矢量方向为法线作一平面并使之与光线面相切，则该切点与光线面原点的连线方向即相应的光线方向。按照这一关系，我们来考察双轴晶体中，波矢量沿光轴方向或光线沿光线轴方向，但具有不同偏振方向的平面光波的传播特性。

1. 内圆锥折射

图 5.4-4 所示为一正双轴晶体的光线面在介电主轴坐标系的 xz 平面上的截线。其中圆代表偏振方向垂直于 xz 平面的光波分量的光线速度矢量 $\boldsymbol{v}_\perp$ 末端的轨迹（即垂直分量光线面的截线），椭圆代表偏振方向平行于 xz 平面的光波的光线速度矢量 $\boldsymbol{v}_{//}$ 末端的轨迹（即平行分量光线面的截线）。由于在介电主轴方向，电位移矢量与电场强度矢量方向相同，与此相应的光波的波面法线方向与光线方向重合，所以，这里的圆也代表振动方向垂直于 xz 平面（即平行于介电主轴 y）的光波的主法线速度 v_y 末端的轨迹（即 $v_y = v_\perp$），但振动方向平行于 xz 平面的平面偏振光波，其光线方向与波面法线方向则不一定重合。

由图 5.4-4 可以看出，圆和椭圆在 xz 平面上存在一公切线，切点分别为 P_1 和 P_2 点。故连线 OP_1 和 OP_2 分别表示振动方向垂直和平行于 xz 平面的光波的光线方向（$\boldsymbol{S}_\perp$ 和 $\boldsymbol{S}_{//}$）。同时，由于连线 OP_1 沿圆的径向，故垂直于该公切线，这样，由原点 O 和两个公切点 P_1 和 P_2 构成一个直角三角形，表明连线 OP_1 方向同时也是光线 OP_1 和 OP_2 的波面法线方向（$\boldsymbol{k}_\perp$ 和 $\boldsymbol{k}_{//}$），因此也是该双轴晶体的一个光轴方向（C_2）。考虑到光线面的空间特点，该公切线实际上在空间为一公切面，其切点的轨迹为一个圆。并且过公切面与光线面的所有切点的光线均具有相同的波面法线方向——光轴方向。

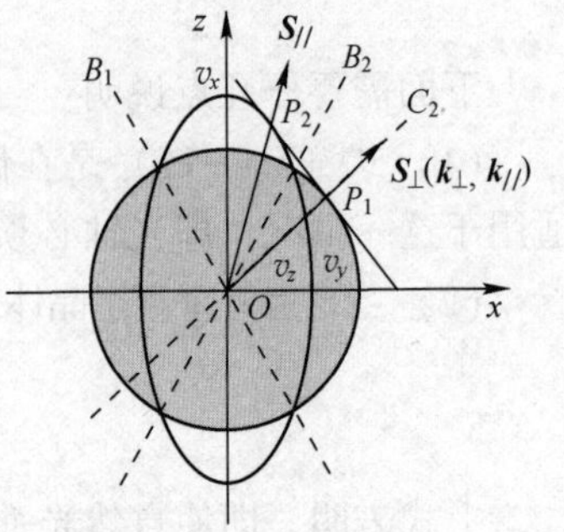

图 5.4-4　正双轴晶体的内圆锥折射

上述讨论结果表明，在双轴晶体中，对于偏振方向不同的光波，尽管其波矢量都沿光轴方向，但由于其振动方向不同，因此相应的光线方向不同。将一双轴晶体沿垂直于其某个光轴方向切割，并加工成一块平行平晶，如图 5.4-5 所示，则垂直进入晶体的光波无论偏振方向如何，其波面法线方向均相同——沿光轴方向且垂直于晶面，但不同偏振方向的光波分量的光线方向不同，只有振动方向平行于 y 轴的光线沿光轴方向。这样，当以直径很细的自然光垂直入射时，与不同偏振方向的光波分量对应的光线将在晶体中以入射点为顶点形成一个斜圆锥面。对于正晶体，圆锥斜向 z 轴一侧（图 5.4-4）；对于负晶体则斜向 x 轴一侧。自平晶出射后，光波由圆锥面变为轴线平行于入射光方向的圆柱面，直径等于折射圆锥面在平晶出射面上的投影。此即所谓双轴晶体的内圆锥折射。

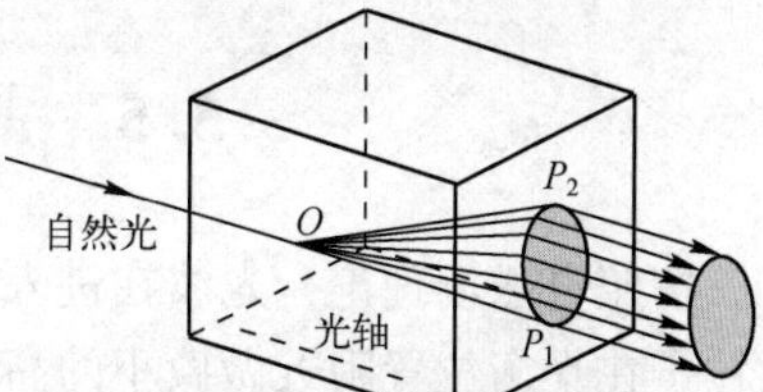

图 5.4-5　自然光经正双轴晶体平晶的内圆锥折射

2. 外圆锥折射

将图 5.4-4 所示正双轴晶体的光线面在介电主轴坐标系的 xz 平面上的截线重新画在图 5.4-6 中，过圆和椭圆的相交点 M 作椭圆的切线，再过原点 O 作该切线的垂线并与之交于点 N。显然，沿连线 ON 的方向就是振动方向平行于 xz 平面的光波的波面法线方向（$\boldsymbol{k}_{//}$），而相应的光线方向（$\boldsymbol{S}_{//}$）则沿连线 OM——光线轴方向（B_2），与振动方向垂直于 xz 平面的光波的光线方向（$\boldsymbol{S}_{\perp}$）和波面法线方向（$\boldsymbol{k}_{\perp}$）相同。这说明，在双轴晶体中，光线方向相同并且都沿晶体的同一个光线轴方向传播的光波，无论振动方向如何，均具有相同的光线速度。但是，具有不同振动方向的光波其波面法线方向不同。其中只有振动方向平行于 y 轴的光波的波面法线方向与光线方向重合，并且沿光线轴方向；而振动方向不平行于 y 轴的所有光波的波面法线方向均与其光线方向不重合。

由此可以想象出，若让一束直径很小的自然光在双轴晶体中沿某一光线轴方向传播，如图 5.4-7 所示，则由于偏振方向不同的光波分量的波矢量方向不同，因此自晶体出射时，各偏振分量将以不同的角度和方位折射，从而使出射光束形成以出射点为顶点的空间斜圆锥。此即双轴晶体的外圆锥折射。考虑到光路的可逆性，要使偏振方向不同的平面偏振光波分量都能够在双轴晶体中同时沿同一方向传播，那么这个方向只有一个，即晶体的光线轴方向，同时入射光束必须具有圆锥面结构，并且不同方向光线的偏振方向不同。

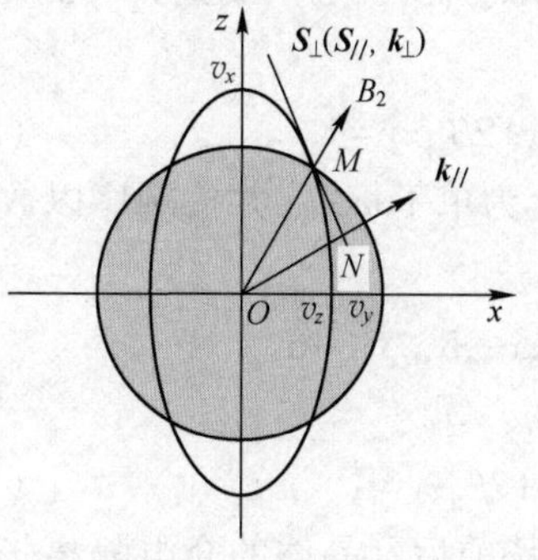

图 5.4-6　正双轴晶体的外圆锥折射

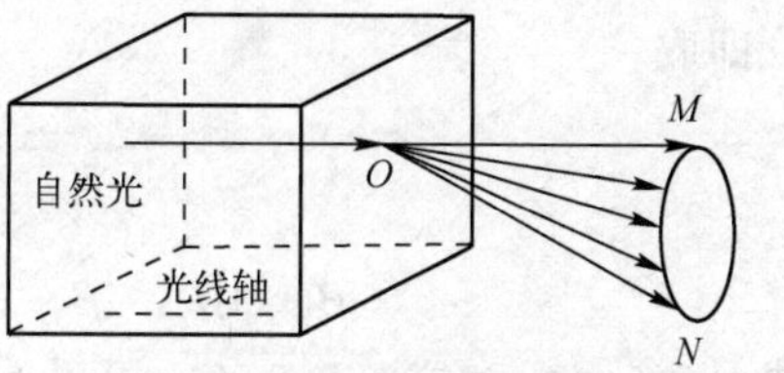

图 5.4-7　自然光经正双轴晶体的外圆锥折射

5.5 晶体的线性电光效应

按照电磁场理论，光波在进入介质并与其发生相互作用的过程中，将使介质中的带电粒子在平衡位置附近做微小的高频受迫振动。但是，一般情况下的光波电磁场强度较弱，这种相互作用的效果微乎其微。因此，一般认为介质的宏观介电特性在光波电磁场的作用下保持不变。只有在强激光照射下，才能在介质中引起显著的非线性效应。此外，当介质中除了存在光波电磁场的作用外，同时还存在其他较强外场的作用时，情况将变得复杂化。这里所说的外场，可以是恒定的电场、磁场或频率远低于光频的电磁场，也可以是声波、机械应力或热应力等引起的应力场等。外场的作用将引起介质中束缚电荷的分布显著变化，从而影响微观结构的对称性，使介质由各向同性转变为各向异性，或者使介质原有的各向异性发生变化，进而导致光波在介质中的传播特性发生改变。这种由外加电场、磁场、应力场等引起的光学效应分别称为电光、磁光、弹光（应力光学）效应。严格地讨论这些场致光学效应需要非线性光学基础，故这里仅以外加电场作用下的晶体极化响应特性变化为例，讨论较为简单的线性电光效应。

5.5.1 外场作用下晶体折射率椭球的变化

已知在未施加外场时晶体的折射率椭球方程为

$$\frac{x^2}{n_x^2}+\frac{y^2}{n_y^2}+\frac{z^2}{n_z^2}=1 \tag{5.5-1}$$

取 $\beta_i^0=1/\varepsilon_{ri}=1/n_i^2(i=x,y,z)$，则上式简化为

$$\beta_x^0x^2+\beta_y^0y^2+\beta_z^0z^2=1 \tag{5.5-2}$$

施加外场后，由于外场的作用，折射率椭球将发生变化，上式变为一般形式

$$\beta_{xx}x^2+\beta_{yy}y^2+\beta_{zz}z^2+\beta_{xy}xy+\beta_{xz}xz+\beta_{yx}yx+\beta_{yz}yz+\beta_{zx}zx+\beta_{zy}zy=1 \tag{5.5-3}$$

以简约方式表示，即

$$\sum\beta_{ij}ij=1,\quad i,j=x,y,z \tag{5.5-4}$$

式中：$\beta_{ij}=1/n_{ij}{}^2=1/\varepsilon_{rij}$，表明 $[\beta_{ij}]$ 是一个二阶张量，其张量元素与介电张量元素互为倒数，故称为逆介电张量或介电隔离张量（也称介电抗渗张量）。由于对称性，$\beta_{ij}=\beta_{ji}$，因此9个张量元素中只有6个是独立的。于是，可将式（5.5-3）或式（5.5-4）进一步简化为

$$\beta_{xx}x^2+\beta_{yy}y^2+\beta_{zz}z^2+2\beta_{yz}yz+2\beta_{zx}zx+2\beta_{xy}xy=1 \tag{5.5-5}$$

为讨论问题方便，将张量元素 β_{ij} 的双下标 ij 简化为单下标 i，并按顺序以数字1~6表示，即取

$$xx\to1,\ yy\to2,\ zz\to3,\ yz\to4,\ zx\to5,\ xy\to6$$

则有

$$\beta_1x^2+\beta_2y^2+\beta_3z^2+2\beta_4yz+2\beta_5zx+2\beta_6xy=1 \tag{5.5-6}$$

比较式（5.5-1）和式（5.5-6）可以看出，施加外场前后，晶体的介电隔离张量元素的变化为

$$\begin{cases}\Delta\beta_1=\beta_1-\beta_x^0\\ \Delta\beta_2=\beta_2-\beta_y^0\\ \Delta\beta_3=\beta_3-\beta_z^0\\ \Delta\beta_4=\beta_4\\ \Delta\beta_5=\beta_5\\ \Delta\beta_6=\beta_6\end{cases} \tag{5.5-7}$$

代入式（5.5-6），可得到施加外场后晶体的折射率椭球方程：

$$(\beta_x^0+\Delta\beta_1)x^2+(\beta_y^0+\Delta\beta_2)y^2+(\beta_z^0+\Delta\beta_3)z^2+2\Delta\beta_4yz+2\Delta\beta_5zx+2\Delta\beta_6xy=1 \tag{5.5-8}$$

5.5.2 线性电光效应

$\Delta\beta_i$（或者 $\Delta\beta_{ij}$）的出现是晶体受到外场作用的结果。通常将外加电场作用引起介电隔离张量元素的变化称为电光效应。此时，$\Delta\beta_{ij}$与外加电场 $\boldsymbol{E}$ 的大小和方向有关。按照介质的电极化理论，$\Delta\beta_{ij}$是外电场的幂级数，可以表示为

$$\Delta\beta_{ij}=\sum_k r_{ijk}E_k+\sum_{p,q}h_{ijpq}E_pE_q+\cdots,\quad i,j,k,p,q=x,y,z \tag{5.5-9}$$

式中：r_{ijk}为三阶张量元素，源自一个三阶张量［r_{ijk}］；h_{ijpq}为四阶张量元素，源自一个四阶张量［h_{ijpq}］。可以看出，式（5.5-9）等号右边前两项分别与作用电场的一次方和二次方成正比，因此分别称为线性电光效应（又称泡克耳斯效应）和二次电光效应（又称克尔效应）。相应地，三阶张量［r_{ijk}］称为线性电光张量，共有 27 个元素，其中张量元素 r_{ijk}称为线性电光系数或泡克耳斯（Pockels）系数；四阶张量［h_{ijpq}］称为二次电光张量，共有 81 个元素，其中张量元素 h_{ijpq}称为二次电光系数或克尔（Kerr）系数。根据非线性光学理论，一般情况下，二次电光系数要比线性电光系数小很多，因此，产生二次电光效应所需外加电场的强度要远大于线性电光效应。但是，线性电光效应仅发生于不具有中心对称结构的晶体（即各向异性晶体）中，而二次电光效应可以在任何介质中发生。

假设在适当外加电场作用下，晶体的二次电光效应可以忽略不计，仅需考虑线性电光效应，则对于式（5.5-9），只需保留其等号右边第 1 项，于是有

$$\Delta\beta_{ij}=\sum_k r_{ijk}E_k,\quad i,j,k=x,y,z \tag{5.5-10}$$

考虑到 $\Delta\beta_{ij}=\Delta\beta_{ji}$对任何电场分量 E_k均成立，故线性电光张量元素也满足对称性 $r_{ijk}=r_{jik}$。这样，27 个元素中只有 18 个独立。类比介电隔离张量［β_{ij}］，同样可以对线性电光张量元素的前两个下标作简约处理，并且将第 3 个下标的 x、y、z 分别用数字 1、2、3 代替，则可将线性电光张量简化表示为

$$[r_{ij}]=\begin{bmatrix}r_{11}&r_{12}&r_{13}\\ r_{21}&r_{22}&r_{23}\\ \vdots&\vdots&\vdots\\ r_{61}&r_{62}&r_{63}\end{bmatrix}$$

代入式（5.5-10），得

$$\Delta\beta_i = \sum_j r_{ij}E_j,\quad i=1,2,3,4,5,6;\quad j=1,2,3 \tag{5.5-11}$$

或者以矩阵形式表示为

$$\begin{bmatrix}\Delta\beta_1\\ \Delta\beta_2\\ \Delta\beta_3\\ \Delta\beta_4\\ \Delta\beta_5\\ \Delta\beta_6\end{bmatrix}=\begin{bmatrix}\beta_1-\beta_x^0\\ \beta_2-\beta_y^0\\ \beta_3-\beta_z^0\\ \beta_4\\ \beta_5\\ \beta_6\end{bmatrix}=\begin{bmatrix}r_{11} & r_{12} & r_{13}\\ r_{21} & r_{22} & r_{23}\\ \vdots & \vdots & \vdots\\ r_{61} & r_{62} & r_{63}\end{bmatrix}\cdot\begin{bmatrix}E_x\\ E_y\\ E_z\end{bmatrix} \tag{5.5-12}$$

对于给定的线性电光张量，已知外场的大小及作用方向，即可由式（5.5-11）或式（5.5-12）求得晶体介电隔离张量的变化，进而可由式（5.5-8）确定出晶体折射率椭球的相应变化。

5.5.3 $\bar{4}2m$ 类晶体的线性电光效应

1. $\bar{4}2m$ 类晶体的线性电光张量

室温下的$\bar{4}2m$ 类晶体属于四方晶系单轴晶体，其典型代表如 KDP（磷酸二氢钾）晶体。该晶体在未加电场时的介电隔离张量元素分别为 $\beta_x^0=\beta_y^0=1/n_o^2$，$\beta_z^0=1/n_e^2$，其线性电光张量只有 3 个非 0 元素，即 $r_{41}=r_{52}$ 和 r_{63}，并且表示为

$$[r_{ij}]=\begin{bmatrix}0 & 0 & 0\\ \vdots & \vdots & \vdots\\ r_{41} & 0 & 0\\ 0 & r_{41} & 0\\ 0 & 0 & r_{63}\end{bmatrix}$$

2. 外电场作用前后晶体折射率椭球的变化

由式（5.5-1），作为单轴晶体，施加外电场前，其折射率椭球方程为

$$\beta_x^0(x^2+y^2)+\beta_z^0z^2=1 \tag{5.5-13}$$

施加外电场后，晶体的介电隔离张量的变化为

$$\begin{bmatrix}\Delta\beta_1\\ \Delta\beta_2\\ \Delta\beta_3\\ \Delta\beta_4\\ \Delta\beta_5\\ \Delta\beta_6\end{bmatrix}=[r_{ij}]\cdot\begin{bmatrix}E_x\\ E_y\\ E_z\end{bmatrix}=\begin{bmatrix}0\\ 0\\ 0\\ r_{41}E_x\\ r_{41}E_y\\ r_{63}E_z\end{bmatrix} \tag{5.5-14}$$

代入式（5.5-8），得到晶体的折射率椭球方程：

$$\beta_x^0(x^2+y^2)+\beta_z^0z^2+2r_{41}(E_xyz+E_yzx)+2r_{63}E_zxy=1 \tag{5.5-15}$$

比较式（5.5-13）和式（5.5-15）可以看出，外场的作用使晶体的折射率椭球方程中出现了交叉项，表明晶体的介电主轴发生了变化，并且新的介电主轴与原介电主轴不重合，因而导致折射率也发生了相应的变化。其中沿光轴方向的电场分量 E_z 只引起与 r_{63}

有关的变化，而垂直于光轴方向的电场分量 E_x 和 E_y 只引起与 r_{41} 有关的变化。

一般情况下，外加电场作用方向沿晶体的光轴（z 轴），即 $E=E_z$，$E_x=E_y=0$。代入式（5.5-15），得

$$\beta_x^0(x^2+y^2)+\beta_z^0 z^2+2r_{63}E_z xy=1 \tag{5.5-16}$$

式（5.5-16）中的交叉项表明，在轴向外电场作用下，晶体的介电主轴绕 z 轴发生了旋转，亦即新的介电主轴相对于原来的介电主轴在 xy 平面内产生了一个转角。如图 5.5-1 所示，假设该转角为 α，新的介电主轴坐标为（x'，y'，z'），则有

$$\begin{cases} x=x'\cos\alpha-y'\sin\alpha \\ y=x'\sin\alpha+y'\cos\alpha \\ z=z' \end{cases} \tag{5.5-17}$$

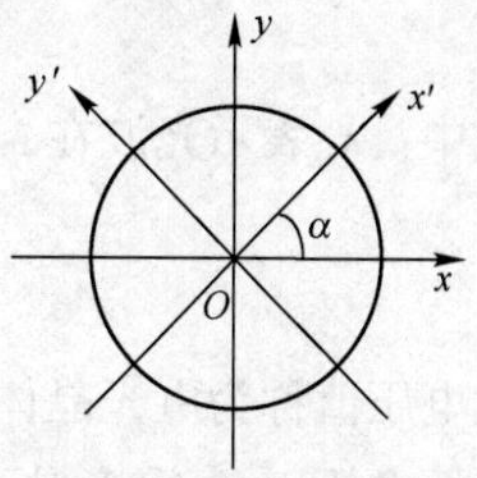

图 5.5-1　轴向外电场作用下$\bar{4}$2m 类晶体折射率椭球的旋转

代入式（5.5-16），得

$$\begin{aligned} &(\beta_x^0+2r_{63}E_z\sin\alpha\cos\alpha)x'^2 \\ &+(\beta_x^0-2r_{63}E_z\sin\alpha\cos\alpha)y'^2 \\ &+\beta_z^0 z'^2+2r_{63}E_z x'y'(\cos^2\alpha-\sin^2\alpha)=1 \end{aligned} \tag{5.5-18}$$

由于已假设（x'，y'，z'）为新的介电主轴，式（5.5-18）应该表示成一个标准的折射率椭球方程，故其交叉项必须等于 0，即

$$\cos^2\alpha-\sin^2\alpha=0 \tag{5.5-19}$$

由此解得 $\alpha=\pm45°$。取 $\alpha=45°$，并代入式（3.5-18），得

$$(\beta_x^0+r_{63}E_z)x'^2+(\beta_x^0-r_{63}E_z)y'^2+\beta_z^0 z'^2=1 \tag{5.5-20}$$

即

$$\left(\frac{1}{n_o^2}+r_{63}E_z\right)x^2+\left(\frac{1}{n_o^2}-r_{63}E_z\right)y'^2+\frac{1}{n_e^2}z'^2=1 \tag{5.5-21}$$

与标准椭球方程式（5.5-1）相比，可知

$$\begin{cases} n_x'=n_o(1+n_o^2 r_{63}E_z)^{-\frac{1}{2}} \\ n_y'=n_o(1-n_o^2 r_{63}E_z)^{-\frac{1}{2}} \\ n_z'=n_e \end{cases} \tag{5.5-22}$$

当外电场较弱时，$r_{63}E_z\ll1$，对式（5.5-22）中根号作二项式展开，并取一级近似，得

$$\begin{cases} n_x'\approx n_o-\dfrac{1}{2}n_o^3 r_{63}E_z \\ n_y'\approx n_o+\dfrac{1}{2}n_o^3 r_{63}E_z \\ n_z'=n_e \end{cases} \tag{5.5-23}$$

式（5.5-23）结果表明，在新的介电主轴坐标系中，KDP 晶体的主折射率 $n_x'\neq n_y'\neq n_z'$，表明在沿光轴方向的外加电场作用下，KDP 晶体由原来的单轴晶体转变为双轴晶体，并且其新的介电主轴坐标系绕原介电主轴坐标系的 z 轴旋转了 45°。

3. 纵向电光效应

这里所谓纵向，是指晶体中光波的传播方向与外加电场方向相同。如图 5.5-2 所

示，将 KDP 晶体加工成端面垂直于光轴的平行平晶，假设其沿光轴方向的厚度为 l，在晶体两端面间施加电压为 V 的恒定电场 E_z，一束线偏振的单色平面光波垂直于晶体端面入射。此时，进入晶体的线偏振光波与外电场同时平行于晶体光轴。当无外电场作用时，进入晶体中的线偏振光为 o 光，自晶体出射时产生 $2\pi n_o l/\lambda$ 的相位延迟。施加外电场后，晶体的介电主轴发生变化，进入晶体的线偏振光变为非常光。并且在出射时，其振动方向分别沿两个新的介电主轴方向的分量产生不同的相位延迟，两者的相位差为

$$\delta' = \frac{2\pi}{\lambda_0}(n'_y - n'_x)l = \frac{2\pi}{\lambda_0}n_o^3 r_{63} E_z l = \frac{2\pi}{\lambda_0}n_o^3 r_{63} V \tag{5.5-24}$$

式中：λ_0表示光波在真空中的波长。显然，使相位差 δ' 由 0 增大到 π 所需电压为

$$V_\pi = \frac{\lambda_0}{2n_o^3 r_{63}} \tag{5.5-25a}$$

此电压值称为电光晶体的半波电压。通常，在已知晶体主折射率情况下，可以通过测定半波电压 V_π，间接得到晶体的有关电光系数值。如由式（5.5-25a）可得

$$r_{63} = \frac{\lambda_0}{2n_o^3 V_\pi} \tag{5.5-25b}$$

4. 横向电光效应

这里所谓横向，是指晶体中光波的传播方向与外加电场方向正交。如图 5.5-3 所示，将 KDP 晶体加工成矩形平晶，使平晶的各个棱分别平行于施加外电场后晶体的介电主轴方向，并且假设其沿 x'轴方向的厚度为 l，沿 z（z'）轴方向的厚度为 d。沿光轴方向施加一电压为 V 的恒定电场 E_z。令一束线偏振的单色平面光波垂直于晶体的 $y'z$ 端面入射，即进入晶体的线偏振光沿 x'轴方向传播，与电场方向正交。于是，入射光波可分解成振动方向平行于 z 轴和平行于 y'轴的两个正交偏振分量。未加电场时，两个正交偏振分量在出射时的相位差为

$$\delta = \frac{2\pi}{\lambda_0}(n_o - n_e)l \tag{5.5-26}$$

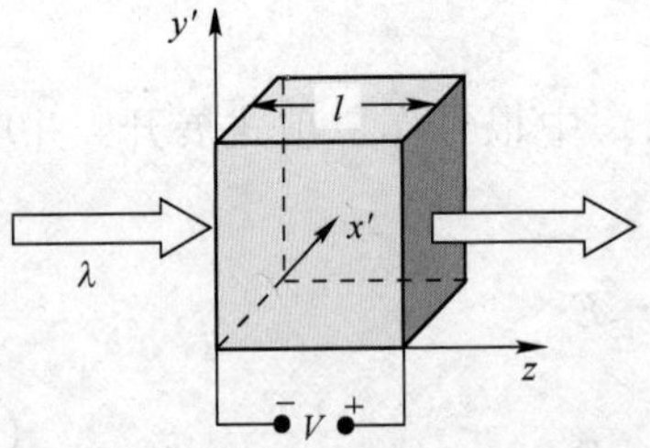

图 5.5-2　KDP 晶体的纵向电光效应

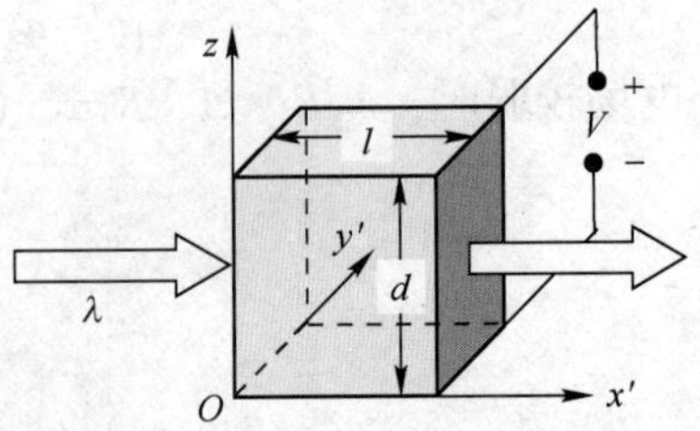

图 5.5-3　KDP 晶体的横向电光效应

施加外电场后，两个正交偏振分量在出射时的相位差变为

$$\delta' = \frac{2\pi}{\lambda_0}(n'_y - n'_z)l$$
$$= \frac{2\pi}{\lambda_0}\left(n_o + \frac{1}{2}n_o^3 r_{63} E_z - n_e\right)l$$

$$=\frac{2\pi}{\lambda_0}(n_o-n_e)l+\frac{\pi}{\lambda_0}n_o^3r_{63}\frac{V}{d}l \tag{5.5-27}$$

式中：相位差的改变量为

$$\Delta\delta=\delta'-\delta=\frac{\pi}{\lambda_0}n_o^3r_{63}\frac{V}{d}l \tag{5.5-28}$$

相应的半波电压为

$$V_\pi=\frac{\lambda_0 d}{n_o^3r_{63}l} \tag{5.5-29}$$

KDP 晶体是一种优良的非线性光学材料，可用于实现激光倍频和电光调制。在室温下对 633nm 波长的主折射率分别为 $n_o=1.51$，$n_e=1.47$，相应的线性电光系数为 $r_{41}=8.0\times10^{-12}\text{m/V}$，$r_{63}=11.0\times10^{-12}\text{m/V}$。与 KDP 晶体结构和性质类似的还有 ADP（磷酸二氢氨）和 DKDP 或者 KD*P（磷酸二氘钾）。

5.5.4　3m 类晶体的线性电光效应

1. 3m 类晶体的结构

室温下的 3m 类晶体属于三角晶系单轴晶体，典型代表如 $LiNbO_3$（铌酸锂，简写为 LN）晶体。未加外电场时，$LiNO_3$ 晶体的介电隔离张量元素分别为 $\beta_x^0=\beta_y^0=1/n_o^2$，$\beta_z^0=1/n_e^2$，其线性电光张量只有 4 个独立的非 0 元素，即 $r_{11}=r_{22}$，r_{13}，r_{33}，及 $r_{42}=r_{51}$，并且表示为

$$[r_{ij}]=\begin{bmatrix}0 & -r_{22} & r_{13}\\ 0 & r_{22} & r_{13}\\ 0 & 0 & r_{33}\\ 0 & r_{51} & 0\\ r_{51} & 0 & 0\\ -r_{22} & 0 & 0\end{bmatrix}\ (m\perp x\text{ 轴})\ \text{或者}[r_{ij}]=\begin{bmatrix}r_{11} & 0 & r_{13}\\ -r_{11} & 0 & r_{13}\\ 0 & 0 & r_{33}\\ 0 & r_{42} & 0\\ r_{42} & 0 & 0\\ 0 & -r_{11} & 0\end{bmatrix}\ (m\perp y\text{ 轴})$$

由于晶体在 xy 平面上的各向同性，故上述电光张量的两种表示形式等效。

2. 外电场作用前后折射率椭球的变化

按照第一种情况，施加外电场（E_x，E_y，E_z）后，$LiNbO_3$ 晶体的介电隔离张量元素的变化大小为

$$\begin{bmatrix}\Delta\beta_1\\ \Delta\beta_2\\ \Delta\beta_3\\ \Delta\beta_4\\ \Delta\beta_5\\ \Delta\beta_6\end{bmatrix}=[r_{ij}]\cdot\begin{bmatrix}E_x\\ E_y\\ E_z\end{bmatrix}=\begin{bmatrix}-r_{22}E_y+r_{13}E_z\\ r_{22}E_y+r_{13}E_z\\ r_{33}E_z\\ r_{51}E_y\\ r_{51}E_x\\ -r_{22}E_x\end{bmatrix}\Rightarrow\begin{bmatrix}r_{13}E_z\\ r_{13}E_z\\ r_{33}E_z\\ 0\\ 0\\ 0\end{bmatrix}+\begin{bmatrix}-r_{22}E_y\\ r_{22}E_y\\ 0\\ r_{51}E_y\\ 0\\ 0\end{bmatrix}+\begin{bmatrix}0\\ 0\\ 0\\ 0\\ r_{51}E_x\\ -r_{22}E_x\end{bmatrix} \tag{5.5-30}$$

下面分三种情况讨论。

（1）外电场作用于 z 轴方向，即 $E=E_z$，$E_x=E_y=0$，则折射率椭球方程变为

$$\left(\frac{1}{n_o^2}+r_{13}E_z\right)x^2+\left(\frac{1}{n_o^2}+r_{13}E_z\right)y^2+\left(\frac{1}{n_e^2}+r_{33}E_z\right)z^2=1 \tag{5.5-31}$$

由此可得外加电场后晶体的主折射率分别为

$$\begin{cases} n_x'=n_y'=n_o(1+n_o^2r_{13}E_z)^{-1/2}\approx n_o-\dfrac{1}{2}n_o^3r_{13}E_z \\ n_z'=n_e(1+n_e^2r_{33}E_z)^{-1/2}\approx n_e-\dfrac{1}{2}n_e^3r_{33}E_z \end{cases} \tag{5.5-32}$$

可见，沿光轴方向施加外电场的作用，仅仅使得 $LiNbO_3$ 晶体对寻常光和异常光的主折射率大小发生改变，并未改变折射率椭球的结构特征——仍为单轴晶体。

（2）外电场作用于 x 轴方向，即 $E=E_x$，$E_y=E_z=0$，则折射率椭球方程变为

$$\frac{1}{n_o^2}(x^2+y^2)+\frac{1}{n_e^2}z^2+2r_{51}E_xzx-2r_{22}E_xxy=1 \tag{5.5-33}$$

式（5.5-33）中交叉项的出现，表明外加电场使得 $LiNbO_3$ 晶体的介电主轴分别绕原介电主轴 z 和 y 产生了空间旋转，变成双轴晶体。不过可以证明，绕 y 轴旋转的角度很小，可以忽略。在此近似下，式（5.5-33）简化为与式（5.5-16）相同的形式，于是可得知新的介电主轴实际上相对于原介电主轴 z 旋转了45°。因此，只需要将式（5.5-23）中的电光张量元素 r_{63} 换成 $-r_{22}$，即得 3m 类晶体在平行于 x 轴方向的外电场作用下的主折射率为

$$\begin{cases} n_x'\approx n_o+\dfrac{1}{2}n_o^3r_{22}E_x \\ n_y'\approx n_o-\dfrac{1}{2}n_o^3r_{22}E_x \\ n_z'\approx n_e \end{cases} \tag{5.5-34}$$

（3）外电场作用于 y 轴方向，即 $E=E_y$，$E_x=E_z=0$，则折射率椭球方程变为

$$\left(\frac{1}{n_o^2}-r_{22}E_y\right)x^2+\left(\frac{1}{n_o^2}+r_{22}E_y\right)y^2+\frac{1}{n_e^2}z^2+2r_{51}E_yyz=1 \tag{5.5-35}$$

同样，式（5.5-35）中交叉项的出现，表明外加电场使得 $LiNbO_3$ 晶体的介电主轴绕原介电主轴 x 产生了空间旋转，变成双轴晶体。同样可以证明，该转角实际上也很小，可以近似认为等于0。于是式（5.5-35）近似为一标准椭球方程，它表明外电场作用下的新的介电主轴与原主轴近似重合，只是相应的主折射率发生了改变，即有

$$\begin{cases} n_x'\approx n_o+\dfrac{1}{2}n_o^3r_{22}E_y \\ n_y'\approx n_o-\dfrac{1}{2}n_o^3r_{22}E_y \\ n_z'\approx n_e \end{cases} \tag{5.5-36}$$

3. 纵向电光效应

与 KDP 晶体类似，我们也可以将 $LiNbO_3$ 晶体垂直于其三个介电主轴方向切割并加工成平行平晶，在 z 轴方向给平晶施加一个恒定的外电场，并让单色平面偏振光波在晶体中也沿 z 轴方向传播。显然，振动方向平行于 x' 轴的偏振分量与平行于 y' 轴的偏振分

量在晶体中具有相同的相位延迟，其叠加态的偏振特性不受外加电场影响。由此可见，对于 $LiNbO_3$ 晶体而言，沿 z 轴方向施加外电场情况下，纵向电光效应没有实际意义。

若在 x（或者 y）方向加电场，并且让光波也沿 x（或者 y）方向传播，则由式（5.5-34）或式（5.5-36），被分解的两个正交偏振分量在出射时产生的相位差为

$$\delta_x'=\frac{2\pi}{\lambda_0}(n_y'-n_z')l=\frac{2\pi}{\lambda_0}(n_o-n_e)l-\frac{\pi}{\lambda_0}n_o^3r_{22}V_x \tag{5.5-37}$$

或

$$\delta_y'=\frac{2\pi}{\lambda_0}(n_x'-n_z')l=\frac{2\pi}{\lambda_0}(n_o-n_e)l+\frac{\pi}{\lambda_0}n_o^3r_{22}V_y \tag{5.5-38}$$

式中：V_x（或者 V_y）分别为晶体沿 x（或者 y）方向施加的外电压；l 表示晶体沿光波传播方向的厚度。可见，两个正交偏振分量的相位差，不仅取决于外加电场的大小，而且受到晶体的自然双折射的影响。

4. 横向电光效应

如果在 z 轴方向加电场，而让光波沿 y 方向传播，则由式（5.5-32），振动方向分别沿 x' 和 z' 轴的两个偏振分量通过长度为 l 的晶体后产生的相位差为

$$\delta_z'=\frac{2\pi}{\lambda_0}(n_x'-n_z')l=\frac{2\pi}{\lambda_0}(n_o-n_e)l+\frac{\pi}{\lambda_0}(r_{33}n_e^3-r_{13}n_o^3)\left(\frac{l}{d}\right)V_z \tag{5.5-39}$$

式中：d 表示晶体在电场作用方向的厚度。上式表明，在该种光路布置下，两个正交偏振分量的相位差同样存在自然双折射的影响。

若在 x 方向施加电场，z 方向通光，则沿 x' 和 y' 方向的两个偏振分量在出射时产生的相位差为

$$\delta_x'=\frac{2\pi}{\lambda_0}(n_x'-n_y')l=\frac{2\pi}{\lambda_0}n_o^3r_{22}\left(\frac{l}{d}\right)V_x \tag{5.5-40}$$

同样，在 y 方向加电场，z 方向通光时，沿 x' 和 y' 方向的两个正交偏振分量出射时的相位差为

$$\delta_y'=\frac{2\pi}{\lambda_0}(n_x'-n_y')l=\frac{2\pi}{\lambda_0}n_o^3r_{22}\left(\frac{l}{d}\right)V_y \tag{5.5-41}$$

可见，在上述两种光路布置情况下，两个正交偏振分量的相位差不受自然双折射的影响。此时所需半波电压为

$$V_\pi=\frac{\lambda_0}{2n_o^3r_{22}}\left(\frac{d}{l}\right) \tag{5.5-42}$$

$LiNbO_3$ 晶体是一种重要的多功能晶体材料，已被广泛应用于激光倍频、电光调制、光折变信息存储、光参量振荡、波导及集成光电子器件等。在室温下，$LiNbO_3$ 晶体对 633nm 波长的主折射率分别为 $n_o=2.2884$，$n_e=2.2019$，线性电光系数分别为 $r_{33}=30.8\times10^{-12}\mathrm{m/V}$，$r_{13}=8.6\times10^{-12}\mathrm{m/V}$，$r_{22}=r_{11}=3.4\times10^{-12}\mathrm{m/V}$，$r_{42}=r_{51}=28\times10^{-12}\mathrm{m/V}$。近年来，随着高品质 $LiNbO_3$ 薄膜制备技术的日趋成熟，基于 $LiNbO_3$ 薄膜电光调制特性的各种新型微纳光子器件已成为光电子技术领域新的研究和应用热点。此外，与 $LiNbO_3$ 晶体结构和性质类似的还有 $LiTaO_3$（钽酸锂，简写为 LT）晶体。此处不再赘述。

第 6 章　光波叠加与相干性

两列或多列光波在空间某一区域相遇时将发生叠加。一般地，当叠加光波的强度较弱，并且叠加区域为线性介质（或者介质具有线性极化响应）时，这种叠加服从线性叠加原理：对于相干光波，相遇区合振动的振幅矢量等于参与叠加的各光振动的振幅矢量之和；对于非相干光波，相遇区合振动的强度等于参与叠加的各光振动的强度之和。并且光波之间的相互作用只发生在其相遇区域内，在相遇区域外光波各自的传播特性不受影响。本章主要讨论光波的线性叠加特性，以及由此引出的光场的相干性问题。

6.1　干涉理论基础

6.1.1　单色平面光波的叠加

如图 6.1-1 所示，两列同频率、同振动方向的单色平面光波，分别自 x_0y_0 平面上 S_1 和 S_2 点出发到达 xy 平面上并且在 P 点相遇，假设两光波的振动方向均平行于 y 轴，S_1 和 S_2 点位于 x_0 轴上，则其在 P 点引起的光振动复振幅可分别表示为

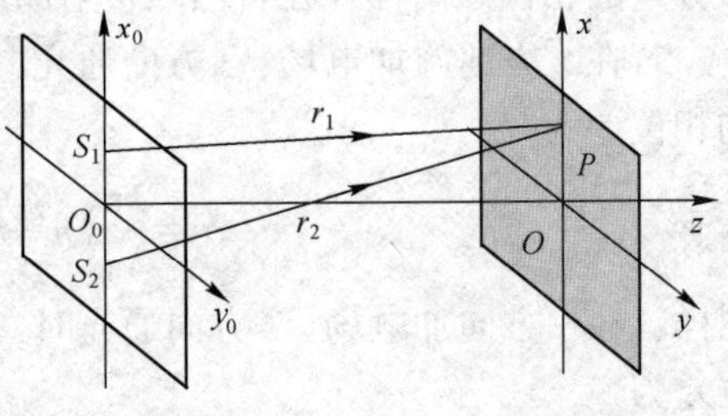

图 6.1-1　两列单色平面光波的叠加

$$\begin{cases}E_1(P,t)=A_1\mathrm{e}^{-\mathrm{i}(\omega t-kr_1)}\\E_2(P,t)=A_2\mathrm{e}^{-\mathrm{i}(\omega t-kr_2)}\end{cases}\tag{6.1-1}$$

式中：ω 为光振动的圆频率；k 为波数。

根据线性叠加原理，两光波在 P 点的合振动复振幅为

$$\begin{aligned}E(P,t)&=E_1(P,t)+E_2(P,t)\\&=A_1\mathrm{e}^{-\mathrm{i}(\omega t-kr_1)}+A_2\mathrm{e}^{-\mathrm{i}(\omega t-kr_2)}\\&=A\mathrm{e}^{-\mathrm{i}(\omega t-\phi)}\end{aligned}\tag{6.1-2}$$

式中

$$A=\sqrt{A_1^2+A_2^2+2A_1A_2\cos\delta}\tag{6.1-3}$$

$$\phi=\arctan\left[\frac{A_1\sin(kr_1)+A_2\sin(kr_2)}{A_1\cos(kr_1)+A_2\cos(kr_2)}\right]\tag{6.1-4}$$

$$\delta=k(r_2-r_1)=\frac{2\pi}{\lambda}(r_2-r_1)\tag{6.1-5}$$

分别表示合振动的振幅、相位及两光波在 P 点的相位差。式（6.1-2）表明，两列同频率、同振动方向的单色平面波叠加后，其合振动仍为同频率、同振动方向的单色平面波，只是其振幅和相位发生了改变。由式（6.1-2）和式（6.1-3）可得叠加光波在 P 点的合振动强度为

$$I(P,t)=|E(P,t)|^2=A^2=A_1^2+A_2^2+2A_1A_2\cos\delta \tag{6.1-6}$$

式（6.1-6）表明，两光波在 P 点的合振动强度 $I(P,t)$ 与两光波在该点的相位差 δ 有关。

当

$$\delta=\pm 2m\pi,\quad m=0,1,2,\cdots \tag{6.1-7}$$

时，P 点发生相长干涉，合振动强度取极大值

$$I(P,\ t)=I_{\max}=(A_1+A_2)^2 \tag{6.1-8}$$

当

$$\delta=\pm(2m+1)\pi,\quad m=0,1,2,\cdots \tag{6.1-9}$$

时，P 点发生相消干涉，合振动强度取极小值

$$I(P,\ t)=I_{\min}=(A_1-A_2)^2 \tag{6.1-10}$$

通常将式（6.1-7）和式（6.1-9）给出的条件称为光波叠加的干涉条件。

若两光波振幅相等，即 $A_1=A_2=A_0$，则由式（6.1-3）和式（6.1-4）分别得

$$A=2A_0\cos\left(\frac{\delta}{2}\right) \tag{6.1-11}$$

$$\phi=\frac{k}{2}(r_1+r_2) \tag{6.1-12}$$

于是，由式（6.1-6）得 P 点的合振动强度为

$$I(P,t)=4A_0^2\cos^2\left(\frac{\delta}{2}\right)=4I_0\cos^2\left(\frac{\delta}{2}\right) \tag{6.1-13}$$

式中：$I_0={A_0}^2$ 为其中一列光波在 P 点的强度。相应的干涉光场强度极大值和极小值分别为 $4I_0$ 和 0。

若两光波的振幅及振动方向相同，但频率不同，则其各自在 P 点的光振动复振幅可分别表示为

$$\begin{cases}E_1(P,t)=A_0\mathrm{e}^{-\mathrm{i}(\omega_1 t-k_1 r_1)}\\E_2(P,t)=A_0\mathrm{e}^{-\mathrm{i}(\omega_2 t-k_2 r_2)}\end{cases} \tag{6.1-14}$$

式中：ω_1 和 ω_2 分别为两光波的圆频率；k_1 和 k_2 分别为两光波的波数。类似于 2.3.5 节的讨论，此时 P 点的合振动复振幅为

$$\begin{aligned}E(P,t)&=E_1(P,t)+E_2(P,t)\\&=A_0\left[\mathrm{e}^{-\mathrm{i}(\omega_1 t-k_1 r_1)}+\mathrm{e}^{-\mathrm{i}(\omega_2 t-k_2 r_2)}\right]\\&=2A_0\cos\left(\frac{k_2r_2-k_1r_1}{2}-\frac{\omega_2-\omega_1}{2}t\right)\mathrm{e}^{-\mathrm{i}\left(\frac{\omega_2+\omega_1}{2}t-\frac{k_2r_2+k_1r_1}{2}\right)}\end{aligned} \tag{6.1-15}$$

假设 $r_1\approx r_2=r$，并且分别取 $\Delta\omega=(\omega_2-\omega_1)/2$，$\Delta k=(k_2-k_1)/2$，$\omega_0=(\omega_1+\omega_2)/2$，$k_0=(k_1+k_2)/2$，则式（6.1-15）可简化为

$$E(P,t)=2A_0\cos(\Delta kr-\Delta\omega t)\mathrm{e}^{-\mathrm{i}(\omega_0 t-k_0 r)} \tag{6.1-16}$$

上式描述了一种平均圆频率为 ω_0、平均波数为 k_0 的复色平面波，其合振动的振幅和强度分别为

$$A=2A_0\cos(\Delta kr-\Delta\omega t) \tag{6.1-17}$$

$$I(\mathrm{P},t)=4I_0\cos^2(\Delta kr-\Delta\omega t) \tag{6.1-18}$$

可见，该复色平面波的振幅和强度均随时间和空间作周期性变化，相当于形成了一种纵向干涉图样，并且强度变化的时间圆频率和空间圆频率分别为振幅的两倍，即 $2\Delta\omega$ 和 $2\Delta k$。

同理也可以证明，当两光波的频率和振幅相同，但振动方向正交时，其合振动强度可表示为

$$I(P,t)=A_0^2+A_0^2\cos[k(r_2-r_1)]\cos[-2\omega t+k(r_2+r_1)] \tag{6.1-19}$$

上式描述了一种椭圆偏振光波，其振幅矢量在垂直于传播方向的平面上随时间周期性旋转，因而瞬时振幅和强度也随时间变化。

以上在讨论两列单色光波的叠加时，均忽略了光波初相位的影响。实际上，初相位对光波叠加结果不仅有影响，而且在有些情况下甚至具有决定性作用，这一点留待以后讨论。

6.1.2 复杂光波的分解

既然两列或多列不同频率的单色光波可以叠加为一列复杂光波，那么，任一复杂光波也可以分解成多列不同频率的单色光波分量。实际光源发出的光波往往是一种随时间变化的非周期性光波。这种光波只存在于有限的时间和空间范围之内，在此范围之外，光振动的振幅等于 0，故其波形呈波包状。对于这类波包，可以利用傅里叶变换来分析。

根据傅里叶变换的定义，一个在时间域具有复杂结构的非周期性光波信号 $E(t)$，在频率域可看成是一系列不同频率成分的单色波分量之和。即

$$E(t)=\int_{-\infty}^{\infty}E(\nu)\mathrm{e}^{-\mathrm{i}2\pi\nu t}\mathrm{d}\nu \tag{6.1-20}$$

式中：$E(\nu)$ 称为 $E(t)$ 的傅里叶变换，表示频率为 ν 的单色波分量在实际光波中所占权重，其大小为

$$E(\nu)=\int_{-\infty}^{\infty}E(t)\mathrm{e}^{\mathrm{i}2\pi\nu t}\mathrm{d}t \tag{6.1-21}$$

显然，若已知构成复杂光波的每一个单色波分量，则由式（6.1-20），即可得到该光波的复振幅分布。因此，$E(t)$ 也称为 $E(\nu)$ 的逆傅里叶变换。

按照经典电磁理论模型，构成发光体的大量原子或分子可等效为一系列电偶极子。发光过程就是这些偶极子的电磁辐射过程。理想情况下，这些电偶极子所产生的电磁辐射波列在时间和空间上无限延伸，这就是所谓的单色光波。实际情况中，由于受到各种阻尼，如原子或分子因剧烈的热运动而彼此之间的碰撞、多普勒效应等，导致偶极辐射过程常常中断。因此，辐射波列的平均持续时间，即使在稀薄气体情况下也极短，约为 10^{-9} 秒。这表明一般光源发出的光波，实际上是由一系列有限长的电磁波列组成的。每一个波列的振幅和频率在其持续时间内保持不变或缓慢变化，前后各个波列之间没有固

定的相位关系，其光振动的方向也不一定相同。如图 6.1-2 所示，假设波列的平均持续时间为 τ_0，在持续时间内的光振动频率为 ν_0，则该波列的光振动复振幅可表示为

$$E(t)=A\mathrm{e}^{-\mathrm{i}2\pi\nu_0 t}\mathrm{rect}\left(\frac{t-\tau_0/2}{\tau_0}\right)=\begin{cases}A\mathrm{e}^{-\mathrm{i}2\pi\nu_0 t}, & 0\leqslant t\leqslant\tau_0\\ 0, & 0>t,t>\tau_0\end{cases} \tag{6.1-22}$$

式中：rect(t)为矩形窗函数，其作用是将时间上无限延伸的简谐函数截取出有限长的一段。对式（6.1-22）两端作傅里叶变换，并利用傅里叶变换的卷积性质，得

$$\begin{aligned}E(\nu)&=\int_{-\infty}^{\infty}(A\mathrm{e}^{-\mathrm{i}2\pi\nu_0 t})\mathrm{rect}\left(\frac{t-\tau_0/2}{\tau_0}\right)\mathrm{e}^{\mathrm{i}2\pi\nu t}\mathrm{d}t\\&=A\left(\int_{-\infty}^{\infty}\mathrm{e}^{-\mathrm{i}2\pi\nu_0 t}\mathrm{e}^{\mathrm{i}2\pi\nu t}\mathrm{d}t\right)*\left(\int_{-\infty}^{\infty}\mathrm{rect}\left(\frac{t-\tau_0/2}{\tau_0}\right)\mathrm{e}^{\mathrm{i}2\pi\nu t}\mathrm{d}t\right)\\&=A\delta(\nu-\nu_0)*\left[\mathrm{e}^{\mathrm{i}\pi\nu\tau_0}\frac{\sin(\pi\nu\tau_0)}{\pi\nu}\right]\\&=A\tau_0\mathrm{e}^{\mathrm{i}\pi(\nu-\nu_0)\tau_0}\frac{\sin[\pi(\nu-\nu_0)\tau_0]}{\pi(\nu-\nu_0)\tau_0}\\&=A\tau_0\mathrm{e}^{\mathrm{i}\pi(\nu-\nu_0)\tau_0}\mathrm{sinc}[(\nu-\nu_0)\tau_0]\end{aligned} \tag{6.1-23}$$

式中：函数 $\mathrm{sinc}[(\nu-\nu_0)\tau_0]=\sin[\pi(\nu-\nu_0)\tau_0]/[\pi(\nu-\nu_0)\tau_0]$；“ * ”表示前后两个函数作卷积运算，卷积结果利用了 δ 函数的筛选性质。式（6.1-23）的结果表明，偶极辐射波列并不是一个真正的单色波列，而是包含了以 ν_0 为中心的一系列不同频率的单色波成分，如图 6.1-3 所示，其相对光谱分布（即归一化强度随频率的变化）可以表示为

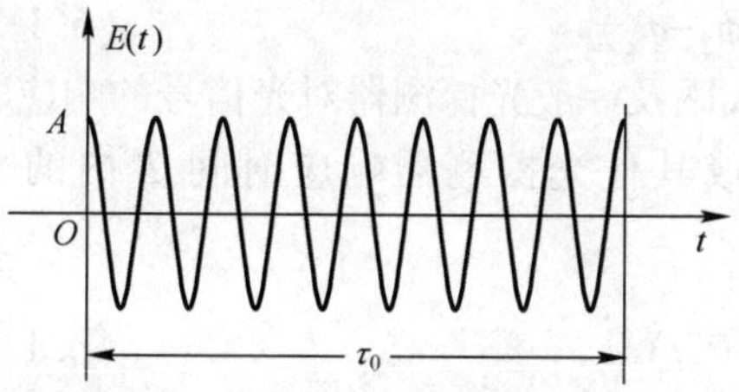

图 6.1-2　准单色波列

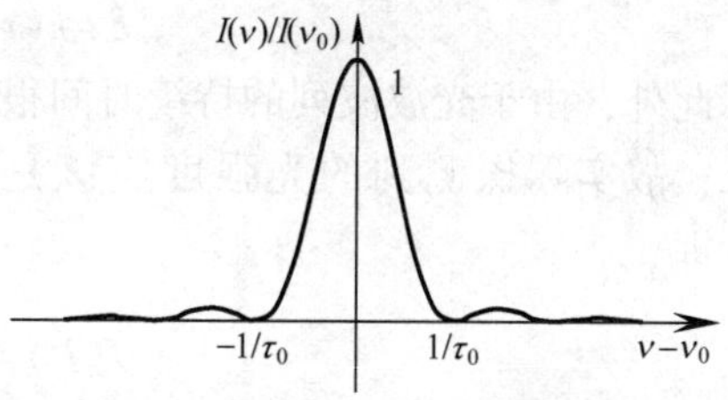

图 6.1-3　准单色波列的频谱分布

$$\frac{I(\nu)}{I(\nu_0)}=\mathrm{sinc}^2[(\nu-\nu_0)\tau_0] \tag{6.1-24}$$

式中：$I(\nu_0)=(A\tau_0)^2$，表示波列中频率等于中心频率 ν_0 的单色光波分量的强度。式（6.1-24）表明，波列的光谱强度分布在中心频率 ν_0 处取最大值 $I(\nu_0)$；随着 $|\nu-\nu_0|$ 的增大，强度迅速减小。在 $|\nu-\nu_0|=1/\tau_0$ 时，第一次等于 0。只有在 $|\nu-\nu_0|\leqslant 1/2\tau_0$ 范围内，光谱强度分布才具有较为显著的数值。故通常取光谱线的半高全宽 $\Delta\nu=1/\tau_0$ 作为波列的有效频率范围（即带宽）。$\Delta\nu$（$1/\tau_0$）较小的波列称为准单色光波或窄带光波。显然，波列的持续时间越长，其光谱分布范围越窄，单色性越好。下面将会进一步看到，准单色波列的持续时间 τ_0 实际上就是波列的相干时间，与此对应的波列在空间的持续长度（即相干时间乘以真空中的光速，$c\tau_0$）就是波列的相干长度 L_0。

6.1.3 干涉条纹的衬比度与相干条件分析

清晰度是干涉图样的一个重要特征因素。通常用条纹的衬比度 K 来定量表征叠加光场中某一点处干涉图样的清晰度，其定义为

$$K=\frac{I_{\max}-I_{\min}}{I_{\max}+I_{\min}} \tag{6.1-25}$$

式中：$I_{\max}$ 和 $I_{\min}$ 分别表示干涉图样中相邻亮纹和暗纹中心点的强度。$K=1$ 时，干涉条纹最清晰；$K=0$ 时，干涉条纹最模糊，实际上已经观察不到干涉条纹，故可认为此时的叠加光波之间不相干。一般情况下，干涉条纹图样的衬比度总是界于 0 和 1 之间。

现在再来看前面讨论过的两单色平面光波叠加形成的干涉条纹图样的衬比度。由式（6.1-8）和式（6.1-10），对于同频率、同振动方向的双光束干涉，其干涉条纹图样的衬比度为

$$K=\frac{(A_1+A_2)^2-(A_1-A_2)^2}{(A_1+A_2)^2+(A_1-A_2)^2}=\frac{2A_1A_2}{A_1^2+A_2^2} \tag{6.1-26}$$

显然，$A_1=A_2$时，$K=1$；$A_1\neq A_2$时，$K<1$；A_1或 $A_2\to 0$ 时，$K\to 0$。这表明当两光波的相位差恒定时，其干涉条纹图样的衬比度只与两光波的振幅比有关。振幅相差越小，衬比度越大；振幅相差越大，则衬比度越小。

需要特别注意的是，以上在讨论两单色光波的叠加时，只考虑了叠加光场的瞬时强度分布情况，并且忽略了光波初相位的影响。实际上，干涉条纹图样的强度极大值和极小值位置由两光波在叠加点的相位差 δ 决定，这个相位差应该是包含初相位差在内的总相位差。设两光波的初相位分别为 ϕ_1 和 ϕ_2，则其总相位差 δ 应为

$$\delta=k(r_2-r_1)+(\phi_2-\phi_1) \tag{6.1-27}$$

此外，由于光波波列的持续时间很短，而人眼及一般光探测器对光信号的响应时间较长，故实际探测到的光强度应该是在人眼或其他光探测器响应时间 T 内的平均值，即

$$I(P)=\frac{1}{T}\int_0^T I(P,t)\,\mathrm{d}t \tag{6.1-28}$$

也就是说，在人眼或其他光探测器的响应时间内，每束光波都可能经历了许多个波列的变换。而每一个波列的初相位的随机性导致实际光波的初相位是时间的随机函数。这使得两光波间的初相位差有两种可能，一是相对固定，二是随机变化。

如果两光波来自同一光源，并且其总相位差（或总光程差）小于与波列持续时间对应的相位延迟 $\omega\tau_0$（或相干长度 $L_0=c\tau_0$），则表明两光波在任意时刻的波列总是源于同一波列。这样，尽管两光波各自的初相位随时间随机变化，但其初相位差却相对固定而不随时间变化，从而总相位差也不随时间变化。于是，时间平均的结果，仍得到与瞬时情况完全相同的叠加强度分布。

如果两光波来自不同光源，或者虽然来自同一光源，但其总相位差（或总光程差）大于与波列持续时间对应的相位延迟 $\omega\tau_0$（或相干长度 $L_0=ct_0$），则两光波在任意时刻的振动状态总是源于不同波列，因此其初相位差随机变化。按照随机过程的各态经历假设，其值在 $-\pi$ 到 $+\pi$ 之间均匀变化。于是得叠加光强度的时间平均值为

$$
\begin{aligned}
I(P) &= \frac{1}{T}\int_0^T I(P,t)\,\mathrm{d}t \\
&= A_1^2 + A_2^2 + 2A_1A_2\frac{1}{T}\int_0^T \cos\delta\,\mathrm{d}t \\
&= A_1^2 + A_2^2
\end{aligned}
\tag{6.1-29}
$$

式（6.1-29）给出的是一个均匀的光强度分布，表明此时干涉条纹图样的衬比度 $K=0$，意味着两光波不相干。

同样，分别由式（6.1-18）和式（6.1-19）可看出，对于两个同振动方向但不同频率，或者两个同频率但振动方向正交的单色平面波的叠加情况，其合振动光强度的时间平均值也均为常数，因此也都不存在稳定干涉现象。

由此可见，两束单色光波在相遇处能够发生稳定干涉现象的必要条件是：频率相同、振动方向相同（或者至少存在相同方向的振动分量）、在观察时间内具有恒定的相位差（光程差小于光波的相干长度）。这个条件称为相干条件，满足相干条件的光波称为相干光波，相应的光源称为相干光源。要使相干条件成立，必须具备相干光源和实现干涉的装置。

一般地，同频率和同振动方向两个条件相对容易实现，但相位差恒定条件比较难实现。要么寻求响应时间极短的光探测器，要么使参与叠加的光波来自同一光源。为使干涉条纹图样具有较高的衬比度，参与叠加的两列光波的振幅应相差不大。此外，干涉条纹图样的衬比度还受到光源的几何尺寸和单色性（光谱宽度）等因素的影响，这些因素导致一般光源只具有部分相干性，相应的干涉条纹的衬比度处于 0 和 1 之间，但总是小于 1。后面将详细讨论。

6.1.4 干涉条纹的定域

干涉条纹总是出现在光波相遇的区域内。但这并不等于说，在两单色光波相遇的区域都会观察到干涉条纹。在基础光学中我们已经得知，无论是点光源照射下的杨氏干涉还是薄膜干涉（等厚和等倾干涉），其干涉条纹图样均存在于两光波相遇区的每一点；而扩展光源照射下的薄膜干涉条纹图样，却只能薄膜表面附近（等厚干涉）或无限远处（等倾干涉）观察到。这就是说，光波的相干叠加存在两种情况：定域和非定域干涉。干涉条纹图样只存在于光波相遇空间中某个特定区域的干涉现象称为定域干涉；干涉条纹图样存在于整个光波相遇空间的干涉现象称为非定域干涉。

实际上，产生定域干涉还是非定域干涉与照明光源的几何特性有关。我们知道，在单色点光源照明下，无论采用波前分割法（杨氏干涉）还是振幅分割法（薄膜干涉），所分出的两列或多列光波在其相遇区域内的任何一点，只要其相对光程差小于光场的相干长度，就都是相干的，因此形成非定域干涉。单色扩展光源可以看成无数单色点光源的集合。各点光源发出的球面波虽然频率相同，却互不相干。在扩展光源照明下，每个点光源发出的球面子波将产生一组非定域干涉图样。一般情况下，各组非定域干涉图样相互重叠而不一定重合，其强度随机相加的结果，导致实际干涉图样的衬比度降至 0，干涉条纹消失。只有两种特殊情况除外，即在薄膜等厚干涉情况下的薄膜表面附近和等倾干涉情况下的无限远处，所有点光源引起的干涉图样重合。

观察扩展光源照明下的薄膜等厚干涉图样时，我们总是将薄膜远离光源放置。此时可认为到达薄膜上的光束来自单一方向，即平行光。但这束平行光是由扩展光源上各个点发出的同一方向的光波分量（光线）组成的，彼此不相干。因此，经薄膜两个表面反射（或者透射）分出的两束光中，只有来自同一入射光线的两反射（或者透射）光线之间是相干的，而这两条光线相交于薄膜表面附近。同时，在薄膜表面附近，其他光线还不可能相交。对于所有等厚度点，相应的两条反射（透射）光线具有相同的相位差，因此叠加的结果同为强度极大值或极小值，从而在薄膜表面附近形成稳定的干涉图样。

观察等倾干涉图样时，如钠光灯照明下的迈克耳孙干涉实验，自每一个点光源发出的方向相同的入射光线都将引起相同的两条平行反射（或者透射）光线，这些光线在无限远处相遇，每一对反射（透射）光线之间发生性质相同的相干叠加，不同光线对之间又发生非相干叠加，但后者只是对亮条纹的总图样强度有贡献，并不影响干涉图样的分布特征。在有限远处的任一点，既有同一点光源发出的不同方向光线之间的相干叠加，又有不同点光源发出的不同方向光线之间的随机非相干叠加。其结果同样导致干涉条纹图样的消失。

综上所述，干涉条纹总是存在于光波的相干叠加区域。单色点光源照明时，这个相干叠加区域与光波相交区域重合，由此引起非定域干涉；单色扩展光源照明时，这个相干叠加区域变为仅存在于光波相交区域内的某个特定位置，由此只能引起定域干涉。定域干涉是非定域干涉的特殊情况。

6.2 部分相干理论基础

6.2.1 非单色扩展光源照明下的杨氏干涉

图 6.2-1 所示为一典型的杨氏干涉实验光路。图中 S 为照明光源，与光源平面相距一定距离处平行放置一光屏，光屏上开有一对相同的小孔 S_1 和 S_2，透过小孔的光波，在与光屏平行的一定距离处观察平面上 P 点相遇而发生叠加。与一般情况不同的是，这里假设 S 不是单色点光源，而是一个非单色的扩展光源。

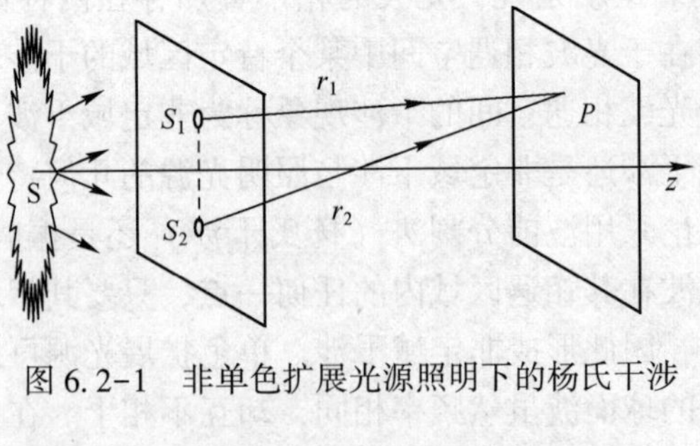

图 6.2-1 非单色扩展光源照明下的杨氏干涉

设 t 时刻，光波在小孔 S_1 和 S_2 处的电场强度矢量分别为 $\boldsymbol{E}_1(t)$ 和 $\boldsymbol{E}_2(t)$，则同一时刻在 P 点与此对应的光波电场强度矢量分别为 $\boldsymbol{E}_{p1}(t-t_1)$ 和 $\boldsymbol{E}_{p2}(t-t_2)$，其中 t_1 和 t_2 分别为光波自小孔 S_1 和 S_2 传播到 P 点所需时间，并且有 $t_1=r_1/c$，$t_2=r_2/c$（假设在空气中）。为讨论问题方便，这里忽略光波自 S_1 和 S_1 点到 P 点的传播过程中的振幅衰减，则有

$$\begin{cases}\boldsymbol{E}_{P1}(t-t_1)=\boldsymbol{E}_1(t-t_1)\\ \boldsymbol{E}_{P2}(t-t_2)=\boldsymbol{E}_2(t-t_2)\end{cases} \tag{6.2-1}$$

根据线性叠加原理，t 时刻两光波在 P 点叠加的总光振动矢量应为

$$\boldsymbol{E}_P(t)=\boldsymbol{E}_1(t-t_1)+\boldsymbol{E}_2(t-t_2) \tag{6.2-2}$$

由此得到相应的叠加光强度为

$$\begin{aligned}I_P(t)&=\boldsymbol{E}_P(t)\cdot\boldsymbol{E}_P^*(t)\\&=\boldsymbol{E}_1(t-t_1)\cdot\boldsymbol{E}_1^*(t-t_1)\\&\quad+\boldsymbol{E}_2(t-t_2)\cdot\boldsymbol{E}_2^*(t-t_2)\\&\quad+\boldsymbol{E}_1(t-t_1)\cdot\boldsymbol{E}_2^*(t-t_2)\\&\quad+\boldsymbol{E}_1^*(t-t_1)\cdot\boldsymbol{E}_2(t-t_2)\end{aligned} \tag{6.2-3}$$

由于光振动的频率极高，波前相位随时间的变化也极快，人眼和一般光探测器所能接收到的光信号实际上是叠加光强度在探测器响应时间内的平均值，因此，这里讨论由式（6.2-3）所给出的瞬时叠加光强度没有实际意义。也就是说，一般情况下我们所感兴趣的只是叠加光强度在一定时间（即探测器响应时间）内的平均值。于是，取式（6.2-4）等号两边的时间平均值，有

$$I_P=\langle I_P(t)\rangle=I_1+I_2+I_{12}+I_{21}=I_1+I_2+2\mathrm{Re}I_{12} \tag{6.2-4}$$

式中

$$I_1=\langle\boldsymbol{E}_1(t-t_1)\cdot\boldsymbol{E}_1^*(t-t_1)\rangle \tag{6.2-5a}$$

$$I_2=\langle\boldsymbol{E}_2(t-t_2)\cdot\boldsymbol{E}_2^*(t-t_2)\rangle \tag{6.2-5b}$$

$$I_{12}=\langle\boldsymbol{E}_1(t-t_1)\cdot\boldsymbol{E}_2^*(t-t_2)\rangle=I_{21}^* \tag{6.2-5c}$$

$$\mathrm{Re}I_{12}=\mathrm{Re}I_{21}=\frac{I_{12}+I_{21}}{2} \tag{6.2-5d}$$

为简化讨论，这里再作两点假设：

（1）两叠加光波同为振动方向平行的线偏振光。

（2）光场是稳定的，其统计性质不随时间变化，因此在空间各点光场强度的时间平均值与时间原点的选取无关。

第一点假设意味着，可以将上述光场的矢量叠加按标量场处理；第二点假设则意味着，即使将两叠加光波在 P 点的时间原点分别平移到 t_1 或 t_2 处，光场的时间平均值仍不会改变。

按照上述两点假定，可以进一步将式（6.2-5a）和式（6.2-5b）分别简化为

$$I_1=\langle E_1(t-t_1)E_1^*(t-t_1)\rangle=\langle E_1(t)E_1^*(t)\rangle \tag{6.2-6a}$$

$$I_2=\langle E_2(t-t_2)E_2^*(t-t_2)\rangle=\langle E_2(t)E_2^*(t)\rangle \tag{6.2-6b}$$

对于式（6.2-5c），可取 $t_2=0$，$t_2-t_1=\tau$，则 $t-t_1=t+\tau$。代入，得

$$I_{12}=\langle E_1(t-t_1)E_2^*(t-t_2)\rangle=\langle E_1(t+\tau)E_2^*(t)\rangle \tag{6.2-6c}$$

显然，I_1 和 I_2 分别为两叠加光波各自在 P 点的平均强度，I_{12} 反映了两叠加光波在 P 点的相干性——相干因子。相干因子 I_{12} 与时间差 τ 有关，τ 反映了两光波在 P 点的振动状态的相对滞后时间。若 $I_{12}\neq0$，则表明两光波是相干的；若 $I_{12}=0$，则表明两光波不相干。

6.2.2 互相干函数与复相干度

考虑到相干因子 I_{12} 决定着两叠加光波之间的相干性，又是时间差 τ 的函数，故定义其为两叠加光波的互相干函数，并改用 $\Gamma_{12}(\tau)$ 表示，即

$$\Gamma_{12}(\tau)=I_{12}(\tau)=\langle E_1(t+\tau)E_2^*(t)\rangle \tag{6.2-7}$$

互相干函数 $\Gamma_{12}(\tau)$ 决定着叠加光强度的大小和分布特性。它的存在，使得两光波在 P 点的叠加强度 I_P 不再简单地等于 I_1+I_2，而是既可以大于也可以小于 I_1+I_2。当 S_1 与 S_2 重合时，互相干函数变为自相干函数。于是有

$$\Gamma_{11}(\tau)=I_{11}(\tau)=\langle E_1(t+\tau)E_1^*(t)\rangle \tag{6.2-8a}$$

$$\Gamma_{22}(\tau)=I_{22}(\tau)=\langle E_2(t+\tau)E_2^*(t)\rangle \tag{6.2-8b}$$

当 $\tau=0$ 时，则有

$$\Gamma_{11}(0)=\langle E_1(t+\tau)E_1^*(t)\rangle=I_1 \tag{6.2-9a}$$

$$\Gamma_{22}(0)=\langle E_2(t+\tau)E_2^*(t)\rangle=I_2 \tag{6.2-9b}$$

可见，$\tau=0$ 时的自相干函数就是两光波各自在 P 点的平均强度。

对互相干函数 $\Gamma_{12}(\tau)$ 作归一化处理，得

$$\gamma_{12}(\tau)=\frac{\Gamma_{12}(\tau)}{\sqrt{\Gamma_{11}(0)\Gamma_{22}(0)}}=\frac{\Gamma_{12}(\tau)}{\sqrt{I_1I_2}} \tag{6.2-10}$$

通常将此归一化的互相干函数 $\gamma_{12}(\tau)$ 定义为两叠加光波的复相干度。将 $\gamma_{12}(\tau)$ 代入式（6.2-3），得

$$I_{\mathrm{P}}=I_1+I_2+2\sqrt{I_1I_2}\,\mathrm{Re}\gamma_{12}(\tau) \tag{6.2-11}$$

式（6.2-11）称为稳定光场的普遍干涉定律。可以看出，叠加光强度的极大值 $I_{P\max}$ 和极小值 $I_{P\min}$ 分别为

$$I_{P\max}=I_1+I_2+2\sqrt{I_1I_2}\,|\gamma_{12}(\tau)| \tag{6.2-12}$$

$$I_{P\min}=I_1+I_2-2\sqrt{I_1I_2}\,|\gamma_{12}(\tau)| \tag{6.2-13}$$

由此可得到干涉条纹的衬比度

$$K=\frac{2\sqrt{I_1I_2}}{I_1+I_2}|\gamma_{12}(\tau)| \tag{6.2-14}$$

当 $I_1=I_2$ 时，得

$$K=|\gamma_{12}(\tau)| \tag{6.2-15}$$

可见，当两叠加光波的强度相等时，其复相干度的模值就等于干涉条纹图样的衬比度。因此，根据复相干度的不同取值，可以将光场的相干性分为三类，即

$$|\gamma_{12}(\tau)|\begin{cases}=1, & \text{完全相干}\\ <1, & \text{部分相干}\\ =0, & \text{完全不相干(非相干)}\end{cases} \tag{6.2-16}$$

在完全相干情况下，干涉条纹图样的衬比度等于 1，达到最大值；在完全非相干情况下，衬比度等于 0，干涉条纹消失。完全相干对应着理想单色点光源发出的光场，而

实际光源总有一定的几何线度和光谱宽度，由此引起的叠加光场干涉条纹图样的衬比度总是小于 1，因此均属于部分相干情况。

6.2.3 时间相干度

将图 6.2-1 中的光源 S 改为一准单色点光源，并且假定 S 相对于小孔 S_1 和 S_2 对称放置。取照明光源为点光源，意味着假定其空间相干性很好，这样，就可以将讨论互相干函数和复相干度问题的重点，集中在光场的光谱带宽上。此时到达 S_1 和 S_2 处的光场完全相同，均为 $E(t)$，并且两者到达 P 点时的光振动振幅也相同。于是两光波在 P 点的互相干函数变为自相干函数，相应的归一化自相干函数（复相干度）可表示为

$$\gamma_{12}(\tau)=\gamma(\tau)=\frac{\langle E(t+\tau)E^*(t)\rangle}{I} \tag{6.2-17}$$

式中：I 表示单束光波在 P 点的平均强度。我们知道，由式（6.2-10）定义的复相干度 $\gamma_{12}(\tau)$，反映了分别自 S_1 和 S_2 出发，并且经历不同时间延迟后，到达 P 点的两光波之间的相干性。而式（6.2-17）给出的复相干度 $\gamma(\tau)$，则反映了来自同一光源点在不同时刻发出的两光波之间的相干性。两者的主要区别在于：前者同时包含了光源的横向几何线度和光谱带宽的综合影响；后者只包含了其光谱带宽的影响，可视为前者的一部分。由于光源的光谱带宽决定着所辐射光场的纵向时间延续特性，故将由式（6.2-17）表示的归一化自相干函数 $\gamma(\tau)$ 定义为光场的时间相干度。顾名思义，时间相干度实际上反映了光场的时间相干性。

下面分析准单色光场时间相干度的具体形式。

我们在 6.1 节中已经得知，准单色光波可以看作是由一系列有限长波列的集合构成的，每个波列的持续时间大致相等，设其平均值为 τ_0。在此持续时间内，光场的复振幅呈现余弦函数特征，前后各波列之间无固定的相位关系，其初相位差在 $-\pi$ 到 π 之间随机变化。按照这一物理图像，可将准单色光波表示为

$$E(t)=A_0\mathrm{e}^{-\mathrm{i}[2\pi\nu_0 t-\phi_0(t)]} \tag{6.2-18}$$

式中：ν_0 为光波的中心频率；$\phi_0(t)$ 为光波初相位函数，并且有

$$\phi_0(t)=C_m,\quad m\tau_0<t<(m+1)\tau_0,\quad m=1,2,3,\cdots \tag{6.2-19}$$

式中：C_m 为 $[-\pi,\pi]$ 区间的任意常数。式（6.2-19）说明，准单色光波的相位函数是一个无规则的随机常数数列，在某一波列的持续时间内，其值恒定，而不同波列的相位函数取值不同，但总是位于 $-\pi$ 到 π 之间，如图 6.2-2 所示。

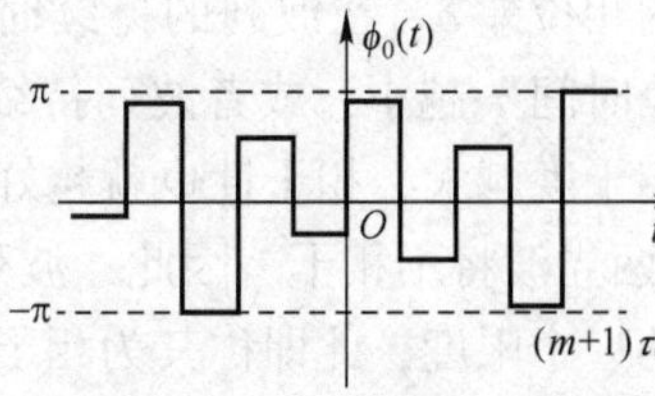

图 6.2-2　随机波列的初相位

由此可求得光场的时间相干度为

$$\begin{aligned}\gamma(\tau)&=\frac{\langle E(t+\tau)E^*(t)\rangle}{I}\\&=\langle \mathrm{e}^{-\mathrm{i}2\pi\nu_0\tau}\mathrm{e}^{\mathrm{i}[\phi_0(t+\tau)-\phi_0(t)]}\rangle\\&=\mathrm{e}^{-\mathrm{i}2\pi\nu_0\tau}\frac{1}{T}\int_0^T\mathrm{e}^{\mathrm{i}[\phi_0(t+\tau)-\phi_0(t)]}\mathrm{d}t\end{aligned} \tag{6.2-20}$$

式中：T 为探测器的响应时间，并且有 $T\gg\tau$。

下面分两种情况讨论式（6.2-20）中的积分结果。

1. $\tau<\tau_0$

显然，当 $0<t<\tau_0-\tau$（即 $\tau<t+\tau<\tau_0$）时，P 点处的两光波属于同一波列，其初相位差 $\delta_{12}=\phi_0(t-\tau)-\phi_0(t)=0$；当 $\tau_0-\tau<t<\tau_0$（即 $\tau_0<t+\tau<\tau_0+\tau$）时，$P$ 点处的两光波属于不同波列，其初相位差 $\delta_{12}=\phi_0(t-\tau)-\phi_0(t)\neq 0$。于是，对初相位因子 $\exp\{i[\phi_0(t-\tau)-\phi_0(t)]\}$，求在第一个 τ_0 时间间隔内的平均值，得

$$\begin{aligned}\frac{1}{\tau_0}\int_0^{\tau_0} e^{i[\phi_0(t+\tau)-\phi_0(t)]}dt &= \frac{1}{\tau_0}\int_0^{\tau_0-\tau} dt + \frac{1}{\tau_0}\int_{\tau_0-\tau}^{\tau_0} e^{i\delta_{12}}dt \\ &= \frac{1}{\tau_0}(\tau_0-\tau)+\frac{\tau}{\tau_0}e^{i\delta_{12}}\end{aligned} \tag{6.2-21}$$

对于以后的各个 τ_0 时间间隔内，仍可以得出同样的积分结果。只不过等号右边第二项中的 δ_{12} 取值不同，并且根据各态经历假说，其可能取 $-\pi$ 到 π 之间的任意值。这样，将 T 内所有各段时间积分结果累加起来时，等号右边第一项仍保持不变，而第二项总和等于 0，从而得到总的积分结果为

$$\gamma(\tau)=\left(1-\frac{\tau}{\tau_0}\right)e^{-i2\pi\nu_0\tau},\quad \tau_0>\tau>0 \tag{6.2-22}$$

2. $\tau\geqslant\tau_0$

在此情况下，两光波始终属于不同波列，其初相位差 $\delta_{12}=\phi_0(t-\tau)-\phi_0(t)$ 总是在 $-\pi$ 到 π 之间无规则地随机变化，因此相位因子的时间积分恒等于 0，导致 $\gamma(\tau)=0$。由此得到时间相干度的模值为

$$|\gamma(\tau)|=\begin{cases}1-\dfrac{\tau}{\tau_0}, & 0<\tau<\tau_0\\ 0, & \tau\geqslant\tau_0\end{cases} \tag{6.2-23}$$

式（6.2-23）表明，时间相干度的模值 $|\gamma(\tau)|$ 随两叠加光波振动状态的相隔时间 τ 呈线性变化，直线的斜率为 $-1/\tau_0$（函数曲线见图 6.2-3）。时间相干度的幅角为 $-\omega_0\tau$，正好等于相隔时间为 τ 的两光波的相位差 δ。在波列的持续时间 τ_0 以内，两光波相隔时间 τ 越小，或者波列持续时间 τ_0 越长，则时间相干度越大，相干性也就越好。τ 的大小超出波列的持续时间 τ_0 时，时间相干度等于 0，两光波将不相干。因此，波列的平均持续时间 τ_0 实际上给出了准单色光场时间相干性的一个限度，此即称其为相干时间的原因。

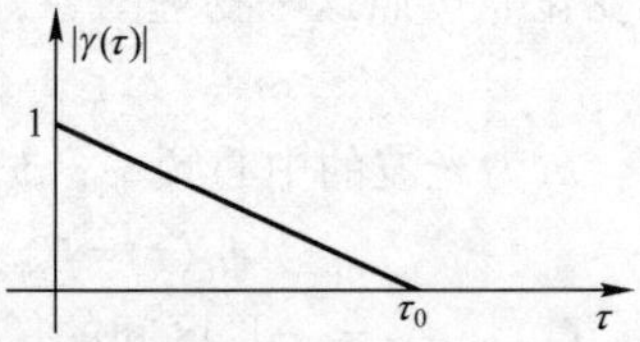

图 6.2-3　准单色光波的时间相干度

相干时间 τ_0 乘以真空中的光速 c，正好反映了波列在空间的延伸长度。它意味着当两光波在相遇点的光程差超过此长度时，将不再相干，故称为相干长度，用 L_0 表示，即 $L_0=c\tau_0$。相干长度从光程差的角度表征了准单色光场的时间相干性。

对于理想单色光波，波列的持续时间 $\tau_0\gg\tau$，$|\gamma(\tau)|=1$，因而时间相干度为

$$\gamma(\tau)=e^{-i2\pi\nu_0\tau}=e^{i\delta} \tag{6.2-24}$$

取其实部代入式（6.1-12），可得 P 点的叠加光强度为

$$I_P = 4I\cos^2\left(\frac{\delta}{2}\right) \tag{6.2-25}$$

这与式（6.1-13）给出的由两个等强度单色点光源产生的杨氏干涉图样的强度分布式完全相同。

此外，也可以利用傅里叶变换方法求解准单色光场的时间相干度。我们知道，光场自相干函数的时间平均值$<E(t+\tau)E^*(t)>$可表示为

$$< E(t+\tau)E^*(t) > = \lim_{T\to\infty}\frac{1}{2T}\int_{-T}^{T}E(t+\tau)E^*(t)\mathrm{d}t \tag{6.2-26}$$

当$T\to\infty$时，上式中的积分式可按无穷积分处理，且有

$$\begin{aligned}\int_{-\infty}^{\infty}E(t+\tau)E^*(t)\mathrm{d}t &= \int_{-\infty}^{\infty}E^*(t)\mathrm{d}t\int_{-\infty}^{\infty}E(\nu)\mathrm{e}^{-\mathrm{i}2\pi\nu(t+\tau)}\mathrm{d}\nu\\ &= \int_{-\infty}^{\infty}\left[\int_{-\infty}^{\infty}E^*(t)\mathrm{e}^{-\mathrm{i}2\pi\nu t}\mathrm{d}t\right]E(\nu)\mathrm{e}^{-\mathrm{i}2\pi\nu\tau}\mathrm{d}\nu\\ &= \int_{-\infty}^{\infty}E(\nu)E^*(\nu)\mathrm{e}^{-\mathrm{i}2\pi\nu\tau}\mathrm{d}\nu\end{aligned} \tag{6.2-27}$$

于是有

$$< E(t+\tau)E^*(t) > = \lim_{T\to\infty}\frac{1}{2T}\int_{-\infty}^{\infty}E(\nu)E^*(\nu)\mathrm{e}^{-\mathrm{i}2\pi\nu\tau}\mathrm{d}\nu \tag{6.2-28}$$

同理可得

$$< E(t)E^*(t) > = I = \lim_{T\to\infty}\frac{1}{2T}\int_{-\infty}^{\infty}E(\nu)E^*(\nu)\mathrm{d}\nu \tag{6.2-29}$$

将以上两式代入式（6.2-17），便得到时间相干度

$$\gamma(\tau) = \int_{-\infty}^{\infty}g(\nu)\mathrm{e}^{-\mathrm{i}2\pi\nu\tau}\mathrm{d}\nu \tag{6.2-30}$$

式中

$$g(\nu) = \frac{E(\nu)E^*(\nu)}{\int_{-\infty}^{\infty}E(\nu)E^*(\nu)\mathrm{d}\nu} \tag{6.2-31}$$

表示准单色光场的归一化功率谱密度或称归一化光谱强度分布函数。式（6.2-30）表明，准单色光场的时间相干度，实际上就等于光场归一化功率谱密度的傅里叶变换。

实际中的准单色光源主要有两种光谱线型：高斯型和洛伦兹型。如果光谱线的增宽是由于辐射偶极子的运动引起的多普勒频移（即多普勒增宽）所致，如低压气体放电管辐射的准单色谱线，则其功率谱密度函数为高斯型。即

$$g(\nu) = \frac{2\sqrt{\ln 2}}{\sqrt{\pi}\,\Delta\nu}\exp\left[-\left(2\sqrt{\ln 2}\,\frac{\nu-\nu_0}{\Delta\nu}\right)^2\right] \tag{6.2-32}$$

式中：$\Delta\nu$ 为谱线的半值宽度。将式（6.2-32）代入式（6.2-30），得

$$\gamma(\tau) = \exp\left[-\left(\frac{\pi\Delta\nu}{2\sqrt{\ln 2}}\tau\right)^2\right]\exp(-\mathrm{i}2\pi\nu_0\tau) \tag{6.2-33}$$

如果光谱线的增宽是由于产生辐射的原子或分子的碰撞（即碰撞增宽）所致，如高压气体放电管辐射的准单色谱线，则其功率谱密度函数为洛伦兹型。即

$$g(\nu)=\frac{2(\pi\Delta\nu)^{-1}}{1+\left(2\frac{\nu-\nu_0}{\Delta\nu}\right)^2} \tag{6.2-34}$$

代入式（6.2-30），可得到相应的时间相干度为

$$\gamma(\tau)=\exp(-\pi\Delta\nu|\tau|)\exp(-i2\pi\nu_0\tau) \tag{6.2-35}$$

比较式（6.2-33）和式（6.2-35）与式（6.2-22）可看出，本节以及6.1节中所给出的准单色光场模型，只是一种近似的简化模型。

6.2.4 空间相干度

将图6.2-1中的光源S改为单色扩展光源，此时光场的时间相干性很好，但由于采用了扩展光源照明，其空间相干性就成为影响互相干函数和复相干度的主要因素。假设观察场点P与小孔S_1和S_2距离相等，则两光波到达P点的时间间隔$\tau=0$。于是两叠加光波在P点的互相干函数和复相干度可分别表示为

$$\Gamma_{12}(0)=\langle E_1(t)E_2^*(t)\rangle \tag{6.2-36}$$

$$\gamma_{12}(0)=\frac{\Gamma_{12}(0)}{\sqrt{\Gamma_{11}(0)\Gamma_{22}(0)}}=\frac{\Gamma_{12}(0)}{\sqrt{I_1I_2}} \tag{6.2-37}$$

显然，这里的$\Gamma_{12}(0)$和$\gamma_{12}(0)$仅包含了光源的几何线度的影响，反映了由于扩展光源照明所引起的两光波之间的相干性——空间相干性。为了与总的互相干函数和复相干度相区别，这里将由式（6.2-36）所确定的互相干函数$\Gamma_{12}(0)$定义为光场的互强度，并改写为J_{12}，而将由式（6.2-37）所确定的复相干度$\gamma_{12}(0)$定义为光场的空间相干度，改写为μ_{12}。即

$$J_{12}=\Gamma_{12}(0)=\langle E_1(t)E_2^*(t)\rangle \tag{6.2-38}$$

$$\mu_{12}=\gamma_{12}(0)=\frac{\Gamma_{12}(0)}{\sqrt{I_1I_2}} \tag{6.2-39}$$

与时间相干度对应，空间相干度也属于复相干度的一部分，反映了光场的空间相干性。一般情况下，μ_{12}也是一个复数，可以将其表示为

$$\mu_{12}=|\mu_{12}|e^{i\alpha_{12}} \tag{6.2-40}$$

式中：模值$|\mu_{12}|$对应单色扩展光源照明下干涉条纹图样的衬比度；幅角α_{12}对应相应情况下两叠加光波的相位差。

由此可见，对于任意的非单色扩展光源，其光场的总复相干度$\gamma_{12}(\tau)$应等于其时间相干度$\gamma(\tau)$和空间相干度μ_{12}的乘积，即

$$\gamma_{12}(\tau)=\gamma(\tau)\mu_{12} \tag{6.2-41}$$

对于准单色扩展光源，将式（6.2-40）和式（6.2-22）或者式（6.2-33）和式（6.2-35）分别代入上式，可得

$$\gamma_{12}(\tau)=|\mu_{12}|\left(1-\frac{\tau}{\tau_0}\right)e^{i(\alpha_{12}-2\pi\nu_0\tau)}\quad \tau>0\quad（简化模型） \tag{6.2-42}$$

$$\gamma_{12}(\tau)=|\mu_{12}|\exp\left[-\left(\frac{\pi\Delta\nu}{2\sqrt{\ln 2}}\tau\right)^2\right]e^{i(\alpha_{12}-2\pi\nu_0\tau)}\quad（高斯线型） \tag{6.2-43}$$

$$\gamma_{12}(\tau)=|\mu_{12}|\exp(-\pi\Delta\nu|\tau|)e^{i(\alpha_{12}-2\pi\nu_0\tau)} \quad （洛伦兹线型） \tag{6.2-44}$$

当谱线宽度远小于中心频率，即 $\Delta\nu\ll\nu_0$时，可以认为其时间相干性很好（$\tau_0\gg\tau$），上列式中的因子 $\tau/\tau_0(=\tau\Delta\nu)$可以忽略，于是可得

$$\gamma_{12}(\tau)=|\mu_{12}|e^{i(\alpha_{12}-2\pi\nu_0\tau)} \tag{6.2-45}$$

进而，根据稳定光场的普遍干涉定律，可得叠加光强度分布为

$$I_P=I_1+I_2+2\sqrt{I_1I_2}|\mu_{12}|\cos(\alpha_{12}-2\pi\nu_0\tau) \tag{6.2-46}$$

6.3 范西泰特-策尼克定理

许多光学研究中，使用较多的照明光源往往是准单色面光源。因此，讨论扩展的准单色光场的互强度与空间相干度的实际计算方法十分必要。下面将会看到，范西泰特-策尼克（Van Cittert-Zernike）定理为我们提供了解决这个问题的一种简单、有效的途径。

6.3.1 傍轴条件下准单色光场的互强度与空间相干度

参考图 6.3-1，假设一准单色扩展光源 S 位于 xy 平面，其辐射光谱的中心频率和波长分别为 ν_0和 λ_0；在与光源平面相距 R 的 x_1y_1平面上平行放置一个观察屏，离观察屏中心点 O_1不远处有两个场点 S_1和 S_2；光源 S 的面积 Σ 较小，其横向线度远小于光源到观察屏之间距离 R，并且光源中心点 O_s到场点 S_1和 S_2的连线与到观察屏中心点 O_1连线的夹角很小，均满足傍轴条件。

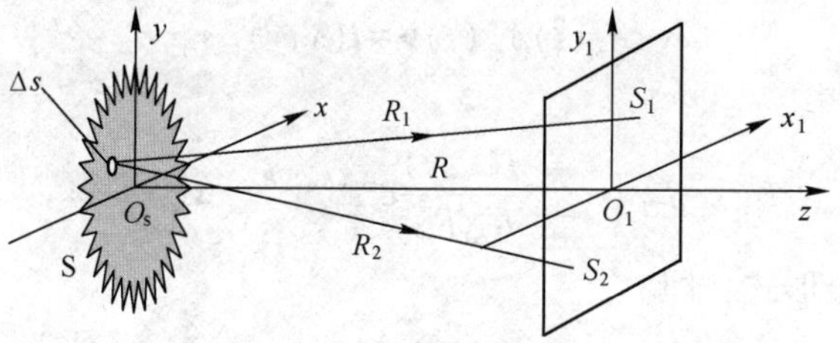

图 6.3-1　准单色扩展光源照明下的光场空间相干度

现将光源 S 表面分成许多几何线度远小于中心波长 λ_0的相同小面元 Δs_1、Δs_2、$\Delta s_3\cdots$，并假设其中第 m 个面元 Δs_m 到 S_1和 S_2点的距离分别为 R_{m1}和 R_{m2}，光的传播速度为 v，中心波数为 $k_0=2\pi/\lambda_0$，则第 m 个面元 Δs_m在 S_1和 S_2点引起的光振动复振幅可分别表示为

$$E_{m1}(t)=\frac{1}{R_{m1}}A_m\left(t-\frac{R_{m1}}{v}\right)\exp\left\{-i\left[2\pi\nu_0\left(t-\frac{R_{m1}}{v}\right)\right]\right\} \tag{6.3-1a}$$

$$E_{m2}(t)=\frac{1}{R_{m2}}A_m\left(t-\frac{R_{m2}}{v}\right)\exp\left\{-i\left[2\pi\nu_0\left(t-\frac{R_{m2}}{v}\right)\right]\right\} \tag{6.3-1b}$$

式中：$A_m(t)$表示第 m 个面元在光源处产生的光振动的振幅。假设所有面元在 S_1和 S_1点引起的光振动的方向相同，则根据线性叠加原理，S_1和 S_1点的总光振动应分别为

$$E_1(t)=\sum_m E_{m1}(t) \tag{6.3-2a}$$

$$E_2(t) = \sum_m E_{m2}(t) \tag{6.3-2b}$$

由此得到相应的互强度为

$$J_{12} = < E_1(t) E_2^*(t) > = \sum_m < E_{m1}(t) E_{m2}^*(t) > + \sum_{m \neq n} < E_{m1}(t) E_{n2}^*(t) > \tag{6.3-3}$$

考虑到光源上不同面元引起的光振动之间不相干，式（6.3-3）中等号右边第二项的时间平均值应等于0，即

$$< E_{m1}(t) E_{n2}^*(t) > = 0, \quad m \neq n \tag{6.3-4}$$

于是得

$$J_{12} = \sum_m < E_{m1}(t) E_{m2}^*(t) > = \sum_m < A_m\left(t - \frac{R_{m1}}{v}\right) A_m^*\left(t - \frac{R_{m2}}{v}\right) > \frac{1}{R_{m1} R_{m2}} \mathrm{e}^{\mathrm{i}k_0(R_{m1} - R_{m2})} \tag{6.3-5}$$

将时间原点平移至 R_{m1}/v，即作变量代换 $t' = t - R_{m1}/v$，则上式可进一步改写为

$$J_{12} = \sum_m < A_m(t') A_m^*\left(t' + \frac{R_{m1} - R_{m2}}{v}\right) > \frac{1}{R_{m1} R_{m2}} \mathrm{e}^{\mathrm{i}k_0(R_{m1} - R_{m2})} \tag{6.3-6}$$

当 $R_{m1} - R_{m2} \ll L_0$（相干长度）时，振幅因子 A_{m2}^* 中的时间延迟项 $(R_{m1} - R_{m2})/v$ 可以忽略，由此可以将式（6.3-6）进一步简化为

$$J_{12} = \sum_m < A_m(t) A_m^*(t) > \frac{1}{R_{m1} R_{m2}} \mathrm{e}^{ik_0(R_{m1} - R_{m2})} \tag{6.3-7}$$

式中 $< A_m(t) A_m^*(t) >$ 实际上就是光源表面第 m 个面元的辐射强度。若取 $I(x, y)$ 表示光源表面单位面积的辐射强度，则有

$$< A_m(t) A_m^*(t) > = I(x, y) \Delta s_m \tag{6.3-8}$$

代入式（6.3-7），得

$$J_{12} = \sum_m \frac{I(x, y)}{R_{m1} R_{m2}} \mathrm{e}^{\mathrm{i}k_0(R_{m1} - R_{m2})} \Delta s_m \tag{6.3-9}$$

上式也可以写成积分形式，即

$$J_{12} = \iint_\Sigma \frac{I(x, y)}{R_1 R_2} \mathrm{e}^{ik_0(R_1 - R_2)} \mathrm{d}x\mathrm{d}y \tag{6.3-10}$$

对积分式（6.3-10）作归一化处理，便得到空间相干度

$$\mu_{12} = \frac{1}{\sqrt{I_1 I_2}} \iint_\Sigma \frac{I(x, y)}{R_1 R_2} \mathrm{e}^{\mathrm{i}k_0(R_1 - R_2)} \mathrm{d}x\mathrm{d}y \tag{6.3-11}$$

式中

$$I_1 = J_{11} = \iint_\Sigma \frac{I(x, y)}{R_1^2} \mathrm{d}x\mathrm{d}y \tag{6.3-12a}$$

$$I_2 = J_{22} = \iint_\Sigma \frac{I(x, y)}{R_2^2} \mathrm{d}x\mathrm{d}y \tag{6.3-12b}$$

6.3.2 范西泰特-策尼克定理

将式（6.3-10）或式（6.3-11）中等号右边的积分式分别改写成如下形式：

$$J_{12}=\iint_{\Sigma}\left[\frac{I(x,y)}{R_2}\mathrm{e}^{-ik_0R_2}\right]\frac{\mathrm{e}^{ik_0R_1}}{R_1}\mathrm{d}x\mathrm{d}y \tag{6.3-13}$$

$$\mu_{12}=\frac{1}{\sqrt{I_1I_2}}\iint_{\Sigma}\left[\frac{I(x,y)}{R_2}\mathrm{e}^{-ik_0R_2}\right]\frac{\mathrm{e}^{ik_0R_1}}{R_1}\mathrm{d}x\mathrm{d}y \tag{6.3-14}$$

则可以看出，在式（6.3-13）或式（6.3-14）的被积函数中，由中括号所包含的部分相当于一个以 S_2点为中心的会聚球面波在光源平面处的复振幅。因此，该积分相当于光场在 S_1点的衍射积分。其中照明光波就是这个以 S_2点为中心的会聚球面波，其在光源平面的复振幅，正比于扩展光源在相应点单位面积上的辐射强度（即光强度）$I(x,y)$，衍射孔径（即积分区域）与扩展光源形状相同，并且位于光源平面。同样，若在式（6.3-13）或式（6.3-14）中将 R_1与 R_2交换位置，则该积分也可以看成是由与光源形状相同的开孔在 S_2点产生的衍射光波复振幅，而相应的照明光波则是以 S_1点为中心的会聚球面波。

由此可得范西泰特-策尼克定理：在傍轴条件下，准单色扩展光源照明下的光场中两点 S_1和 S_2之间的互强度（空间相干度），等效于以 S_2（或者 S_1）点为中心且振幅正比于光源单位面积辐射强度的会聚球面波，经位于光源平面处且与光源形状相同的开孔，在 S_1（或者 S_2）点产生的（归一化）衍射光场复振幅。

范西泰特-策尼克定理也可以表示成傅里叶变换的形式。

设 S_1和 S_2点的横向坐标分别为（x_{11},y_{11}）和（x_{12},y_{12}），在傍轴条件下，对分母中的 R_1和 R_2取零级近似，即令其均等于 R；对相位因子中的 R_1和 R_2作一级近似处理，即

$$\begin{cases}R_1\approx R+\dfrac{(x-x_{11})^2+(y-y_{11})^2}{2R}\\ R_2\approx R+\dfrac{(x-x_{12})^2+(y-y_{12})^2}{2R}\end{cases} \tag{6.3-15}$$

代入式（6.3-11），得空间相干度

$$\mu_{12}=\mathrm{e}^{\mathrm{i}\alpha_{12}}\frac{\iint_{-\infty}^{\infty}I(x,y)\mathrm{e}^{-\mathrm{i}2\pi(px+qy)}\mathrm{d}x\mathrm{d}y}{\iint_{-\infty}^{\infty}I(x,y)\mathrm{d}x\mathrm{d}y} \tag{6.3-16}$$

式中

$$I(x,y)=\begin{cases}I(x,y), & \text{光源面积以内}\\ 0, & \text{光源面积以外}\end{cases} \tag{6.3-17}$$

$$\alpha_{12}=2\pi\frac{(x_{12}^2-x_{11}^2)+(y_{12}^2-y_{11}^2)}{2\lambda_0R} \tag{6.3-18}$$

$$p=\frac{x_{12}-x_{11}}{\lambda_0R},\quad q=\frac{y_{12}-y_{11}}{\lambda_0R} \tag{6.3-19}$$

式（6.3-16）显示，在傍轴条件下，准单色扩展光源照明下的光场中两点 S_1和 S_2之间的空间相干度，等效于光源平面处光强度函数 $I(x,y)$的归一化傅里叶变换。

由此可见，范西泰特-策尼克定理使得求解光场的空间相干度问题简化成求解衍射积分问题，同时也提供了一种确定准单色扩展光场空间相干度的实验方法。

6.3.3 准单色线扩展光场的空间相干度计算

假设在图6.3-1中的照明光源S为一沿y轴方向扩展的准单色线光源，扩展宽度为b，光源的辐射强度呈均匀分布，单位宽度上的辐射强度为I_0，两个小孔也沿y轴放置，中心间距为d。根据式（6.3-16）和式（6.3-17）可知$p=0$，$q=d/\lambda_0 R$，$I(x,y)=I_0$。因此有

$$\iint_{-\infty}^{\infty} I(x,y)\,\mathrm{d}x\mathrm{d}y = \int_{-b/2}^{b/2} I_0 \mathrm{d}y = bI_0 \tag{6.3-20}$$

$$\iint_{-\infty}^{\infty} I(x,y)\,\mathrm{e}^{-\mathrm{i}2\pi(px+qy)}\,\mathrm{d}x\mathrm{d}y = I_0\int_{-b/2}^{b/2} \mathrm{e}^{-\mathrm{i}2\pi qy}\mathrm{d}y = bI_0 \mathrm{sinc}\left(\frac{db}{\lambda_0 R}\right) \tag{6.3-21}$$

代入式（6.3-16），可得空间相干度的模值为

$$|\mu_{12}| = \left|\mathrm{sinc}\left(\frac{db}{\lambda_0 R}\right)\right| \tag{6.3-22}$$

在6.2节中我们已经得知，准单色扩展光场的空间相干度的模值，等于该光源照明下杨氏干涉条纹图样的衬比度。因此，也可以由准单色线扩展光源照明下的杨氏干涉条纹图样的衬比度，来验证式（6.3-22）的正确性。

如图6.3-2所示，线光源S可分成许多宽度无限小的线元，其中位于坐标y处$\mathrm{d}y$宽度的线元所发出的光波，通过小孔S_1和S_2在$P(y_0)$点引起的叠加光强度可表示为

$$\mathrm{d}I_P = 2I_0(1+\cos\delta)\,\mathrm{d}y \tag{6.3-23}$$

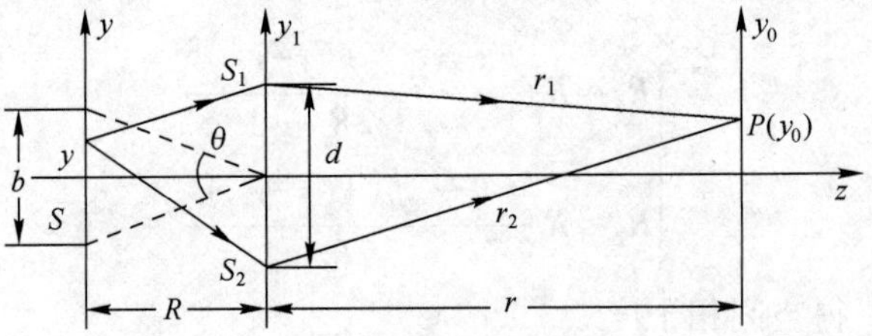

图6.3-2 准单色线扩展光源照明下的杨氏干涉

在傍轴条件下，相位差δ的大小可表示为

$$\delta = \frac{2\pi}{\lambda_0}[(R_2-R_1)+(r_2-r_1)] \approx \frac{2\pi}{\lambda_0}\left(\frac{d}{R}y+\frac{d}{r}y_0\right) \tag{6.3-24}$$

代入式（6.3-23），得

$$\mathrm{d}I_{\mathrm{P}} = 2I_0\left[1+\cos\left(\frac{2\pi d}{\lambda_0 R}y+\frac{2\pi d}{\lambda_0 r}y_0\right)\right]\mathrm{d}y \tag{6.3-25}$$

于是，线光源在P点引起的总叠加光强度为

$$\begin{aligned} I_{\mathrm{P}} &= \int_{-b/2}^{b/2} \mathrm{d}I_{\mathrm{P}} \\ &= \int_{-b/2}^{b/2} 2I_0\left[1+\cos\left(\frac{2\pi d}{\lambda_0 R}y+\frac{2\pi d}{\lambda_0 r}y_0\right)\right]\mathrm{d}y \\ &= 2bI_0\left[1+\mathrm{sinc}\left(\frac{db}{\lambda_0 R}\right)\cos\left(\frac{2\pi d}{\lambda_0 r}y_0\right)\right] \end{aligned} \tag{6.3-26}$$

由此得干涉条纹图样的衬比度

$$K=\left|\operatorname{sinc}\left(\frac{db}{\lambda_0 R}\right)\right| \tag{6.3-27}$$

式（6.3-22）与式（6.3-27）结果完全相同。可见由范西泰特-策尼克定理得出的式（6.3-22）就是准单色线光源的空间相干度的模值。

此外，由式（6.3-22）或式（6.3-26）也可以看出，当小孔 S_1 和 S_2 之间的距离

$$d=\frac{\lambda_0 R}{b}=d_0 \tag{6.3-28}$$

时，光场的空间相干度模值 $|\mu_{12}|$（或干涉条纹图样的衬比度 K）第一次等于 0（图 6.3-3），干涉条纹完全消失。可见，d_0 反映了准单色线光源光场中两点 S_1 和 S_2 之间具有相干性的一个极限距离，故定义为光场的横向相干宽度。式（6.3-28）表明，对于给定波长 λ_0 的准单色光场，其所照明的平面上的横向相干宽度 d_0 与扩展光源宽度 b 成反比，与光源平面到所照明平面之间的距离 R 成正比。或者说光场的横向相干宽度 d_0 与扩展光源宽度 b 对所照明平面上坐标原点的张角（$\theta=b/R$）成反比。光源的横向线度越大（R 给定时），或者张角 θ 越大，则横向相干宽度 d_0 越小，因此空间相干性就越差。

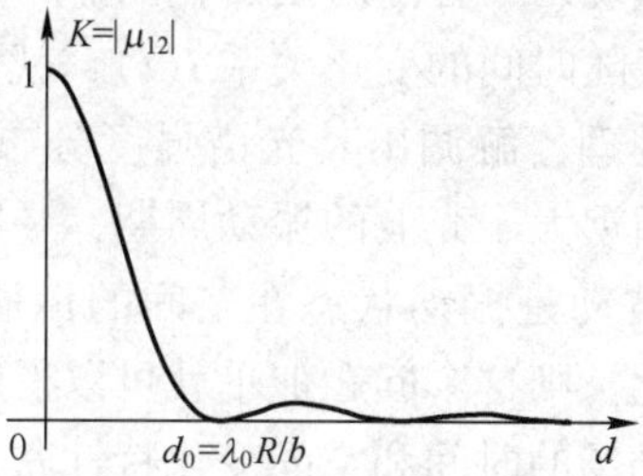

图 6.3-3　准单色线扩展光场的干涉条纹衬比度

在二维情况下，横向相干宽度 d_0 用横向相干面积 S_0 代替。对于方形扩展光源，其相干面积为

$$S_0=d_0^2=\left(\frac{\lambda_0 R}{b}\right)^2=\left(\frac{\lambda_0}{\theta}\right)^2 \tag{6.3-29}$$

对于圆形扩展光源，同样可以证明，其相干面积为

$$S_0=\pi\left(0.61\frac{\lambda_0}{\theta}\right)^2 \tag{6.3-30}$$

激光束具有极好的空间相干性，在光束的整个横截面内都是空间相干的。因此，让激光束直接照射到包含一对双孔、双缝或其他形状开孔的光屏时，只要激光束能够覆盖它们，就可以在其后的屏幕上观察到清晰的干涉或衍射图样。

通常照明用的白炽灯是一个在可见光区具有连续光谱分布的非单色扩展光源，一般不具有相干性。然而，我们也许都有这样的经历，当透过窗纱或者薄的丝绸观察远处的白炽灯光时，会发现在灯光的周围往往出现彩色衍射（干涉）条纹；只有当灯光近在咫尺时，才看不到衍射（干涉）条纹。这说明，一个扩展光源的空间相干性是相对的，不仅取决于光源的横向线度，也取决于光源平面到观察平面的距离（实际上取决于两者之比，即光源对照射点的张角 θ）。在同样几何线度下，距离越远（即 θ 越小），空间相干性越好。太阳虽然绝对面积很大，但距离地球很远，因而在地球上看来，太阳相当

于一个近似的点光源，具有一定的空间相干性。

6.4 傅里叶变换光谱术及其应用

6.4.1 傅里叶变换光谱学原理

我们知道，对于具有连续光谱分布的任意光信号，只要知道其功率谱密度函数，即光谱强度分布函数 $i(\lambda)(=\mathrm{d}I_\lambda/\mathrm{d}\lambda)$，就可以通过 $i(\lambda)$ 对波长的简单积分得到其总的强度。即

$$I=\int_0^\infty i(\lambda)\,\mathrm{d}\lambda \tag{6.4-1}$$

然而，实际中往往只能或者最容易得到的，是某个光信号的总强度 I。现在的问题是，能否通过某种途径，从这个光信号的总光强度 I 求得其光谱强度分布函数 $i(\lambda)$？

在 6.1 节中曾经指出，当一个光源发出的光波包含多个频率成分，或者在一定区域连续频率分布时，该光波将呈现出一种随时间变化的非周期性结构特征。根据前面的讨论，只要已知该光波信号强度随时间的变化关系 $I(t)$，就可以通过对该光信号强度$I(t)$从时域到频域的傅里叶变换处理，解调出其光谱强度分布函数 $i(\nu)$。然而，由于光波频率极高，探测器的响应时间远大于光波的振动周期，一般很难直接测量光波信号的瞬时强度 $I(t)$。不过，考虑到波动是振动状态在空间的传播，如果能把光信号强度随时间的变化转化为随空间的变化，则这个问题似乎就可以得解。干涉光谱术正是利用了光程的概念，通过干涉原理将光场的时间和空间变化特性联系在一起。

按照双光束干涉原理，同频率、同振动方向且振幅相等的两单色光波在空间某点相遇而发生相干叠加时，其叠加光强度可表示为

$$I=2I_0(1+\cos\delta)=2I_0\left[1+\cos\left(\frac{2\pi}{\lambda}L\right)\right] \tag{6.4-2}$$

式中：I_0为其中一束光波的强度；δ 为两光波在相遇点的相位差；λ 为光波的波长；L 为两光波在相遇点的光程差。式（6.4-2）表明，叠加光强度 I 是两光波相位差 δ 或者光程差 L 的函数。现考虑参与叠加的两光波来自同一个具有光谱强度分布函数为 $i(\lambda)$ 的任意点光源，则其中波长为 λ 的单色光成分的相对叠加光强度可表示为

$$i(\lambda,L)=2i(\lambda)\left[1+\cos\left(\frac{2\pi}{\lambda}L\right)\right] \tag{6.4-3}$$

将式（6.4-3）对所有波长积分，得到总的叠加光强度

$$\begin{aligned} I(L)&=\int_0^\infty i(\lambda,L)\,\mathrm{d}\lambda \\ &=2\int_0^\infty i(\lambda)\left[1+\cos\left(\frac{2\pi}{\lambda}L\right)\right]\mathrm{d}\lambda \\ &=2I_0+2\int_0^\infty i(\lambda)\cos\left(\frac{2\pi}{\lambda}L\right)\mathrm{d}\lambda \end{aligned} \tag{6.4-4}$$

第 2 章中曾指出，与时间周期 T 和时间频率 ν 的关系相对应，如果将波长 λ 看成光场的空间周期，则其倒数 $1/\lambda$ 就是光场的空间频率。这样以来，式（6.4-4）中的光谱

强度分布函数 $i(\lambda)$ 也可以看成波长倒数即空间频率的函数，同时从能量守恒角度，式（6.4-4）中对波长的积分等效于对空间频率的积分。现取 $u=1/\lambda$（为了不致与透镜焦距的表示符号 f 相混，这里改用 u 代替第一章中的空间频率 f），并且在式（6.4-4）等号两边均减去 $2I_0$，得

$$I(L)-2I_0=2\int_0^{\infty} i(u)\cos(2\pi uL)\mathrm{d}u \tag{6.4-5}$$

式（6.4-5）表明，这里的光谱强度分布函数 $i(u)$ 实际上就是两光波相干叠加强度 $I(L)$ 减去其强度之和 $2I_0$ 的余弦傅里叶变换，即

$$i(u)=2\int_0^{\infty}[I(L)-2I_0]\cos(2\pi uL)\mathrm{d}L \tag{6.4-6}$$

式中积分乘以因子 2 的考虑具有人为约定的因素，目的是与逆变换式（6.4-5）对应。也可以这样理解：光程差的取值范围自 $-\infty$ 到 ∞ 变化，而叠加强度 $I(L)$ 为 L 的偶函数，故正半支的积分值与负半支相等。显然，只要能够测量出两光波叠加强度随光程差的变化 $I(L)$ 及两光波的强度和 I_0，就可以根据式（6.4-6）求出该光波信号的光谱强度分布函数。此即傅里叶变换光谱学的基本原理。

需要说明的是，这里的空间频率 u，在傅里叶变换光谱学中一般称为波数，单位为 cm^{-1}，与本书前面定义的（角）波数 k 的意义和量纲相同，但相差一个 2π 因子。

6.4.2 傅里叶变换光谱仪

光谱仪是分析光信号频谱特性的仪器。传统的光谱仪，如棱镜光谱仪、光栅光谱仪以及法布里-珀罗干涉仪等，都是色散型的，其共同特点是把不同波长的单色光波成分在空间上分开。其中棱镜光谱仪利用了棱镜的折射率色散原理，光栅光谱仪利用了光栅的衍射色散原理，法布里-珀罗干涉仪则利用了干涉色散原理。根据傅里叶变换光谱学原理，人们设计出了一种新型的光谱仪——傅里叶变换光谱仪。其特点在于它巧妙地利用了某种干涉分光装置将光信号一分为二，使之经过不同的时间延迟后再次重合而发生干涉，通过测量在不同光程差时的叠加光强度，再经过快速傅里叶变换运算，解调出待测光信号的光谱强度分布函数。其中第 1 步借助于光学干涉仪实现，第 2 步则须借助于计算机并通过数值计算实现。

目前，实用化的傅里叶变换光谱仪有多种类型。按照实现分光的方式不同，可分为迈克耳孙干涉型和偏振光干涉型两类；按照获取叠加光强度的方式不同，又可以分为时间调制型和空间调制型两类；按照光路结构的不同，还可以分为非共路和共路型两类。下面分别介绍之。

1. 基于时间调制的迈克耳孙干涉型傅里叶变换光谱仪

如图 6.4-1 所示，由点光源 S 发出的球面光波经透镜 L_1 准直后，再经 50:50 分束棱镜（或者楔形分束镜）BS 分成等强度的两束，其中一束光经固定反射镜 M_1 垂直反射，另一束光经可移动反射镜 M_2 垂直反射，两束反射光再次分别经 BS 透射和反射后重合，并通过透镜 L_2 会聚到光电探测器 D 上。探测到的叠加光强度信号经模/数（A/D）转换后，输入计算机（PC）中进行数字处理。起初，移动 M_2 使两路光波的光程差 $L=0$，然后匀速移动 M_2 以改变两叠加光波的光程差 $L(=2vt$，v 为 M_2 的移动速度，t 为时间），

同时记录不同 L 时的叠加光强度 $I(L)$。显然，这种迈克耳孙干涉仪光路具有时间调制和非共路特点。为了获得高分辨率光谱，反射镜 M_2 的移动范围（即扫描范围）应尽可能大，以获得尽可能大的光程差变化范围，故高分辨率傅里叶光谱仪要求具有较长的移动臂。同时，为了避免空气波动对光波波前的影响，一般在测量时，干涉仪的光路系统应与环境空气隔离，或者最好工作于真空状态。

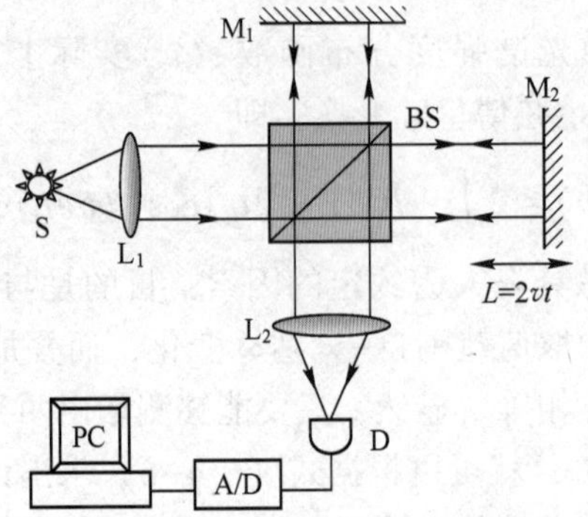

图 6.4-1　基于时间调制的迈克耳孙干涉型傅里叶变换光谱仪原理

2. 基于空间调制的迈克耳孙干涉型傅里叶变换光谱仪

上述基于时间调制的迈克耳孙干涉型傅里叶变换光谱仪，虽然可以获得很高的光谱分辨率，但是有一个缺点，由于动镜 M_2 的扫描过程需要一定时间，因此不能测量瞬时光谱。同时，M_2 的扫描过程要求具有很高的机械运动控制精度，从而增加了仪器的复杂程度。弥补这一缺点的有效途径是将时间调制转换为空间调制。如图 6.4-2 所示，将迈克耳孙干涉仪光路中的反射镜 M_2 倾斜一定角度后固定，并去掉透镜 L_2，保留准直透镜 L_1（图中改为 L_F），同时用线阵的电荷耦合器件（Charge Coupled Device，CCD）代替光电探测器。投射在 CCD 光敏面上的，是一组由不同波长成分的双光束形成的，并且按照光程差 L 大小排列的等间距余弦平方型干涉条纹图样的叠加，因此由 CCD 得到的干涉图样的强度分布实际上就是 $I(L)$，只要 CCD 的响应速度足够快，就可以在足够短的时间内通过一次曝光记录获得待测信号的光谱分布。改变 M_2 的倾斜角度，还可以改变干涉条纹间距，从而改变光谱仪的光谱分辨率。不过，由于 CCD 的几何尺寸及空间分辨率限制，这种光谱仪还不能获得很高的光谱分辨率。

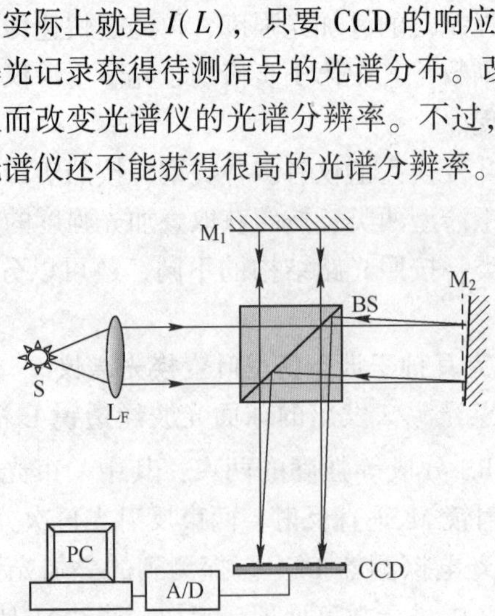

图 6.4-2　基于空间调制的迈克尔逊干涉型傅里叶变换光谱仪原理

3. 基于空间调制的偏振光干涉型傅里叶变换光谱仪

上述迈克耳孙干涉型傅里叶变换光谱仪的两干涉臂的非共路性，使其对环境的振动响应过于灵敏，从而使得测量过程不得不在严格隔振的环境条件下进行。因此，无论图 6.4-1 所示的时间调制型，还是图 6.4-2 所示的空间调制型光路，都很难用于实际现场测量。图 6.4-3 所示基于空间调制的偏振光干涉型傅里叶变换光谱仪则可以较好地解决这个问题。在一对起偏器和检偏器之间对称放置一对沃拉斯顿（Wollaston）棱镜，起偏器和检偏器的起偏方向平行，并且相对于竖直方向倾斜 45°。被准直的待测信号光束首先经起偏器变为平面偏振光，第一个沃拉斯顿棱镜的作用是将入射的平面偏振光分解成水平和竖直两个偏振分量，并使其因偏折方向不同而在空间分开。对称放置的第二个沃拉斯顿棱镜的作用是使被分开的两束光在出射后能够再次重合，检偏器的作用是提取出两束光在其透振方向上的平面偏振光分量。这样，便可以在检偏器后两光束相遇的平面上形成一组按两光束光程差大小排列的干涉条纹图样，其强度分布对应着 $I(L)$。可以看出，这种共光路设计，不仅使得光谱仪结构紧凑，而且具有很好的抗环境振动特点，非常适用于现场测量。

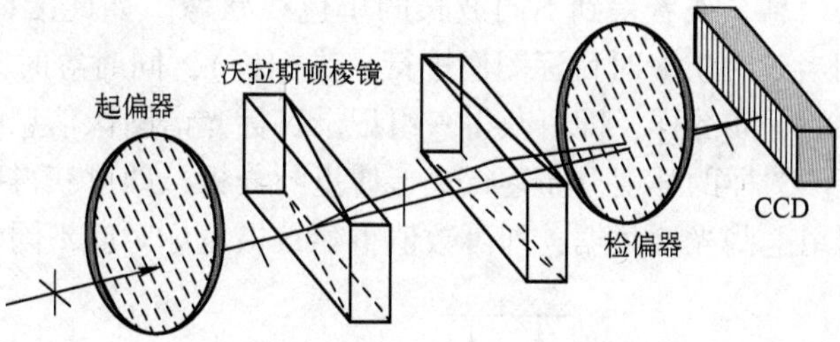

图 6.4-3　基于空间调制的偏振光干涉型傅里叶变换光谱仪原理

由以上讨论可以看出，与传统的棱镜光谱仪、光栅光谱仪、法布里-珀罗干涉仪等相比较，傅里叶变换光谱仪虽然采用的不是一种直接的光谱分析方法，亦即需要借助计算机处理干涉图样强度分布，从中解调出光谱信号，但却有着独特的优点。首先，入射截面大，对信号光能量利用率高，因此具有更高的灵敏度和信噪比；其次，光谱分辨率高，只要光程差 L 能够无限增大，其理论分辨率可以无限提高；再次，量程大，其光谱测量范围宽原则上可以从紫外一直延伸到远红外甚至太赫兹波段，只要配置适当光谱响应范围的探测器即可。尤其是在近红外到远红外区，傅里叶变换光谱仪已经成为不可替代的高分辨率光谱分析手段。

6.4.3　干涉成像光谱技术

在天文摄影或者利用机载、星载照相机对地面或其他星体表面进行观测时，所拍摄对象往往包含较宽区域的多种光谱成分，并且不同光谱成分携带着被摄对象的不同特征信息。但是，利用普通照相机的一次成像记录，一般只能得到被摄对象的一幅图像，并且所获得图像是光敏介质对有视觉响应的整个光谱范围（如可见光区或者红外区）的强度积分结果，而大量有用的光谱信息被白白浪费掉了。能否在一次拍摄的同时，将拍摄对象所包含的多光谱信息都记录下来呢？基于傅里叶变换光谱学原理的干涉成像光谱技术可以对此作出肯定回答。

1. 空间调制型干涉成像光谱仪

图 6.4-4 显示了一种基于空间调制的干涉成像光谱仪原理光路。在前置成像物镜 L_0的像平面处放置一个狭缝 S，狭缝后放置一个类似图 6.4-2 所示的基于空间调制的迈克耳孙干涉型傅里叶变换光谱仪，并令透镜 L_F的物方焦平面同时与成像物镜 L_0的像平面和狭缝平面重合，狭缝 S 的取向垂直于干涉仪光路平面。这样，远处具有多光谱成分的目标经成像物镜 L_0成像于狭缝平面，由于狭缝的限制，所成像只能透过很窄的一列（即线状像），进而经透镜 L_F在无限远再次成一虚像。于是，自该虚像上各点发出的球面波经透镜 L_F准直后进入干涉仪进行分束、合束，最终出射的两束光在面阵 CCD 上相交并形成多光谱干涉条纹图样。为了获取目标在空间方向的信息，在干涉仪和 CCD 之间放置一柱透镜 L_c，令 CCD 光敏面位于 L_c的像方焦平面处，并且 L_c的母线平行于干涉仪光路平面。这样可以使 L_c在垂直于干涉仪光路平面方向对狭缝平面成像，而在平行于干涉仪光路平面方向对参与干涉的两束光无影响。于是，由 CCD 采集到的干涉图样，其每行的强度分布正好对应着透过狭缝的线状像的一个点的干涉强度随光程差的分布。通过对干涉条纹图样强度分布逐行进行傅里叶分析，即可获得线状像素点（相当于一列像素点）的光谱信息，或者得到不同波长的单色线状像。如此沿横向匀速地移动整个光谱仪系统（相当于用狭缝对目标图像进行一维扫描），同时等时间间隔采集对应目标图像每列线状像的干涉图样，即可获得一组记录目标光谱图像信息的数据立方体；通过对其中每一帧干涉图样的强度分布逐行进行傅里叶分析，即可获得所有线状像各点的光谱信息；进而利用这些光谱数据，即可数值重建被摄目标对应不同波长的二维图像。

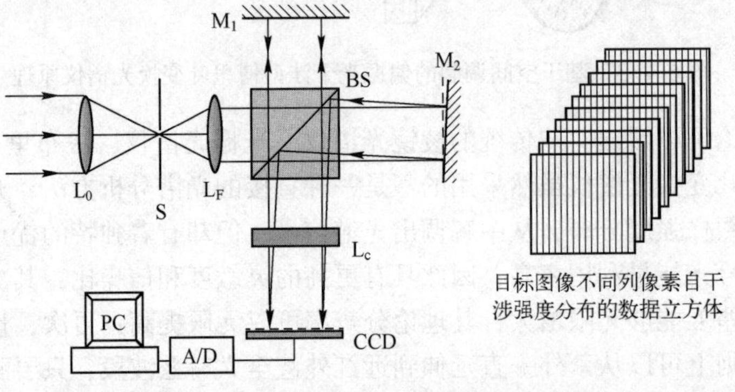

图 6.4-4 空间调制型干涉成像光谱仪原理

此外，如果将图 6.4-4 中的迈克耳孙干涉仪光路用图 6.4-3 中的偏振光干涉光路替代，即在图 6.4-3 光路的起偏器前放置由图 6.4-4 中前置成像物镜 L_0、狭缝 S、准直透镜 L_F构成的光路组件，在检偏器后放置柱透镜 L_c，并以面阵 CCD 取代线阵 CCD，就构成了一种共光路的空间调制型偏振干涉成像光谱仪。其中狭缝 S、准直透镜 L_F以及柱透镜 L_c在光路中的位置和取向与图 6.4-4 光路相同，最终的数据处理方法也与图 6.4-4 光路相同。此处不再赘述。

需要说明的是，基于上述原理的干涉成像光谱仪，由于需要对被摄目标进行逐列扫描，因而仅适用于机载或者星载情况下对静止目标扫描成像，或者在固定状态对横向匀速移动目标成像。同时，所获得图像的空间分辨率取决于狭缝的宽度和扫描速度，光谱分辨率取决于 CCD 的横向像素数目和空间分辨率。

2. 时间调制型干涉成像光谱仪

如图 6.4–5 所示，以图 6.4–1 中的时间调制型干涉光路替代图 6.4–4 中的空间调制型干涉光路，保持前置成像物镜 L_0的像平面与透镜 L_1（替代 L_F）的物方焦平面重合，去掉狭缝 S，以透镜 L_2替代柱透镜 L，以面阵 CCD 替代光电探测器 D，便构成了一种时间调制型干涉成像光谱仪。可以看出，此时 CCD 光敏面正好是目标图像的共轭像平面。由前置成像物镜 L_0像平面上的每一个像点发出的球面波经透镜 L_1准直后，再经依次经分束、反射、合束，进而由透镜 L_2会聚到 CCD 靶面上共轭点，并在该点发生自干涉。因此 CCD 实际上记录到的是各像点在某一光程差时的自干涉强度图。在目标图像保持相对静止的情况下，沿轴向匀速地移动反射镜 M_2，并且由 CCD 等时间间隔采集自干涉强度图，便可获得由一系列对应不同光程差的自干涉强度图构成的数据立方体(注意：该数据立方体的数据结构与图 6.4–4 中的完全不同)，从中可以提取出每一像点的自干涉强度随光程差变化的信息，进而通过傅里叶变换得到各个像点的光谱分布信息。与图 6.4–4 所示空间调制型干涉成像光谱仪相比，图 6.4–5 所示成像光谱仪具有更高的光谱分辨率和成像的空间分辨率，并且因为没有狭缝限制，对光信号的能量利用率更高。只是由于需要移动动镜 M_2进行时间扫描，该干涉成像光谱仪同样不能用于对动态目标进行光谱成像。

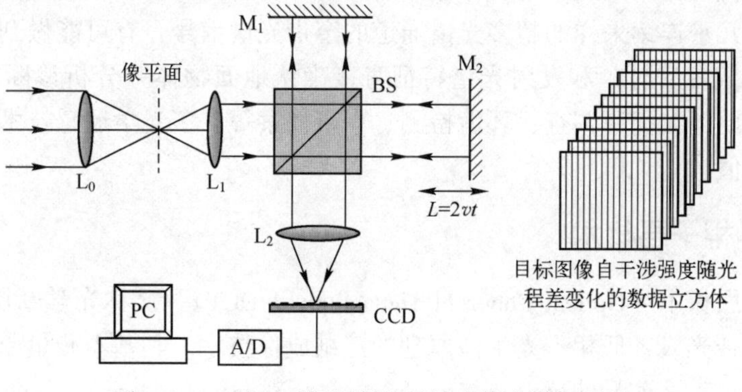

图 6.4–5　基于时间调制的干涉成像光谱仪原理

3. 时空调制型干涉成像光谱仪

如果将图 6.4–5 中的反射镜 M_2固定，并且将光谱仪按照图 6.4–3 所示空间调制型干涉成像光谱仪的推扫方式均匀地横向移动，就构成了一种兼具时间和空间调制特性的干涉成像光谱仪，如图 6.4–6 所示。通过在 CCD 每横向移动一列像素时采集一帧干涉图，可以得到由一系列对应不同横向位置的自干涉强度图构成的数据立方体。显然，该数据立方体的数据结构与上述空间调制和时间调制干涉成像光谱仪所得到的数据立方体的数据结构均完全不同，其特点是，将空间调制干涉成像光谱仪所得数据立方体的第一帧干涉图中各列像素的强度数据分散到其第 i 帧干涉图的第 i 列像素上，也就是说，由依次提取该数据立方体的第 $i(i+1)$ 帧干涉图的第 $i(i+1)$ $(i=1,2,3,\cdots)$ 列像素的灰度值所构建的二维灰度图，正好对应着空间调制干涉成像光谱仪数据立方体的第 1（2）帧干涉强度图。通过对构建的二维灰度图数据逐行进行傅里叶变换处理，即可得到相应像点的光谱分布信息。显然，该成像光谱仪同时兼具空间调制型的无机械运动部件和时间调制型的高空间分辨率、高光谱分辨率以及高能量利用率。

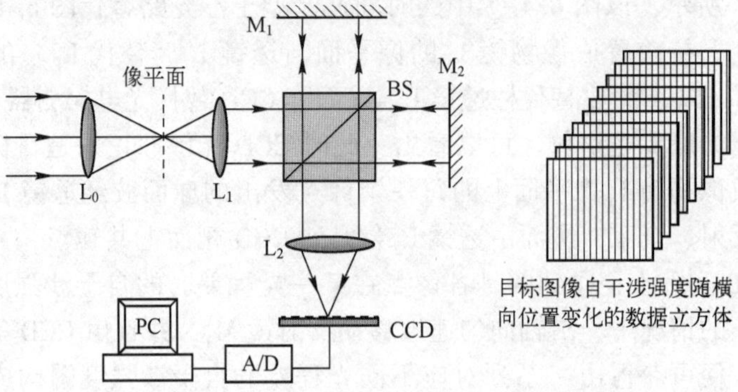

图 6.4-6　基于时空联合调制的干涉成像光谱仪原理

干涉成像光谱仪是 20 世纪 80 年代末发展起来的一种先进的光学遥感器。较之早期的色散型成像光谱仪，干涉成像光谱仪具有光通量大、通道多、信噪比高等特点，在光学遥感及其他领域具有重要的应用前景和特殊用途。随着空间技术的发展而兴起和发展起来的遥感技术，为人类提供了探测地球表面的能力。成像光谱技术的出现，把光谱遥感从多光谱时代带进到高光谱时代。作为高光谱分辨率遥感器，成像光谱仪能够提供被测物在波长上几乎连续采样的超多光谱通道的窄带光谱信号，有可能做到根据众多地面物质的吸收（或者反射）和发射光谱特征直接确认地面物体并分析诊断出地面像元的物质成分，因此，在资源调查、环境检测、军事侦察等许多光学遥感技术应用领域均有重要的应用价值。

6.4.4　光学相干层析术

光学相干层析术（Optical Coherent Tomography，OCT），又称光学断层扫描成像术，是一种基于宽带光或者低相干光干涉原理的三维成像技术。其基本测量原理源自薄膜干涉，测量光路迈克耳孙干涉仪。

如图 6.4-7 所示，假设由宽带点光源发出的光束（注意：这里可以是细激光束，也可以是经透镜准直的平行光束。对于后者，需要分别在待测物体表面和探测器表面前再次用透镜聚焦）经分光棱镜 BS 分为两束，其中反射光束直接照射到待测物体 M_1（等效于迈克耳孙干涉仪的反射镜 M_1）表面上某点，经表面上相应点反射后，再次穿过分光棱镜 BS 后到达探测器 D 处；透射光束进一步经反射镜 M_2 和 BS 反射后，同样到达探测器 D 处。由于宽带点光源发出的光波的时间相干性很差，相干长度极短，因此只有到达探测器 D 的两束光之间的光程差几乎等于零时，才可能发生干涉而使叠加光强度达到极大值——两束光振幅之和的平方。而未发生干涉时，由探测器 D 接收到的叠加光强度仅等于两束光强度之和。于是，通过轴向移动反射镜 M_2，使得探测器 D 接收到的叠加光强度达到最大值，意味着到达探测器处的两束反射光的光程差等于零，因此发生相长干涉。此时，根据 M_2 沿轴向移动的相对距离，即可确定物体表面上被照射点在 z 方向的相对高度。通过沿 xy 平面连续移动物体，以改变探测光束在其表面上的照射点，并重复上述实验步骤，即可获得物体表面各点的位置及高度信息，从而绘出表面形貌，实现三维层析成像。

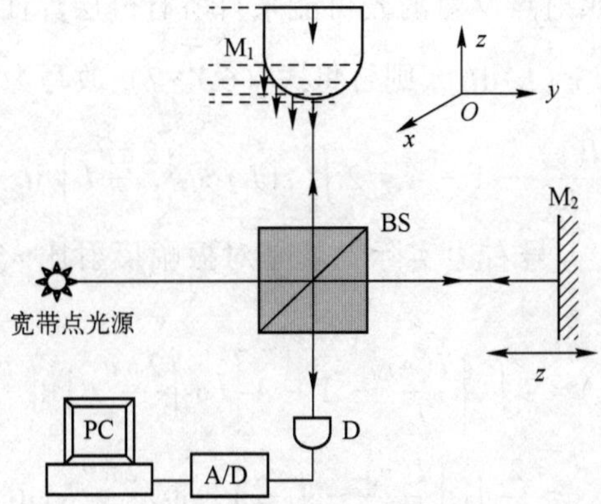

图 6.4-7　基于迈克耳孙干涉仪的光学相干层析术原理

上述层析术的一个关键步骤，是精密移动反射镜 M_2的轴向位置以改变两束反射光的光程差。然而，这种机械运动既耗时又影响高度测量精度。实际上，也可以不移动反射镜，利用改变照明光源频率的方式来获得两束反射光的光程差信息，原理如图 6.4-8 所示，其与图 6.4-7 光路之区别仅在于将宽带光源换成一台频率可连续调谐的扫频激光器并且无须轴向移动 M_2。

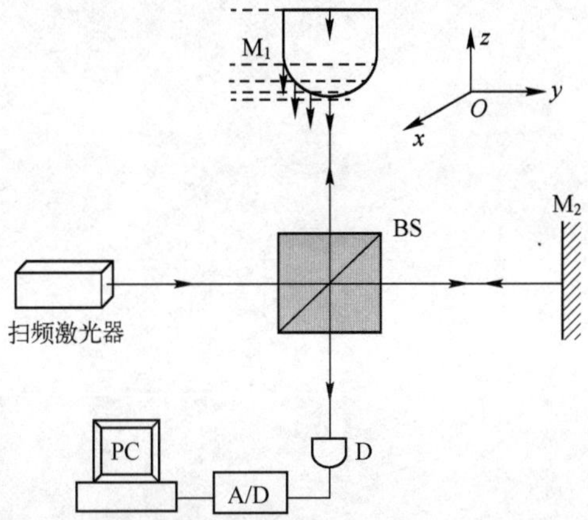

图 6.4-8　基于傅里叶变换光谱学原理的光学相干层析术

参照 6.4.1 节中关于傅里叶变换光谱学原理的讨论，假设由扫频激光器输出的频率为 ν 的单色激光信号强度为 I_0，到达探测器处的两束反射光（分别经反射镜 M_2和待测物体 M_1反射）的光程差为 L，探测到的干涉光强度为 $I(\nu)$，分光棱镜的强度分束比为 1∶1，反射镜 M_2的反射损耗不计，待测物体 M_1不同分层界面的振幅反射比（含层间反射光的干涉因素）是轴向位置 z 的函数，因此也是光程差 L 的函数，可表示为 $r(L)$，根据不等强度双光束干涉特点，由探测器接受到的两反射光束的叠加光强度应为

$$I(v) = \frac{1}{4}I_0 + \frac{1}{4}I_0 \int_0^\infty r^2(L)\,\mathrm{d}L + \frac{1}{2}I_0 \int_0^\infty r(L)\cos\left(\frac{2\pi\nu}{c}L\right)\mathrm{d}L \tag{6.4-7}$$

式中：等号右边第一项代表来自反射镜 M_2 反射的参考光束的强度；第二项代表来自待测物体反射的光束的强度；第三项代表两束光干涉的互强度。式中对光程差 L 求积分的原因是考虑了自物体被照射点反射的光可能来自所有分层界面处反射和层间干涉的贡献。现取 $I_2=I_0/4$，$A=\int_0^\infty r^2(L)\,\mathrm{d}L$，则可将式（6.4-7）改写为

$$\frac{I(v)}{I_2}-1-A=2\int_0^\infty r(L)\cos\left(\frac{2\pi\nu}{c}L\right)\mathrm{d}L \tag{6.4-8}$$

可以看出，式（6.4-8）等号右边实际上就是对振幅反射比 $r(L)$ 的余弦傅里叶变换，取其逆变换可得

$$\begin{aligned} r(L) &= 2\int_0^\infty\left[\frac{I(v)}{I_2}-1-A\right]\cos\left(\frac{2\pi\nu}{c}L\right)\mathrm{d}\left(\frac{\nu}{c}\right) \\ &= \frac{2}{c}\int_0^\infty\left[\frac{I(v)}{I_2}-1-A\right]\cos\left(\frac{2\pi\nu}{c}L\right)\mathrm{d}(\nu) \end{aligned} \tag{6.4-9}$$

式（6.4-9）表明，只要连续改变扫频激光器输出激光信号的频率 ν，同时测得物体表面上某点在不同频率激光信号照射下反射光引起的干涉光强度 $I(\nu)$，便可由该式计算出相应点的振幅反射比 $r(L)$，进而从相应的光程差 L 值，获得该点的相对高度信息。例如，若以反射镜 M_2 经分光棱镜 BS 在待测物体一侧所成镜像平面为 0 高度参考平面，所测物点的高度为 z，则有 $z=L/2$。于是，通过沿 xy 平面逐点移动物体或者激光束在物体表面的照射点，就可以实现对物体的三维层析成像。

第 7 章　光波衍射与成像

自由空间中，单色平面光波在任一空间平面上的复振幅分布，一般都为简单的周期结构，不会因为传播而改变其波面形状，因此服从直线传播规律。在有界空间中，当波面受到某种限制时，如介质的不均匀性所引起的对光波相位的调制，或者介质的吸收、反射所引起的对光波振幅的调制，波面会发生相应的改变，简单的周期结构为复杂的复振幅分布所取代。于是，我们说发生了光的衍射。据辞源解释，“衍”字意即“溢出常态之外”，“繁衍、滋生”。显然，衍射的意义在于光的传播超出了常规的直线传播，即在直线传播之外产生了新的光波分量。实际上，波动的传播过程，无论是在自由空间，还是在有界空间，均伴随衍射现象。只要波面受到某种限制，就必然会出现相应的衍射现象。波面受限制越多，衍射现象越强烈。任何一个光学系统，都是一个有界的光波传输系统，因此都存在衍射现象。由此可见，衍射是光波在有界空间传播的基本特征，也是问题的核心。

为便于本章问题的讨论，这里首先需要区分两个概念：波面和波前。所谓波面，又称波阵面，是指某一时刻空间波场中等相位点的集合。所谓波前，通常是指波场中任一被考察的平面。一般情况下，空间任意光场的波面形状较为复杂，只有平面波的波面是平面。因此，对于任意光场而言，其所考察的位于空间某个平面上各点的相位并不一定相同。考虑到大多数情况下，我们仅仅需要考察某一空间平面（如共轴光学系统中的某个垂轴平面）上的光场分布，实际中使用波前的概念要比波面更方便。

7.1　标量衍射理论

7.1.1　衍射屏的透射系数

光波通过一个光屏时，波面必然会受到某种调制，如振幅、相位等，因此会发生衍射。衍射光场的复振幅分布与该光屏的透射特性有关。类似地，经光屏反射的光波也会发生衍射，其衍射光场的复振幅分布与该光屏的反射特性有关。因此，通常将这类光屏称为衍射屏。

假设所用衍射屏很薄，其厚度可以忽略，因而其前后表面处的入射和透射光场的复振幅分布可以用同一坐标变量分别表示为 $E_0(x,y)$ 和 $E(x,y)$，即

$$E_0(x,y)=A_0(x,y)\,\mathrm{e}^{\mathrm{i}\phi_0(x,y)} \tag{7.1-1a}$$

$$E(x,y)=A(x,y)\,\mathrm{e}^{\mathrm{i}\phi(x,y)} \tag{7.1-1b}$$

于是有

$$E(x,y)=t(x,y)E_0(x,y) \tag{7.1-2}$$

或

$$t(x,y)=\frac{E(x,y)}{E_0(x,y)}=t_A(x,y)\,\mathrm{e}^{\mathrm{i}\phi_t(x,y)} \tag{7.1-3}$$

式中：$t(x, y)$为该衍射屏的复振幅透射系数；模值$t_A(x,y)$表示衍射屏对光场的振幅调制；辐角$\phi_t(x, y)=\phi(x, y)-\phi_0(x, y)$表示对相位调制；$\phi_0(x, y)$和$\phi(x, y)$分别表示光波在衍射屏入射和出射平面上的波前相位分布。因此，若衍射屏复振幅透射系数的辐角$\phi_t(x,y)$与屏面坐标(x,y)无关，则该衍射屏只对入射光场的振幅起调制作用，此时的$t(x, y)$称为振幅型透射系数，相应的衍射屏称为振幅型衍射屏；若衍射屏复振幅透射系数的模值$t_A(x,y)$与屏面坐标无关，则该衍射屏只调制入射光波的相位，此时的$t(x, y)$称为相位型透射系数，相应的衍射屏称为相位型衍射屏。

下面给出几种常用的振幅型衍射屏及其振幅透射系数。

1. 单缝（图 7.1-1（a））

$$t(x,y)=\mathrm{rect}\left(\frac{x}{a}\right)=\begin{cases}1, & |x|\leqslant a/2\\ 0, & |x|>a/2\end{cases} \tag{7.1-4}$$

式中：$\mathrm{rect}(x)$称为矩形函数，假设衍射屏沿x方向的透光缝宽为a，则沿y方向无限延伸。

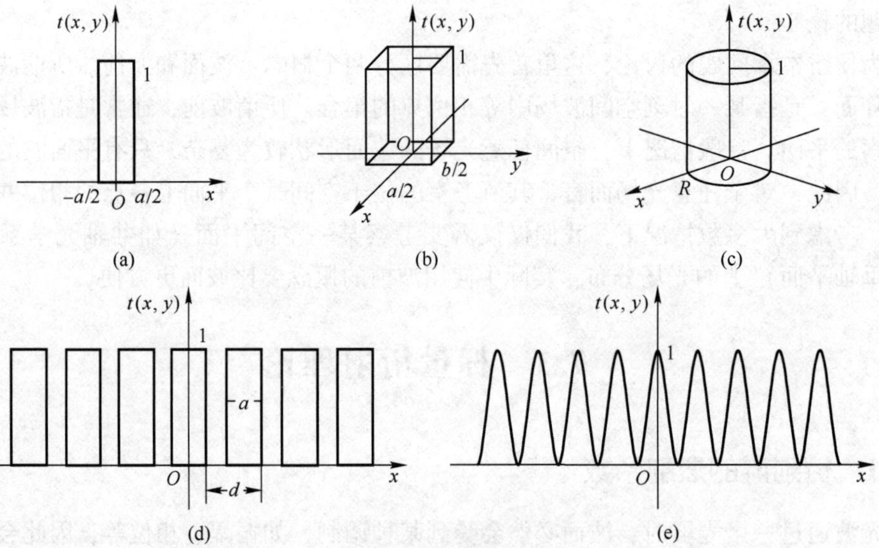

图 7.1-1　常用振幅型衍射屏的透射系数

2. 矩形孔（图 7.1-1（b））

$$t(x,y)=\mathrm{rect}\left(\frac{x}{a}\right)\mathrm{rect}\left(\frac{y}{b}\right)=\begin{cases}1, & |x|\leqslant a/2,\ |y|\leqslant b/2\\ 0, & |x|>a/2,\ |y|>b/2\end{cases} \tag{7.1-5}$$

式中：a、b分别为衍射屏透光孔沿x、y方向的边长。

3. 圆孔（图 7.1-1（c））

$$t(x,y)=\mathrm{circ}\left(\frac{\sqrt{x^2+y^2}}{R}\right)=\begin{cases}1, & \sqrt{x^2+y^2}\leqslant R\\ 0, & \sqrt{x^2+y^2}>R\end{cases} \tag{7.1-6}$$

式中：$\mathrm{circ}(x,y)$为圆域函数；R为圆孔半径。

4. 朗琴光栅（图 7.1-1（d））

$$t(x,y)=\sum_{m=-(N-1)/2}^{m=(N-1)/2}\mathrm{rect}\left(\frac{x-md}{a}\right),\quad N\text{为奇数} \tag{7.1-7a}$$

$$t(x,y)=\sum_{m=-N/2}^{m=N/2}\mathrm{rect}\left(\frac{x-md/2}{a}\right)-\mathrm{rect}\left(\frac{x}{a}\right),\quad N\text{为偶数} \tag{7.1-7b}$$

式中：a 和 d 分别为透光缝宽和缝间距（光栅常数）；N 为总狭缝数。

5. 正弦光栅（图 7.1-1（e））

$$t(x,y)=\frac{1}{2}[1+m\cos(2\pi u_0x)]\mathrm{rect}\left(\frac{x}{W}\right) \tag{7.1-8}$$

式中：u_0为光栅的空间频率（光栅常数的倒数）；m 为振幅型正弦光栅的振幅调制度；W 为光栅总宽度。

7.1.2 衍射的球面波理论/惠更斯原理

1. 惠更斯-菲涅耳原理

惠更斯早在几百年前就提出了光的波动学说。按照惠更斯原理，光波在传播过程中，其波面上的每一个点（或者一个面积无限小的面元）都可以看作一个能够产生球面子波的次级扰动中心，并且后一时刻的波面是前一时刻波面上各次级扰动中心发出的球面子波的包络面。可见，衍（子波源的产生）射（子波的传播）这一名词形象、生动地概括了惠更斯的波动说。

由惠更斯原理可以定性地说明光波的传播方向及衍射产生的原因，但不能给出衍射光场分布的定量结果，也不能给出光波的频率和相位之间的关系。后来，菲涅耳通过对衍射现象的更深入研究，对惠更斯原理作了如下修正：

波前上的每一个面元，都可以看作一个次级波源，均发射频率与波源相同的次级球面子波。在其后空间中任何一点处的扰动，都是这些子波叠加的结果。显然，菲涅耳为惠更斯原理引入了子波叠加这一非常重要的新概念，从而形成了此后人们一直沿用至今的惠更斯-菲涅耳原理。

如图 7.1-2 所示，设平面 S_2、S_1、S_0分别为照明光源、衍射屏和观察场点所在垂轴平面，P_2为光源平面 S_2上的一个发光点，P_1为衍射屏上的一个面元 $\mathrm{d}s_1(=\mathrm{d}x_1\mathrm{d}y_1)$的中心点，$P_0$为观察场点，其连线距离依次为 r_{21}和 r_{01}。按照惠更斯-菲涅耳原理，若设 S_1平面上透过衍射屏单位面积的光场复振幅分布为 $E(P_1)$，则透过面元 $\mathrm{d}s_1$的光场在 P_0点引起的光振动复振幅分布 $\mathrm{d}E(P_0)$应为

$$\mathrm{d}E(P_0)\propto E(P_1)\frac{1}{r_{01}}\mathrm{e}^{\mathrm{i}kr_{01}}K(\theta)\mathrm{d}s_1 \tag{7.1-9}$$

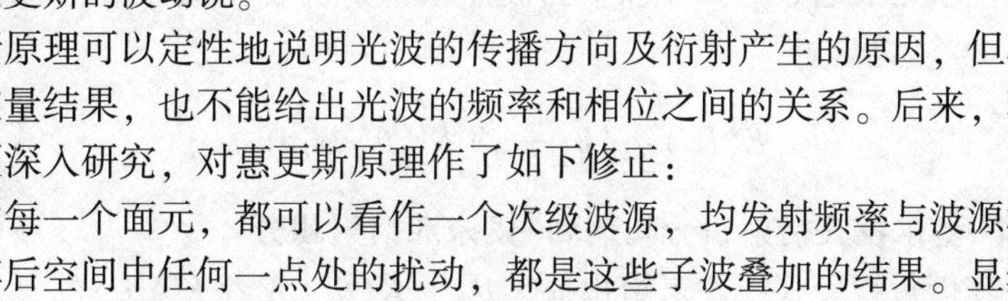

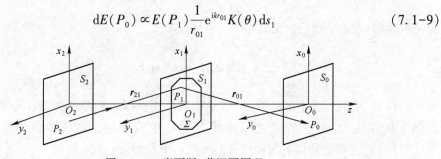

图 7.1-2　惠更斯-菲涅耳原理

式中：$K(\theta)$为倾斜因子，是衍射屏面法线与面元中心点 P_1 和场点 P_0 连线夹角 θ 余弦的函数。若设衍射屏透光区域的面积为 Σ，则透过衍射屏所有面元的光场在 P_0 点产生的总的光振动复振幅就等于式（7.1-9）的积分。即

$$E(P_0)=\iint_{\Sigma}E(P_1)\ \frac{1}{r_{01}}\mathrm{e}^{\mathrm{i}kr_{01}}K'(\theta)\,\mathrm{d}s_1 \tag{7.1-10}$$

式中：$K'(\theta)$为包含比例系数在内的倾斜因子。若衍射屏透射光场的复振幅具有如下形式：

$$E(P_1)=\begin{cases}E(x_1,y_1), & (x_1,y_1)\subset\Sigma\\ 0, & (x_1,y_1)\not\subset\Sigma\end{cases} \tag{7.1-11}$$

则式（7.1-10）可改写为

$$E(P_0)=\iint_{-\infty}^{\infty}E(x_1,y_1)\ \frac{1}{r_{01}}\mathrm{e}^{\mathrm{i}kr_{01}}K'(\theta)\,\mathrm{d}x_1\mathrm{d}y_1 \tag{7.1-12}$$

若衍射屏为一开孔屏，照明光源为位于 P_2 点的点光源，则式（7.1-12）又可改写为

$$E(P_0)=A\iint_{\Sigma}\frac{1}{r_{21}r_{01}}\mathrm{e}^{\mathrm{i}k(r_{21}+r_{01})}K'(\theta)\,\mathrm{d}x_1\mathrm{d}y_1 \tag{7.1-13}$$

式中：A 为点光源发出的球面光波在 $r_{21}=1$ 处的振幅；Σ 为衍射屏开孔区域的面积。

当点光源位于无限远处时，即以平面波照射衍射屏时，式（7.1-12）还可进一步简化为

$$E(P_0)=A\iint_{\Sigma}\frac{1}{r_{01}}\mathrm{e}^{\mathrm{i}kr_{01}}K'(\theta)\,\mathrm{d}x_1\mathrm{d}y_1 \tag{7.1-14}$$

2. 菲涅耳-基尔霍夫衍射积分与瑞利-索末菲衍射积分

菲涅耳在其衍射积分式中并未给出倾斜因子 $K(\theta)$ 或者 $K'(\theta)$ 的具体数学表示形式，因此只能用于近似讨论远场衍射情况，即认为此因子近似等于 1。由此得到的观察场点处的光场复振幅与实际光场复振幅的相位相差 $\pi/2$。后来，基尔霍夫与瑞利和索末菲等分别从不同边界条件出发，重新推导了衍射积分关系。结果发现，其基本形式与惠更斯-菲涅耳衍射积分式相同，只是倾斜因子形式的取法不同。

按照基尔霍夫理论，有

$$K'(\theta)=\frac{1}{\mathrm{i}\lambda}\cdot\frac{\cos(\boldsymbol{n},\hat{\boldsymbol{r}}_{01})-\cos(\boldsymbol{n},\hat{\boldsymbol{r}}_{21})}{2} \tag{7.1-15}$$

而按照瑞利-索末菲理论，又有

$$K'(\theta)=\frac{1}{\mathrm{i}\lambda}\cos(\boldsymbol{n},\hat{\boldsymbol{r}}_{01}) \tag{7.1-16}$$

式（7.1-5）和式（7.1-6）中：$\boldsymbol{n}$ 表示衍射屏面法线方向单位矢量；$\hat{\boldsymbol{r}}_{21}$ 和 $\hat{\boldsymbol{r}}_{01}$ 分别表示 P_2 点与 P_1 点及 P_0 点与 P_1 点之间连线方向的单位矢量。将两种倾斜因子分别代入式（7.1-13），可得到如下两种略有差异的衍射积分表达式。

菲涅耳-基尔霍夫衍射积分式：

$$E(P_0)=\frac{A}{\mathrm{i}\lambda}\iint_{\Sigma}\frac{1}{r_{21}r_{01}}\mathrm{e}^{\mathrm{i}k(r_{21}+r_{01})}\frac{\cos(\boldsymbol{n},\hat{\boldsymbol{r}}_{01})-\cos(\boldsymbol{n},\hat{\boldsymbol{r}}_{21})}{2}\mathrm{d}x_1\mathrm{d}y_1 \tag{7.1-17}$$

瑞利-索末菲衍射积分式：

$$E(P_0)=\frac{A}{\mathrm{i}\lambda}\iint_{\Sigma}\frac{1}{r_{21}r_{01}}\mathrm{e}^{\mathrm{i}k(r_{21}+r_{01})}\cos(\boldsymbol{n},\hat{\boldsymbol{r}}_{01})\mathrm{d}x_1\mathrm{d}y_1 \tag{7.1-18}$$

在傍轴近似下，角度$(\boldsymbol{n},\hat{\boldsymbol{r}}_{01})\rightarrow 0$，$(\boldsymbol{n},\hat{\boldsymbol{r}}_{21})\rightarrow\pi$，故两者结果一致。即

$$E(P_0)=\frac{A}{\mathrm{i}\lambda}\iint_{\Sigma}\frac{1}{r_{21}r_{01}}\mathrm{e}^{\mathrm{i}k(r_{21}+r_{01})}\mathrm{d}x_1\mathrm{d}y_1 \tag{7.1-19}$$

若衍射屏透射光场具有式（7.1-11）所给出的形式，则在傍轴条件下，有

$$E(P_0)=\frac{1}{\mathrm{i}\lambda}\iint_{-\infty}^{\infty}E(x_1,y_1)\frac{1}{r_{01}}\mathrm{e}^{\mathrm{i}kr_{01}}\mathrm{d}x_1\mathrm{d}y_1 \tag{7.1-20}$$

下面就式（7.1-20）作两点讨论。

（1）菲涅耳近似与菲涅耳衍射。由图 7.1-2 可以看出，P_1点到P_0点的距离r_{01}大小为

$$r_{01}=\sqrt{(x_0-x_1)^2+(y_0-y_1)^2+z_1^2} \tag{7.1-21}$$

考虑到$z^2\gg({x_0}^2+{y_0}^2)$，将式（7.1-21）等号右边作二项式展开并取二级近似，得

$$r_{01}\approx z_1+\frac{(x_0-x_1)^2+(y_0-y_1)^2}{2z_1}-\frac{[(x_0-x_1)^2+(y_0-y_1)^2]^2}{8z_1^3} \tag{7.1-22}$$

可以看出，若

$$z_1^3\gg\frac{1}{8\lambda}[(x_0-x_1)^2+(y_0-y_1)^2]^2_{\max} \tag{7.1-23}$$

则式（7.1-22）中最后一项所引起的相位变化远远小于π，因此可以忽略。此时，在式（7.1-20）的相位因子中的r_{01}只需要保留其展开式中的前两项，即一级近似；而分母中的r_{01}只需要保留其展开式中的第一项，即 0 级近似。于是，式（7.1-20）可简化为

$$\begin{aligned}E(x_0,y_0)&=\frac{\mathrm{e}^{\mathrm{i}kz_1}}{\mathrm{i}\lambda z_1}\iint_{-\infty}^{\infty}E(x_1,y_1)\mathrm{e}^{\mathrm{i}k\frac{1}{2z_1}[(x_0-x_1)^2+(y_0-y_1)^2]}\mathrm{d}x_1\mathrm{d}y_1\\&=\frac{\mathrm{e}^{\mathrm{i}kz_1}}{\mathrm{i}\lambda z_1}\iint_{-\infty}^{\infty}E(x_1,y_1)\mathrm{e}^{\mathrm{i}\frac{\pi}{\lambda z_1}[(x_0-x_1)^2+(y_0-y_1)^2]}\mathrm{d}x_1\mathrm{d}y_1\end{aligned} \tag{7.1-24}$$

此即菲涅耳衍射光场的复振幅分布表达式。相应地，由式（7.1-23）表示的近似条件称为菲涅耳近似（傍轴近似）。

（2）夫琅禾费近似与夫琅禾费衍射。进一步，若

$$z_1\gg\frac{1}{2\lambda}(x_1^2+y_1^2)_{\max} \tag{7.1-25}$$

则在式（7.1-24）的菲涅耳近似基础上，还可以进一步忽略$(x_1^2+y_1^2)/2\lambda$项（即由此项引起的相位变化远远小于π）。这样可将式（7.1-24）进一步简化为

$$E(x_0,y_0)=\frac{\mathrm{e}^{\mathrm{i}kz_1}}{\mathrm{i}\lambda z_1}\mathrm{e}^{\mathrm{i}\frac{\pi}{\lambda z_1}(x_0^2+y_0^2)}\iint_{-\infty}^{\infty}E(x_1,y_1)\mathrm{e}^{-\mathrm{i}\frac{2\pi}{\lambda z_1}(x_0x_1+y_0y_1)}\mathrm{d}x_1\mathrm{d}y_1 \tag{7.1-26}$$

此即夫琅禾费衍射光场的复振幅表达式。同样，由式（7.1-25）表示的近似条件称为

夫琅禾费近似（远场近似）。

由此可见，所谓球面波理论，实际上就是将透过衍射屏的光场看成来自衍射屏平面上不同面元发出的次级球面子波的集合，这些子波相干叠加，便构成了空间各点的衍射光场分布。当场点的离轴距离及衍射屏的横向尺寸与场点到衍射屏的距离相比可取一级近似（傍轴近似）时，衍射光场的复振幅分布表现为菲涅耳衍射；当场点的离轴距离及衍射屏的横向尺寸与场点到衍射屏的距离相比可忽略（远场近似）时，衍射光场的复振幅分布表现为夫琅禾费衍射。正因为如此，菲涅耳衍射又称为近场衍射，夫琅禾费衍射则称为远场衍射。显然，夫琅禾费衍射是菲涅耳衍射的特殊情况，包含在菲涅耳衍射之中。

7.1.3 衍射的平面波理论/角谱理论

由球面波理论，衍射屏上的每一个面元均可看作一个发射次级球面光波的子波源，透射光场则是由各个面元产生的球面子波在空间的线性叠加结果。直观上看，各个球面子波总存在方向对应相同的一簇波面法线。因此，各个球面子波中具有相同波面法线方向的分量的集合，实际上就构成了一个特定方向的平面光波分量，如图 7.1-3 所示。这就是说，透过衍射屏 S_1 的光场，也可以看作一系列取向不同的平面波分量（即不同空间频率分量）线性叠加的结果。此即衍射的平面波理论的实质。

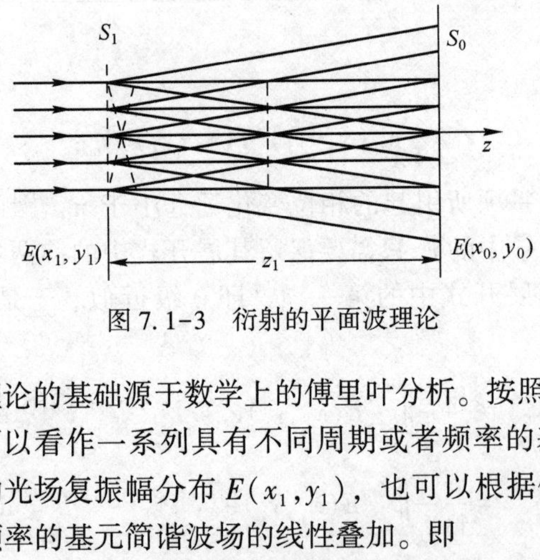

图 7.1-3　衍射的平面波理论

实际上，平面波理论的基础源于数学上的傅里叶分析。按照傅里叶分析理论，一个任意的解析函数，均可以看作一系列具有不同周期或者频率的基元简谐函数的线性组合。同样，一个二维的光场复振幅分布 $E(x_1,y_1)$，也可以根据傅里叶分析方法理解为一系列具有不同空间频率的基元简谐波场的线性叠加。即

$$E(x_1,y_1)=\iint_{-\infty}^{\infty}E(u,v)\exp[\mathrm{i}2\pi(ux_1+vy_1)]\mathrm{d}u\mathrm{d}v \tag{7.1-27}$$

式中：积分因子 $\exp[\mathrm{i}2\pi(ux_1+vy_1)]$ 表示沿 x_1 和 y_1 方向空间频率分别为 u 和 v 的基元简谐波（或者方向余弦为 $\cos\alpha=\lambda u, \cos\beta=\lambda v$ 的单色平面波分量）的相位因子；$E(u,v)$ 则代表空间频率为 (u,v) 的简谐波分量占整个光场 $E(x_1,y_1)$ 的权重，反映了光场 $E(x_1,y_1)$ 的空间结构特征，即光场的空间频谱分布，其大小等于

$$E(u,v)=\iint_{-\infty}^{\infty}E(x_1,y_1)\exp[-\mathrm{i}2\pi(ux_1+vy_1)]\mathrm{d}x_1\mathrm{d}y_1 \tag{7.1-28}$$

根据傅里叶变换的定义，空间频谱分布函数 $E(u,v)$ 实际上就是光场的复振幅分布函数 $E(x_1,y_1)$ 的傅里叶变换，因此 $E(x_1,y_1)$ 实际上就是 $E(u,v)$ 的逆傅里叶变换。用

F{} 和 F^{-1} {}分别表示正、逆傅里叶变换，则 $E(u,v)$ 和 $E(x_1,y_1)$ 的关系可记为

$$\begin{cases}E(u,v)=F\{E(x_1,y_1)\}\\E(x_1,y_1)=F^{-1}\{E(u,v)\}\end{cases} \tag{7.1-29}$$

这里需要注意的是，我们在第 6 章中对时间信号作傅里叶变换时，曾用正指数函数 $\exp(i2\pi\nu t)$ 表示时间频谱的变换因子，现在又用负指数函数 $\exp[-i2\pi(ux+vy)]$ 表示空间频谱的变换因子。这是因为我们在描述包含时间因子在内的光场时，已将其复振幅分布函数中的相位因子（基元函数）定义为 $\exp[-i(\omega t-kr)]$，即时间相位因子用负指数函数（源点 t 时刻相对于初始时刻的相位延迟），空间相位因子用正指数函数（场点相对于源点 t 时刻的相位延迟）。按照傅里叶变换的定义，变换因子与基元函数互为倒数，因此指数的符号刚好相反。从物理意义上讲，一个时间信号的简谐函数在时间上是无始无终的，同样一个空间信号的简谐函数在空间上也是无头无尾的。因此，基元函数或相应的变换因子取正指数还是负指数，并不影响实际问题的讨论。

下面根据平面波理论讨论衍射光场的复振幅分布。

参考图 7.1-3，分析透过衍射屏 S_1 的光场中方向余弦为 $(\cos\alpha=\lambda u,\cos\beta=\lambda v,\cos\gamma=\lambda w)$ 的平面波分量。该平面波分量从 S_1 平面传播到 S_0 平面时，其振幅 $E(u,v)$ 不变，但相位沿轴向产生一定延迟，其延迟因子为 $\exp(ikz_1\cos\gamma)$。考虑到

$$\cos^2\alpha+\cos^2\beta+\cos^2\gamma=1 \tag{7.1-30}$$

故

$$\cos\gamma=\sqrt{1-(\cos^2\alpha+\cos^2\beta)}=\sqrt{1-\lambda^2(u^2+v^2)} \tag{7.1-31}$$

由此可得所有平面波分量在 S_0 平面上 $P_0(x_0,y_0)$ 点引起的总光振动复振幅分布为

$$\begin{aligned}E(x_0,y_0)&=\iint_{-\infty}^{\infty}E(u,v)\exp(ikz_1\cos\gamma)\exp[i2\pi(ux_0+vy_0)]\mathrm{d}u\mathrm{d}v\\&=\iint_{-\infty}^{\infty}\exp[ikz_1\sqrt{1-\lambda^2(u^2+v^2)}]\exp[i2\pi(ux_0+vy_0)]\mathrm{d}u\mathrm{d}v\\&\cdot\iint_{-\infty}^{\infty}E(x_1,y_1)\exp[-i2\pi(ux_1+vy_1)]\mathrm{d}x_1\mathrm{d}y_1\\&=\iint_{-\infty}^{\infty}E(x_1,y_1)\mathrm{d}x_1\mathrm{d}y_1\iint_{-\infty}^{\infty}e^{ikz_1\sqrt{1-\lambda^2(u^2+v^2)}}e^{-i2\pi[u(x_1-x_0)+v(y_1-y_0)]}\mathrm{d}u\mathrm{d}v\end{aligned} \tag{7.1-32}$$

当观察场点 $P_0(x_0,y_0)$ 的离轴高度远小于其到衍射屏的轴向距离，即满足傍轴条件 $z_1^2\gg(x_0^2+y_0^2)_{\max}$ 时，方向余弦 $\cos\alpha$、$\cos\beta$ 及 $\cos\gamma$ 可分别近似表示为

$$\cos^2\alpha=(\lambda u)^2\approx x_0^2/z_1^2 \tag{7.1-33a}$$

$$\cos^2\beta=(\lambda v)^2\approx y_0^2/z_1^2 \tag{7.1-33b}$$

$$\cos\gamma=\sqrt{1-\lambda^2(u^2+v^2)}\approx1-\frac{1}{2}\lambda^2(u^2+v^2) \tag{7.1-33c}$$

代入式（7.1-32）并利用高斯函数的自傅里叶变换性质，可将式（7.1-32）简化为

$$\begin{aligned}E(x_0,y_0)&=e^{ikz_1}\iint_{-\infty}^{\infty}E(x_1,y_1)\mathrm{d}x_1\mathrm{d}y_1\iint_{-\infty}^{\infty}e^{-ikz_1\frac{\lambda^2}{2}(u^2+v^2)}e^{-i2\pi[u(x_1-x_0)+v(y_1-y_0)]}\mathrm{d}u\mathrm{d}v\\&=\frac{1}{i\lambda z_1}e^{ikz_1}\iint_{-\infty}^{\infty}E(x_1,y_1)e^{i\frac{\pi}{\lambda z_1}[(x_1-x_0)^2+(y_1-y_0)^2]}\mathrm{d}x_1\mathrm{d}y_1\end{aligned} \tag{7.1-34}$$

上式与由球面波理论得出的式（7.1-24）完全相同，即菲涅耳近似下的衍射积分式。

将式（7.1-34）中积分号内平方相位因子进一步展开，得

$$E(x_0,y_0)=\frac{e^{ikz_1}}{i\lambda z_1}e^{i\frac{\pi}{\lambda z_1}(x_0^2+y_0^2)}\iint_{-\infty}^{\infty}E(x_1,y_1)e^{i\frac{\pi}{\lambda z_1}(x_1^2+y_1^2)}e^{-i\frac{2\pi}{\lambda z_1}(x_1x_0+y_1y_0)}dudv \quad (7.1-35)$$

当满足远场条件 $z_1\gg(x_1^2+y_1^2)/\lambda$ 时，可以进一步将上式等号右边积分号内的二次相位因子忽略，并取变量代换 $u=x_0/\lambda z_1$，$v=y_0/\lambda z_1$，于是得

$$\begin{aligned}E(x_0,y_0)&=\frac{e^{ikz_1}}{i\lambda z_1}e^{i\frac{\pi}{\lambda z_1}(x_0^2+y_0^2)}\iint_{-\infty}^{\infty}E(x_1,y_1)e^{-i\frac{2\pi}{\lambda z_1}(x_1x_0+y_1y_0)}dudv\\&=\frac{e^{ikz_1}}{i\lambda z_1}e^{i\frac{\pi}{\lambda z_1}(x_0^2+y_0^2)}\iint_{-\infty}^{\infty}E(x_1,y_1)e^{-i2\pi(ux_1+vy_1)}dudv\end{aligned} \quad (7.1-36)$$

此式与式（7.1-26）完全一致，即夫琅禾费近似下的衍射积分式。

由此可见，平面波理论与球面波理论在描述光场衍射特性上完全等效。实际问题中，究竟采用何种分析方式，需视具体情况而定。但无论采用哪一种，最终结论应当相同。实际上，平面波理论也可以看作衍射屏位于无限远时的球面波理论。另外，由于平面波理论是将光场按角度分解，并且空间频率与衍射角对应，因此，波动衍射过程的实质就是其空间频谱的分解过程。故通常又将平面波理论称为角谱理论。

7.2 衍射现象的傅里叶分析方法

7.2.1 夫琅禾费衍射

比较式（7.1-20）和式（7.1-27）可以看出，在夫琅禾费近似条件下，衍射屏后与之相距 z_1 处观察平面上的衍射光场复振幅 $E(x_0,y_0)$，除了一个常数因子 $\exp(ikz_1)/i\lambda z_1$ 和一个二次相位因子 $\exp[i\pi(x_0^2+y_0^2)/\lambda z_1]$ 外，就等于衍射屏透射光场复振幅的傅里叶变换。即

$$\begin{aligned}E(x_0,y_0)&=\frac{e^{ikz_1}}{i\lambda z_1}e^{i\frac{\pi}{\lambda z_1}(x_0^2+y_0^2)}\iint_{-\infty}^{\infty}E(x_1,y_1)e^{-i2\pi(ux_1+vy_1)}dx_1dy_1\\&=\frac{e^{ikz_1}}{i\lambda z_1}e^{i\frac{\pi}{\lambda z_1}(x_0^2+y_0^2)}F\{E(x_1,y_1)\}\end{aligned} \quad (7.2-1a)$$

或

$$E(x_0,y_0)=\frac{e^{ikz_1}}{i\lambda z_1}e^{i\frac{\pi}{\lambda z_1}(x_0^2+y_0^2)}E(u,v) \quad (7.2-1b)$$

式中

$$u=\frac{x_0}{\lambda z_1},\quad v=\frac{y_0}{\lambda z_1} \quad (7.2-2)$$

由此得衍射图样的强度分布为

$$I(x_0,y_0)=|E(x_0,y_0)|^2\propto|E(u,v)|^2 \quad (7.2-3)$$

由式（7.2-1）和式（7.2-3）可以看出，二次相位因子的存在，表明在一般情况下，由衍射屏引起的夫琅禾费衍射光场并不是衍射屏透射光场的准确傅里叶变换，但就

衍射图样的强度分布而言，相位因子并不起作用。因此可以认为，实际观察到的夫琅禾费衍射图样反映了衍射屏透射光场的空间频谱分布。

为了更深刻地理解夫琅禾费衍射与傅里叶变换的关系，这里有必要对夫琅禾费衍射的实质作进一步讨论。按照平面波（或角谱）理论，衍射屏透射光场的复振幅分布，可以看作一系列具有不同方向的平面波分量的线性叠加。在满足夫琅禾费近似的区域内，该叠加光场表现为夫琅禾费衍射特征。实际上，夫琅禾费近似是一种远场近似，即假定观察场点距离衍射屏足够远。当然，这是相对于衍射屏和观察场点的离轴距离而言的。正因为如此，我们在基础光学中已经得知，平面光波垂直照射衍射屏时，观察夫琅禾费衍射图样有两种方式——要么在无限远，要么在透镜的像方焦平面处。从几何光学角度，在透镜的像方焦平面上，具有同一方向的平面波将会聚为一个点。因此，也可以认为衍射图样就是由衍射屏引起的具有不同方向平面波分量各自会聚点的集合。每一个会聚点，均代表衍射屏对入射光波产生的一个特定方向的平面衍射子波，这个点是否应该存在，取决于该衍射屏能否产生相应方向的平面衍射子波，或者说取决于该衍射屏是否具有相应的空间频率成分。从图像分析角度，也可以将衍射屏理解为一幅图像，衍射过程即图像的频谱分解过程，而衍射图样则可以理解为对所分解的图像单元按结构特征（即空间频率）的重新归类。此即空间频谱的意义。

若用单位振幅的平面波垂直照射衍射屏，则其透射光场的复振幅 $E(x_1,y_1)$ 就等于衍射屏的复振幅透射系数 $t(x_1,y_1)$。于是衍射光场的复振幅及强度分布变为

$$E(x_0,y_0)=\frac{\mathrm{e}^{ikz_1}}{\mathrm{i}\lambda z_1}\mathrm{e}^{\mathrm{i}\frac{\pi}{\lambda z_1}(x_0^2+y_0^2)}T(u,v) \tag{7.2-4}$$

$$I(x_0,y_0)=|E(x_0,y_0)|^2\propto|T(u,v)|^2 \tag{7.2-5}$$

式中

$$T(u,v)=\mathrm{F}\{t(x_1,y_1)\} \tag{7.2-6}$$

可见，在单位振幅的平面光波垂直照射下，夫琅禾费衍射光场的复振幅正比于衍射屏复振幅透射系数的傅里叶变换，衍射图样的强度分布正比于衍射屏复振幅透射系数的傅里叶变换的模值平方。因此，一般情况下，可以由衍射屏复振幅透射系数的傅里叶变换来描述衍射屏的夫琅禾费衍射，或者反过来，可以通过衍射屏的夫琅禾费衍射图样来研究衍射屏函数（即复振幅透射系数）的傅里叶变换性质。

下面给出几种常见衍射屏的傅里叶变换及夫琅禾费衍射图样强度分布表达式。

（1）单缝：

$$t(x_1,y_1)=\mathrm{rect}\left(\frac{x_1}{a}\right)=\begin{cases}1, & |x_1|\leqslant a/2\\ 0, & |x_1|>a/2\end{cases} \tag{7.2-7}$$

$$T(u,v)=a\frac{\sin(\pi au)}{\pi au}=a\mathrm{sinc}(au) \tag{7.2-8}$$

$$I(x_0,y_0)=I(u,v)=I(0)\mathrm{sinc}^2(au) \tag{7.2-9}$$

（2）矩形孔：

$$t(x_1,y_1)=\mathrm{rect}\left(\frac{x_1}{a}\right)\mathrm{rect}\left(\frac{y_1}{b}\right)=\begin{cases}1, & |x_1|\leqslant a/2,|y_1|\leqslant b/2\\ 0, & |x_1|>a/2,|y_1|>b/2\end{cases} \tag{7.2-10}$$

$$T(u,v)=ab\frac{\sin(\pi au)}{\pi au}\frac{\sin(\pi bv)}{\pi bv}=ab\mathrm{sinc}(au)\mathrm{sinc}(bv) \tag{7.2-11}$$

$$I(x_0,y_0)=I(u,v)=I(0)\mathrm{sinc}^2(au)\mathrm{sinc}^2(bv) \tag{7.2-12}$$

（3）圆孔：

$$t(x_1,y_1)=\mathrm{circ}\left(\frac{\sqrt{x_1^2+y_1^2}}{R}\right)=\begin{cases}1, & \sqrt{x_1^2+y_1^2}\leqslant R\\0, & \sqrt{x_1^2+y_1^2}>R\end{cases} \tag{7.2-13}$$

$$T(u,v)=\pi R^2\left[\frac{J(2\pi R\sqrt{u^2+v^2})}{2\pi R\sqrt{u^2+v^2}}\right] \tag{7.2-14a}$$

或

$$T(\rho)=\pi R^2\left[\frac{J(2\pi R\rho)}{2\pi R\rho}\right],\quad \rho=\frac{r}{\lambda z_1} \tag{7.2-14b}$$

$$I(x_0,y_0)=I(\rho)=I(0)\left[\frac{J(2\pi R\rho)}{2\pi R\rho}\right]^2 \tag{7.2-15}$$

（4）双缝：

$$t(x_1,y_1)=\mathrm{rect}\left(\frac{x_1-d/2}{a}\right)+\mathrm{rect}\left(\frac{x_1+d/2}{a}\right) \tag{7.2-16}$$

$$T(u,v)=2a\mathrm{sinc}(au)\cos(\pi ud) \tag{7.2-17}$$

$$I(x_0,y_0)=I(u,v)=I(0)\mathrm{sinc}^2(au)\cos^2(\pi ud) \tag{7.2-18}$$

（5）三缝：

$$t(x_1,y_1)=\mathrm{rect}\left(\frac{x_1-d}{a}\right)+\mathrm{rect}\left(\frac{x_1}{a}\right)+\mathrm{rect}\left(\frac{x_1+d}{a}\right) \tag{7.2-19}$$

$$T(u,v)=a\mathrm{sinc}(au)\frac{\sin3(\pi ud)}{\sin(\pi ud)} \tag{7.2-20}$$

$$I(x_0,y_0)=I(u,v)=I(0)\mathrm{sinc}^2(au)\left[\frac{\sin3(\pi ud)}{\sin(\pi ud)}\right]^2 \tag{7.2-21}$$

（6）多缝：

$$t(x_1,y_1)=\sum_{m=-\frac{N}{2}}^{m=\frac{N}{2}}\mathrm{rect}\left(\frac{x_1-md/2}{a}\right)-\mathrm{rect}\left(\frac{x_1}{a}\right),\quad N\text{ 为偶数} \tag{7.2-22a}$$

$$t(x_1,y_1)=\sum_{m=-\frac{N-1}{2}}^{m=\frac{N-1}{2}}\mathrm{rect}\left(\frac{x_1-md}{a}\right),\quad N\text{ 为奇数} \tag{7.2-22b}$$

$$T(u,v)=a\mathrm{sinc}(au)\frac{\sin N(\pi ud)}{\sin(\pi ud)} \tag{7.2-23}$$

$$I(x_0,y_0)=I(u,\nu)=I(0)\mathrm{sinc}^2(au)\left[\frac{\sin N(\pi ud)}{\sin(\pi ud)}\right]^2 \tag{7.2-24}$$

（7）高斯函数：

$$t(x_1,y_1)=\exp[-\sigma(x_1^2+y_1^2)] \tag{7.2-25}$$

$$T(u,v)=\left(\frac{\pi}{\sigma}\right)\exp\left(-\pi^2\frac{u^2+v^2}{\sigma}\right) \tag{7.2-26}$$

$$I(x_0,y_0)=I(u,v)=I(0)\exp\left(-2\pi^2\frac{u^2+v^2}{\sigma}\right) \tag{7.2-27}$$

以上各式中，a 和 b 分别表示沿 x 和 y 方向透光缝宽，R 为圆孔半径，d 为缝间距，N 为总狭缝数目，σ 为任意常数，因子 $I(0)$ 表示（$u=x_0/\lambda z_1=0$，$v=y_0/\lambda z_1=0$）处的衍射光强度。

需要说明的是，傅里叶变换具有许多重要性质，如平移不变、比例放大、相移、卷积、相关等，由于篇幅限制，此处不再详细讨论，请参考附录及其他有关论著。

7.2.2 菲涅耳衍射

由式（7.1-35）和式（7.1-36）也可以看出，与夫琅禾费近似下观察平面上的衍射光场复振幅分布 $E(x_0,y_0)$ 相比，菲涅耳近似下，衍射光场复振幅积分式中多了一个二次相位因子 $\exp[\mathrm{i}\pi(x_1^2+y_1^2)/\lambda z_1]$。因此，按照傅里叶变换的定义，该衍射光场的复振幅也可以表示为

$$\begin{aligned}E(x_0,y_0)&=\frac{\mathrm{e}^{\mathrm{i}kz_1}}{\mathrm{i}\lambda z_1}\mathrm{e}^{\mathrm{i}\frac{\pi}{\lambda z_1}(x_0^2+y_0^2)}\iint_{-\infty}^{\infty}E(x_1,y_1)\,\mathrm{e}^{\mathrm{i}\frac{\pi}{\lambda z_1}(x_1^2+y_1^2)}\,\mathrm{e}^{-\mathrm{i}2\pi(ux_1+vy_1)}\mathrm{d}x_1\mathrm{d}y_1\\&=\frac{\mathrm{e}^{\mathrm{i}kz_1}}{\mathrm{i}\lambda z_1}\mathrm{e}^{\mathrm{i}\frac{\pi}{\lambda z_1}(x_0^2+y_0^2)}\mathrm{F}\left\{E(x_1,y_1)\exp\left[\mathrm{i}\frac{\pi}{\lambda z_1}(x_1^2+y_1^2)\right]\right\}\\&=\frac{\mathrm{e}^{\mathrm{i}kz_1}}{\mathrm{i}\lambda z_1}\mathrm{e}^{\mathrm{i}\frac{\pi}{\lambda z_1}(x_0^2+y_0^2)}\mathrm{F}\{E(x_1,y_1)\}*\mathrm{F}\left\{\exp\left[\mathrm{i}\frac{\pi}{\lambda z_1}(x_1^2+y_1^2)\right]\right\}\end{aligned} \tag{7.2-28}$$

并且有

$$I(x_0,y_0)\propto\left|\mathrm{F}\left\{E(x_1,y_1)\exp\left[\mathrm{i}\frac{\pi}{\lambda z_1}(x_1^2+y_1^2)\right]\right\}\right|^2 \tag{7.2-29}$$

可见，在菲涅耳近似条件下，除了一个常数因子 $\exp(\mathrm{i}kz_1)/\mathrm{i}\lambda z_1$ 和一个二次相位因子 $\exp[\mathrm{i}\pi(x_0^2+y_0^2)/\lambda z_1]$ 外，观察平面上的衍射光场复振幅分布，正比于衍射屏透射光场复振幅 $E(x_1,y_1)$ 与一个二次相位因子 $\exp[\mathrm{i}\pi(x_1^2+y_1^2)/\lambda z_1]$ 乘积的傅里叶变换。与夫琅禾费衍射情况类似，变换式外的二次相位因子并不影响衍射场强度分布，但变换式内的二次相位因子的存在，将对衍射光场分布产生重要影响。也就是说，在菲涅耳近似条件所决定的区域内，衍射光场分布依赖于观察平面到衍射屏的距离 z_1，位于不同位置的观察屏将接收到不同的衍射图样。此即菲涅耳衍射与夫琅禾费衍射的主要区别。当观察平面距离衍射屏相对较远时，该二次相位因子的影响可以忽略，于是过渡到夫琅禾费衍射。因此也可以说，夫琅禾费衍射仅仅是菲涅耳衍射在远场的一种特殊情况，两者在本质上是统一的。

7.2.3 塔耳博特效应

现考虑图 7.2-1 所示实验装置，用单位振幅的单色平面光波垂直照射一个具有空间周期性结构的衍射屏 G_0，例如透射系数为

$$t(x_1)=\frac{1}{2}[1+\cos(2\pi u_0x_1)]=\frac{1}{2}\left[1+\cos\left(2\pi\frac{x_1}{d}\right)\right] \tag{7.2-30}$$

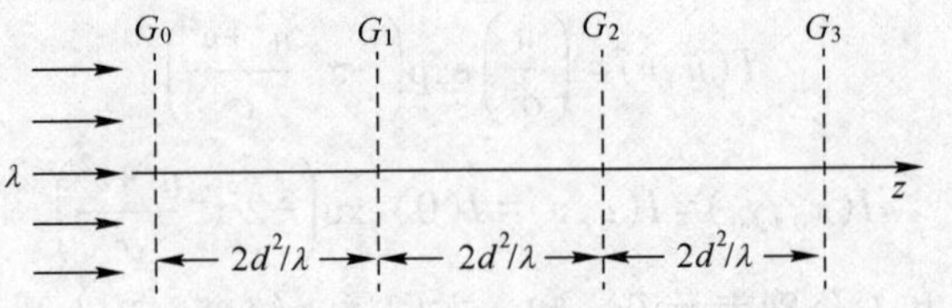

图 7.2-1　周期性物的空间衍射自成像——塔耳博特效应

的一维正弦光栅（由于正、余弦函数之间仅差 π/2 相位，故式（7.2-30）虽以余弦函数表示，仍称为正弦光栅），式中 d 为光栅常数，$u_0=1/d$ 为光栅的空间频率，则透射光场的复振幅分布等于光栅的振幅透射系数，即

$$E(x_1,y_1)=E(x_1)=t(x_1)=\frac{1}{2}[1+\cos(2\pi u_0x_1)]$$
$$=\frac{1}{2}\left(1+\frac{1}{2}e^{i2\pi u_0x_1}+\frac{1}{2}e^{-i2\pi u_0x_1}\right) \tag{7.2-31}$$

上式结果表明，透射光场实际上是三列不同方向的平面波分量的叠加。由衍射的平面波理论，在与光栅平面相距为 z_1 的观察平面上，叠加光场的复振幅分布应为

$$E(x_0,y_0)=E(x_0)=\int_{-\infty}^{\infty}E(u)e^{ikz_1\sqrt{1-\lambda^2u^2}}e^{i2\pi ux_0}du \tag{7.2-32}$$

式中：$E(u)$ 为光栅透射光场 $E(x_1)$ 的傅里叶变换，并且等于

$$E(u)=\mathrm{F}\{E(x_1)\}=\frac{1}{2}\int_{-\infty}^{\infty}\left(1+\frac{1}{2}e^{i2\pi u_0x_1}+\frac{1}{2}e^{-i2\pi u_0x_1}\right)e^{-i2\pi ux_1}dx_1 \tag{7.2-33}$$

将式（7.2-33）代入式（7.2-32），并取指数中根号展开式的一级近似，得

$$E(x_0)=e^{ikz_1}\int_{-\infty}^{\infty}E(u)e^{-ikz_1\frac{\lambda^2u^2}{2}}e^{i2\pi ux_0}du$$
$$=\frac{1}{2}e^{ikz_1}\int_{-\infty}^{\infty}e^{-ikz_1\frac{\lambda^2u^2}{2}}e^{i2\pi ux_0}du\int_{-\infty}^{\infty}\left(1+\frac{1}{2}e^{i2\pi u_0x_1}+\frac{1}{2}e^{-i2\pi u_0x_1}\right)e^{-i2\pi ux_1}dx_1$$
$$=\frac{1}{2}e^{ikz_1}\int_{-\infty}^{\infty}\left(1+\frac{1}{2}e^{i2\pi u_0x_1}+\frac{1}{2}e^{-i2\pi u_0x_1}\right)dx_1\int_{-\infty}^{\infty}e^{-ikz_1\frac{\lambda^2u^2}{2}}e^{i2\pi u(x_0-x_1)}du \tag{7.2-34}$$

利用高斯函数的自傅里叶变换性质，可将上式简化为

$$E(x_0)=\frac{e^{ikz_1}}{i2\lambda z_1}\int_{-\infty}^{\infty}\left(1+\frac{1}{2}e^{i2\pi u_0x_1}+\frac{1}{2}e^{-i2\pi u_0x_1}\right)e^{i\frac{\pi}{\lambda z_1}(x_0-x_1)^2}dx_1 \tag{7.2-35}$$

取变量代换 $x'=x_1-x_0$，则式（7.2-35）变为

$$E(x_0)=\frac{e^{ikz_1}}{i2\lambda z_1}\int_{-\infty}^{\infty}e^{i\frac{\pi}{\lambda z_1}x'^2}\left(1+\frac{1}{2}e^{i2\pi u_0x'}e^{i2\pi u_0x_0}+\frac{1}{2}e^{-i2\pi u_0x'}e^{-i2\pi u_0x_0}\right)dx' \tag{7.2-36}$$

进一步，利用高斯函数的自傅里叶变换性质对式（7.2-36）进行简化，得

$$E(x_0)=\frac{1}{2}e^{ikz_1}\left[1+\frac{1}{2}e^{i\pi\lambda z_1u_0^2}(e^{i2\pi u_0x_0}+e^{-i2\pi u_0x_0})\right]$$
$$=\frac{1}{2}e^{ikz_1}[1+e^{i\pi\lambda z_1u_0^2}\cos(2\pi u_0x_0)] \tag{7.2-37}$$

可以看出，若

$$z_1=2m\frac{d^2}{\lambda},\quad m=0,\pm1,\pm2,\cdots \tag{7.2-38}$$

则

$$E(x_0)=\frac{1}{2}\mathrm{e}^{\mathrm{i}kz_1}[1+\cos(2\pi u_0x_0)] \tag{7.2-39}$$

其强度分布为

$$I(x_0)=\frac{1}{4}[1+\cos(2\pi u_0x_0)]^2 \tag{7.2-40}$$

式（7.2-39）和式（7.2-40）表明，在满足 z_1 等于 $2d^2/\lambda$ 整数倍的位置上，衍射光场将重现光栅后表面处的分布特征，即重现原光栅的准确像，并且像的横向放大率等于1（图7.2-1中的 G_1、G_2、G_3）。这一现象首先由塔耳博特（Talbot）于1836年发现，故称为塔耳博特效应。

实际上，塔耳博特效应所揭示的这种周期性衍射自成像现象，不仅存在于光栅衍射过程，而且存在于任何具有空间周期性结构的物体的衍射过程。很明显，塔耳博特效应起因于周期结构物的空间周期性衍射特性。我们可以这样来理解：透过周期结构物（衍射屏）的光波，由于衍射屏的调制，其不同空间频率成分被彼此分开，开始（$z_1=0$）时，其各自的相位相同，叠加的结果，形成物体（衍射屏）的0级自衍射像——几何投影。经过空间一定传播距离后，各频率分量的相位将发生相应的变化。按照光学成像原理，对于任意结构的物体，只有在物体的共轭像平面上，所有频率的衍射分量才具有相同的相位（或者相差 2π 的整数倍），于是叠加而形成物体的共轭像。对于周期性结构物，其衍射光场也具有周期性结构，因而其各个频率衍射分量的相位，有可能在经过一定传播距离后彼此相同或者相差 2π 的整数倍。这就意味着，到达该空间位置处的所有衍射波分量间的相位关系正好与物平面处相同。于是在这些特定的空间位置处，各衍射分量间的叠加满足成像条件，其相干叠加的结果，再次形成类似于周期结构物几何投影的条纹图样。

除了平面波照射外，单色球面波照射下，周期结构物也存在塔耳博特自成像现象，但此时衍射像的位置与照射光波的性质（会聚或者发散及其锥度）以及光栅相对会聚点的位置有关，并且各级衍射像的横向放大率也不同。

值得指出的是，塔耳博特自成像与传统的几何成像有本质的区别。几何成像系统的物与像之间存在着点点对应关系，而塔耳博特像与物之间不存在点点对应关系。因为塔耳博特像只是周期结构物产生的衍射光场在某些特定空间位置叠加时，形成了与原物光场类似的分布，并且每一点的叠加光场可能来自物平面上不同点产生的衍射分量的贡献，因此，本质上相当于对原物光场结构在空间分解后的重组。

塔耳博特效应在现代光学以及与之相关的许多学科领域如非接触测量、微电子技术、微光学技术等，都有着广泛而重要的应用。

7.2.4 劳效应

塔耳博特效应要求照明光源为相干光源，即单色点光源发出的平面波或者球面波。

那么，用扩展光源照射光栅时，会出现怎样的衍射现象呢？劳（E. Lau）于 1948 年在实验中发现，当用扩展的白光光源照射一对平行放置的粗光栅时，若两光栅间距 z_0满足条件

$$z_0=\frac{d^2}{2m\lambda},\quad m=0,1,2,\cdots \tag{7.2-41}$$

则在无限远处可观察到一组彩色干涉条纹。式（7. 2-41）中 d 为光栅常数，λ 为平均波长。这个现象称为劳效应。

下面讨论观察劳效应的实验过程。如图 7. 2-2 所示，设有一对间距为 z_0、光栅常数为 d 的一维朗琴光栅 G_1和 G_2平行放置于光路中，紧靠光栅 G_1左侧为扩展光源 S，光栅 G_2后远处放置成像透镜 L，观察平面 P 位于透镜 L 的像方焦平面（严格讲，当透镜 L 相距光栅有限远时，观察平面 P 应位于光栅 G_1的共轭像平面）。

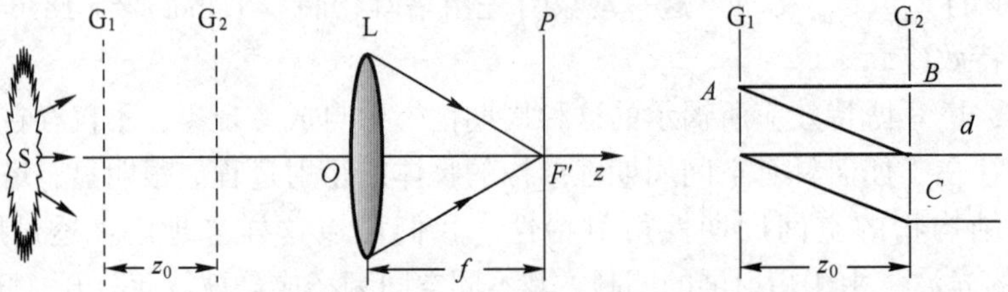

图 7. 2-2　劳效应

为便于理解，首先考虑扩展光源为单色的情况。按照惠更斯-菲涅耳原理，在单色扩展光源照射下，光栅 G_1的每个透光缝均相当于一个强度相同的线光源，每个线光源发出的柱面子波经光栅 G_2进一步产生衍射，在远场或者透镜 L 的像方焦平面 P 上形成一组夫琅禾费衍射图样。由于各个线光源间的非相干性，平面 P 上得到的总的衍射图样应是各个线光源对应的衍射图样的强度叠加。一般情况下，由于各组衍射图样亮暗条纹位置相互错开，叠加的结果将导致总的衍射条纹消失。只有当 G_1上某个透光缝到 G_2上两个相邻透光缝之间的光程差等于照明光波波长的整数倍时，每个线光源发出的柱面波在光栅 G_2的各个透光缝处具有相同（或者相差 2π 的整数倍）的相位，从而导致各组衍射图样将完全相同，并且亮暗位置对应重合，只是 0 级亮纹依次错开一个级次。这样，非相干叠加的结果，仍等效于一组衍射条纹，但其各级次亮纹强度却大大增大，并且趋于相同。参考图 7. 2-2 右图，显然，上述条件可表示为

$$\sqrt{z_0^2+d^2}-z_0=m\lambda,\quad m=1,2,3,\cdots \tag{7.2-42}$$

对上式取一级近似可得

$$\frac{d^2}{2z_0}=m\lambda \tag{7.2-43}$$

此即单色扩展光源照明下的劳效应产生条件。由此可见，劳所观察到的条纹图样，实际上是光栅 G_1经光栅 G_2产生的远场夫琅禾费衍射像。

照明光源为扩展白光时，由于对应不同波长的衍射条纹相互错开，实际衍射图样呈彩色状。此时暗条纹将消失，而代之以彩色亮纹的互补色。

7.3　透镜的变换特性与成像特性

透镜是构成光学系统的重要元件之一，一般由两个折射曲面围成的光密介质（如玻璃等）制成。正透镜的中心区域厚，边缘区域薄，光线通过中心区域所经历的光程大于边缘区域；负透镜则刚好相反。从几何光学角度，透镜作为一种折射光学元件，起成像以及会聚、发散、准直光束等作用。从波动光学角度，透镜作为一种衍射光学元件，起光波变换作用。如平面波经过正（负）透镜后变为会聚（发散）的球面波，其平面波面前变为球面波面前，空间频率从单一的 0 频展宽为一定范围的连续频谱分布。从傅里叶光学角度，透镜的这种光波变换特性相当于一种二维傅里叶变换器，通过对输入光波的不同变换，可以实现二维光学图像的频谱分解与综合（成像）。因此，要研究光波通过一个光学系统的衍射规律，必须首先了解透镜的变换特性与成像特性。

7.3.1　透镜的复振幅透射系数

如图 7.3-1 所示，常用透镜的前后两个表面为球面（或者其中之一为平面），故称为球面透镜。为讨论简便，将与球面透镜前后两个球面顶点 O_1 和 O_2 相切的垂轴平面分别定义为透镜的输入和输出平面。若不考虑透镜材料的吸收、散射以及透镜边框的衍射（即假设其孔径无限大）等因素的影响，则可以认为，光波在通过透镜时，仅仅是其相位分布受到透镜介质及表面形貌的调制，振幅并未改变。这样，透镜的复振幅透射系数实际上就等于其相位透射系数。假设在透镜的输入和输出平面上，入射和出射光波的波前复振幅分布分别为

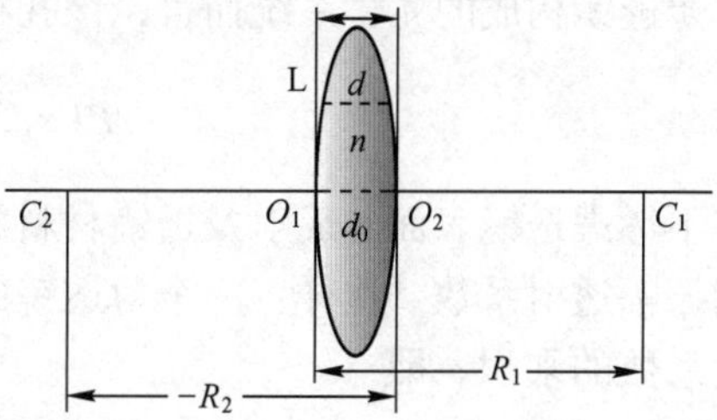

图 7.3-1　球面透镜

$$E_1(x_1,y_1)=A\exp[\mathrm{i}\phi_1(x_1,y_1)] \tag{7.3-1a}$$

$$E_2(x_1,y_1)=A\exp[\mathrm{i}\phi_2(x_1,y_1)] \tag{7.3-1b}$$

则透镜的相位透射系数可表示为

$$t_{\mathrm{p}}(x_1,y_1)=\exp\{\mathrm{i}[\phi_2(x_1,y_1)-\phi_1(x_1,y_1)]\}=\exp[\mathrm{i}\Delta\phi(x_1,y_1)] \tag{7.3-2}$$

当透镜的厚度远小于前后两个球面的曲率半径时，可以近似认为光波在输入平面上的入射点与输出平面上的出射点具有相同的横向坐标。这种可以忽略其厚度，因此可以忽略光波在其内部因折射而产生垂轴平移的透镜，称为薄透镜。参考图 7.3-1，取薄透镜介质的折射率为 n，中心厚度为 d_0，前后表面曲率半径分别为 R_1 和 R_2，曲率中心分别为 C_1 和 C_2。为保证所得结论的普适性，R_1 和 R_2 的正负这样定义：当球面的曲率中心位于球面顶点左侧时，曲率半径为负（如图 7.3-1 中 $R_2<0$，图中乘以负号表示几何长度量）；当球面的曲率中心位于球面顶点右侧时，曲率半径为正（如图 7.3-1 中 $R_1>0$）。于是，一个薄透镜的厚度函数可表示为

$$d(x_1,y_1)=d_0-\left[-R_2-\sqrt{R_2^2-(x_1^2+y_1^2)}\right]-\left[R_1-\sqrt{R_1^2-(x_1^2+y_1^2)}\right] \tag{7.3-3}$$

由此并利用傍轴近似条件，可得光波波前上各点从输入平面到输出平面的光程延迟为

$$\Delta L(x_1,y_1)=d_0+(n-1)d(x_1,y_1)$$

$$\approx nd_0-(n-1)\left(\frac{1}{R_1}-\frac{1}{R_2}\right)\left(\frac{x_1^2+y_1^2}{2}\right)$$

$$=nd_0-\frac{x_1^2+y_1^2}{2f} \tag{7.3-4}$$

式中利用了薄透镜在空气中的焦距公式

$$\frac{1}{f}=(n-1)\left(\frac{1}{R_1}-\frac{1}{R_2}\right) \tag{7.3-5}$$

相应地相位延迟为

$$\Delta\phi(x_1,y_1)=k\Delta L(x_1,y_1)=knd_0-k\frac{x_1^2+y_1^2}{2f} \tag{7.3-6}$$

式中：$k=2\pi/\lambda$，为入射光波的（角）波数。忽略式（7.3-6）中的常数相位因子 knd_0，可得傍轴条件下薄透镜的相位透射系数为

$$t_{\mathrm{p}}(x_1,y_1)=\exp\left(-\mathrm{i}k\frac{x_1^2+y_1^2}{2f}\right) \tag{7.3-7}$$

任何光学系统总有一定大小的通光孔径，起着调制入射光波振幅的作用。对于由单个薄透镜构成的光学系统而言，该孔径即透镜边框。设薄透镜的孔径函数为

$$P(x_1,y_1)=\begin{cases}1, & \text{孔径内}\\ 0, & \text{孔径外}\end{cases} \tag{7.3-8}$$

在不考虑透镜表面的反射及透镜材料的吸收和散射等损耗情况下，该孔径函数即薄透镜的振幅透射系数。这样，一个薄透镜的复振幅透射系数应等于其相位透射系数与振幅透射系数的乘积。即

$$t_{\mathrm{L}}(x_1,y_1)=P(x_1,y_1)t_{\mathrm{p}}(x_1,y_1)=\begin{cases}\exp\left(-\mathrm{i}k\dfrac{x_1^2+y_1^2}{2f}\right), & \text{孔径内}\\ 0, & \text{孔径外}\end{cases} \tag{7.3-9}$$

对于一个复杂的光学成像系统，式（7.3-8）表示的孔径函数应以系统的光瞳函数取代。也就是说，在不考虑系统的反射、吸收及散射等损耗情况下，一般光学系统的振幅透射系数，在入射端看来，即系统的入射光瞳函数；在出射端看来，即出射光瞳函数。当光学系统的通光孔径相对于入射光束的横截面为无限大时，光瞳函数的影响可以忽略不计。此时的复振幅透射系数 $t_{\mathrm{L}}(x_1,y_1)$ 即相位透射系数 $t_{\mathrm{P}}(x_1,y_1)$。设输入平面上的光场复振幅分布为 $E(x_1,y_1)$，则输出平面上的透射光场复振幅分布 $E'(x_1,y_1)$ 为

$$E'(x_1,y_1)=E(x_1,y_1)\exp\left(-\mathrm{i}k\frac{x_1^2+y_1^2}{2f}\right) \tag{7.3-10}$$

值得注意的是，上述结论虽然是以正透镜为例导出的，但对于负透镜仍然成立。即只要假定式中的焦距 $f<0$，就得到负透镜的结论。

7.3.2 透镜的成像性质

现在我们从波动光学角度来讨论薄透镜在傍轴条件下的成像特性。按照几何光学成像原理，一个光学系统能够理想成像的条件是，其在对来自物点的同心光束进行变换时，能够保持光束的同心性不变，而在傍轴条件下，薄透镜就是这样的一个成像系统。

现考虑图 7.3-2 所示单透镜成像系统。设 L 为一孔径无限大的正薄透镜，当物、像方介质相同时，其几何中心 O 即透镜的光心，离轴物点 $Q(x_o,y_o)$ 与过透镜光心 O 的垂轴平面距离为 d_o。显然，对于薄透镜而言，过光心的垂轴平面即透镜的输入和输出平面（物方和像方主平面），设其横向坐标为 (x_1,y_1)。按照波动光学原理，一个点物可视为一个发射球面光波的点光源。在傍轴近似条件下，该物点发出的球面光波在透镜的输入和输出平面上的复振幅分布可分别表示为

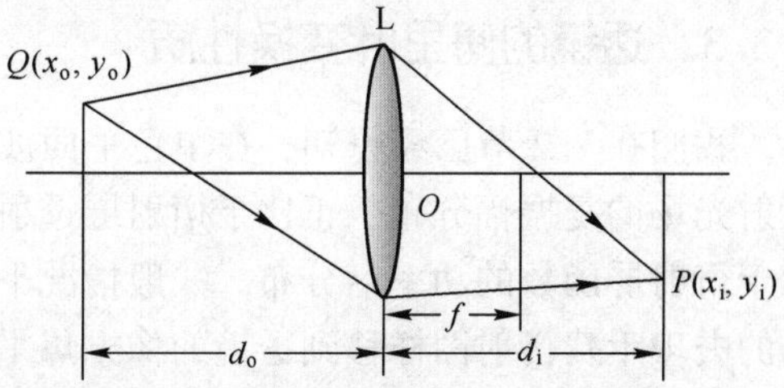

图 7.3-2　薄透镜的傍轴成像特性

$$E(x_1,y_1)=A\exp\left[\mathrm{i}k\left(d_o+\frac{x_o^2+y_o^2}{2d_o}+\frac{x_1^2+y_1^2}{2d_o}-\frac{x_ox_1+y_oy_1}{d_o}\right)\right] \tag{7.3-11}$$

$$\begin{aligned}E'(x_1,y_1)&=\exp\left(-\mathrm{i}k\frac{x_1^2+y_1^2}{2f}\right)E(x_1,y_1)\\&=A'\exp\left[\mathrm{i}k\left(\frac{x_1^2+y_1^2}{2d_o}-\frac{x_1^2+y_1^2}{2f}-\frac{x_ox_1+y_oy_1}{d_o}\right)\right]\\&=A'\exp\left[-\mathrm{i}k\left(\frac{x_1^2+y_1^2}{2d_i}-\frac{x_ix_1+y_iy_1}{d_i}\right)\right]\end{aligned} \tag{7.3-12}$$

可以看出，式（7.3-12）描述的是一束会聚球面波，其顶点位于与透镜输出平面相距 d_i 的平面上 $P(x_i,y_i)$ 点。式中利用了以下关系：

$$A'=A\exp\left[\mathrm{i}k\left(d_o+\frac{x_o^2+y_o^2}{2d_o}\right)\right]$$

$$\frac{1}{d_i}=\frac{1}{f}-\frac{1}{d_o} \tag{7.3-13}$$

$$\frac{x_i}{d_i}=-\frac{x_o}{d_o},\ \frac{y_i}{d_i}=-\frac{y_o}{d_o} \tag{7.3-14}$$

显然，式（7.3-13）就是几何光学中的高斯物像公式，式（7.3-14）则是成像的横向放大率关系式。因此，式（7.3-12）所表示的会聚球面波就是自物点 Q 发出的球面光波的共轭光波，其会聚点 P 正是物点 Q 的共轭像点，而 d_i 即像距。

若物点 Q 位于主光轴上的无限远处，则 $d_i=f$，$x_i=y_i=0$。于是有

$$E'(x_1,y_1)=A'\exp\left(-\mathrm{i}k\frac{x_1^2+y_1^2}{2f}\right) \tag{7.3-15}$$

这正是一束满足旁轴条件并且顶点位于透镜像方焦点的会聚球面波。

类似地，若物点 Q 位于透镜的物方焦点处，则 $d_i=\infty$，于是有 $E'(x_1,y_1)=A\mathrm{e}^{\mathrm{i}kf}$，表明此时自透镜出射的是一束传播方向平行于主光轴的平面波，其会聚点位于无限远处。

需要说明的是，以上讨论同样也适用于负透镜。只是对于负透镜，焦距 f 需取负值。

7.3.3 透镜的傅里叶变换性质

我们在 7.2 节已经得知，在单色平面波垂直照射下，衍射屏在远场产生的夫琅禾费衍射光场的复振幅分布，正比于衍射屏透射系数的傅里叶变换。衍射图样的强度分布正比于衍射屏函数的功率谱分布。一般情况下，为便于观察，我们总是利用透镜将位于远场的夫琅禾费衍射图样移到透镜的像方焦平面处。这就是说，作为成像元件的透镜，实际上扮演了一个重要的角色——傅里叶变换器，或者说透镜使得在有限的空间中实现光场的二维傅里叶变换成为可能。

如图 7.3-3 所示，设单位振幅的单色平面光波垂直照射某一复振幅透射系数为 $t(x,y)$ 的衍射屏，与衍射屏相距 z 处放置一焦距为 f 的薄透镜 L，现观察其像方焦平面上的光场分布。为方便讨论，这里忽略透镜材料的吸收、散射、透镜表面的反射以及透镜孔径大小等因素的影响。

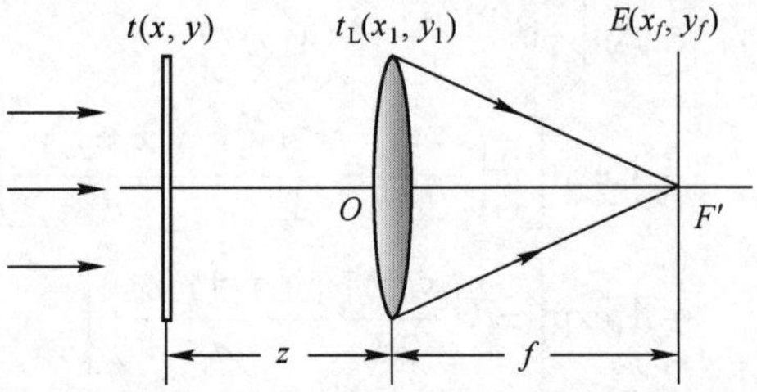

图 7.3-3　透镜的傅里叶变换性质

设 $E(x,y)$、$E(x_1,y_1)$、$E'(x_1,y_1)$ 和 $E(x_f,y_f)$ 分别表示衍射屏后、透镜的输入平面、输出平面以及像方焦平面处光场的复振幅分布。首先我们来看透镜输入平面处与像方焦平面处光场之间的关系。由于透镜的相位调制特性，其输出平面与输入平面处光场之间的关系由式（7.3-10）确定。而从透镜的输出平面到像方焦平面，光波相当于经历一次菲涅耳衍射。于是，由式（7.2-28）和式（7.3-10），透镜像方焦平面上的光场复振幅分布 $E(x_f,y_f)$ 应具有如下形式：

$$E(x_f,y_f)=\frac{e^{ikf}}{i\lambda f}e^{ik\frac{x_f^2+y_f^2}{2f}}\mathrm{F}\left\{E'(x_1,y_1)\exp\left(ik\frac{x_1^2+y_1^2}{2f}\right)\right\}$$

$$=\frac{e^{ikf}}{i\lambda f}e^{ik\frac{x_f^2+y_f^2}{2f}}\mathrm{F}\{E(x_1,y_1)\},\quad u=\frac{x_f}{\lambda f},v=\frac{y_f}{\lambda f} \tag{7.3-16}$$

在单位振幅的平面波垂直照射下，衍射屏透射光场的复振幅分布 $E(x,y)$ 即等于衍射屏的透射系数 $t(x,y)$。故其频谱分布为

$$F\{E(x,y)\}=\mathrm{F}\{t(x,y)\}=T(u,v) \tag{7.3-17}$$

该频谱分量从衍射屏平面传播到透镜的输入平面处，产生一个相位延迟 $\phi(u,v,z)$。即

$$E(u,v)=T(u,v)\exp[i\phi(u,v,z)] \tag{7.3-18}$$

在傍轴近似条件下，$\phi(u,v,z)$ 可表示为

$$\phi(u,v,z)=kz-\frac{k}{2}z\lambda^2(u^2+v^2) \tag{7.3-19}$$

由此可得透镜输入平面处光场的频谱分布为

$$F\{E(x_1,y_1)\}=E(u,v)=T(u,v)\exp\left[\mathrm{i}kz-\mathrm{i}\frac{k}{2}z\lambda^2(u^2+v^2)\right] \tag{7.3-20}$$

代入式（7.3-16），得

$$\begin{aligned}E(x_f,y_f)&=\frac{\mathrm{e}^{\mathrm{i}kf}}{\mathrm{i}\lambda f}\mathrm{e}^{\mathrm{i}k\frac{x_f^2+y_f^2}{2f}}\mathrm{e}^{\mathrm{i}\left[kz-\frac{k}{2}z\lambda^2(u^2+v^2)\right]}T(u,v)\\&=\frac{\mathrm{e}^{\mathrm{i}k(z+f)}}{\mathrm{i}\lambda f}\mathrm{e}^{\mathrm{i}k\frac{x_f^2+y_f^2}{2f}\left(1-\frac{z}{f}\right)}T(u,v),\quad u=\frac{x_f}{\lambda f},v=\frac{y_f}{\lambda f}\end{aligned} \tag{7.3-21}$$

由式（7.3-21）可以看出，在单色平面波垂直照射下，透镜像方焦平面处的光场，除了一个常数相位因子和一个二次相位因子外，还反映了衍射屏透射系数的傅里叶变换。二次相位因子的存在表明，在一般情况下该变换不是准确的，存在着光场弯曲。同时也可以看出，该二次相位因子与衍射屏的相对位置有关。不过，该二次相位因子只是在进一步的变换中起作用，并不影响光场在当前观察平面上的强度分布。下面作几点讨论。

（1）若衍射屏位于透镜的物方焦平面处，则 $z=f$，二次相位因子消失。此时，在透镜的像方焦平面上，得到衍射屏透射系数的准确傅里叶变换。即

$$E(x_f,y_f)=\frac{\mathrm{e}^{\mathrm{i}2kf}}{\mathrm{i}\lambda f}T(u,v),\quad u=\frac{x_f}{\lambda f},v=\frac{y_f}{\lambda f} \tag{7.3-22}$$

（2）若衍射屏位于透镜前并紧贴透镜表面，则 $z=0$，二次相位因子仍然存在，并且仅与透镜焦距大小有关。即

$$E(x_f,y_f)=\frac{\mathrm{e}^{\mathrm{i}kf}}{\mathrm{i}\lambda f}\mathrm{e}^{\mathrm{i}k\frac{x_f^2+y_f^2}{2f}}T(u,v),\quad u=\frac{x_f}{\lambda f},v=\frac{y_f}{\lambda f} \tag{7.3-23}$$

（3）若衍射屏位于透镜后且相距像方焦平面为 d，则可以证明，透镜像方焦平面处的光场复振幅分布变为

$$\begin{aligned}E(x_f,y_f)&=\frac{\mathrm{e}^{\mathrm{i}kd}}{\mathrm{i}\lambda d}\mathrm{e}^{\mathrm{i}k\frac{x_f^2+y_f^2}{2d}}\mathrm{F}\{E(x,y)\mathrm{e}^{\mathrm{i}k\frac{x^2+y^2}{2d}}\}\\&=\frac{\mathrm{e}^{\mathrm{i}kd}}{\mathrm{i}\lambda d}\mathrm{e}^{\mathrm{i}k\frac{x_f^2+y_f^2}{2d}}T(u,v),\quad u=\frac{x_f}{\lambda d},v=\frac{y_f}{\lambda d}\end{aligned} \tag{7.3-24}$$

显然，二次相位因子同样存在。当 $d=f$，即衍射屏与透镜的输出平面重合时，式（7.3-24）化为式（7.3-23）。这说明无论将衍射屏放在透镜前还是透镜后，并不影响变换结果。

由此可见，在单色平面波照射下，利用透镜对二维图像进行光学傅里叶变换操作时，若将输入图像放置在透镜的物方焦平面处，则在透镜的像方焦平面处得到输入图像的准确傅里叶变换；若将输入图像放在透镜与其像方焦平面之间某一位置，则像方焦平面上频谱图样的大小可随衍射屏到像方焦平面的距离而改变，并且当输入图像紧贴透镜后放置时，可获得最大的频谱图样。然而，必须注意，以上结论仅适用于平面波照射情况。可以证明，当采用位于有限远点光源发出的球面波照射时，傅里叶变换平面将不再是透镜的像方焦平面，而是该光源的共轭像平面。正因为如此，上述平面波照明情况只是球面波照明情况的一个特例（点光源位于无限远处时）。

7.3.4 透镜孔径的衍射与滤波特性

以上讨论中忽略了透镜孔径的影响。实际透镜总有一定大小的通光孔径，这个孔径在光学系统中扮演着两种重要角色：衍射和滤波。首先我们来看孔径的衍射效应。

由式（7.3-23）或式（7.3-24），若衍射屏为一开孔屏且与透镜边框重合，则该衍射屏的复振幅透射系数即透镜的振幅透射系数——孔径函数 $P(x_1,y_1)$。于是，在单色平面光波照射下，透镜像方焦平面处光场的复振幅分布正比于透镜孔径函数的傅里叶变换 $P(u,v)$。即

$$E(x_f,y_f)=\frac{\mathrm{e}^{\mathrm{i}kf}}{\mathrm{i}\lambda f}\mathrm{e}^{\mathrm{i}k\frac{x_f^2+y_f^2}{2f}}P(u,v),\quad u=\frac{x_f}{\lambda f},v=\frac{y_f}{\lambda f} \tag{7.3-25}$$

换句话说，此时透镜像方焦平面上的光场，实际上就是透镜孔径的夫琅禾费衍射。而由透镜的成像性质可知，像方焦点对应着位于无限远处轴上物点的共轭像点。可见式（7.3-25）也描述了透镜对无限远物点的成像特性。然而，根据衍射理论分析，此时的共轭像点实际上就是透镜孔径对无限远轴上物点所发出的球面光波产生的夫琅禾费衍射图样的中央极大值点。对于有限大小的圆形孔径，其衍射图样中央极大值处为一有限大小的亮斑——艾里（Airy）斑。透镜孔径越大，艾里斑越小。由此可得出如下结论：从波动光学角度，由于孔径的衍射效应，任何具有有限大小通光孔径的光学成像系统，均不存在几何光学中所说的理想像点，即使该系统没有任何像差或者像差已经得到良好校正。所谓共轭像点，实际上是由系统孔径引起的，以物点对应的几何像点为中心的夫琅禾费衍射图样的中央亮斑——艾里斑（注意，圆形孔径时）。这个结论对于有限远物点的成像情况同样适用。

此外，透镜有限大小的通光孔径，也限制了衍射屏函数的较高频率成分（具有较大入射倾角的平面波分量）的传播。这可以从图 7.3-4 看出。其中，透过衍射屏的基频平面波分量 1 可以全部通过透镜，具有较高频率的平面波分量 2 只能部分通过，而高频平面波分量 3 则完全不能通过。这样，在透镜像方焦平面上的光场中就缺少了衍射屏透射光场中的部分高频成分，因此所得到的衍射屏函数的频谱将不完整。这种现象称为衍射的渐晕效应。由此可见，从光信息处理角度来看，透镜孔径的有限大小，使得系统存在着有限大小的通频带宽和截止频率，或者说透镜在这里扮演了低通滤波的作用；从光学成像的角度来看，则使得系统存在着一个分辨极限。因此，实际设计光路时，为了减小光束高频衍射分量的损失，需要尽可能选用孔径较大的透镜孔径。同时，为了减小透镜边沿区域引起的像差，需要让光束尽可穿过透镜中心部分而避开边沿区域，或者改变透镜边缘区域表面的曲率结构。

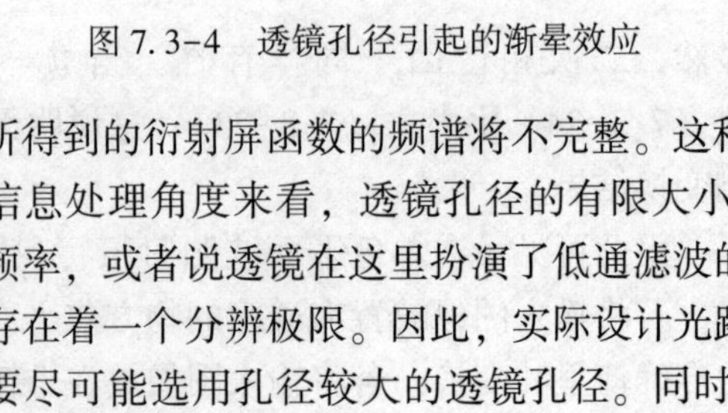

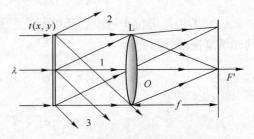

图 7.3-4　透镜孔径引起的渐晕效应

7.3.5 透镜的变频特性

透镜除了具有成像、傅里叶变换、低通滤波等特性外，其实还有一个通常被忽视的

重要特性，即变频特性。我们通常讲的光脉冲大多指时间域的光脉冲。其定义是：在时间和纵向空间上持续很短的一束光。理想的时间光脉冲的强度，应该是时间和纵向空间位置的 δ 函数。对于时间光脉冲的理解，可以借助傅里叶变换。δ 函数的傅里叶变换等于 1——要获得极窄的时间脉宽，需要极宽的光谱带宽。与时间光脉冲对应，我们可以定义一个空间光脉冲：在横向空间上会聚为一点的光束，直观地讲，即点光源、点物、点像、焦点。显然，理想的空间光脉冲的强度，应该是横向空间位置的 δ 函数。因此，要获得极窄的空间脉宽（即理想的空间光脉冲），需要光束具有极宽的空间频谱带宽。按照这一思路，我们就很容易理解图 7.3-5 所示光束会聚或者准直过程的物理本质——空间频谱的展宽或者压缩过程。

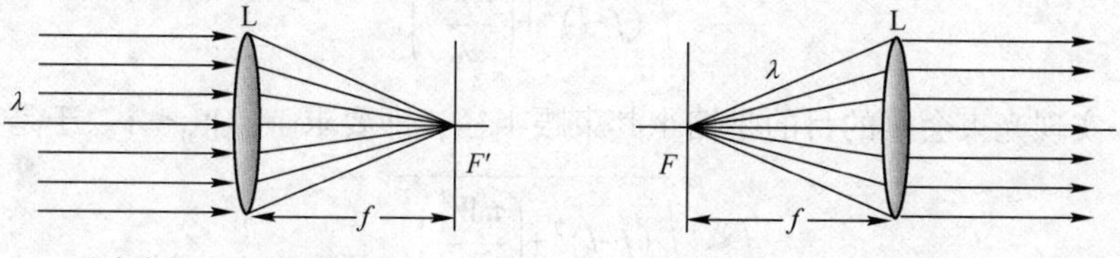

图 7.3-5　透镜的变频特性

由图 7.3-5 可以看出，通常利用透镜对光束进行聚焦或者准直，实际上是利用透镜的变频作用。透镜孔径越大，焦距越短，则空间频谱展宽幅度越大，空间脉冲压缩越大，因此焦斑越小，聚焦效果越好。反过来，对于具有丰富空间频谱（即发散角大）的入射光束，透镜孔径越大，焦距越长，则空间频谱压缩幅度越大，准直效果越好。这一结论也可以用来解释多光束干涉（如法布里-珀罗干涉和朗琴光栅衍射）形成亮条纹为何较双光束干涉条纹锐细的物理起因——更多的空间频率成分参与了干涉叠加过程。

7.3.6　高斯光波经透镜的变换

第 2 章中曾讨论过，所谓高斯光波，是指其在横截面上的光场分布具有二维高斯函数形式。根据高斯函数的自傅里叶变换特性，一个高斯函数的傅里叶变换仍然是高斯函数。这就是说，高斯光波经过一个透镜系统作相位变换后仍然是高斯光波。高斯光波的这种空间自变换特性，一方面保证了其在空间传输过程中的稳定性，另一方面也给其经光学系统的会聚和准直带来技术上的困难。它表明，无论采用何种光学系统，都不可能使一束激光束（即使是单横模的激光束并忽略衍射效应）会聚为一个理想光点，也不可能使其获得完全的准直（即理想平面波）。下面简单说明如何利用透镜系统近似实现对一束基模高斯光束（即通常所指单横模激光束）的相对聚焦和准直。

1. 高斯光束的聚焦

对高斯光束的聚焦，实际上就是采取适当的措施以压缩高斯光束的束腰半径。如图 7.3-6 所示，考虑到正透镜的会聚作用，在距离光束束腰 l 处，放置一个焦距为 f 的薄透镜。可以证明，经透镜会聚后，光束的束腰半径变为

$$W_0' = \frac{W_0 f}{\sqrt{(f-l)^2 + \left(\frac{\pi W_0^2}{\lambda}\right)^2}} \tag{7.3-26}$$

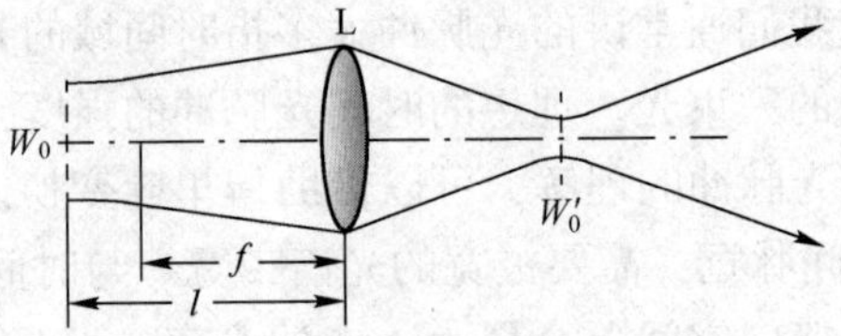

图 7.3-6　高斯光束经透镜的变换

由此可得变换后的束腰半径 W'_0 与变换前的束腰半径 W_0 之比为

$$\frac{W'_0}{W_0}=\frac{f}{\sqrt{(f-l)^2+\left(\frac{\pi W_0^2}{\lambda}\right)^2}} \tag{7.3-27}$$

显然，实现光束会聚的目的是缩小其束腰半径，即要求 $W'_0/W_0 \ll 1$。于是有

$$f \ll \sqrt{(f-l)^2+\left(\frac{\pi W_0^2}{\lambda}\right)^2} \tag{7.3-28}$$

当 $l \gg f$ 时，式（7.3-28）简化为

$$f \ll l\sqrt{1+\left(\frac{\pi W_0^2}{\lambda l}\right)^2} \tag{7.3-29}$$

式（7.3-29）表明，实现高斯光束（相对）聚焦的有效途径是选取短焦距的会聚透镜，并且使透镜尽量远离光束的束腰位置。此外，入射光束应具有尽量大的束腰半径 W_0。

那么，为什么高斯光束通过透镜聚焦能够得到的只是一个半径尽可能变小的高斯光束束腰，而不是无限小的理想聚焦点？这也可以从 7.3.5 节中关于空间光脉冲的定义来理解。要得到极窄的空间光脉冲，需要光束具有极宽的空间频谱带宽。经透镜变换后的高斯光束虽然一开始包含了极为丰富的空间频谱，但到达束腰处时，却全部演化成 0 频——波面变成平面，因此无论如何都不可能交于一个理想的几何点。

2. 高斯光束的准直

通常所谓高斯光束的准直，实际上是利用一定的光学系统来压缩高斯光束的发散角，使其在有限距离范围内具有较高的准直度。

根据 2.2.3 节的讨论，高斯光束的远场发散角 θ 与波长 λ 成正比，与光束束腰半径 W_0 成反比，即

$$\theta=\frac{2\lambda}{\pi W_0} \tag{7.3-30}$$

经过一个透镜变换后，光束的发散角发生改变。将上式中的 W_0 用式（7.3-26）给出的 W'_0 代替，得到变换后的光束发散角为

$$\theta'=\frac{2\lambda}{\pi W'_0}=\frac{2\lambda}{\pi}\sqrt{\frac{1}{W_0^2}\left(1-\frac{l}{f}\right)^2+\frac{1}{f}\left(\frac{\pi W_0}{\lambda}\right)^2} \tag{7.3-31}$$

当 $l=f$ 时，即变换前光束的束腰位于准直透镜 L 的物方焦平面时，变换后的束腰半径 W'_0 取极大值 $W'_{0\max}$，而发散角 θ' 取极小值 $\theta'_{\min}$，并且有

$$W'_{0\max}=\frac{\lambda f}{\pi W_0} \tag{7.3-32}$$

$$\theta'_{\min}=\frac{2W_0}{f} \tag{7.3-33}$$

$$\frac{\theta'_{\min}}{\theta}=\frac{\pi W_0^2}{\lambda f} \tag{7.3-34}$$

式（7.3-34）表明，准直透镜的焦距 f 越大，入射光束束腰半径 W_0 越小，则变换后的光束发散角 θ' 越小。但采用单一准直透镜，无论如何都不可能使高斯光束获得良好的准直。因此，通常的激光束准直系统大多采用倒置的共焦望远镜结构。

如图 7.3-7 所示，由激光器输出的细高斯光束先经过一个短焦距透镜，即望远镜目镜 L_1 聚焦和扩束，以获得尽可能小的束腰半径和尽可能大的发散角。在束腰处插入一低通的针孔滤波器，以滤掉杂散光（高频噪声），然后再经长焦距透镜，即望远镜物镜 L_2 压缩其发散角。设透镜 L_1 和 L_2 的焦距分别为 f_1 和 f_2，入射光束的发散角为 θ_0，经 L_1 聚焦扩束后变为 θ，进而经 L_2 准直后变为 θ'。当入射光束的束腰到透镜 L_1 的距离 $l \gg f_1$ 时，由上述讨论可得

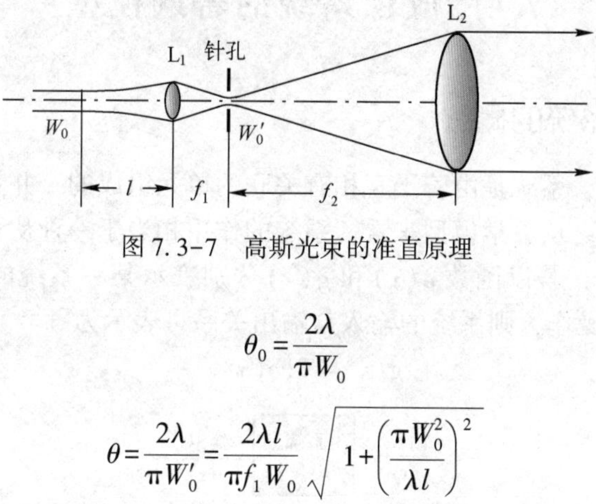

图 7.3-7　高斯光束的准直原理

$$\theta_0=\frac{2\lambda}{\pi W_0} \tag{7.3-35}$$

$$\theta=\frac{2\lambda}{\pi W'_0}=\frac{2\lambda l}{\pi f_1 W_0}\sqrt{1+\left(\frac{\pi W_0^2}{\lambda l}\right)^2} \tag{7.3-36}$$

$$\theta'=\frac{2W'_0}{f_2}=\frac{f_1}{f_2}\frac{2W_0}{l}\left[1+\left(\frac{\pi W_0^2}{\lambda l}\right)^2\right]^{-\frac{1}{2}} \tag{7.3-37}$$

于是光束的发散角压缩比，即准直倍率为

$$M=\frac{\theta_0}{\theta'}=\frac{f_2}{f_1}\sqrt{1+\left(\frac{\lambda l}{\pi W_0^2}\right)^2}=M_0\sqrt{1+\left(\frac{\lambda l}{\pi W_0^2}\right)^2} \tag{7.3-38}$$

式中：$M_0=f_2/f_1$，为望远镜的视角放大率。

7.3.7　自聚焦透镜的变换性质

假设自聚焦透镜的折射率分布为

$$n^2(r)=n_0^2(1-\alpha^2 r^2) \tag{7.3-39}$$

当 α 很小时，对上式等号右边作二项式展开并取一级近似，得

$$n(r)\approx n_0\left(1-\frac{\alpha^2r^2}{2}\right)=n_0-\frac{\alpha^2n_0}{2}(x^2+y^2) \tag{7.3-40}$$

设自聚焦透镜的厚度为 d，其复振幅透射系数为 $t_{\mathrm{L}}(x,y)$，不考虑其孔径的衍射效应以及由于厚度较大引起的出射端面坐标与入射端面坐标变化问题，则对于单位振幅的平面光波垂直入射情况，经自聚焦透镜透射的光波的复振幅分布为

$$\begin{aligned}E(x,y)=t(x,y)&=\exp\left[\mathrm{i}\frac{2\pi}{\lambda}n(r)d\right]\\&=\exp\left(\mathrm{i}\frac{2\pi}{\lambda}n_0d\right)\exp\left[-\mathrm{i}\frac{\pi\alpha^2n_0d}{\lambda}(x^2+y^2)\right]\end{aligned} \tag{7.3-41}$$

忽略常数相位延迟因子，得自聚焦透镜的复振幅透射系数为

$$t(x,y)=\exp\left[-\mathrm{i}\frac{\pi\alpha^2n_0d}{\lambda}(x^2+y^2)\right] \tag{7.3-42}$$

需要注意的是，由于这里事先假设了在自聚焦透镜入射端面和出射端面取相同的坐标，故上式仅仅在自聚焦透镜的厚度 d 趋于 0 时才成立。

7.4 成像系统的普遍模型

7.4.1 光瞳图与系统的概念

从普遍意义上讲，系统是由若干互相有关联的单元组成的，并且用来达到某些特定目的的一个有机整体。从数学模型来看，系统的作用相当于一种从输入到输出的变换操作。如图 7.4-1 所示，若以函数 $o(x)$ 和 $g(x)$ 分别表示某一系统的输入和输出，算符 T{} 表示系统的变换操作，则系统的输入与输出关系可表示为

$$g(x)=\mathrm{T}\{o(x)\} \tag{7.4-1}$$

图 7.4-1 一般系统的变换操作

光学系统是指用于光信号传输、存储、成像或处理等诸多操作单元构成的一个组合体——光具组。在基础光学中我们已经得知，任何光具组，无论是单个薄透镜，还是由若干个透镜及其他光学元件组成的复杂结构，都可以等效为一个仅由入射光瞳和出射光瞳构成的简单系统，如图 7.4-2 所示。在这个系统中，物平面或入射光瞳平面可以看作系统的输入平面，像平面或出射光瞳平面则看作系统的输出平面。最简单的光学系统之一，是由单个薄透镜构成的成像系统，其特点是系统的入射光瞳、出射光瞳和孔径光阑三者与透镜的边框重合。一般情况下，我们无须知道光学系统内部的结构和实际光线轨迹，只要知道系统的边端性质，即系统的输入（物平面到入射光瞳）和输出（出射光瞳到像平面）特性，就可以了解整个系统的成像性质。类似地，也可以用变换算符 T{} 表示一个光学系统的成像操作。参见图 7.4-2，若输入平面上的物和输出平面上的像的函数分布分别为 $o(x_o,y_o)$ 和 $g(x_i,y_i)$，则两者之间应有以下关系：

$$g(x_i, y_i) = \mathrm{T}\{o(x_o, y_o)\} \tag{7.4-2}$$

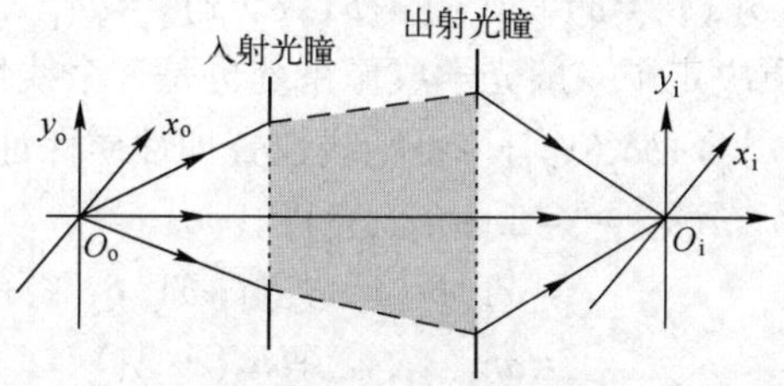

图 7.4-2　光学系统的光瞳模型

7.4.2　点脉冲响应与点扩散函数

光学系统对一个点物所成的像称为系统的点脉冲响应（因为该点物相当于向系统输入的一个空间点脉冲）。由于孔径的衍射效应及各种像差的存在，实际光学系统的点脉冲响应是一个弥散的斑。对于无像差的衍射受限系统，这个弥散斑等于由有限大小的孔径所引起的夫琅禾费衍射图样的中央亮纹——对于圆形孔径而言即艾里斑。光学系统的通光孔径越小，相应的艾里斑直径越大。只有当孔径无限大时，艾里斑才能缩小为一个点，即所谓的几何像点。对于有像差的衍射受限系统，这个弥散斑反映了孔径衍射和各种像差的综合效应。

在数学上，物平面（即输入平面）上的一个点物，可以用一个二维点脉冲函数 $\delta(x_o, y_o)$ 表示，这个输入的点脉冲函数经成像系统变换后，在像平面（即输出平面）上产生相应的输出函数 $h(x_i, y_i)$，即点脉冲响应。由式（7.4-2）可得

$$h(x_i, y_i) = \mathrm{T}\{\delta(x_o, y_o)\} \tag{7.4-3}$$

理想情况下，即当系统无像差并且孔径无限大时，输出函数 $h(x_i, y_i)$ 也应该是一个 δ 函数。否则，说明该输出函数具有一定的弥散分布。正因为如此，光学系统的点脉冲响应又称为点扩散函数。

由于相干光照明与非相干光照明下光场具有不同的叠加特性，因此光学系统的点扩散函数在相干成像系统和非相干成像系统中具有不同的物理含义。相干成像系统中，表征点物的 $\delta(x_o, y_o)$ 函数和相应的输出点脉冲响应函数 $h(x_i, y_i)$，均是指光场的复振幅分布；非相干成像系统中，则均指光场的强度分布。为了区分两种情况，把非相干成像系统输入的强度点脉冲函数和输出的强度点扩散函数分别改写成 $\delta_I(x_o, y_o)$ 和 $h_I(x_i, y_i)$。

以上讨论的是二维输入输出情况。在一维情况下，如许多光谱仪系统中，物平面上的输入往往为一平行于 x 或 y 轴的线状物，这时系统像平面上的输出也具有一维特征，故称为线扩散函数。也就是说，线扩散函数反映了一维光学系统的成像特性。

7.4.3　线性和空间不变性

一个信息系统，如果对于输入信号的变换作用具有线性叠加性质，则称为线性系统。换句话说，对于某个线性系统，假设 $g_1(x)$ 和 $g_2(x)$ 分别为与系统输入信号 $o_1(x)$ 和 $o_2(x)$ 相对应的输出信号，则对于任意常数 a 和 b，当系统的输入信号为 $o(x) = ao_1(x) +$

$bo_2(x)$时，其输出信号应为

$$g(x)=\mathrm{T}\{o(x)\}=a\mathrm{T}\{o_1(x)\}+b\mathrm{T}\{o_2(x)\}=ag_1(x)+bg_2(x) \qquad (7.4\text{-}4)$$

光场叠加的线性性质决定了一般光学成像系统也是一个线性系统。若输入平面上有物函数 $o(x_o,y_o)=a\delta_1(x_o,y_o)+b\delta_2(x_o,y_o)$，则线性叠加性质保证其相应的输出为

$$\begin{aligned}g(x_i,y_i)&=\mathrm{T}\{o(x_o,y_o)\}\\&=a\mathrm{T}\{\delta_1(x_o+y_o)\}+b\mathrm{T}\{\delta_2(x_o+y_o)\}\\&=ah_1(x_i,y_i)+bh_2(x_i,y_i)\end{aligned} \qquad (7.4\text{-}5)$$

按照衍射的球面波理论，输入光波可以看作无数点源发出的球面子波的线性叠加。每一个点源所发出的球面子波经成像系统变换后，将在其共轭像平面上以其几何像点为中心形成一组夫琅禾费衍射。输出平面上的光场可以看作与所有物点对应的夫琅禾费衍射光场的线性叠加。不过，对于相干成像系统，这种线性叠加特性表现为振幅型。也就是说，光场的复振幅分布具有线性叠加性质；对于非相干成像系统，这种线性叠加特性则表现为强度型，或者说光场的强度分布具有线性叠加性质。

一般情况下，处于物平面上不同位置的物点，具有不同的点扩散函数。所以，系统的点扩散函数不仅与像平面坐标有关，而且还与物平面坐标有关，即同时是物点和像点位置坐标的函数：$h(x_i,y_i;x_o,y_o)$（相干成像系统）或 $h_I(x_i,y_i;x_o,y_o)$（非相干成像系统）。在傍轴条件下，可以近似认为系统的点扩散函数与物点的位置无关，只是相对坐标(x_i-Mx_o,y_i-My_o)的函数：$h(x_i-Mx_o,y_i-My_o)$（相干成像系统）或 $h_I(x_i-Mx_o,y_i-My_o)$（非相干成像系统）。其中 M 表示成像系统的横向放大率。光学系统的这种成像特性称为空间不变性。空间不变性保证了输入平面上的物点经任意横向平移后，其输出响应即点扩散函数将保持不变。因此，我们可以用与轴上物点对应的点扩散函数来表示成像系统的点扩散函数。即

$$h(x_i,y_i;x_o,y_o)=h(x_i-Mx_o,y_i-My_o)=h(x_i,y_i;0,0)=h(x_i,y_i) \quad \text{（振幅型）} \qquad (7.4\text{-}6)$$

或

$$h_I(x_i,y_i;x_o,y_o)=h_I(x_i-Mx_o,y_i-My_o)=h_I(x_i,y_i;0,0)=h_I(x_i,y_i) \quad \text{（强度型）} \qquad (7.4\text{-}7)$$

线性和空间不变性使得光学系统的成像问题大为简化。众所周知，在几何光学中，平面物是无数点物的集合，平面像也是无数点像的集合。像只有与物存在着点点对应关系，才能称之为物的理想像，这一点正好是由线性性质保证的。而空间不变性质则保证了所成像不至于失真。这就是线性和空间不变性的真正意义所在。

7.4.4 扩展物体的成像

根据以上讨论，物平面上的任何一个物点都可以表示为一个 δ 函数，而一个扩展物体又可以视为大量点物的集合。因此，对于相干成像系统，携带扩展物体信息的光波在输入（物）平面上的波前复振幅分布 $o(x_o,y_o)$，可由点物光波的波前复振幅分布函数 $\delta(x_o,y_o)$ 的线性叠加来表示。即

$$o(x_o,y_o)=\iint_{-\infty}^{\infty}o(\xi,\eta)\delta(x_o-\xi,y_o-\eta)\mathrm{d}\xi\mathrm{d}\eta$$

$$= o(x_o,y_o) * \delta(x_o,y_o) \tag{7.4-8}$$

式中：“ * ”表示卷积运算，其数学意义为，以（0,0）点为中心的函数 $o(\xi,\eta)$ 与以 (x_o,y_o) 点为中心且经空间反转后的 δ 函数乘积的面积分。根据 δ 函数的筛选性质，只有当 $\xi=x_o$、$\eta=y_o$ 时，这个积分的值才不为 0。由此便可以得到输入（物）平面上（x_o，y_o）点的复振幅。当 x_o、y_o 取不同值时，就筛选出不同点的复振幅分布 $o(x_o,y_o)$。类似地，根据相干成像系统的线性和空间不变性质，输出（像）平面上的波前复振幅分布 $g(x_i,y_i)$，应具有如下形式：

$$\begin{aligned} g(x_i,y_i) = T\{o(x_o,y_o)\} &= \iint_{-\infty}^{\infty} T\{o(\xi,\eta)\delta(x_o-\xi,y_o-\eta)\}\mathrm{d}\xi\mathrm{d}\eta \\ &= \iint_{-\infty}^{\infty} o(\xi,\eta)T\{\delta(x_o-\xi,y_o-\eta)\}\mathrm{d}\xi\mathrm{d}\eta \\ &= \iint_{-\infty}^{\infty} o(\xi,\eta)h(x_i-\xi,y_i-\eta)\mathrm{d}\xi\mathrm{d}\eta \\ &= o(x_i,y_i) * h(x_i,y_i) \end{aligned} \tag{7.4-9}$$

式中：函数 $o(x_i,y_i)=o(Mx_o,My_o)$ 表示扩展物体几何像的复振幅分布；M 为成像系统的横向放大率。式（7.4-9）表明，在相干成像系统中，扩展物体所成像的复振幅分布，等于系统点扩散函数与几何像的复振幅分布的卷积。

对于非相干成像系统，同样可得

$$o_I(x_o,y_o) = o_I(x_o,y_o) * \delta_I(x_o,y_o) \tag{7.4-10}$$

$$g_I(x_i,y_i) = T\{o_I(x_o,y_o)\} = o_I(x_i,y_i) * h_I(x_i,y_i) \tag{7.4-11}$$

式中：$o_I(x_o,y_o)$ 和 $g_I(x_i,y_i)$ 分别表示扩展物体在输入平面和输出平面上的强度分布；$\delta_I(x_o,y_o)$ 和 $h_I(x_o,y_o)$ 分别为点物的强度分布和系统的强度点扩散函数。

7.5 相干成像系统的分析及相干传递函数

7.5.1 相干传递函数

对式（7.4-9）等号两边分别作傅里叶变换，并根据傅里叶变换的卷积定理，可得

$$\begin{aligned} \mathrm{F}\{g(x_i,y_i)\} &= \mathrm{F}\{o(x_i,y_i) * h(x_i,y_i)\} \\ &= \mathrm{F}\{o(x_i,y_i)\}\mathrm{F}\{h(x_i,y_i)\} \end{aligned} \tag{7.5-1}$$

分别取

$$\begin{cases} G_c(u,v) = \mathrm{F}\{g(x_i,y_i)\} \\ O_c(u,v) = \mathrm{F}\{o(x_i,y_i)\} \\ H_c(u,v) = \mathrm{F}\{h(x_i,y_i)\} \end{cases}$$

则式（7.5-1）可改写为

$$G_c(u,v) = O_c(u,v)H_c(u,v) \tag{7.5-2}$$

由此可得

$$H_c(u,v) = \frac{G_c(u,v)}{O_c(u,v)} \tag{7.5-3}$$

上式表明，相干成像系统点扩散函数的傅里叶变换 $H_c(u,v)$，等于系统输出函数（光场在像平面上的波前复振幅分布）与输入函数（光场在物平面上的波前复振幅分布）的傅里叶变换之比值。考虑到输入函数和输出函数的傅里叶变换 $O_c(u,v)$ 和 $G_c(u,v)$ 分别表示物和像的频谱分布，其比例函数 $H_c(u,v)$ 相当于系统在空间频率域的变换因子，将系统的输入和输出在频域中联系起来，故定义为相干成像系统的相干传递函数，简写为 CTF。

由此可见，在空域中，点扩散函数反映了系统的成像特性。而在频域中，其角色由 CTF 取代。一般地，乘积运算要比卷积运算简单得多，故利用系统在频域中的 CTF 描述系统的成像特性，可以使系统的成像分析过程大大简化。

一般情况下，$G_c(u,v)$、$O_c(u,v)$、$H_c(u,v)$ 均为复数，故可分别表示为

$$\begin{cases} G_c(u,v)=|G_c(u,v)|\exp[i\phi_{cg}(u,v)] \\ O_c(u,v)=|O_c(u,v)|\exp[i\phi_{co}(u,v)] \\ H_c(u,v)=|H_c(u,v)|\exp[i\phi_{ch}(u,v)] \end{cases} \tag{7.5-4}$$

代入式（7.5-3），得

$$|H_c(u,v)|\exp[i\phi_{ch}(u,v)]=\frac{|G_c(u,v)|}{|O_c(u,v)|}\exp\{i[\phi_{cg}(u,v)-\phi_{co}(u,v)]\} \tag{7.5-5}$$

即

$$|H_c(u,v)|=\frac{|G_c(u,v)|}{|O_c(u,v)|} \tag{7.5-6}$$

$$\phi_{ch}(u,v)=\phi_{cg}(u,v)-\phi_{co}(u,v) \tag{7.5-7}$$

式（7.5-6）和式（7.5-7）表明，CTF 的模值等于像与物中频率为 (u,v) 的傅里叶分量幅度之比，反映了像的频谱分量相对于物的相同频谱分量强弱的变化，而 CTF 的幅角则反映了实际像与几何像相应频谱分量之间的相位变化。当 $H_c(u,v)=1$ 时，与此对应的空间频率分量能够完全通过系统而到达像平面，其幅度和相位均不受影响，此即理想成像情况；当 $H_c(u,v)=0$ 时，与此对应的空间频率分量将完全不能通过系统，因而对成像过程没有贡献，或者说这些空间频率分量被系统截止。因此，通常将使 $H_c(u,v)$ 等于 1 的最大空间频率分量（u_{max},v_{max}）称为相干成像系统的截止频率。

7.5.2 衍射受限系统的相干传递函数

我们已经知道，在无像差的衍射受限系统中，一个点物的像，实际上是点物发出的球面光波经成像系统孔径在像平面上所产生的夫琅禾费衍射图样。这就是说，衍射受限系统的点扩散函数，实际上就是带有二次相位因子的孔径（光瞳）函数的傅里叶变换。从像空间来看，限制成像系统通光孔径的是其出射光瞳。设出射光瞳函数（即复振幅透射系数）为 $P(x,y)$，则由式（7.3-25）可得系统的点扩散函数为

$$\begin{aligned} h(x_i,y_i)&=Ae^{ik\frac{x_i^2+y_i^2}{2d_i}}\mathrm{F}\{P(x,y)\} \\ &=Ae^{ik\frac{x_i^2+y_i^2}{2d_i}}P(u,v), \quad u=\frac{x_i}{\lambda d_i},v=\frac{y_i}{\lambda d_i} \end{aligned} \tag{7.5-8}$$

式中：A 为复常数；d_i 为出射光瞳平面到像平面的距离；$P(u,v)$ 为出射光瞳函数的傅里

叶变换。忽略复常数及二次相位因子，则式（7.5-8）简化为

$$h(x_i,y_i)=P(u,v),\quad u=\frac{x_i}{\lambda d_i},\quad v=\frac{y_i}{\lambda d_i} \tag{7.5-9}$$

由此可得系统的 CTF 为

$$H_c(u,v)=\mathrm{F}\{h(x_i,y_i)\}=\mathrm{F}\{P(u,v)\}=P(-x_i,-y_i)=P(-\lambda d_i u,-\lambda d_i v) \tag{7.5-10}$$

考虑到一般情况下，系统孔径及光瞳具有轴对称性，上式中的负号可以去掉。于是有

$$H_c(u,v)=P(\lambda d_i u,\lambda d_i v) \tag{7.5-11}$$

由此可见，对于无像差的衍射受限系统，其相干传递函数 CTF 就等于系统的出射光瞳函数。若已知系统的出射光瞳函数 $P(x,y)$，便可由式（7.5-11）得到系统的 CTF。一般地，无像差衍射受限系统的光瞳函数具有较为简单的形式——孔径函数。即在孔径以内，$P(\lambda d_i u,\lambda d_i v)=1$；在孔径以外，$P(\lambda d_i u,\lambda d_i v)=0$。这表明衍射受限系统存在着有限的通频带宽，或者说相当于一个低通滤波器。输入物位于系统带宽以内的全部空间频率分量（即小于等于截止频率的部分）都可以无畸变地通过系统成像，而在此带宽以外的高频成分（大于截止频率的部分）则被系统滤掉。截止频率（u_{max},v_{max}）的大小与系统孔径大小及物或者像的相对位置有关。

下面分别以矩形和圆形孔径为例来具体分析一个衍射受限系统的 CTF。

1. 矩形孔径系统

如图 7.5-1 所示，设衍射受限系统的出射光瞳为矩形，其光瞳函数可表示为

$$P(x,y)=\mathrm{rect}\left(\frac{x}{a}\right)\mathrm{rect}\left(\frac{y}{b}\right)=\begin{cases}1, & |x|\leqslant a/2,|y|\leqslant b/2\\ 0, & |x|>a/2,|y|>b/2\end{cases} \tag{7.5-12}$$

式中：a 和 b 分别为出射光瞳的两个边长。若取像平面到出射光瞳平面的距离为 d_i，则由式（7.5-11）可得系统的 CTF 为

$$H_c(u,v)=\mathrm{rect}\left(\frac{\lambda d_i u}{a}\right)\mathrm{rect}\left(\frac{\lambda d_i v}{b}\right)=\begin{cases}1, & |u|\leqslant a/2\lambda d_i,|v|\leqslant b/2\lambda d_i\\ 0, & |u|>a/2\lambda d_i,|v|>b/2\lambda d_i\end{cases} \tag{7.5-13}$$

这是一个分别以 $a/\lambda d_i$ 和 $b/\lambda d_i$ 为边长的矩形柱体，如图 7.5-2 所示。其截止频率为

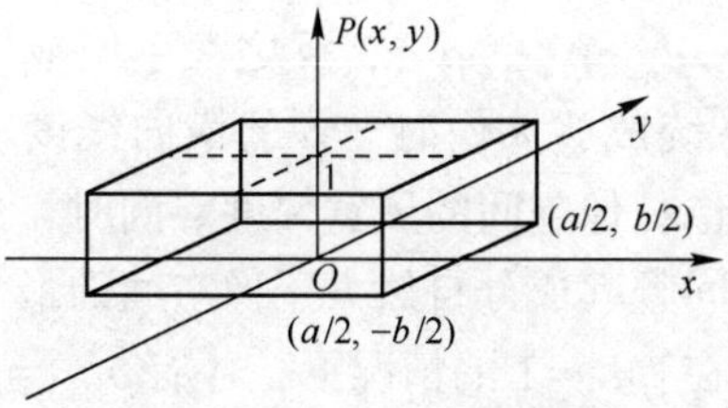

图 7.5-1　矩形光瞳函数

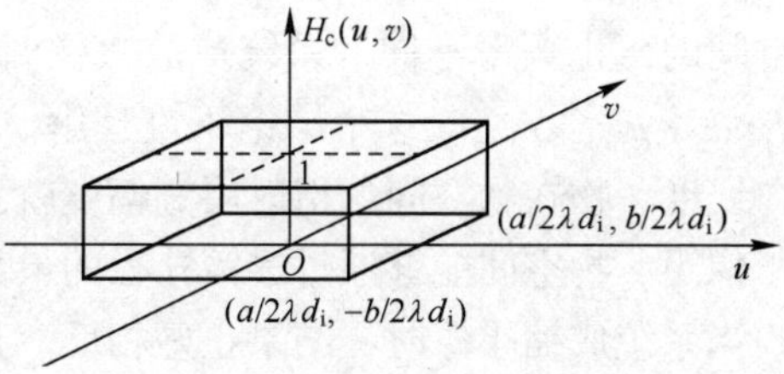

图 7.5-2　矩形孔径的 CTF

$$|u|_{max}=\frac{a}{2\lambda d_i},\quad |v|_{max}=\frac{b}{2\lambda d_i} \tag{7.5-14}$$

2. 圆形孔径系统

如图 7.5-3 所示，设衍射受限系统的出射光瞳为圆形，其光瞳函数可表示为

$$P(x,y)=\mathrm{circ}\left(\frac{\sqrt{x^2+y^2}}{D/2}\right)=\begin{cases}1, & \sqrt{x^2+y^2}\leqslant D/2\\ 0, & \sqrt{x^2+y^2}>D/2\end{cases} \tag{7.5-15}$$

式中：D 为出射光瞳的直径。同样，若取像平面到出射光瞳平面的距离为 d_i，则由式（7.5-11）得系统的 CTF 为

$$H_c(u,v)=\mathrm{circ}\left(\frac{\sqrt{u^2+v^2}}{D/2\lambda d_i}\right)=\mathrm{circ}\left(\frac{2\lambda d_i\rho}{D}\right)=\begin{cases}1, & \sqrt{u^2+v^2}=\rho\leqslant D/2\lambda d_i\\0, & \sqrt{u^2+v^2}=\rho>D/2\lambda d_i\end{cases} \tag{7.5-16}$$

这是一个以 $D/\lambda d_i$ 为直径的圆柱体，如图 7.5-4 所示。其截止频率为

$$\rho_{\max}=\frac{D}{2\lambda d_i} \tag{7.5-17}$$

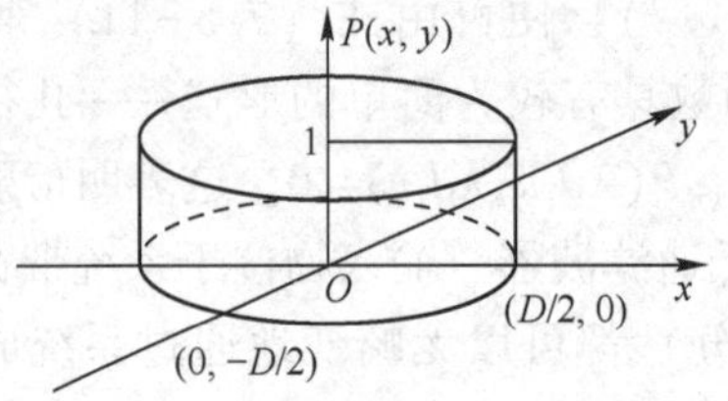

图 7.5-3 圆形光瞳函数

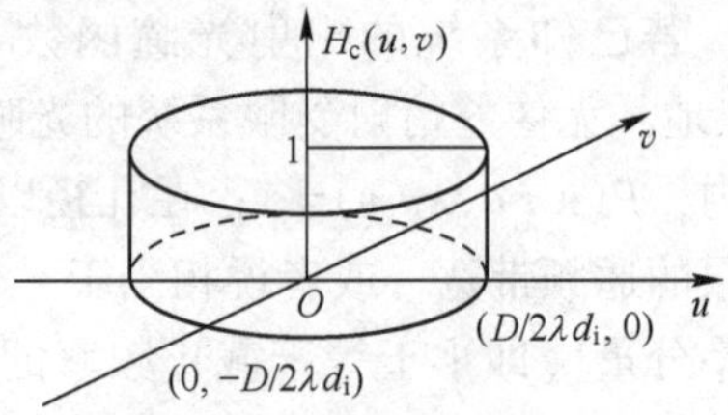

图 7.5-4 圆形孔径的 CTF

对于单个薄透镜成像系统，入射光瞳、出射光瞳与透镜边框重合。此时，由式（7.5-15）表示的出射光瞳函数即透镜的孔径函数，D 为透镜边框的直径，式（7.5-16）和式（7.5-17）中的距离 d_i 应为像距。若设相应的物距为 d_o，则同样可得到以系统输入方（物空间）参量表示的相干传递函数 CTF 及其截止频率 $\rho_{\max}$ 分别为

$$H_{oc}(u,v)=\mathrm{circ}\left(\frac{2\lambda d_o\rho}{D}\right)=\begin{cases}1, & \sqrt{u^2+v^2}=\rho\leqslant D/2\lambda d_o\\0, & \sqrt{u^2+v^2}=\rho>D/2\lambda d_o\end{cases} \tag{7.5-18}$$

$$\rho_{o\max}=\frac{D}{2\lambda d_o}=\frac{d_i}{d_o}\rho_{\max}=|M|\rho_{\max} \tag{7.5-19}$$

式中：M 为单透镜系统的横向放大率。由式（7.5-19）可以看出，当 $|M|\neq 1$，即 $d_o\neq d_i$ 时，$\rho_{o\max}\neq\rho_{\max}$，表明在成像系统的横向放大率不等于 1 的情况下，同一系统对物空间和像空间的截止频率不同。系统成放大像时，$d_i>d_o$，$\rho_{o\max}>\rho_{\max}$；反之，系统成缩小像时，$d_i<d_o$，$\rho_{o\max}<\rho_{\max}$。这个结论不难理解。当系统成放大像时，物的横向线度小于像的横向线度，物在物空间的衍射展宽幅度就大于像在像空间的展宽幅度。同时，由于物距小于像距，物空间能够通过透镜孔径的最大空间频率成分自然大于像空间的最大空间频率。当系统成缩小像时，结果正好相反。只有在 $|M|=1$ 的情况下，才有 $\rho_{o\max}=\rho_{\max}$。

实际上，物平面和像平面是一对共轭平面，根据光路可逆性原理，其角色可以互换。因此，物空间能够通过透镜孔径的最大空间频率成分，正好也就是像空间能够参与成像的最大空间频率成分。那么这与上述结论是否矛盾呢？我们可以利用空间带宽积的概念进一步分析。

信息论中，通常将一个时间信号在时域的延伸长度 $\Delta\tau$ 与其频谱带宽 $\Delta\nu$ 的乘积称为时间带宽积，以 TB 表示，即

$$\mathrm{TB}=\Delta\tau\Delta\nu \tag{7.5-20}$$

实际上，由于频谱带宽的倒数等于该时间信号在时域的最小可分辨间隔 $\Delta\tau_0$，因此，时

间带宽积相当于 $\Delta\tau/\Delta\tau_0$，即该时间信号所包含的信息量大小。

类似地，光学信息处理中，通常也用空间带宽积表示光学图像或光学信息系统的信息量大小。一维情况下，空间带宽积定义为图像的横向几何线度 Δx 与图像在该方向上的空间频谱宽度 Δu 的乘积，表示为 SB。即

$$\mathrm{SB}=\Delta x\Delta u \tag{7.5-21}$$

按照傅里叶变换理论，图像的空间频谱宽度等于图像上的两点（或者平行排列的两条直线）在横向的最小可分辨间距的倒数。因此，式（7.5-21）的物理含义可以理解为，如果构成该一维图像的所有点（像素，或者平行排列的直线）在横向均以最小可分辨间距依次排列，则该图像所包含的点（像素，或者线对）数正是其空间带宽积(即图像所包含的信息量)。

在二维情况下，空间带宽积用图像在空域的面积与在频域的面积的乘积表示。即

$$\mathrm{SB}=(\Delta x\Delta y)(\Delta u\Delta v) \tag{7.5-22}$$

对于上述单透镜成像系统，设物和像的面积分别为 ΔS_o 和 ΔS_i，按照式（7.5-22）的定义，我们很容易得出物的空间带宽积 SB_o 和像的空间带宽积 SB_i 的关系为

$$\mathrm{SB}_\mathrm{o}=\Delta S_\mathrm{o}(\pi\rho_{\mathrm{omax}}^2)=\Delta S_\mathrm{o}\left[\pi\left(\frac{d_\mathrm{i}}{d_\mathrm{o}}\right)^2\rho_{\max}^2\right]=\Delta S_\mathrm{i}(\pi\rho_{\max}^2)=\mathrm{SB}_\mathrm{i} \tag{7.5-23}$$

式（7.5-23）中利用了成像系统的横向放大率关系 $\Delta S_\mathrm{i}/\Delta S_\mathrm{o}=(d_\mathrm{i}/d_\mathrm{o})^2$。显然，尽管系统在物空间和像空间的截止频率不同，但其空间带宽积却相同，即信息量相同。由此可见，光学成像系统在物、像空间具有不同的截止频率是其空间带宽积不变的必然结果。正是有空间带宽积不变，才使物空间能够通过透镜孔径的最大空间频率成分，正好对应像空间能够参与成像的最大空间频率成分，从而保证了成像过程图像的信息量不变。

7.6 非相干成像系统的分析及光学传递函数

7.6.1 光学传递函数

类似于 7.5.1 节的思路，对式（7.4-11）等号两边分别作傅里叶变换，并根据傅里叶变换的卷积定理，得

$$\mathrm{F}\{g_\mathrm{I}(x_\mathrm{i},y_\mathrm{i})\}=\mathrm{F}\{o_\mathrm{I}(x_\mathrm{i},y_\mathrm{i})\}\mathrm{F}\{h_\mathrm{I}(x_\mathrm{i},y_\mathrm{i})\} \tag{7.6-1}$$

分别取

$$\begin{cases}G_\mathrm{I}(u,v)=\mathrm{F}\{g_\mathrm{I}(x_\mathrm{i},y_\mathrm{i})\}\\O_\mathrm{I}(u,v)=\mathrm{F}\{o_\mathrm{I}(x_\mathrm{i},y_\mathrm{i})\}\\H_\mathrm{I}(u,v)=\mathrm{F}\{h_\mathrm{I}(x_\mathrm{i},y_\mathrm{i})\}\end{cases}$$

则式（7.6-1）可改写为

$$G_\mathrm{I}(u,v)=O_\mathrm{I}(u,v)H_\mathrm{I}(u,v) \tag{7.6-2}$$

或

$$H_\mathrm{I}(u,v)=\frac{G_\mathrm{I}(u,v)}{O_\mathrm{I}(u,v)} \tag{7.6-3}$$

显然，式（7.6-3）与式（7.5-3）形式相同。因此，如果说式（7.5-3）是相干成像系统在空间频率域中的物像关系式，则式（7.6-3）就是非相干成像系统在空间频率域中的物像关系式，反映了物与像的强度（或功率）谱在成像过程中的变换关系。它表明，非相干成像系统的强度点扩散函数的傅里叶变换 $H_I(u,v)$，等于系统输出像的强度谱分布与输入物的强谱分布之比值。故定义 $H_I(u,v)$ 为非相干成像系统的传递函数。

根据傅里叶变换性质，虽然函数 $o_I(x_o,y_o)$、$g_I(x_i,y_i)$ 及 $h_I(x_i,y_i)$ 表示光强度分布，都是实函数，但它们的傅里叶变换，即频谱函数 $O_I(u,v)$、$G_I(u,v)$ 和 $H_I(u,v)$，一般情况下仍可能为复函数。并且，对传递函数 $H_I(u,v)$ 可作与相干传递函数 $H_c(u,v)$ 类似的解释，即其模值表示像的强度分布与物的强度分布中空间频率为 (u,v) 的频谱成分的幅度之比，而其幅角则表示空间频率为 (u,v) 的频谱成分的实际像与几何像之间的相对相移。因此，如果找出系统的传递函数 $H_I(u,v)$，就可以了解物的强度分布中，各个频谱分量通过系统后其幅度和相位的变化。然而，需要注意的是，传递函数 $H_I(u,v)$ 并不能完全反映各种频谱成分成像的清晰情况。

我们知道，一幅图像清晰与否，取决于图像的衬比度（或调制度、反衬度）。图像的衬比度又与图像的本底——背景强度有关。因此，成像过程中，每一频谱成分的成像是否清晰，不仅取决于该频谱成分的绝对强度，而且取决于像的背景强度。为使函数 $H_I(u,v)$ 能够正确反映非相干光学系统的成像特性，须采用其归一化形式，以体现各频谱成分幅度的调制度。物的归一化强度谱分布可表示为

$$O(u,v)=\frac{O_I(u,v)}{O_I(0,0)}==\frac{\iint_{-\infty}^{\infty}o_I(x_i,y_i)\exp[\mathrm{i}2\pi(ux_i+vy_i)]\mathrm{d}x_i\mathrm{d}y_i}{\iint_{-\infty}^{\infty}o_I(x_i,y_i)\mathrm{d}x_i\mathrm{d}y_i}\tag{7.6-4}$$

像的归一化强度谱分布可表示为

$$G(u,v)=\frac{G_I(u,v)}{G_I(0,0)}==\frac{\iint_{-\infty}^{\infty}g_I(x_i,y_i)\exp[\mathrm{i}2\pi(ux_i+vy_i)]\mathrm{d}x_i\mathrm{d}y_i}{\iint_{-\infty}^{\infty}g_I(x_i,y_i)\mathrm{d}x_i\mathrm{d}y_i}\tag{7.6-5}$$

同样，传递函数的归一化形式为

$$H(u,v)=\frac{H_I(u,v)}{H_I(0,0)}=\frac{\iint_{-\infty}^{\infty}h_I(x_i,y_i)\exp[\mathrm{i}2\pi(ux_i+vy_i)]\mathrm{d}x_i\mathrm{d}y_i}{\iint_{-\infty}^{\infty}h_I(x_i,y_i)\mathrm{d}x_i\mathrm{d}y_i}\tag{7.6-6}$$

上式中的 $O_I(0,0)$、$G_I(0,0)$ 和 $H_I(0,0)$ 分别表示非相干成像系统中物、像的强度谱以及传递函数的基频分量取值。由式（7.6-3）知

$$G_I(0,0)=O_I(0,0)H_I(0,0)\tag{7.6-7}$$

将式（7.6-7）和式（7.6.3）代入式（7.6-6），得

$$H(u,v)=\frac{G_I(u,v)}{O_I(u,v)}\frac{O_I(0,0)}{G_I(0,0)}=\frac{G(u,v)}{O(u,v)}\tag{7.6-8}$$

由式（7.6-6）或式（7.6-8）所定义的归一化传递函数 $H(u,v)$ 称为非相干成像系统的光学传递函数，简写为 OTF。

一般地，对于有像差的成像系统，$H(u,v)$ 为复数，类似于相干成像系统的 CTF，可将其表示为

$$H(u,v)=|H(u,v)|\exp[\mathrm{i}\phi(u,v)]=\frac{|G(u,v)|}{|O(u,v)|}\exp\{\mathrm{i}[\phi_g(u,v)-\phi_o(u,v)]\}$$

(7.6-9)

由于函数 $O(u,v)$ 和 $G(u,v)$ 的模值分别表示物与像的强度谱分布中频谱成分 (u,v) 的调制度，故模值 $|H(u,v)|$ 就是像与物的强度谱分布中同一频谱成分的调制度之比。同样，幅角 $\phi(u,v)$ 表示像和物的强度谱分布中同一频谱成分的相对相移。鉴于此，通常又将 OTF 的模值 $|H(u,v)|$ 称为非相干成像系统的调制传递函数（MTF），将其幅角 $\phi(u,v)$ 称为相位传递函数（PTF）。显然，要使成像系统所成像与物完全相同，必须使 MTF=1，PTF=0。但实际上，只有后者可以做到，而前者是不可能完全达到的。

7.6.2 光学传递函数与相干传递函数的关系

现在讨论非相干成像系统的 OTF 与相干成像系统的 CTF 之间的关系。根据点扩散函数的定义，强度点扩散函数 $h_I(x_i,y_i)$ 等于振幅点扩散函数 $h(x_i,y_i)$ 模值的平方，即

$$h_I(x_i,y_i)=|h(x_i,y_i)|^2=h(x_i,y_i)h*(x_i,y_i) \tag{7.6-10}$$

对上式等号两边作傅里叶变换，并利用傅里叶变换的相关定理，得

$$H_I(u,v)=F\{h_I(x_i,y_i)\}=F\{h(x_i,y_i)h^*(x_i,y_i)\}=H_c(u,v)\otimes H_c(u,v) \tag{7.6-11}$$

式（7.6-11）表明，非相干成像系统的传递函数 $H_I(u,v)$ 实际上是相干传递函数 $H_c(u,v)$ 的自相关函数。其在(0,0)点的自相关值 $H_I(0,0)$ 也可以利用傅里叶变换的能量定理求得。即

$$H_I(0,0)=\iint_{-\infty}^{\infty}|h(x_i,y_i)|^2\mathrm{d}x_i\mathrm{d}y_i=\iint_{-\infty}^{\infty}|H_c(\alpha,\beta)|^2\mathrm{d}\alpha\mathrm{d}\beta \tag{7.6-12}$$

将式（7.6-11）和式（7.6-12）代入式（7.6-5），于是得光学传递函数与相干传递函数的关系式为

$$H(u,v)=\frac{H_c(u,v)\otimes H_c(u,v)}{\iint_{-\infty}^{\infty}|H_c(\alpha,\beta)|^2\mathrm{d}\alpha\mathrm{d}\beta} \tag{7.6-13}$$

上式表明，非相干成像系统的 OTF，实际上就是相干成像系统的 CTF 的归一化自相关函数。

需要说明的是，以上推导过程直接从系统点扩散函数 $h_I(x_i,y_i)$ 出发，并没有涉及系统的具体结构特征，因此所得结果对于各种非相干成像系统都适用。

7.6.3 衍射受限系统的光学传递函数及截止频率

由式（7.5-11），对于衍射受限系统，CTF 与光瞳函数的关系为

$$H_c(u,v)=P(\lambda d_i u,\lambda d_i v)=\begin{cases}1, & \text{孔径以内}\\0, & \text{孔径以外}\end{cases} \tag{7.6-14}$$

代入式（7.6-13），得非相干衍射受限系统的 OTF 为

$$H(u,v)=\frac{\iint\limits_{-\infty}^{\infty} P(\lambda d_i\alpha,\lambda d_i\beta)P[\lambda d_i(u+\alpha),\lambda d_i(v+\beta)]\mathrm{d}\alpha\mathrm{d}\beta}{\iint\limits_{-\infty}^{\infty}|P(\lambda d_i\alpha,\lambda d_i\beta)|^2\mathrm{d}\alpha\mathrm{d}\beta} \tag{7.6-15}$$

取变量代换 $\xi=\lambda d_i\alpha$，$\eta=\lambda d_i\beta$，则式（7.6-15）可简化为

$$H(u,v)=\frac{\iint\limits_{-\infty}^{\infty} P(\xi,\eta)P(\lambda d_i u+\xi,\lambda d_i v+\eta)\mathrm{d}\xi\mathrm{d}\eta}{\iint\limits_{-\infty}^{\infty}|P(\xi,\eta)|^2\mathrm{d}\xi\mathrm{d}\eta} \tag{7.6-16}$$

式（7.6-16）等号右边的分子和分母均表示频谱平面上的面积分。由于光瞳函数在孔径内外的取值分别为 1 和 0，故式（7.6-16）中分母所表示的面积分实际上就是出射光瞳孔径的总面积，而分子所表示的则是两个相互错开的出射光瞳重叠区域的面积。因此，式（7.6-16）给出了利用光瞳函数直接计算非相干衍射受限系统 OTF 的简便方法。即

$$H(u,v)=\frac{\text{两个相互错开的出射光瞳重叠区域面积}}{\text{出射光瞳的总面积}} \tag{7.6-17}$$

当出射光瞳具有简单的几何形状时，便可直接由式（7.6-16）或式（7.6-17）求出系统的 OTF 的完整表达式。当出射光瞳的形状较为复杂时，可借助于数值计算方式求出 $H(u,v)$ 在一系列分离频率上的值。

由式（7.6-16）还可以看出，两个相互错开的出射光瞳的相对平移坐标 $(\lambda d_i u,\lambda d_i v)$，正好对应所求 OTF 的空间频率坐标 (u,v)。当错开的距离大到使重叠区的面积等于 0 时，相应频率的 OTF 取值也等于 0，表明大于等于该空间频率的频谱成分被系统截止，不能通过系统参与成像。类似于相干成像系统，与此对应的空间频率称为非相干成像系统的截止频率。

下面仍然以图 7.5-1 和图 7.5-3 所示两种光瞳为例，通过几何图形面积的计算，给出非相干衍射受限系统的 OTF。

对于图 7.5-1 所示矩形光瞳，可求得中心分别位于点 $(0,0)$ 和 $(-\lambda d_i u,-\lambda d_i v)$ 的两个矩形的重叠区域面积为

$$\boldsymbol{\Sigma}(u,v)=\begin{cases}(a-\lambda d_i|u|)(b-\lambda d_i|v|), & |u|\leqslant a/\lambda d_i,\ |v|\leqslant b/\lambda d_i\\ 0, & |u|>a/\lambda d_i,\ |v|>b/\lambda d_i\end{cases} \tag{7.6-18}$$

将 $\boldsymbol{\Sigma}(u,v)$ 除以矩形面积 ab，即得矩形孔径系统的 OTF 表达式为

$$H(u,v)=\frac{\boldsymbol{\Sigma}(u,v)}{ab}=\begin{cases}\left(1-\dfrac{\lambda d_i|u|}{a}\right)\left(1-\dfrac{\lambda d_i|v|}{b}\right), & |u|\leqslant\dfrac{a}{\lambda d_i},\ |v|\leqslant\dfrac{b}{\lambda d_i}\\ 0, & |u|>\dfrac{a}{\lambda d_i},\ |v|>\dfrac{b}{\lambda d_i}\end{cases} \tag{7.6-19}$$

对于图 7.5-3 所示圆形光瞳，可求得中心分别位于 0 和 $-\lambda d_i\rho$ 的两个圆的重叠区域面积为

$$\Sigma(\rho)=\begin{cases}\dfrac{D^2}{2}\left[\arccos\left(\dfrac{\rho}{D/\lambda d_{\mathrm{i}}}\right)-\dfrac{\rho}{D/\lambda d_{\mathrm{i}}}\sqrt{1-\left(\dfrac{\rho}{D/\lambda d_i}\right)^2}\right], & \rho\leqslant\dfrac{D}{\lambda d_{\mathrm{i}}}\\ 0, & \rho>\dfrac{D}{\lambda d_{\mathrm{i}}}\end{cases} \tag{7.6-20}$$

将 $\Sigma(\rho)$ 除以矩形面积 $\pi(D/2)^2$，即得圆形孔径系统的 OTF 表达式为

$$H(\rho)=\begin{cases}\dfrac{2}{\pi}\left[\arccos\left(\dfrac{\rho}{D/\lambda d_{\mathrm{i}}}\right)-\dfrac{\rho}{D/\lambda d_{\mathrm{i}}}\sqrt{1-\left(\dfrac{\rho}{D/\lambda d_{\mathrm{i}}}\right)^2}\right], & \rho\leqslant\dfrac{D}{\lambda d_{\mathrm{i}}}\\ 0, & \rho>\dfrac{D}{\lambda d_{\mathrm{i}}}\end{cases} \tag{7.6-21}$$

图 7.6-1 和图 7.6-2 分别给出了矩形孔径系统和圆形孔径系统的 $H(u,v)$ 和 $H(\rho)$ 分布形状。可以看出，矩形孔径系统和圆形系统的截止频率分别为

$$|u|_{\max}=\frac{a}{\lambda d_{\mathrm{i}}},\quad |v|_{\max}=\frac{b}{\lambda d_{\mathrm{i}}} \tag{7.6-22}$$

$$\rho_{\max}=\frac{D}{\lambda d_{\mathrm{i}}} \tag{7.6-23}$$

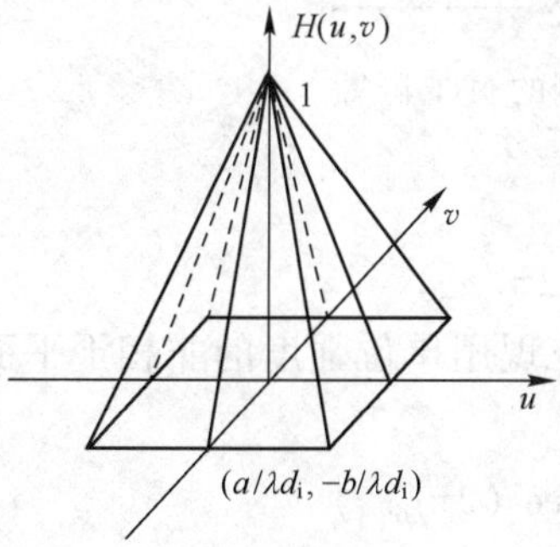

图 7.6-1　矩形光瞳的 OTF

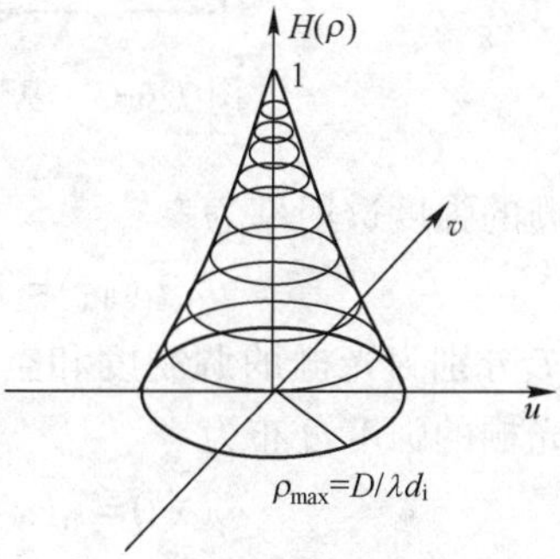

图 7.6-2　圆形光瞳的 OTF

与式（7.5-14）和式（7.5-17）相比较可看出，非相干成像系统的截止频率是相干成像系统的两倍。不过，这里需要注意的是，相干成像系统的截止频率是指像的复振幅分布的最高空间频率，而非相干成像系统的截止频率则是指像的强度分布的最高空间频率，二者不能简单等同。其次，比较图 7.6-1 与图 7.5-2、图 7.6-2 与图 7.5-4 也可以看出，在截止频率以内，CTF 恒等于 1，OTF 的值则随着空间频率的增大而从 1 逐渐下降到 0。这表明非相干系统与相干系统有着彼此不同的成像特性。然而需要注意的是，并不能由此就简单地认为，对于同一个系统，采用非相干照明就一定比相干照明有更好的像质。

最后还需要说明的是，在衍射受限系统中，CTF 和 OTF 都是正实数，这意味着系统在相干和非相干照明两种情况下成像时，都只改变空间频率成分的调制度，并不使其产生相移。但是，在有像差的系统中，CTF 和 OTF 一般为复数。也就是说，在有像差的系统中，成像光束的空间频率和相位分布将会同时受到调制。此时，对于非相干成像系统而言，需要分别考察其 MTF 和 PTF。

7.6.4 光学传递函数的测量原理

由上述讨论可知，非相干成像系统的 OTF（或者其 MTF 和 PTF），实际上综合反映了该系统的成像特性，包括由截止频率所确定的系统理论成像分辨率和由传递函数曲线所显示的系统像差特性。因此，对于一个新设计的光学成像系统，可以通过分析其 OTF 特性，了解其是否达到所期望的像差和分辨率要求，以便优化和改进设计方案。当然，也可以通过测量一个实际光学成像系统的 OTF 来了解或确认该系统的成像特性。下面介绍 OTF 的基本测量方法。

1. 基于余弦光栅的调制传递函数测量

如图 7.6-3 所示，设想在一个非相干成像系统的物平面上放置一个一维余弦光栅，同时在其像平面上放置一个高分辨率的线阵 CCD 来探测系统对光栅所成像的强度分布。

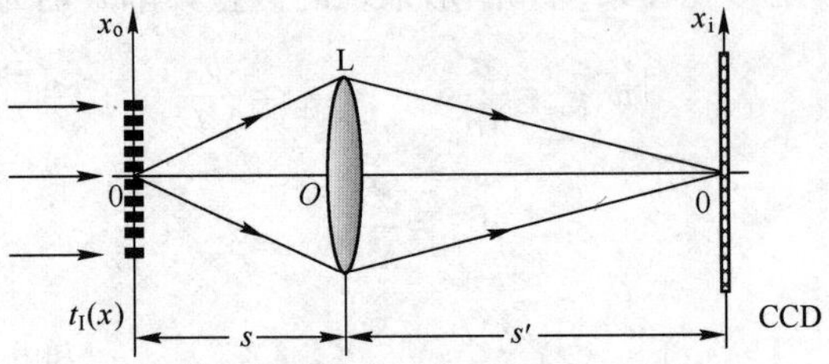

图 7.6-3 基于余弦光栅的 MTF 测量

假设光栅的强度透射率为

$$t_I(x_o)=1+m_0\cos(2\pi f_0 x_o) \tag{7.6-24}$$

式中：m_0和f_0分别为光栅的调制度和空间频率。现用单位强度的非相干平面波照射光栅，则透过光栅的强度分布为

$$o_I(x_o)=t_I(x_o)=1+m_0\cos(2\pi f_0 x_o) \tag{7.6-25}$$

现假设在系统像平面上探测到的光栅像的归一化强度分布为

$$g_I(x_i)=1+m\cos(2\pi f_0 x_i) \tag{7.6-26}$$

分别对式（7.6-25）和式（7.6-26）等号两边作傅里叶变换，得

$$O_I(u)=\delta(u)+\frac{1}{2}m_0[\delta(u-f_0)+\delta(u+f_0)] \tag{7.6-27}$$

$$G_I(u)=\delta(u)+\frac{1}{2}m[\delta(u-f_0)+\delta(u+f_0)] \tag{7.6-28}$$

可以看出，$O_I(0)=G_I(0)=1$，表明 $O_I(u)$ 和 $G_I(u)$ 的归一化分别就是其本身，因此，$H(0)=G_I(0)/O_I(0)=1$，即 $O(u)=O_I(u)$，$G(u)=G_I(u)$。现假设成像系统的 OTF 为 $H(u)$，则根据 7.6.1 节的讨论，并考虑成像系统的轴对称性，$H(u)=H(-u)$，可得

$$G(u)=O(u)H(u)=\delta(u)+\frac{1}{2}m_0H(f_0)[\delta(u-f_0)+\delta(u+f_0)] \tag{7.6-29}$$

对比式（7.6-29）和式（7.6-28），得

$$H(f_0)=\frac{m}{m_0} \tag{7.6-30}$$

可以看出，只要测得相应频率光栅及其所成像的调制度 m_0 和 m，即可由式（7.6-30）求得该成像系统对相应空间频率 f_0 的 OTF 值，并且，由于调制度 m_0 和 m 均为正实数，因此式（7.6-30）得到的实际上是系统的 MTF 值。这样，分别选取不同空间频率 f_0 的正（余）弦光栅并沿着系统的水平或者竖直方向（即弧矢和子午方向）重复进行测量，即可得到成像系统沿两个正交方向的 MTF 曲线。然而这种方法的缺点是，需要借助一系列不同空间频率的余弦光栅重复进行测量才能得到系统完整的 MTF 曲线，并且难以测量系统的 PTF。

2. 基于狭缝的光学传递函数测量

假设在图 7.6-3 的光路中，用一个宽度为 a 的狭缝取代上述余弦光栅放在非相干成像系统的物平面处，则当狭缝宽度 a 很小时，可近似看作一个线光源，如图 7.6-4 所示。此时，在像平面探测到的狭缝像的强度分布就近似等于该非相干成像系统的强度线扩散函数。然而，实际测量中，由于探测器感光灵敏度有限，所用狭缝的宽度 a 不可能无限小。因此，在像平面上实际探测到的狭缝像的强度分布，等于狭缝的几何像强度分布函数与系统的强度线扩散函数的卷积。

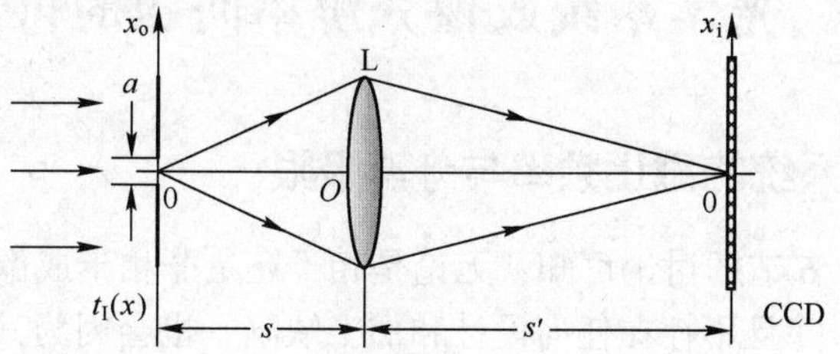

图 7.6-4　基于狭缝的 OTF 测量

假设狭缝的强度透射率为 $t_I(x_o)=\mathrm{rect}(x_o/a)$，成像系统的强度线扩散函数为 $h_I(x_i)$，则在单位强度的非相干平面波照射下，有

$$g_I(x_i)=o_I(x_i)*h_I(x_i)=\mathrm{rect}\left(\frac{x_i}{a}\right)*h_I(x_i) \tag{7.6-31}$$

对式（7.6-31）等号两边作傅里叶变换，得

$$G_I(u)=a\mathrm{sinc}(au)H_I(u) \tag{7.6-32}$$

由上式可以看出，$G_I(0)=aH_I(0)$。于是可得系统的 OTF 为

$$H(u)=\frac{G(u)}{\mathrm{sinc}(au)} \tag{7.6-33}$$

式（7.6-33）表明，此时系统的 OTF，可以由实际测到的狭缝像的强度分布函数的傅里叶变换与狭缝强度透射率函数的傅里叶变换之比求得。只要狭缝宽度 a 足够小，函数 $\mathrm{sinc}(au)$ 在 $|u|<1/2a$ 的较大空间频率范围内就可以取足够大的值，从而可以使狭缝宽度对 OTF 的测量结果不至于产生太大的影响。

3. 光学传递函数的比较测量法

上述 OTF 测量方法中，均未考虑 CCD 及数据处理系统对测量结果的影响。需要注意的是，在实际测量 OTF 的过程中，所用 CCD 及数据处理系统作为整个测量系统的一部分，也存在着一个传递函数 $H_{CCD}(u)$。也就是说，实际得到的狭缝像的强度分布数据也包含了 CCD 及数据处理系统传递函数的影响 $H_{\mathrm{CCD}}(u)$。因此，根据 OTF 的定义，如果将光学系统本身的 OTF 表示为 $H_0(u)$，则由式（7.6-33）计算得到的 OTF 实际上是两者的乘积，即

$$H(u)=H_0(u)H_{\mathrm{CCD}}(u) \tag{7.6-34}$$

为了消除 CCD 及数据处理系统对实际光学系统 OTF 测量结果的影响，可以采取比较测量方法。即首先选取一个标准透镜代替待测成像镜组并测量其 OTF，得

$$H_1(u)=H_{0s}(u)H_{\mathrm{CCD}}(u) \tag{7.6-35}$$

然后固定该标准透镜不动，进一步放入待测成像镜组与该标准透镜构成复合镜组，并再次测量出该复合镜组的 OTF，得

$$H_2(u)=H_{0s}(u)H_0(u)H_{\mathrm{CCD}}(u) \tag{7.6-36}$$

于是，取两者之比，便得到待测成像镜组的 OTF，即

$$H_0(u)=\frac{H_2(u)}{H_1(u)} \tag{7.6-37}$$

7.7 光学系统成像分辨率问题的再讨论

7.7.1 光学成像系统的截止频率与分辨极限

根据 7.5 节和 7.6 节的讨论可知，无论是相干还是非相干成像系统，即使其各种像差已得到良好校正，并且不存在任何设计和加工缺陷，也会因为其有限大小孔径的低通滤波特性，导致物体的一些高空间频率信息不能进入系统参与成像。成像系统在物（像）空间截止频率的倒数，正好反映了系统在相应空间所能分辨的两个物（像）点之间的最小间距，即分辨极限。超过截止频率的更高频率信息的丢失，使得系统所成像因为缺少由这些高频信息所携带的目标物体的相应细节特征，而分辨率降低。因此，改善光学系统成像分辨率的有效途径就是尽可能增大其截止频率，具体讲，就是增大系统的通光孔径 D，减小照射光波长 λ。

7.7.2 光学成像系统的分辨率改善途径

基于上述思路，通常，对于远距离目标被动成像用的照相机或望远镜等，波长无法选择，因此主要通过增大系统相对孔径或采用多个系统合成孔径方式改善其成像分辨率；对于近距离微小目标主动成像用的显微镜或光刻机镜头等，主要通过增大系统的数值孔径或减小系统照射光波长来改善其成像分辨率。

然而，还有一类扫描显微成像系统，主要借助横向尺度极小的聚焦激光束作为探针照射目标样品，以获取样品被照射点的信息（如荧光辐射信号、拉曼散射信号等），进而通过快速的二维扫描，获取样品各点信息并数值重建出目标图像。典型系统如受激发射损耗（STED）显微镜，作为一种超高分辨激光共聚焦显微镜，其探针为远超衍射极限的纳米尺度聚焦激光束。显然，此类扫描显微成像系统的分辨率主要取决于其光探针的横向尺度和扫描系统的位移精度。只要光探针的横向尺度足够小（如达到几纳米到几十纳米），扫描系统的位移精足够高（如达纳米甚至亚纳米级位移精度），就可以获

得超衍射极限，甚至纳米级分辨率的光学图像。不过，需要说明的是，如果将光探针对某个样品点的探测看作成像系统的相应子孔径的成像，则这种扫描显微成像系统也可以认为是一种合成孔径成像系统，之所以能够实现超高分辨率成像，就是因为其实际孔径被增大到能够收入所有更小样品点的细节信息。

7.7.3 倾斜照明与成像分辨率的改善

现在，我们考虑这样一个问题：如果一个光学成像系统的孔径无法再增大，照射光的波长也无法减小，那么还有无可能改善其成像分辨率？答案自然是肯定的。

其实，在本节一开始我们就已经得知，光学系统成像分辨率受限的根本原因是其有限大小的通光孔径限制了来自目标物体的更高空间频率成分参与成像。因此，只要能够采取某种手段，让那些被系统孔径限制的高频分量最终能够进入系统并参与成像，问题便可得解。根据光波衍射和散射特性，携带目标物体精细结构信息的高频分量实际上就是那些在垂直照明情况下远离主光轴方向的衍射或散射分量。因此，如果在采用常规的垂直照明的同时，外加倾斜照明，甚至采用半球空间各个方向同时照明目标物体，那么，就可以将物体在倾斜照射下的高频衍射或散射分量调节至成像系统孔径可以接收的区域，从而让成像系统孔径在原本只允许物体低频信息通过的同时，也能够允许物体足够多的高频分量通过，其结果自然会使所成像的分辨率大为改善。

需要说明的是，除了利用倾斜照明外，也可以通过在物体表面放置高折射率玻璃微球或者采用附加光栅调制的方式，以压缩物体表面高频衍射或散射分量的发散角，并使其进入成像系统孔径，即可提高成像分辨率。

第 8 章 光线光学基础

在第 7 章讨论光场的衍射及成像问题过程中，始终基于这样一个前提，即所考察对象的几何限度可以与光的波长相比拟。其实，人类最早对光的认识，是从其在自由空间和各种透明介质中的存在形式与传播特征开始的，由此诞生了光线的概念并形成了几何光学。虽然此后发展起来的麦克斯韦电磁场理论，揭示了光是一种电磁波动，但是事实上，在某些情况下，如当所研究对象的几何线度远远大于照射光波的波长，并且只需要研究光的传播方向等特征时，则可以暂时抛开其波动的具体特征，仅仅将其视为一种能量流。进而可以将这种能量流抽象成为空间的一束几何线，即光线，用以表示光能量的传播方向。因此，作为对光的本性认识的回归，本章将要证明，几何光学是波动光学在波长趋于 0 时的一种极限情况，而波动光学反过来也可以由几何光学理论经过对光场动量和能量量子化后导出。

8.1 光场的 0 波长极限

8.1.1 程函方程

我们已经知道，在无耗的均匀各向同性介质中，单色光场的定态波动方程可表示为

$$\nabla^2 \boldsymbol{E}+k_0^2 n^2 \boldsymbol{E}=0 \tag{8.1-1}$$

式中：k_0为真空中的（角）波数；n 为介质折射率。

对于给定偏振方向的单色光场，上式可以简化为标量形式。即

$$\nabla^2 E+k_0^2 n^2 E=0 \tag{8.1-2}$$

其解的形式可以表示为

$$E(x,y,z)=E_0(x,y,z)\exp[\mathrm{i}k_0 S(x,y,z)] \tag{8.1-3}$$

式中：$E_0(x,y,z)$和 $S(x,y,z)$均为场点坐标(x,y,z)的实函数，并且与 k_0无关。一般情况下，$E_0(x,y,z)$和 $S(x,y,z)$随着空间位置缓慢变化。由式（8.1-3）可看出，$S(x,y,z)$具有长度量纲，并且表示光波在介质中经历的光程，即几何路径长度与介质折射率的乘积，故称为程函（光程函数的简称）。$S(x,y,z)=$常数的曲面，即光波的等相面。在各向同性介质中，等相面的法线与光波能流方向一致，故等相面的法线方向即光线方向。

将式（8.1-3）代入式（8.1-2）并合并同类项，得

$$\{\nabla^2 E_0+k_0^2[n^2-(\nabla S)^2]E_0\}+\mathrm{i}\{k_0(E_0\,\nabla^2 S+2\,\nabla S\cdot\nabla E_0)\}=0 \tag{8.1-4}$$

由于 $E_0(x,y,z)$和 $S(x,y,z)$均为实函数，故上式中实部与虚部应分别为等于 0，即

$$\nabla^2 E_0+k_0^2[n^2-(\nabla S)^2]E_0=0 \tag{8.1-5}$$

$$\nabla^2 S+2\frac{\nabla E_0}{E_0}\cdot\nabla S=0 \tag{8.1-6}$$

由假设，$E_0(x,y,z)$、$S(x,y,z)$均与k_0无关，则当$k_0\to\infty$，即$\lambda\to 0$时，由式（8.1-5）可得到如下程函方程：

$$(\nabla S)^2=n^2 \tag{8.1-7}$$

8.1.2 光线方程

由于$S(x,y,z)$表示光程，故其梯度∇S的方向即等相面法线方向（在各向同性介质中亦光线方向）。于是，式（8.1-7）描述的程函方程可进一步简化为

$$\nabla S=n\hat{\boldsymbol{s}}_0=n\frac{\mathrm{d}\boldsymbol{r}}{\mathrm{d}s} \tag{8.1-8}$$

式中

$$\hat{\boldsymbol{s}}_0=\frac{\mathrm{d}\boldsymbol{r}}{\mathrm{d}s}=\left\{\frac{\mathrm{d}x}{\mathrm{d}s}\quad\frac{\mathrm{d}y}{\mathrm{d}s}\quad\frac{\mathrm{d}z}{\mathrm{d}s}\right\} \tag{8.1-9}$$

表示光线方向单位矢量（即单位能流密度矢量）；$\mathrm{d}x/\mathrm{d}s$、$\mathrm{d}y/\mathrm{d}s$、$\mathrm{d}z/\mathrm{d}s$分别为其三个方向余弦；$\boldsymbol{r}$表示光线轨迹上任意点(x,y,z)的位置矢量；s表示光线在介质中行进的几何路径长度（注意：与程函S不同），如图8.1-1所示。

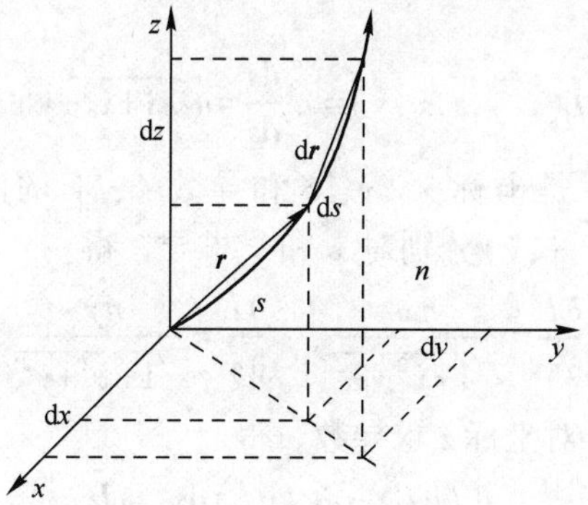

图8.1-1　任意光线的方向余弦

由式（8.1-8）得

$$\frac{\mathrm{d}}{\mathrm{d}s}\left(n\frac{\mathrm{d}\boldsymbol{r}}{\mathrm{d}s}\right)=\frac{\mathrm{d}}{\mathrm{d}s}(\nabla S)=\left(\frac{\mathrm{d}\boldsymbol{r}}{\mathrm{d}s}\cdot\nabla\right)\nabla S=(\hat{\boldsymbol{s}}_0\cdot\nabla)\nabla S \tag{8.1-10}$$

对式（8.1-7）等号两边分别取梯度，得

左边：
$$\nabla[(\nabla S)^2]=2(\nabla S\cdot\nabla)\nabla S=2n(\hat{\boldsymbol{s}}_0\cdot\nabla)\nabla S=2n\frac{\mathrm{d}}{\mathrm{d}s}\left(n\frac{\mathrm{d}\boldsymbol{r}}{\mathrm{d}s}\right) \tag{8.1-11}$$

右边：
$$\nabla(n^2)=2n\nabla n \tag{8.1-12}$$

于是有

$$\frac{\mathrm{d}}{\mathrm{d}s}\left(n\frac{\mathrm{d}\boldsymbol{r}}{\mathrm{d}s}\right)=\nabla n \tag{8.1-13}$$

式（8.1-13）反映了在各向同性介质中光线的方向与介质折射率梯度间的函数关系，称为几何光学的光线方程。

在傍轴条件下，光线被限制在与z轴较小的夹角范围内，$\mathrm{d}s\approx\mathrm{d}z$。因此，式（8.1-13）

给出的光线方程可简化为

$$\frac{\mathrm{d}}{\mathrm{d}z}\left(n\frac{\mathrm{d}\boldsymbol{r}}{\mathrm{d}z}\right)=\nabla n \tag{8.1-14}$$

对于均匀介质，$n=$常数，$\nabla n=0$，则有

$$\frac{\mathrm{d}^2\boldsymbol{r}}{\mathrm{d}s^2}=0 \tag{8.1-15}$$

$$\boldsymbol{r}=\boldsymbol{a}s+\boldsymbol{b} \tag{8.1-16}$$

式（8.1-16）表明，在均匀介质中，光线的轨迹为直线。

8.2　光学拉格朗日方程

一般情况下，我们总是以 z 轴作为共轴光学系统的主光轴，同时假定光线沿 z 方向传播，故其横向坐标 x 和 y 是 z 的函数。现以 $\dot{x}=\mathrm{d}x/\mathrm{d}z$ 和 $\dot{y}=\mathrm{d}y/\mathrm{d}z$ 分别表示坐标 x 和 y 对 z 的导数，则光线在介质中传播的几何路径长度 s 的增量可表示为

$$\mathrm{d}s=\sqrt{(\mathrm{d}x)^2+(\mathrm{d}y)^2+(\mathrm{d}z)^2}=\mathrm{d}z\sqrt{1+\dot{x}^2+\dot{y}^2} \tag{8.2-1}$$

设光线所处空间为非均匀介质，其折射率 n 为空间位置(x,y,z)的函数，并且定义函数

$$L(x,y,z,\dot{x},\dot{y})=n\frac{\mathrm{d}s}{\mathrm{d}z}=n\sqrt{1+\dot{x}^2+\dot{y}^2} \tag{8.2-2}$$

显然，$L(x,y,z,\dot{x},\dot{y})$同时是坐标 x、y、z 和导数 $\dot{x}$、$\dot{y}$ 的函数，称为光学拉格朗日（Lagrange）量。将 $L(x,y,z,\dot{x},\dot{y})$分别对 $\dot{x}$ 和 $\dot{y}$ 求导，得

$$\frac{\partial L}{\partial \dot{x}}=\frac{n\dot{x}}{\sqrt{1+\dot{x}^2+\dot{y}^2}},\quad \frac{\partial L}{\partial \dot{y}}=\frac{n\dot{y}}{\sqrt{1+\dot{x}^2+\dot{y}^2}} \tag{8.2-3}$$

令式（8.2-3）等号两边再对坐标 z 求导数，得

$$\frac{\mathrm{d}}{\mathrm{d}z}\left(\frac{\partial L}{\partial \dot{x}}\right)=\frac{\partial}{\partial x}\left(\frac{\partial L}{\partial \dot{x}}\right)\frac{\mathrm{d}x}{\mathrm{d}z}=\frac{\partial L}{\partial x} \tag{8.2-4a}$$

$$\frac{\mathrm{d}}{\mathrm{d}z}\left(\frac{\partial L}{\partial \dot{y}}\right)=\frac{\partial}{\partial y}\left(\frac{\partial L}{\partial \dot{y}}\right)\frac{\mathrm{d}y}{\mathrm{d}z}=\frac{\partial L}{\partial y} \tag{8.2-4b}$$

式（8.2-4）称为光学拉格朗日方程。由式（8.2-1）、式（8.2-2）、式（8.2-3）和式（8.2-4）可得折射率 n 沿 x 方向的变化率为

$$\begin{aligned}\frac{\partial n}{\partial x}&=\frac{1}{\sqrt{1+\dot{x}^2+\dot{y}^2}}\frac{\partial L}{\partial x}\\&=\frac{1}{\sqrt{1+\dot{x}^2+\dot{y}^2}}\frac{\mathrm{d}}{\mathrm{d}z}\left(n\frac{\dot{x}}{\sqrt{1+\dot{x}^2+\dot{y}^2}}\right)\\&=\frac{\mathrm{d}z}{\mathrm{d}s}\frac{\mathrm{d}}{\mathrm{d}z}\left(n\frac{\mathrm{d}x}{\mathrm{d}z}\frac{\mathrm{d}z}{\mathrm{d}s}\right)=\frac{\mathrm{d}}{\mathrm{d}s}\left(n\frac{\mathrm{d}x}{\mathrm{d}s}\right)\end{aligned} \tag{8.2-5a}$$

同理，可得 n 沿 y 和 z 方向的变化率分别为

$$\frac{\partial n}{\partial y}=\frac{\mathrm{d}}{\mathrm{d}s}\left(n\frac{\mathrm{d}y}{\mathrm{d}s}\right) \tag{8.2-5b}$$

$$\frac{\partial n}{\partial z}=\frac{\mathrm{d}}{\mathrm{d}s}\left(n\frac{\mathrm{d}z}{\mathrm{d}s}\right) \tag{8.2-5c}$$

合并式（8.2-5）中的三个公式，可得到与式（8.1-13）相同的光线方程：

$$\begin{aligned}\frac{\partial n}{\partial x}\hat{\boldsymbol{x}}_0+\frac{\partial n}{\partial y}\hat{\boldsymbol{y}}_0+\frac{\partial n}{\partial z}\hat{\boldsymbol{z}}_0&=\frac{\mathrm{d}}{\mathrm{d}s}\left[n\left(\frac{\mathrm{d}x}{\mathrm{d}s}\hat{\boldsymbol{x}}_0+\frac{\mathrm{d}y}{\mathrm{d}s}\hat{\boldsymbol{y}}_0+\frac{\mathrm{d}z}{\mathrm{d}s}\hat{\boldsymbol{z}}_0\right)\right]\\&=\frac{\mathrm{d}}{\mathrm{d}s}\left(n\frac{\mathrm{d}\boldsymbol{r}}{\mathrm{d}s}\right)=\nabla n\end{aligned} \tag{8.2-6}$$

在经典力学中，拉格朗日量 $L(q_1,q_2,\cdots,\dot{q}_1,\dot{q}_2,\cdots,t)$ 是广义坐标 q_n、广义速度 $\dot{q}_n$ 和时间 t 的函数，表示力学系统的动能与势能之差，其对时间的积分 $\int L\mathrm{d}t$ 称为哈密顿（Hamilton）作用量。哈密顿原理指出，一个保守的、完整的力学系统，在相同时间内，由某一位形转移到另一位形的一切可能运动中，真实运动的哈密顿作用量具有极值。也就是说，对于真实运动的哈密顿作用量作变分运算的结果应为

$$\delta\int_{t_1}^{t_2}L\mathrm{d}t=0 \tag{8.2-7}$$

与力学拉格朗日量相比较，可将光学拉格朗日量定义式（8.2-2）中光线的横向坐标 x 和 y 对应力学拉格朗日量中质点的广义坐标 q_n，其对纵坐标 z 的导数 $\dot{x}$ 和 $\dot{y}$ 对应广义速度 $\dot{q}_n$，而 z 对应时间 t。于是，我们也可以将光学拉格朗日量对坐标 z 的积分 $\int L\mathrm{d}z$ 定义为光学哈密顿作用量。

此外，由式（8.2-2）可看出，光学拉格朗日量 $L(x,y,z,\dot{x},\dot{y})$ 表示光线沿 z 方向（传播方向）单位长度的光程变化，其对 z 的积分 $\int L\mathrm{d}z=\int n\mathrm{d}s$ 正好等于光线所经历的光程长度。这表明，光学哈密顿作用量实际上就是光线在传播过程中所经历的光程长度。于是，按照哈密顿原理，在光线从空间某一点 P 传播到另一点 Q 的所有可能的几何路径中，真实路径的光学哈密顿作用量（光程）应取极值，即

$$\delta\int_{P}^{Q}n\mathrm{d}s=0 \tag{8.2-8}$$

此即几何光学中的费马（Feimat）原理。哈密顿原理与牛顿第二定律等价，是经典力学的理论基础。因此也可以说，费马原理是几何光学的理论基础。

8.3 光学哈密顿方程

类比经典力学中的哈密顿表述，我们也可以根据光学拉格朗日量 $L(x,y,z,\dot{x},\dot{y})$ 引入一对光学广义动量 p 和 q，其定义式为

$$p=\frac{\partial L}{\partial\dot{x}},\quad q=\frac{\partial L}{\partial\dot{y}} \tag{8.3-1}$$

式（8.3-1）表明，所谓光学广义动量 p 和 q，实际上就是光学拉格朗日量 L 对广义速度 $\dot{x}$ 和 $\dot{y}$ 的导数。将 L 的定义式（8.2-2）代入式（8.3-1），得

$$p=n\frac{\dot{x}}{\sqrt{1+\dot{x}^2+\dot{y}^2}}=n\frac{\mathrm{d}x}{\mathrm{d}z\sqrt{1+\dot{x}^2+\dot{y}^2}}=n\frac{\mathrm{d}x}{\mathrm{d}s} \tag{8.3-2a}$$

$$q=n\frac{\dot{y}}{\sqrt{1+\dot{x}^2+\dot{y}^2}}=n\frac{\mathrm{d}y}{\mathrm{d}z\sqrt{1+\dot{x}^2+\dot{y}^2}}=n\frac{\mathrm{d}y}{\mathrm{d}s} \tag{8.3-2b}$$

由于 $\mathrm{d}x/\mathrm{d}s$ 和 $\mathrm{d}y/\mathrm{d}s$ 分别表示光线在场点(x,y,z)处沿 x 和 y 方向的方向余弦，故这里的广义动量 p 和 q 可以分别看作是光线在场点(x,y,z)处沿着相应 x 和 y 方向的光学方向余弦（考虑了折射率因素）。由光学广义动量 p、q 和光学拉格朗日量 $L(x,y,z,\dot{x},\dot{y})$，可以进一步引入一个光学哈密顿量 $H(x,y,z,\dot{x},\dot{y})$（注意：不是光学哈密顿作用量），其定义为

$$H(x,y,z,\dot{x},\dot{y})=p\dot{x}+q\dot{y}-L(x,y,z,\dot{x},\dot{y}) \tag{8.3-3}$$

将式（8.2-2）和式（8.3-2）代入式（8.3-3），可以将 H 进一步改写为

$$\begin{aligned}H&=\frac{n\dot{x}^2}{\sqrt{1+\dot{x}^2+\dot{y}^2}}+\frac{n\dot{y}^2}{\sqrt{1+\dot{x}^2+\dot{y}^2}}-n\sqrt{1+\dot{x}^2+\dot{y}^2}\\&=-\frac{n}{\sqrt{1+\dot{x}^2+\dot{y}^2}}\\&=-\sqrt{n^2-p^2-q^2}\end{aligned} \tag{8.3-4}$$

式（8.3-4）中最后一步使用了下面的关系式：

$$n^2-p^2-q^2=n^2\left(1-\frac{\dot{x}^2}{1+\dot{x}^2+\dot{y}^2}-\frac{\dot{y}^2}{1+\dot{x}^2+\dot{y}^2}\right)=n^2\frac{1}{1+\dot{x}^2+\dot{y}^2} \tag{8.3-5}$$

取光学哈密顿量 $H(x,y,z,\dot{x},\dot{y})$的全微分，得

$$\begin{aligned}\mathrm{d}H&=\left(p-\frac{\partial L}{\partial\dot{x}}\right)\mathrm{d}\dot{x}+\left(q-\frac{\partial L}{\partial\dot{y}}\right)\mathrm{d}\dot{y}+\dot{x}\,\mathrm{d}p+\dot{y}\,\mathrm{d}q-\frac{\partial L}{\partial x}\mathrm{d}x-\frac{\partial L}{\partial y}\mathrm{d}y-\frac{\partial L}{\partial z}\mathrm{d}z\\&=\dot{x}\,\mathrm{d}p+\dot{y}\,\mathrm{d}q-\dot{p}\,\mathrm{d}x-\dot{q}\,\mathrm{d}y-\frac{\partial L}{\partial z}\mathrm{d}z\end{aligned} \tag{8.3-6}$$

显然，如果把 p、q、x、y、z 均视为自变量，则由式（8.3-6）得

$$\begin{cases}\dot{x}=\dfrac{\partial H}{\partial p}, & \dot{y}=\dfrac{\partial H}{\partial q}\\ \dot{p}=-\dfrac{\partial H}{\partial x}, & \dot{q}=-\dfrac{\partial H}{\partial y}\\ \dfrac{\partial H}{\partial z}=-\dfrac{\partial L}{\partial z}\end{cases} \tag{8.3-7}$$

此即光学哈密顿方程组。已知光学哈密顿量 $H(x,y,z,\dot{x},\dot{y})$，也就已知了介质的折射率分布函数 $n(x,y,z)$，因此可以由此方程组求得光学系统中每条光线的轨迹。

共轴光学成像系统一般都具有旋转对称结构，其折射率 n 可以看成是(x^2+y^2)的函数。取变量代换

$$u=x^2+y^2,\quad v=p^2+q^2 \tag{8.3-8}$$

于是，由式（8.3-4）表示的光学哈密顿量 $H(x,y,z,\dot{x},\dot{y})$可进一步改写为

$$H=-\sqrt{n^2(u,z)-v} \tag{8.3-9}$$

在傍轴条件下，变量 u 和 v 均是小量，故而可以将 H 展开成 u 和 v 的幂级数

$$H(u,v,z)=H_0(z)+[H_{1u}(z)u+H_{1v}(z)v]+\cdots \tag{8.3-10}$$

式中

$$H_{1u}(z)=\left.\frac{\partial H}{\partial u}\right|_{u=0,v=0}=-\frac{n}{\sqrt{n^2(u,z)-v}}\frac{\partial n}{\partial u}=-\frac{\partial n}{\partial u} \tag{8.3-11a}$$

$$H_{1v}(z)=\left.\frac{\partial H}{\partial v}\right|_{u=0,v=0}=\frac{1}{2\sqrt{n^2(u,z)-v}}=\frac{1}{2n(0,z)} \tag{8.3-11b}$$

旋转对称系统的特点是，光线在过系统对称轴（即主光轴）的任意平面（即主截面）上具有相同的传播特性。因此，只需要讨论光线在任一主截面上的轨迹即可。现考虑 $y=0$ 主截面上的情况。对式（8.3-10）取一级近似，代入式（8.3-7），得

$$\dot{x}=\frac{\partial H}{\partial p}=\frac{\partial H}{\partial v}\frac{\mathrm{d}v}{\mathrm{d}p}=2p\frac{\partial H}{\partial v}=2pH_{1v} \tag{8.3-12a}$$

$$\dot{p}=-\frac{\partial H}{\partial x}=-\frac{\partial H}{\partial u}\frac{\mathrm{d}u}{\mathrm{d}x}=-2x\frac{\partial H}{\partial u}=-2xH_{1u} \tag{8.3-12b}$$

此即傍轴近似条件下的光学哈密顿方程组，由此便可以得到光学系统在傍轴近似条件下的几何光学（或曰高斯光学）解。下面分别以单折射球面和薄透镜的成像特性为例作简单讨论。

1. 单折射球面

如图 8.3-1 所示，设一折射球面的球心位于 $C(0,0,R)$点，顶点位于 $O(0,0,0)$点，曲率半径为 R，由主光轴上 $P(0,0,z_1)$点发出的某一光线与球面相交于 $M(x,0,z)$点，相应的折射光线与主光轴相交于 $Q(0,0,z_2)$点。以球面为分界面，其左右两侧介质的折射率分别为 n_1 和 n_2。曲率半径 R 的正负号规定为：当球心 C 位于球面顶点 O 的右侧（凸球面）时，$R>0$；C 点位于 O 点左侧（凹球面）时，$R<0$。

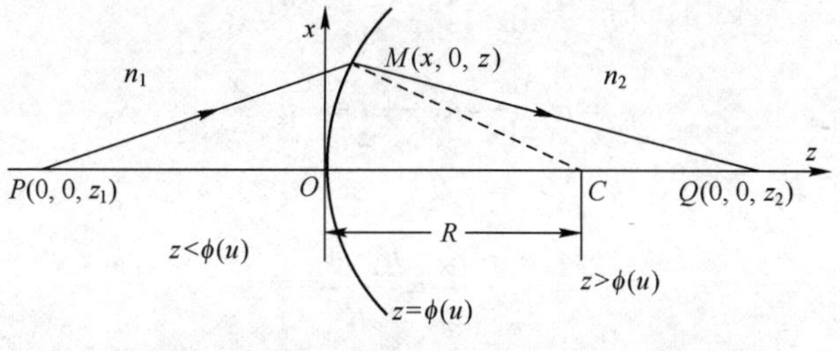

图 8.3-1　轴上物点经单个球面的折射成像

显然，对于球面上任意一点(x,y,z)，有坐标关系

$$u=x^2+y^2=z(2R-z) \tag{8.3-13}$$

由此式可求得 z 的一个解为（假设 $u\to0$ 时，$z\to0$）

$$z=R\left(1-\sqrt{1-\frac{u}{R^2}}\right)\approx\frac{u}{2R}+\frac{u^2}{8R^3}+\cdots=\phi(u) \tag{8.3-14}$$

由图 8.3-1 可以看出，位置满足条件 $z>\phi(u)$的点位于球面右侧，而满足条件 $z<\phi(u)$的点位于球面左侧。在球面左右两侧，介质的折射率 n 均为常数，而在球面上则发生突变。因此，可以将该球面系统的折射率函数表示为

$$n(u,z)=n_1s[\phi(u)-z]+n_2s[z-\phi(u)] \tag{8.3-15}$$

式中：函数 $s[\phi(u)-z]$和 $s[z-\phi(u)]$为单位阶跃函数，其特点为

$$s(x)=\begin{cases}1, & x>0\\ 0, & x<0\end{cases} \tag{8.3-16}$$

$$\frac{\mathrm{d}s(x)}{\mathrm{d}x}=\delta(x) \tag{8.3-17}$$

将式（8.3-15）代入式（8.3-11a），得

$$H_{1u}=-\left.\frac{\partial n}{\partial u}\right|_{u=0}=\frac{n_2-n_1}{2R}\delta(z) \tag{8.3-18}$$

再将上式的结果代入式（8.3-12b），得

$$\dot{p}=\frac{\mathrm{d}p}{\mathrm{d}z}=-2H_{1u}x=-\frac{n_2-n_1}{R}x\delta(z) \tag{8.3-19}$$

可以看出，在球面两侧，即 $z<0$ 或者 $z>0$ 时，$\mathrm{d}p/\mathrm{d}z=0$，光学方向余弦 p 为常数，表明在同一介质中任意光线均为直线。取无穷小量 ε，并对上式两侧求坐标 z 在区间$(-\varepsilon,\varepsilon)$的上积分，得

$$p_2-p_1=-\frac{n_2-n_1}{R}x \tag{8.3-20}$$

式中：p_1和 p_2分别为球面左右两侧光线的光学方向余弦。

另外，由式（8.3-12a）和式（8.3-11b），有

$$p=\frac{\dot{x}}{2H_{1v}}=n(0,z)\frac{\mathrm{d}x}{\mathrm{d}z} \tag{8.3-21}$$

由此可得球面两侧的光学方向余弦

$$p_1=n_1\frac{\mathrm{d}x}{\mathrm{d}z}=n_1\frac{x}{z-z_1}\approx -n_1\frac{x}{z_1} \tag{8.3-22a}$$

$$p_2=n_2\frac{\mathrm{d}x}{\mathrm{d}z}=n_2\frac{-x}{z_2-z}\approx -n_2\frac{x}{z_2} \tag{8.3-22b}$$

代入式（8.3-20），得

$$\frac{n_2}{z_2}-\frac{n_1}{z_1}=\frac{n_2-n_1}{R} \tag{8.3-23}$$

此即傍轴条件下折射球面成像的物像关系式，式中 z_1和 z_2分别为物距和像距。

2. 薄透镜

薄透镜可看作由两个顶点间距趋于 0 的折射球面组成的共轴光具组，其特点是光线在前表面的入射点与后表面的出射点可视为重合。如图 8.3-2 所示，一个折射率为 n_L 的薄透镜放置在折射率分别为 n_1和 n_2的两种介质之间，透镜前后表面的曲率半径分别为 R_1和 R_2，由主光轴上 $P(0,0,z_1)$点发出的光学方向余弦为 p_1的光线投射到透镜表面上$M(x,0,0)$点，相应的出射光线与主光轴相交于 $Q(0,0,z_2)$点，并且光学方向余弦为 p_2。假设光线在透镜介质中的光学方向余弦为 p_L，则由式（8.3-20）可推得

$$p_L-p_1=-\frac{n_L-n_1}{R_1}x,\quad p_2-p_L=-\frac{n_2-n_L}{R_2}x \tag{8.3-24}$$

于是，有

$$p_2-p_1=\left(\frac{n_L-n_2}{R_2}-\frac{n_L-n_1}{R_1}\right)x \tag{8.3-25}$$

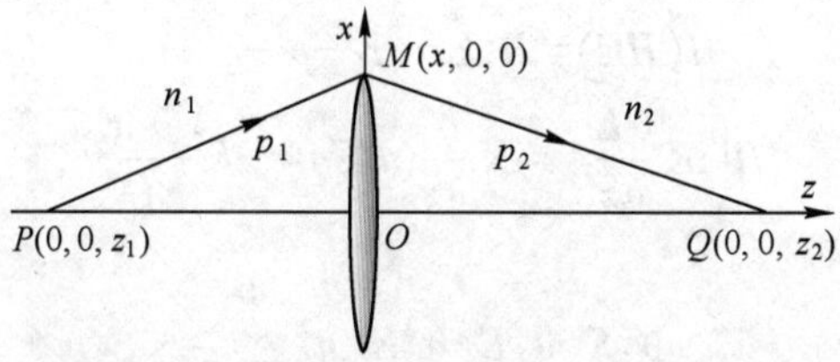

图 8.3-2　轴上物点经薄透镜的折射成像

另外，根据傍轴近似条件，得

$$p_1\approx -n_1\frac{x}{z_1},\quad p_2\approx -n_2\frac{x}{z_2} \tag{8.3-26}$$

代入式（8.3-25），得

$$\frac{n_2}{z_2}-\frac{n_1}{z_1}=\frac{n_L-n_2}{R_2}-\frac{n_L-n_1}{R_1} \tag{8.3-27}$$

此即傍轴条件下薄透镜成像的物像关系式。同样，这里的 z_1 和 z_2 分别表示物距和像距。

需要说明的是，若在光学哈密顿量展开式中保留高次项，则可以进一步求出光学成像系统的各种几何像差的计算表达式。此处不再赘述。

8.4　从几何光学到波动光学

我们已经知道，几何光学是波动光学在波长趋于 0 时的极限情况。同样，当德布罗意（De Broglie）波长（即物质波波长）趋于 0 时，经典力学也可以作为波动力学（量子力学）的极限情况。反过来，从经典力学也可以向量子力学过渡。一种有效的方法是，将经典力学中的各变量用相应的线性算符来替代，例如，取质点动量和能量的线性算符分别为

$$p_x=-\mathrm{i}\hbar\frac{\partial}{\partial x} \tag{8.4-1}$$

$$E=\mathrm{i}\hbar\frac{\partial}{\partial t} \tag{8.4-2}$$

式中：$\hbar=h/2\pi$，h 为普朗克常数。

可以设想，从几何光学向波动光学的过渡，也可以采取类似的方法。即以相应的算符代替几何光学中的广义动量和哈密顿量：

$$p=-\mathrm{i}K\frac{\partial}{\partial x},\quad q=-\mathrm{i}K\frac{\partial}{\partial y},\quad H=\mathrm{i}K\frac{\partial}{\partial z} \tag{8.4-3}$$

式中：K 为常数，类似于量子力学中的普朗克常数。由此可以得到相应的薛定谔（Schrödinger）方程为

$$HE = \mathrm{i}K\frac{\partial E}{\partial z} \tag{8.4-4}$$

令上式等号两边同时作用于能量算符（即光学哈密顿量）H，得

左边：
$$H(HE) = H^2E = (n^2-p^2-q^2)E \tag{8.4-5a}$$

右边：
$$H\left(\mathrm{i}K\frac{\partial E}{\partial z}\right) = \mathrm{i}K\frac{\partial}{\partial z}(HE) = -K^2\frac{\partial^2 E}{\partial z^2} \tag{8.4-5b}$$

由此可得

$$\frac{\partial^2 E}{\partial x^2}+\frac{\partial^2 E}{\partial y^2}+\frac{\partial^2 E}{\partial z^2}+\frac{n^2}{K^2}E = 0 \tag{8.4-6}$$

或

$$\nabla^2 E + k_0^2 n^2 E = 0 \tag{8.4-7}$$

此即定态波动方程。可以看出，常数 $K = 1/k_0 = \lambda_0/2\pi$，这里的 k_0 和 λ_0 分别是光波在真空中的（角）波数和波长。因此 K 具有长度量纲，大小与波长相当。当 $K\to 0$ 时，$\lambda_0\to 0$，因此，也可以将几何光学作为量子理论在 $K\to 0(\lambda_0\to 0)$ 时的极限情况处理。

本章首先利用零波长近似从波动光学回归到几何光学，进而通过借助经典力学类比重建几何光学理论基础证实了这种回归的合理性，最后又利用经典力学到量子力学演化的类比从几何光学回升到波动光学。可以看出，物理学的基本规律，无论对于力学、电磁学还是光学，其研究思路或途径实际上都是相通的，可以相互借鉴。然而，必须指出的是，光的波动性和量子性都是电磁场的固有特性，或者说光以场的形式存在于自然界，而在实际中又具体以波或量子的行为表现出来。并且，按照量子论观点，光也是一种波，但不同于经典意义上的物理波动，而是一种概率波，因而光的运动遵从量子力学运动规律，而不服从经典的牛顿力学运动规律。也就是说，关于光子的运动，其在某一时刻应该出现在空间何处，只能由量子统计概率来确定。这是与本书基于麦克斯韦电磁理论所讨论的经典电磁波行为的根本区别。

第 9 章　光场的统计特性

以上各章所讨论的光学问题均建立在一种完全确定的理论体系之中。在此体系中，可以将光场的状态用完全确定的函数形式表示出来，这些函数或者可以预先完全确定，或者可以被精确测量。然而，光学中还存在另一类不确定性问题——随机问题。首先，电磁场振幅和相位的涨落是普遍存在的基本现象。自然光源的基本辐射过程是随机时间序列过程，这如同是一个随机信号发生器。即使是一个激光器，也不可避免地存在着自发辐射引起的随机涨落。其次，光与物质的相互作用过程本质上也可以看作一种统计现象，如大气的散射、大气湍流的扰动以及光学粗糙表面的散射等。显然，对于此类问题，原则上是无法绝对精确预言的，必须采用概率统计方法进行分析。这种用概率统计的方法研究光场的时间和空间传播特性问题属于统计光学范畴。本章将对统计光学的基本概念及激光散斑效应等作简单介绍。

9.1　热光与激光

从狭义上讲，统计光学的任务是研究可见光波段电磁场涨落性质的理论及其探测方法。从广义上讲，统计光学的任务则是利用概率统计的方法来分析光的发射、传播和探测过程中的随机现象。

绝大部分光源，包括自然光源和人造光源，都是通过一群被激发的原子或分子的自发辐射而发光，如太阳、白炽灯泡、气体放电管等均属于此类情况。这种由大量独立发光单元的贡献构成的辐射称为热光。热光的实质是自发辐射，但并非一定是热激发的结果。实际上，无论是通过热、电还是其他手段，只要能够将大量的原子或分子激发到高能态，并且让其随机地、独立地返回到较低能态，所释放出的光子的总体就构成热光。

与热光源的自发辐射不同的是激光器产生的受激辐射。限制在一个光学谐振腔内并且处于激发态的大量原子或分子，以一种有序的和高度相互依赖的方式同步地、一致地辐射，从而形成一种具有高度相干性的窄带光辐射——激光。更具体地讲，激光器的核心是产生受激辐射的激活介质。置于谐振腔中的激活介质被某个光学的、电学的或化学的能源激发（抽运）而产生自发辐射，该自发辐射经谐振腔镜反射后再次穿过激活介质，从而引起处于粒子数布居反转状态下的激活介质产生受激辐射。谐振腔的谐振特性，保证了只有某些分立的频率成分或模式，在多次往返穿过激活介质的过程中被不断地相干放大而成为激光输出。一个给定频率成分或模式是否能够发生振荡，取决于激活介质对该特定模式频率的增益是否超过谐振腔内各种固有的损耗（阈值）。增大抽运功率可以提高增益。但随着抽运功率的增大，振荡过程中辐射场与激活介质之间的非线性相互作用也会加强，反而使增益受到抑制而达到饱和。此外，随着抽运功率的增大，谐振腔将会使更多的模式达到阈值，导致激光器出现多模输出。因此，从本质上讲，激光器是一个受噪声（即自发辐射）驱动的非线性光放大器。

既然热光和激光均由随时间随机涨落的光子波列组成，因此，无论哪一种光，最终都必须作为随机过程处理。此外，光场经反射、散射和漫射后，也会因为介质的不均匀性或随机扰动而引起随机性。例如，激光束在光学粗糙表面上散射引起的散斑现象，以及在天文观测中，由于光透过随机变化的非均匀大气层而造成的星体散斑效应等。这些现象同样需要作为随机过程处理。

在研究热光和激光的统计性质时，根据研究对象的不同，可以将统计处理分为三个层次：光场中各点的瞬时振幅或强度随时间起伏的性质完全不同，这种只涉及光场中一个时空点的统计行为称为光场的一阶统计；研究光场相干性要用到光场中两个不同时空点的相关函数，称为二阶统计；涉及多个时空点的光场的统计特性，属于高阶统计。本章只讨论光场的一阶统计。

9.2 热光的一阶统计

假设构成热光源的大量独立辐射单元（原子或分子）中，第 l 个单元所发出的光波在空间 Q 点的瞬时电场强度矢量为 $\boldsymbol{E}_l(Q,t)$，则按照热光的定义，整个光源所发出的光波在 Q 点的总的瞬时电场强度矢量 $\boldsymbol{E}(Q,t)$，就等于构成光源的所有辐射单元在 Q 点的贡献之总和，即

$$\boldsymbol{E}(Q,t)=\sum_l \boldsymbol{E}_l(Q,t) \tag{9.2-1}$$

相应的瞬时光强度为

$$I(Q,t)=|\boldsymbol{E}(Q,t)|^2 \tag{9.2-2}$$

$I(Q,t)$ 对探测器响应时间的平均值即为光场在 Q 点的强度 $I(Q)$。根据概率统计理论，对于由大量随机辐射单元构成的热光源，满足各态经历条件，因而其光场对探测器响应时间的平均值等于对系综（即辐射单元体系）的平均值。即

$$I(Q)=\langle I(Q,t)\rangle_t=\langle I(Q,t)\rangle_l=\langle \boldsymbol{E}(Q,t)\cdot\boldsymbol{E}^*(Q,t)\rangle_l \tag{9.2-3}$$

式中：$\langle\ \rangle_t$ 和 $\langle\ \rangle_l$ 分别表示对探测器响应时间和系综求平均值。

对于窄带光场，其第 l 个辐射单元和总场的电场强度矢量可分别表示为

$$\boldsymbol{E}_l(Q,t)=\boldsymbol{A}_l(Q,t)\exp(-\mathrm{i}2\pi\nu_0 t) \tag{9.2-4a}$$

$$\boldsymbol{E}(Q,t)=\boldsymbol{A}(Q,t)\exp(-\mathrm{i}2\pi\nu_0 t) \tag{9.2-4b}$$

式中：$\boldsymbol{A}_l(Q,t)$ 和 $\boldsymbol{A}(Q,t)$ 均为时间和空间的缓变函数，分别表示单元场和总场的瞬时复振幅矢量；ν_0 为辐射场的平均频率。于是可得

$$I(Q,t)=|\boldsymbol{A}(Q,t)|^2 \tag{9.2-5a}$$

$$I(Q)=\langle \boldsymbol{A}(Q,t)\cdot\boldsymbol{A}^*(Q,t)\rangle_l \tag{9.2-5b}$$

$$\boldsymbol{A}(Q,t)=\sum_l \boldsymbol{A}_l(Q,t) \tag{9.2-6}$$

下面分别就偏振热光、非偏振热光（自然光）和部分偏振热光，讨论光场的一阶统计性质。

9.2.1 偏振热光

假设光场具有恒定的偏振方向，如自热光源发出并透过一个起偏器的光场。此时对所有随机辐射单元而言，均具有相同的偏振方向，因此上述的矢量求和问题可简化为标量求和问题，即

$$E(Q,t)=\sum_{l}E_{l}(Q,t) \tag{9.2-7a}$$

$$A(Q,t)=\sum_{l}A_{l}(Q,t) \tag{9.2-7b}$$

根据中心极限定理，如果一个随机变量来自大量独立的微弱基元的总贡献，则该随机变量应服从高斯分布。显然，不同原子或分子发出的单元辐射之间可以认为是相互独立无关的，同一原子或分子在不同时刻发出的辐射的幅度和相位之间也可以认为是相互独立无关的，并且每个单元的相位可以取 $-\pi$ 到 π 之间的任意值（各态经历条件）。因此，由式（9.2-7）给出的偏振热光的瞬时电场强度函数 $E(Q,t)$ 和瞬时复振幅函数 $A(Q,t)$ 都应该是圆对称复高斯随机变量。同时，瞬时复振幅函数 $A(Q,t)$ 的模值 $A=|A(Q,t)|$ 应服从瑞利（Rayleigh）分布，即其概率密度函数为

$$p_A(A)=\begin{cases}\dfrac{A}{\sigma^2}\exp\left(-\dfrac{A^2}{2\sigma^2}\right), & A\geqslant 0\\ 0, & \text{其他}\end{cases} \tag{9.2-8}$$

式中：σ^2 为圆对称复高斯变量 $A(Q,t)$ 的方差。

由式（9.2-5a），光场瞬时复振幅的模值 A 与相应的瞬时强度 I 的关系为

$$A=\sqrt{I} \tag{9.2-9}$$

显然，此关系在区间 $[0,\infty]$ 上是单调的。根据概率变换关系，可求出瞬时光强度 $I=I(Q,t)$ 的概率密度函数为

$$p_I(I)=p_A(A=\sqrt{I})\left|\frac{\mathrm{d}A}{\mathrm{d}I}\right|=\begin{cases}\dfrac{1}{2\sigma^2}\exp\left(-\dfrac{I}{2\sigma^2}\right), & I\geqslant 0\\ 0, & \text{其他}\end{cases} \tag{9.2-10}$$

由此可得 Q 点的平均光强度为

$$I(Q)=\int_0^{\infty}Ip_I(I)\,\mathrm{d}I=2\sigma^2 \tag{9.2-11}$$

可见，偏振热光的瞬时光强度服从负指数分布，而平均光强度 $I(Q)$ 就等于其瞬时强度的标准偏差 $2\sigma^2$。因此，若以 $\bar{I}$ 代替 $I(Q)$，则式（9.2-10）可以表示为更简单的形式：

$$p_I(I)=\begin{cases}\dfrac{1}{\bar{I}}\exp\left(-\dfrac{I}{\bar{I}}\right), & I\geqslant 0\\ 0, & \text{其他}\end{cases} \tag{9.2-12}$$

图 9.2-1 为根据式（9.2-12）绘出的偏振热光的瞬时光强度的概率密度曲线。可以看出，偏振热光的瞬时光强度在 $I=0$ 处的概率密度最大 $(1/\bar{I})$。也就是说，瞬时光强度 I 的最可几值为 0。让眼睛透过一个足够小的孔径向热光源望去，最可能看到的应该是一片黑暗，这显然与我们的日常经验相反，但事实确实如此。其原因是，这种

强度涨落的时间尺度太小了，远小于眼睛及其他光探测器的分辨时间，因此被平均掉了。

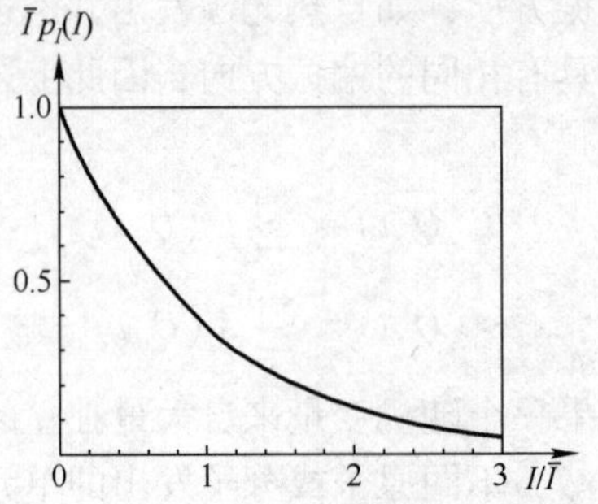

图 9.2-1　偏振热光瞬时强度的概率密度曲线

9.2.2　非偏振热光（自然光）

一般热光源辐射的光场具有如下特点：①光振动在垂直于光波传播方向的平面内可能取任意方向，并且沿不同方向的偏振分量具有相同的平均光强度；②沿任意两个正交方向的偏振分量之间无固定的相位关系，其相位差在$-\pi$到π之间随机变化，因此对时间的互相关积分恒等于0。此即非偏振热光，通常也称为自然光。

根据矢量的分解与合成原理，这里的非偏振热光或自然光可以看作两个振动方向正交、振幅相等、相位各自随机变化的偏振热光的合成。分别以$E_x(Q,t)$和$E_y(Q,t)$表示非偏振热光电场强度矢量的两个正交偏振分量，则上述对偏振热光的讨论可直接应用于非偏振热光的每一个偏振分量。也就是说，构成非偏振热光的两个正交偏振分量均属于圆对称高斯变量，并且两个随机过程是统计独立的。于是，可将光场的瞬时光强度表示为

$$I(Q,t)=|E_x(Q,t)|^2+|E_y(Q,t)|^2=I_x(Q,t)+I_y(Q,t) \tag{9.2-13}$$

式中：$I_x(Q,t)$和$I_y(Q,t)$分别表示两个偏振分量的瞬时光强度。显然，$I_x(Q,t)$和$I_y(Q,t)$也是各自统计独立的，并且服从负指数统计分布。即

$$p_{Ix}(I_x)=\frac{1}{\bar{I}_x}\exp\left(-\frac{I_x}{\bar{I}_x}\right) \tag{9.2-14a}$$

$$p_{Iy}(I_y)=\frac{1}{\bar{I}_y}\exp\left(-\frac{I_y}{\bar{I}_y}\right) \tag{9.2-14b}$$

式中：I_x和$\bar{I}_x$分别表示x分量的瞬时和平均光强度；I_y和$\bar{I}_y$分别表示y分量的瞬时和平均光强度。根据非偏振热光的定义可知

$$\bar{I}_x=\bar{I}_y=\frac{\bar{I}}{2} \tag{9.2-15}$$

这里的$\bar{I}$仍表示总场的平均光强度。将式（9.2-15）分别代入式（9.2-14a）和式（9.2-14b），可得

$$p_{Ix}(I_x)=\frac{2}{\bar{I}}\exp\left(-2\frac{I_x}{\bar{I}}\right) \tag{9.2-16a}$$

$$p_{Iy}(I_y)=\frac{2}{\bar{I}}\exp\left(-2\frac{I_y}{\bar{I}}\right) \tag{9.2-16b}$$

按照随机变量的性质，若某个随机变量 A 是两个独立随机变量 B 和 C 之和，则该随机过程的概率密度 $p_A(A)$ 就等于 B 的概率密度 $p_B(B)$ 与 C 的概率密度 $p_C(C)$ 的卷积。即

$$p_A(A)=\int_{-\infty}^{\infty}p_B(A-\xi)p_C(\xi)\,\mathrm{d}\xi=p_B*p_C \tag{9.2-17}$$

由此可以求得描述非偏振热光瞬时光强度统计分布的概率密度函数为

$$p_I(I)=\begin{cases}\displaystyle\int_0^I\left(\frac{2}{\bar{I}}\right)^2\exp\left(-2\frac{\xi}{\bar{I}}\right)\exp\left[-\frac{2}{\bar{I}}(I-\xi)\right]\mathrm{d}\xi, & I\geqslant 0\\ 0, & \text{其他}\end{cases} \tag{9.2-18}$$

即

$$p_I(I)=\begin{cases}\left(\frac{2}{\bar{I}}\right)^2 I\exp\left(-2\frac{I}{\bar{I}}\right), & I\geqslant 0\\ 0, & \text{其他}\end{cases} \tag{9.2-19}$$

图 9.2-2 为根据式（9.2-19）绘出的非偏振热光瞬时光强度的概率密度曲线。可以证明，非偏振热光瞬时强度的最可几值为 $I=\bar{I}/2$，并且其标准偏差 σ_I 与平均值 $\bar{I}$ 的比值不等于 1，而是相较偏振热光减小到 $1/\sqrt{2}$。

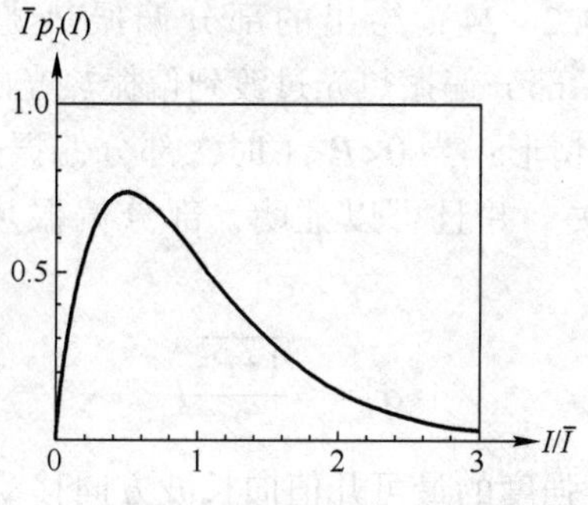

图 9.2-2　非偏振热光瞬时强度的概率密度曲线

9.2.3　部分偏振热光

若热光源辐射的光场由两个振动方向正交、相位各自随机变化并且平均强度不相等的偏振分量的合成，则称为部分偏振热光。与非偏振热光（自然光）类似，部分偏振热光的两个正交分量均属于圆对称高斯变量，并且两个随机过程也是统计独立的。因此，部分偏振热光的瞬时光强度仍然可以表示为

$$I(Q,t)=|E_x(Q,t)|^2+|E_y(Q,t)|^2=I_x(Q,t)+I_y(Q,t) \tag{9.2-20}$$

只是两个正交分量的平均光强度不相等，其差异大小通常用偏振度来表征。同样，若分别以 $\bar{I}$ 和 $\bar{I}_x$、$\bar{I}_y$ 表示总光场及其两个正交分量的平均光强度，并设 $\bar{I}_x>\bar{I}_y$，则偏振度定义为

$$P=\frac{\bar{I}_x-\bar{I}_y}{\bar{I}_x+\bar{I}_y}=\frac{\bar{I}_x-\bar{I}_y}{\bar{I}} \tag{9.2-21}$$

$\bar{I}_x \gg \bar{I}_y$ 或 $\bar{I}_y=0$ 时，$P=1$，此即偏振热光；$\bar{I}_x=\bar{I}_y$ 时，$P=0$，此即非偏振热光；$\bar{I}_x \neq \bar{I}_y$ 时，则 P 的大小位于 1 和 0 之间，此即部分偏振热光。可见部分偏振热光具有普遍意义，而偏振热光和非偏振热光均是部分偏振热光的特殊情况。偏振度 P 已知时，可由式（9.2-21）得到 $\bar{I}_x$、$\bar{I}_y$ 与 $\bar{I}$ 的关系。即

$$\begin{cases} \bar{I}_x = \dfrac{1}{2}(1+P)\bar{I} \\ \bar{I}_y = \dfrac{1}{2}(1-P)\bar{I} \end{cases} \tag{9.2-22}$$

于是，可以分别由式（9.2-14a）和式（9.2-14b）求得部分偏振热光两个正交分量的瞬时强度分布的概率密度函数。即

$$p_{Ix}(I_x) = \frac{1}{\bar{I}_x}\exp\left(-\frac{I_x}{\bar{I}_x}\right) = \frac{2}{(1+P)\bar{I}}\exp\left[-\frac{2I_x}{(1+P)\bar{I}}\right] \tag{9.2-23a}$$

$$p_{Iy}(I_y) = \frac{1}{\bar{I}_y}\exp\left(-\frac{I_y}{\bar{I}_y}\right) = \frac{2}{(1-P)\bar{I}}\exp\left[-\frac{2I_y}{(1-P)\bar{I}}\right] \tag{9.2-23b}$$

再根据式（9.2-17），可得部分偏振热光瞬时强度分布的概率密度函数为

$$p_I(I) = \frac{1}{P\bar{I}}\left\{\exp\left[-\frac{2I}{(1+P)\bar{I}}\right]-\exp\left[-\frac{2I}{(1-P)\bar{I}}\right]\right\} \tag{9.2-24}$$

图 9.2-3 为根据式（9.2-24）绘出的部分偏振热光瞬时光强度的概率密度曲线。可以看出，当 $P=1$ 时，部分偏振热光过渡到偏振热光的情形；当 $P=0$ 时，部分偏振热光过渡到非偏振热光的情形；当 $0<P<1$ 时，部分偏振热光瞬时强度的最可几值及标准偏差均与偏振度 P 有关。并且可以证明，部分偏振热光瞬时强度分布的标准偏差为

$$\sigma_I = \sqrt{\frac{1+P^2}{2}}\bar{I} \tag{9.2-25}$$

随着偏振度 P 的减小，瞬时强度的最可几值向长波方向移动，且标准偏差减小。

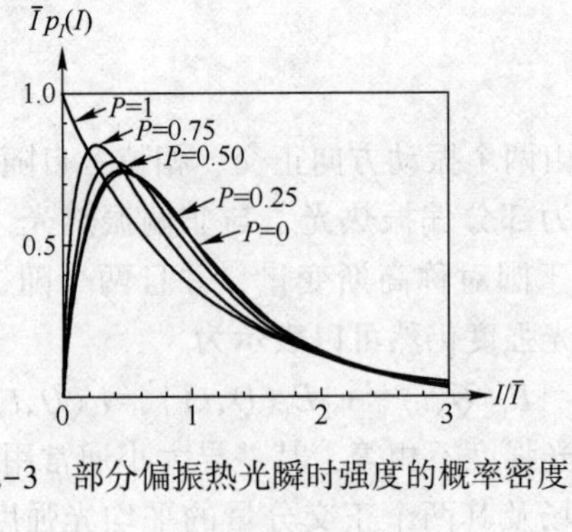

图 9.2-3　部分偏振热光瞬时强度的概率密度曲线

9.3　激光的一阶统计

不同激光器的工作原理不同。即使同一激光器，其工作于不同状态（如阈值以下

或以上，单模或多模）时的特性也有所不同。这使得很难为激光辐射建立统一的统计模型。下面仅就两种理想情况作简单讨论。

9.3.1 单模激光

激光的理想化模型是纯单色光，它有确定的振幅 A、确定的频率 ν_0，以及恒定但未知的初相位 ϕ。因此，一个线偏振激光信号在 t 时刻的振动状态的实数（即振幅）表示为

$$E(t)=A\cos(2\pi\nu_0 t-\phi) \tag{9.3-1}$$

考虑到受激辐射源于自发辐射，这里的初相位 ϕ 应是一个随机变量，可能取$[-\pi,\pi]$区间上的任何值。也就是说，理想的单模激光辐射是一个平稳和各态经历过程，其统计性质不随时间变化。因此，只需要求出 $t=0$ 时的统计性质即可。

根据概率统计理论，瞬时强度的一阶统计可以从随机变量的特征函数求出。一个随机变量 U 的特征函数 $M_U(\omega)$ 定义为函数 $\exp(\mathrm{i}\omega u)$ 的期望值。即

$$M_U(\omega)=\int_{-\infty}^{\infty}\exp(\mathrm{i}\omega u)p_U(u)\mathrm{d}u \tag{9.3-2}$$

式中：$p_U(u)$为随机变量 U 的概率密度函数。可见，一个随机变量 U 的特征函数$M_U(\omega)$实际上就是随机变量 U 的概率密度函数 $p_U(u)$的傅里叶变换。因此，反过来对特征函数作逆傅里叶变换，就可以求出该随机变量的概率密度函数。可以证明，在 $t=0$ 时，式（9.3-1）表示的瞬时振幅随机变量 $E(t)$的特征函数为

$$M_E(\omega)=J_0(\omega A) \tag{9.3-3}$$

式中：$J_0(\omega A)$为 0 阶第一类贝塞耳函数。对该特征函数作逆傅里叶变换，可得瞬时振幅 $E(t)$的概率密度函数为

$$p_E(E)=\begin{cases}\dfrac{1}{\pi\sqrt{A^2-E^2}}, & |E|\leqslant A\\ 0, & \text{其他}\end{cases} \tag{9.3-4}$$

对于瞬时光强度 I，有

$$I=|E(t)|^2=|A\exp[-\mathrm{i}(2\pi\nu_0 t-\phi)]|^2=A^2$$

故其概率密度函数可以表示为

$$p_I(I)=\delta(I-A^2) \tag{9.3-5}$$

图 9.3-1 和图 9.3-2 所示分别为相应的瞬时振幅和瞬时强度概率密度曲线。

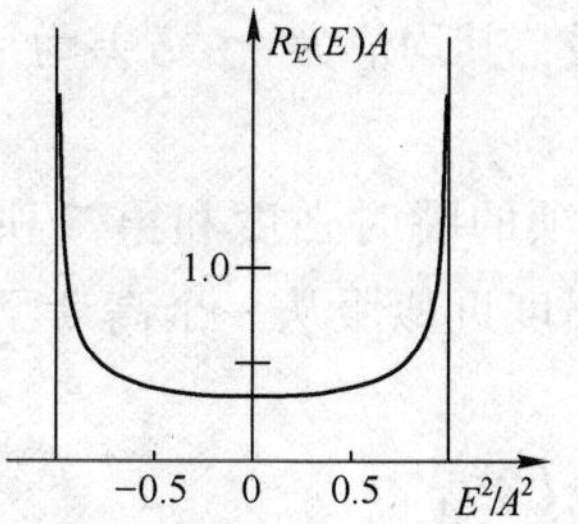

图 9.3-1 理想单模激光的瞬时振幅概率密度

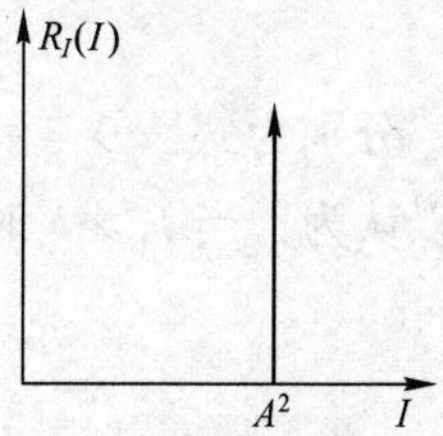

图 9.3-2 理想单模激光的瞬时强度概率密度

实际激光振荡的初相位都不是完全恒定的，而是随时间作随机涨落。也就是说，式（9.3-1）中的 ϕ 可以看作时间的随机函数 $\phi(t)$，故可以将式（9.3-1）改写为

$$E(t)=A\cos[2\pi\nu_0 t-\phi(t)] \tag{9.3-6}$$

初相位的这种随机变化来源于噪声驱动的振荡器固有的涨落，以及谐振腔两端反射镜面的无规振动。可以证明，$\phi(t)$ 的随机涨落同样具有平稳和各态经历性质，因此，它并不影响实际光信号的瞬时振幅和强度分布。也就是说，由式（9.3-6）给出的光信号，同样满足式（9.3-4）和式（9.3-5）描述的瞬时振幅和强度的概率密度分布。

一般情况下，除初相位外，单模激光的振幅也会随时间随机涨落。对于一个工作点远高于阈值的连续激光振荡器，其线性化的范德波尔（Van der Pol）方程的解表明，辐射场的瞬时振幅可表示为

$$E(t)=A\cos[2\pi\nu_0 t-\phi(t)]+E_n(t) \tag{9.3-7}$$

式中：A 和 ν_0 可以看作已知常数；$\phi(t)$ 为随时间随机变化的相位；$E_n(t)$ 表示一个中心频率为 ν_0，并且带宽较窄($\Delta\nu\ll\nu_0$)的平稳噪声过程。随着激光器的工作点超出阈值越来越远，噪声分量的大小将会逐渐减小。

我们知道，即使激光器工作于受激辐射状态，其自发辐射过程也照样存在。比较式（9.3-7）与式（9.3-6）可以看出，式（9.3-7）中等号右边第一项代表受激辐射，第二项则表示一个小的剩余自发辐射。因此可以认为，这个自发辐射项 $E_n(t)$ 服从高斯统计规律，并且与 $\phi(t)$ 统计独立无关。于是，式（9.3-7）中等号右边第一项的振幅概率密度仍为式（9.3-4），而第二项的概率密度为高斯函数。

至于强度的概率密度分布，可以这样来分析。将式（9.3-7）改写为

$$E(t)=E_A(t)+E_n(t) \tag{9.3-8}$$

式中：$E_A(t)$ 和 $E_n(t)$ 分别表示为

$$E_A(t)=A\exp[\mathrm{i}\theta_A(t)]=A\exp\{\mathrm{i}[2\pi\nu_0 t-\phi(t)]\} \tag{9.3-9b}$$

$$E_n(t)=A_n\exp[\mathrm{i}\theta_n(t)] \tag{9.3-9a}$$

我们已经知道，A 是恒定的，A_n、$\phi(t)$、$\theta(t)$ 是相互独立的，并且 $\phi(t)$ 和 $\theta(t)$ 在 $[-\pi,\pi]$ 区间上均匀分布，故而光场的瞬时强度为

$$\begin{aligned} I &= |E(t)|^2=|E_A(t)+E_n(t)|^2 \\ &=A^2+A_n^2+2AA_n\cos[\theta_n(t)-\theta_A(t)] \\ &\approx A^2+2AA_n\cos[\theta_n(t)-\theta_A(t)] \end{aligned} \tag{9.3-10}$$

显然，式（9.3-10）中最后一项是一个高斯随机变量，其均值为0，方差为

$$\sigma_I^2=2I_A\bar{I}_n \tag{9.3-11}$$

式中：I_A 和 $\bar{I}_n$ 分别为式（9.3-8）中等号右边第一项的瞬时强度和第二项的平均强度。因此可以认为，当 $I_A\gg I_n$ 时，单模激光的瞬时强度近似服从一个高斯型概率密度函数：

$$p_I(I)\approx\frac{1}{\sqrt{4\pi I_A\bar{I}_n}}\exp\left[-\frac{(I-I_A)^2}{4I_A\bar{I}_n}\right] \tag{9.3-12}$$

9.3.2　多模激光

在很多情况下，激光器往往工作于多模状态。对于远高于阈值的多模振荡，可以认为其总的稳态输出应为

$$E(t) = \sum_{m=1}^{N} A_m \cos[2\pi\nu_m t - \phi_m(t)] \tag{9.3-13}$$

式中：N 为模式总数；A_m 和 ν_m 分别为第 m 个模式的振幅和中心频率；$\phi_m(t)$ 为相应模式随时间涨落的初相位。

假定各个模式之间独立无关，则由式（9.3-3），第 m 个模式的特征函数为

$$M_{mE}(\omega) = J_0(\omega A_m) \tag{9.3-14}$$

于是，N 个独立模式的总特征函数为

$$M_E(\omega) = \prod_{m=1}^{N} J_0(\omega A_m) \tag{9.3-15}$$

若所有模式的振幅相等，并且等于 $\sqrt{I/N}$，则总特征函数变为

$$M_E(\omega) = J_0^N(\omega\sqrt{I/N}) \tag{9.3-16}$$

对式（9.3-15）或式（9.3-16）作傅里叶变换，即可求出瞬时振幅的概率密度函数 $p_E(E)$。不过，实际上的解析解是不可能得到的，只能通过数值计算求得其近似解。计算结果表明，对于具有若干个强度相等的独立模式的激光而言，随着独立模式数目的增多，其概率密度分布逐渐趋于高斯形式。如当 $N=5$ 时，已与高斯分布相差很小了。因此，就一阶统计而言，若各模式之间不存在耦合，则多模激光（$N>5$）与热光在统计性质上几乎相同。自然，这也符合中心极限定理。

需要说明的是，上述各个模式相互独立的多模激光振荡模型，仅适用于工作在刚刚高于阈值的气体激光器，而对于多数情况则不能成立。首先，当相位涨落主要由激光器谐振腔镜的振动引起时，各个模式的相位涨落将不再是统计独立的。其次，激光器本身是一个非线性器件，传播于激活介质中的各模式激光振荡与激活介质的非线性相互作用，将有可能引起模式之间显著的非线性耦合（如锁相）。越是工作在阈值以上很远的激光器，非线性效应越强，因而模式间的耦合效应也越显著。

9.3.3　激光经运动漫射体所产生的赝热光

一束单模或者多模激光通过一运动漫射体后，将形成一阶统计性质与热光类似的光波，故称为赝热光。参考图 9.3-3 所示实验装置，假设有一束激光照射到一个透射型漫射体（例如粗糙的毛玻璃）上。可以设想，漫射体将使入射光的波前在很小的空间尺度上发生极其复杂和无规的变形，相应的相位变化一般为 2π 的许多倍。于是，位于远场 P_0 点的光波，可以看作由漫射体上不同微区发出的大量独立子波的叠加。这些子波的相位是随机的，因此，子波场的叠加也是随机的。在忽略光束的退偏振效应情况下，所得到的叠加光场振幅服从复高斯统计，而强度服从负指数统计。进一步，当漫射体做横向运动时，光场振幅和强度都随时间涨落，其中强度的随机涨落与偏振热光一样服从负指数统计，但是带宽要比真正的热光窄得多。

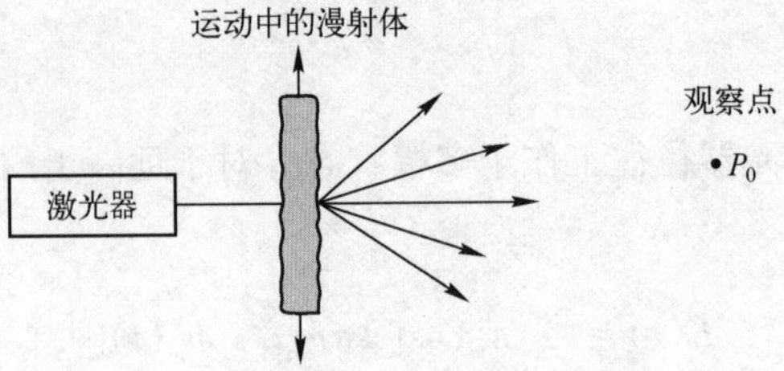

图 9.3-3　激光经运动漫射体产生的赝热光

9.4　激光散斑的统计特性及其应用

9.4.1　激光散斑效应

1960 年，第一台激光器的成功运转，揭示出了一种不曾料到的现象：当这种高度相干光经光学粗糙表面反射或透射时，在表面及其附近的空间中呈现出一种随机的颗粒状光场分布。无论用眼睛观察，还是用照相干板直接或（通过成像系统）间接地记录表面或其附近某一平面上的光场，均得到一幅亮暗分明的随机斑纹图样，称为激光斑纹或者激光散斑（speckle）。按照观察方式和散斑成因的不同，通常将激光散斑分为两类。在物体表面附近空间产生的散斑，称为物场散斑或客观散斑；经成像系统在像平面附近产生的散斑，称为像面散斑或主观散斑。图 9.4-1（a）和（b）所示分别为经放大的物场散斑和像面散斑图样。

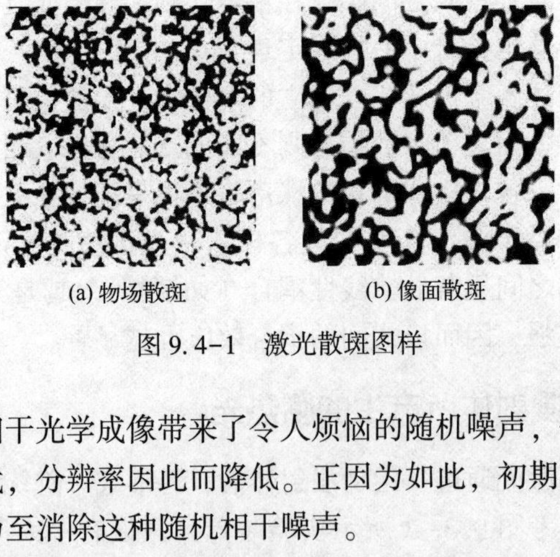

(a) 物场散斑　　(b) 像面散斑

图 9.4-1　激光散斑图样

散斑的出现，给相干光学成像带来了令人烦恼的随机噪声，使得像的精细结构被大量的随机散斑点所取代，分辨率因此而降低。正因为如此，初期有关激光散斑的研究主要都集中在如何抑制乃至消除这种随机相干噪声。

人们研究发现，一般情况下，散斑场的统计特性既取决于入射光波的相干性，又取决于粗糙表面的细致特性。但对于完全相干光，若由表面的无规散射引起的光程差大于一个或几个波长（如经均匀研磨过的毛玻璃），则空间散斑场的统计特性几乎与表面的精细结构无关。也就是说，任何一个满足上述条件的粗糙表面在其附近空间所产生的客观散斑场，均可以看作来自表面受照射区域内各点，或者局部受照射区域内各点产生的大量随机散射子波的相干叠加结果。离表面越近，参与叠加的表面区域越小。对于经成像系统在像平面上产生的主观散斑场，则可以看作由表面局部区域产生的大量散射子波，经成像系统的有限孔径所形成的夫琅禾费衍射光场的随机相干叠加结果。于是，由光场的衍射及统计理论，可以给出散斑颗粒的平均大小。在波长为 λ 的单色光照射下，对于远离物体表面的客观散斑（如图 9.4-2 中的观察平面 H 上的散斑），其平均横向直径 d_o 正比于观察平面 H 到物体表面 Q 的距离 s 及照射光波长 λ，反比于照射光斑的直径 D。即

$$d_o = 1.22\frac{\lambda s}{D} = 0.61\frac{\lambda}{\alpha} \tag{9.4-1}$$

对于像平面附近的主观散斑（如图 9.4-3 中的像平面 H 上的散斑），其平均横向直径 d_i 正比于照射光波长 λ，反比于成像系统的出射孔径角 α 或者相对孔径 D/F，即

$$d_i = 1.22\frac{\lambda}{2\alpha} = 1.22\frac{\lambda(1-M)}{D/F} \tag{9.4-2}$$

式中：M 为成像系统的横向放大率。在单透镜情况下，像面散斑的大小亦可以由像距 s' 和透镜 L 的通光孔径 D 表示，即

$$d_i = 1.22\frac{\lambda s'}{D} \tag{9.4-3}$$

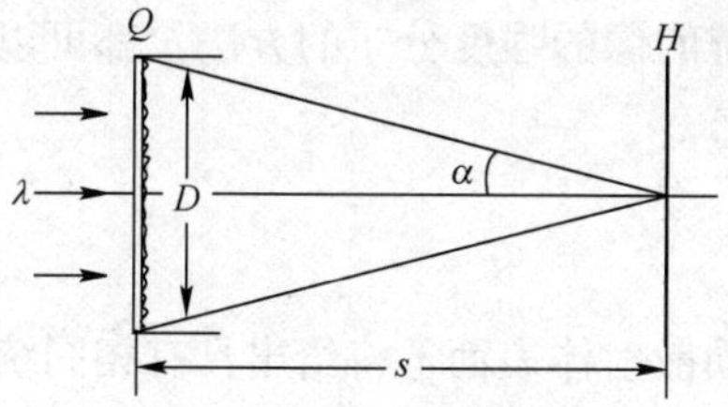

图 9.4-2　物场激光散斑的观察

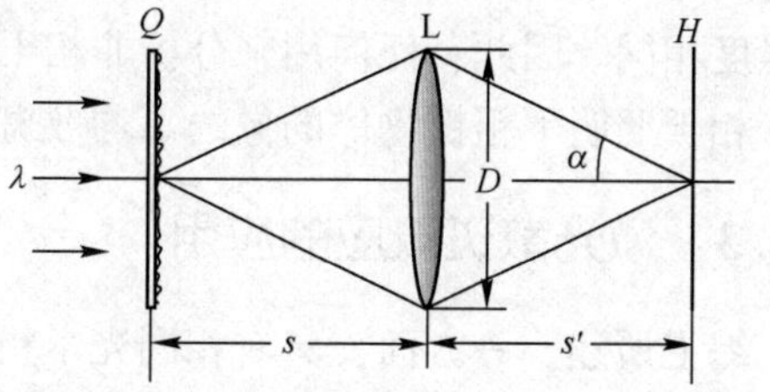

图 9.4-3　像面激光散斑的观察

9.4.2　激光散斑的一阶统计特性

绝大多数物体表面，无论是天然的还是人为加工过的，与光的波长相比都是极粗糙的。对于透射型散射体也一样。为简化讨论，假设这些散射表面具有均匀一致的宏观结构，只是在微观细节上有所不同。同时，假设用单色平面偏振光波照射散射体表面，并且散射光的偏振态不变。于是，可以将远离散射表面的空间各点的散射光场看作标量场，并且其电场强度的瞬时大小具有形式：

$$E(x,y,t) = E(x,y)\exp(\mathrm{i}2\pi\nu t) \tag{9.4-4}$$

式中：$E(x,y)$ 为散射光场的复振幅；ν 为光波频率。由于探测器存在一定的响应时间 T，并且 T 远大于光振动周期，因此实际观察到的只能是光场强度的时间平均值，即

$$I(x,y) = \langle |E(x,y,t)|^2 \rangle = \lim_{T\to\infty}\frac{1}{T}\int_{-T/2}^{T/2} |E(x,y,t)|^2 \mathrm{d}t \tag{9.4-5}$$

考虑到自散射表面反射（或者透过散射体）的光波来自大量不同散射点或散射微区的散射子波的贡献，空间任意观察场点处的光振动亦由不同散射点引起的大量振幅扩散函数叠加而成。由于表面粗糙，因此与不同散射点对应的扩散函数具有不同的初相位，从而形成极为复杂的干涉图样。为此可以建立如下统计模型：

(1) 散射表面由大量相互独立无关的散射元组成。

(2) 由于散射面的随机高度起伏和随机反射系数之间相互独立，每个散射元在观察场点的振幅和相位统计独立，因此子波之间不相干。

(3) 所有散射元在场点的相位均匀分布在主区间$[0,2\pi]$上。

根据这一假设模型可以得出：在忽略散射光的退偏振效应情况下，给定偏振分量的散射光在观察场点的叠加光振动是一个圆形复高斯随机变量，其强度分布服从负指数统计规律。即

$$p_I(I)=\frac{1}{\bar{I}}I\exp\left(-\frac{I}{\bar{I}}\right) \tag{9.4-6}$$

式中：$\bar{I}$是该偏振分量对应的散斑场强度的平均值。可以证明，散斑场强度分布的标准偏差σ_I正好等于其平均强度$\bar{I}$，因而衬比度等于1，表明所形成的散斑场是高反差的。

应该指出，相干光照明下粗糙物体所成像的平均强度分布，与具有同样功率谱密度的空间非相干光照明下观察到的该物体的像的强度相同。空间非相干光可以等效为空间相干波前的快速时间序列。序列中每个波前的实际相位结构极其复杂，并且与其他每个波前的相位结构完全无关，于是在空间非相干照明下观察到的时间积分像强度与系综平均强度相同。因此，任何用来分析非相干成像系统的像的强度分布的方法，都可以用来预言相干照明下粗糙物体的像的平均散斑强度分布。

9.4.3 激光散斑效应的应用

综上所述，一方面，具有相同光学粗糙的不同散射体表面，将给出具有相同统计特性的空间散斑分布；另一方面，由于表面附近或者像平面上任意点的散斑图样，均来自表面上一个很小区域产生的散射子波的贡献，故散斑场携带着表面点的信息。当表面发生某种变化，如位移或形变时，散斑图样亦做相应的运动。因此，激光散斑一方面作为一种有害的相干噪声，在相干光学成像过程中必须尽可能地加以抑制甚至消除；另一方面却又作为一种重要的信息载体，被广泛地应用于干涉计量、图像处理、位移和形变测量、振动分析以及无损检测等领域。

下面介绍散斑照相用于微小位移和形变测量的基本原理。

考察图9.4-3所示光路，假设像平面H上共分布着N个随机散斑，其中第n个散斑位于$r_n(x_n,y_n)$点，强度分布为$I_n(x_i-x_n,y_i-y_n)$，则整个散斑图样的总强度分布为

$$\begin{aligned}I(x_i,y_i)&=\sum_{n=1}^{N}I_n(x_i-x_n,y_i-y_n)\\&=\sum_{n=1}^{N}I_n(x_i,y_i)*\delta(x_i-x_n,y_i-y_n)\end{aligned} \tag{9.4-7}$$

现因某种原因，物体表面发生面内位移，导致像平面上的散斑场也发生相应的横向位移。设其中第n个散斑点的位移为$\boldsymbol{l}_n(l_{nx},l_{ny})$，则整个散斑图样的总强度分布变为

$$I'(x_i,y_i)=\sum_{n=1}^{N}I_n(x_i,y_i)*\delta(x_i-x_n-l_{nx},y_i-y_n-l_{ny}) \tag{9.4-8}$$

若用同一块全息记录干板依次对物体表面位移前后的两个像面散斑场作等时、线性曝光记录，则经线性显影、定影处理后，底片的振幅透射系数可表示为

$$
\begin{aligned}
t(x_i,y_i) &= \beta_0-\beta_1[I(x_i,y_i)+I'(x_i,y_i)] \\
&= \beta_0-\beta_1\sum_{n=1}^{N} I_n(x_i,y_i) * [\delta(x_i-x_n,y_i-y_n)+\delta(x_i-x_n-l_{nx},y_i-y_n-l_{ny})]
\end{aligned} \tag{9.4-9}
$$

式中：β_0和β_1为与处理过程和记录介质感光特性有关的常数。显然，该底片记录了像面散斑的位移信息，故称为位移散斑图。图 9.4-4 为经两次曝光拍摄到的像面位移散斑图样。从中可以明显看到成对出现的散斑。

将所得到位移散斑图 H 置于图 9.4-5 所示光路中透镜 L 的物方焦平面处。在相干平行光照射下，透镜 L 的像方焦平面（即频谱面）F'上将形成位移散斑图的频谱，其频谱复振幅正比于散斑图底片振幅透射系数的傅里叶变换。若取散斑图所在平面坐标为(x_i,y_i)，频谱平面坐标为(x_f,y_f)，频谱复振幅为$E(x_f,y_f)$，则有

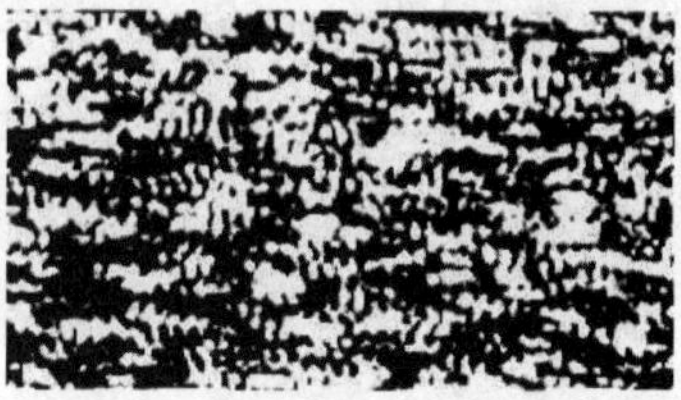

图 9.4-4　两次曝光位移散斑图样

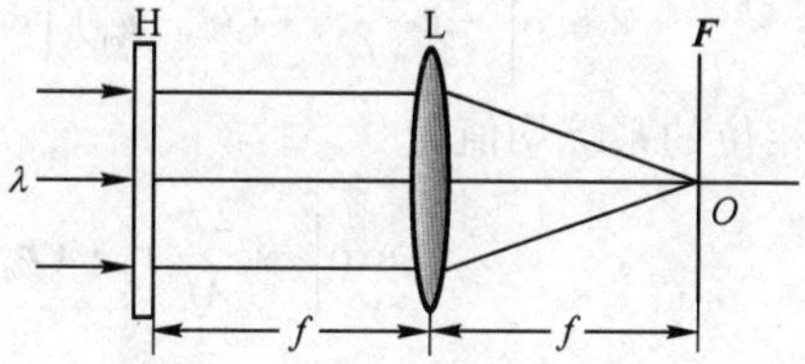

图 9.4-5　位移散斑图的频谱分析

$$
\begin{aligned}
E(x_f,y_f) &\propto \iint_{-\infty}^{\infty} t(x_i,y_i)\exp\left[-\mathrm{i}\frac{2\pi}{\lambda f}(x_fx_i+y_fy_i)\right]\mathrm{d}x_i\mathrm{d}y_i \\
&= C_0\delta(x_f,y_f) - 2C_1\sum_{n=1}^{N}\tilde{I}_n(x_f,y_f)\exp\left[-\mathrm{i}\frac{2\pi}{\lambda f}(x_fx_n+y_fy_n)\right] \\
&\quad \times\exp\left[-\mathrm{i}\frac{2\pi}{\lambda f}(x_fl_{nx}+y_fl_{ny})\right]\cos\left[\frac{\pi}{\lambda f}(x_fl_{nx}+y_fl_{ny})\right]
\end{aligned} \tag{9.4-10}
$$

式中：C_0、C_1为复常数；$\tilde{I}_n(x_f,y_f)$表示$I_n(x_i,y_i)$的傅里叶变换。即

$$
\tilde{I}_n(x_f,y_f) = \iint_{-\infty}^{+\infty} I_n(x_i,y_i)\exp\left[-\mathrm{i}\frac{2\pi}{\lambda f}(x_fx_i+y_fy_i)\right]\mathrm{d}x_i\mathrm{d}y_i \tag{9.4-11}
$$

舍去式（9.4-10）等号右边第一项（此项只在频谱图样中心形成一个很小的亮斑，舍去后并不影响对问题的讨论），得到远离中心点的频谱强度分布为

$$
\begin{aligned}
I'(x_f,y_f) &= 4C\left|\sum_{n=1}^{N}\tilde{I}_n(x_f,y_f)\exp\left[-\mathrm{i}\frac{2\pi}{\lambda f}(x_fx_n+y_fy_n)\right]\right. \\
&\quad \left.\times\exp\left[-\mathrm{i}\frac{\pi}{\lambda f}(x_fl_{nx}+y_fl_{ny})\right]\cos\left[\frac{\pi}{\lambda f}(x_fl_{nx}+y_fl_{ny})\right]\right|^2 \\
&= 4C\sum_{n=1}^{N}\sum_{m=1}^{N}\tilde{I}_n(x_f,y_f)\tilde{I}_m(x_f,y_f)\exp\left\{-\mathrm{i}\frac{2\pi}{\lambda f}[\boldsymbol{r}_f\cdot(\boldsymbol{r}_n-\boldsymbol{r}_m)]\right\} \\
&\quad \times\exp\left\{-\mathrm{i}\frac{\pi}{\lambda f}[\boldsymbol{r}_f\cdot(\boldsymbol{l}_n-\boldsymbol{l}_m)]\right\}\cos\left[\frac{\pi}{\lambda f}(\boldsymbol{r}_f\cdot\boldsymbol{l}_n)\right]\cos\left[\frac{\pi}{\lambda f}(\boldsymbol{r}_f\cdot\boldsymbol{l}_m)\right]
\end{aligned} \tag{9.4-12}
$$

式中：C 为常数。

由于像面散斑图样的强度分布是一个随机变量，所记录的位移散斑图的复振幅透射系数，以及由此导致的透过散斑图底片的光场复振幅及其频谱复振幅也是随机变量。也

就是说，实际观察到的频谱强度分布，应该是自位移散斑图上各个散斑透射的光波的随机叠加，即上式在系综$(r_1, r_2, \cdots, r_n, \cdots, r_N)$上的平均值。同时，按照偏振激光散斑的统计模型，可以将系综平均分别对光场的振幅和位相进行，并考虑到散斑位移$\boldsymbol{l}_n$随时间坐标缓慢变化，于是有

$$\begin{aligned}\bar{I}'(x_f, y_f) = \langle I'(x_f, y_f)\rangle = & \left\langle 4C\sum_{n=1}^{N}\sum_{m=1}^{N}\tilde{I}_n(x_f, y_f)\tilde{I}_m(x_f, y_f)\exp\left[-\mathrm{i}\frac{2\pi}{\lambda f}\boldsymbol{r}_f\cdot(\boldsymbol{r}_n-\boldsymbol{r}_m)\right]\right. \\ & \left.\times\exp\left[-\mathrm{i}\frac{\pi}{\lambda f}\boldsymbol{r}_f\cdot(\boldsymbol{l}_n-\boldsymbol{l}_m)\right]\cos\left[\frac{\pi}{\lambda f}(\boldsymbol{r}_f\cdot\boldsymbol{l}_n)\right]\cos\left[\frac{\pi}{\lambda f}(\boldsymbol{r}_f\cdot\boldsymbol{l}_m)\right]\right\rangle \\ = & 4C\sum_{n=1}^{N}\sum_{m=1}^{N}\langle\tilde{I}_n\tilde{I}_m\rangle\left\langle\exp\left[-\mathrm{i}\frac{2\pi}{\lambda f}\boldsymbol{r}_f\cdot(\boldsymbol{r}_n-\boldsymbol{r}_m)\right]\right\rangle \\ & \times\exp\left[-\mathrm{i}\frac{\pi}{\lambda f}\boldsymbol{r}_f\cdot(\boldsymbol{l}_n-\boldsymbol{l}_m)\right]\cos\left[\frac{\pi}{\lambda f}(\boldsymbol{r}_f\cdot\boldsymbol{l}_n)\right]\cos\left[\frac{\pi}{\lambda f}(\boldsymbol{r}_f\cdot\boldsymbol{l}_m)\right]\end{aligned} \tag{9.4-13}$$

由于对相位的系综均值为

$$\left\langle\exp\left[-\mathrm{i}\frac{2\pi}{\lambda f}\boldsymbol{r}_f\cdot(\boldsymbol{r}_n-\boldsymbol{r}_m)\right]\right\rangle=\begin{cases}1, & m=n\\ 0, & m\neq n\end{cases} \tag{9.4-14}$$

代入式（9.4-13），得

$$\begin{aligned}\bar{I}'(x_f, y_f) &= 4C\sum_{n=1}^{N}|\tilde{I}_n(x_f, y_f)|^2\cos^2\left[\frac{\pi}{\lambda f}(\boldsymbol{r}_f\cdot\boldsymbol{l}_n)\right] \\ &= \sum_{n=1}^{N}4I_{1n}(x_f, y_f)\cos^2\left[\frac{\pi}{\lambda f}(\boldsymbol{r}_f\cdot\boldsymbol{l}_n)\right]\end{aligned} \tag{9.4-15}$$

式中：$I_{1n}(x_f, y_f)=C\,|\tilde{I}_n(x_f, y_f)|^2$，表示第$n$个散斑的频谱强度分布。

可以看出，式（9.4-15）等号右边求和号以内的表达式，实际上是位移散斑图上第n对散斑在频谱面上产生的夫琅禾费衍射谱强度分布。求和表明，位移散斑图在频谱面上的衍射谱强度分布，等于所有随机分布的散斑所产生的衍射谱强度分布的叠加结果。

下面作三点讨论。

（1）由式（9.4-15）可看出，每一对散斑的频谱强度分布由两个因子的乘积组成。其一是单个散斑的衍射谱强度分布因子$I_{1n}(x_f, y_f)$；其二是由散斑对产生的衍射光波相干涉而引起的余弦平方型调制因子。调制的结果，使得散斑对的衍射图样呈现出一组限制在由单个散斑所产生的夫琅禾费衍射图样内的等间距直线型干涉条纹——相当于由双孔干涉形成的杨氏条纹。由于散斑的几何尺寸很小，故其衍射图样主要表现为一个具有较大面积且强度自中心向外逐渐减小的艾里斑，而杨氏条纹就限制在艾里斑内。条纹方向与散斑位移方向正交，其间距b_n可由余弦平方因子的周期长度给出。即

$$b_n=\frac{\lambda f}{d_n} \tag{9.4-16}$$

或

$$b_{nx}=\frac{\lambda f}{l_{nx}},\quad b_{ny}=\frac{\lambda f}{l_{ny}} \tag{9.4-17}$$

式中：b_{nx}和b_{ny}分别表示杨氏条纹沿两个正交坐标轴方向的投影间距。

（2）当位移散斑图上各点的散斑位移大小和方向相同时，即假设表面只作整体平移，则由式（9.4-15），其谱强度分布可表示为

$$\bar{I}'(x_f,y_f)=\sum_{n=1}^{N}4I_{1n}(x_f,y_f)\cos^2\left[\frac{\pi}{\lambda f}(\boldsymbol{r}_f\cdot\boldsymbol{l})\right]$$
$$=4I_1(x_f,y_f)\cos^2\left[\frac{\pi}{\lambda f}(\boldsymbol{r}_f\cdot\boldsymbol{l})\right]\tag{9.4-18}$$

式中

$$I_1(x_f,y_f)=\sum_{n=1}^{N}I_{1n}(x_f,y_f)\tag{9.4-19}$$

表示所有散斑的频谱强度之和。

式（9.4-18）表明，当两次曝光记录的两个散斑图样之间仅产生一整体的相对平移时，位移散斑图底片上的每一对散斑均在频谱面上产生一组方位和间距大小相同的杨氏条纹。因此，所有散斑对产生的杨氏条纹的非相干叠加仍是杨氏条纹，只是其强度大大加强了，如图 9.4-6 所示。虽然每一个散斑的形状及其频谱分布是任意的，但随机性保证了整个散斑图所对应的衍射谱强度分布，呈现出一种具有一定频率扩展范围，并且强度自中心向外逐渐减小的衍射光晕，简称衍射晕，如图 9.4-7 所示。可以证明，衍射晕的形状取决于记录散斑图时所用成像系统的通光孔径的形状，其大小取决于位移散斑图被照射区域内的散斑平均大小。若成像系统的孔径为圆形，散斑的平均直径为 d_i，则衍射晕为圆形（即艾里斑），且半径大小约为

$$D_f=1.22\,\frac{\lambda f}{d_\mathrm{i}}\tag{9.4-20}$$

由此可以得出结论：当位移散斑图上被照射区域内的散斑位移大小和方向恒定不变时，其频谱图样是一组限制在由单次曝光记录的散斑图所产生的衍射晕区域内的杨氏干涉条纹。按照这一特点，我们便可以将微小的散斑位移大小 l 的测量转化为杨氏条纹间距 b 的测量，后者由于线度较大而便于用常规方法较为准确地测量。

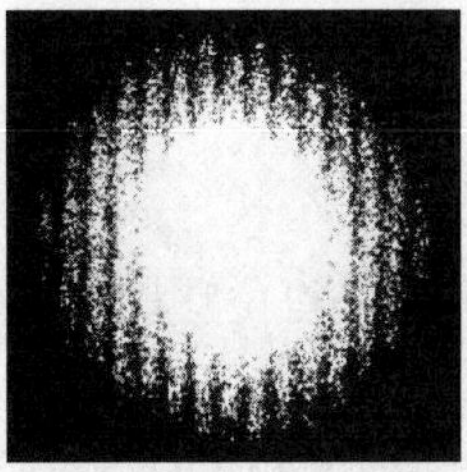

图 9.4-6　位移散斑图的频谱图样（位移恒定）

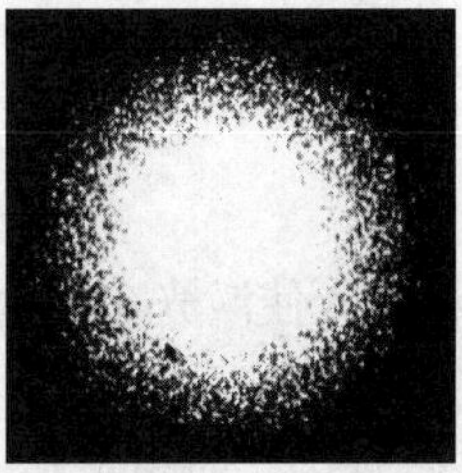

图 9.4-7　单次曝光散斑图的频谱图样

（3）一般情况下，表面各点的位移大小和方向可能不同，因此位移散斑图上相应各点散斑的位移大小和方向亦可能取不同值。这样，各散斑对在频谱面上产生的杨氏干涉条纹就可能具有不同的方向和间距大小。由式（9.4-15）可以看出，这样一系列具有不同间距大小和取向的杨氏条纹彼此叠加的结果，将使所有条纹都不再能被观察到，于是也就谈不上对条纹间距的测量了。为此，须采用下面两种方法提取各点的散斑位移信息。

① 逐点滤波法。如图 9.4-8 所示，用细激光束直接照射位移散斑图底片 H，则

可以证明，在距离 H 较远的观察平面 P_L上，将得到被照射点散斑的夫琅禾费衍射图样——与平行光照射下透镜后焦平面 F'上的衍射图样类似。由于激光束很细（约为 1mm），故可以认为被照射区域内的各散斑对具有相同的位移 $\boldsymbol{l}(l_x, l_y)$。于是，在忽略直透分量影响的情况下，可得到与式（9.4-18）类似的衍射图样强度分布。即

$$I(x_L, y_L) = 4I_1(x_L, y_L)\cos^2\left[\frac{\pi}{\lambda L}(\boldsymbol{r}_L \cdot \boldsymbol{l})\right] \tag{9.4-21}$$

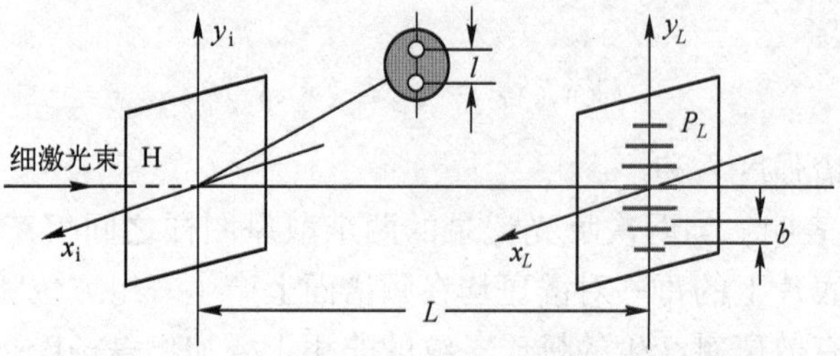

图 9.4-8　位移散斑图的逐点滤波原理

这是一组限制在由单次曝光记录的散斑图样所形成的衍射晕区域内的杨氏干涉条纹图样。与式（9.4-16）及式（9.4-17）类似，条纹间距可表示为

$$b = \frac{\lambda L}{l} \tag{9.4-22}$$

或

$$b_x = \frac{\lambda L}{l_x}, \quad b_y = \frac{\lambda L}{l_y} \tag{9.4-23}$$

通过确定条纹间距 b 的大小和条纹的方向，就可以求得位移散斑图 H 上被照射点的散斑位移大小和方向。即

$$l = \frac{\lambda L}{b} \tag{9.4-24}$$

或

$$l_x = \frac{\lambda L}{b_x}, \quad l_y = \frac{\lambda L}{b_y} \tag{9.4-25}$$

横向平移 H，使激光束依次照射每一点，这样就可以获得位移散斑图上各点的散斑位移大小和方向。

② 全场滤波法。如图 9.4-9 所示，在图 9.4-5 光路中的频谱面 F'后再加一个变换透镜 L_2（原来的透镜 L 改为 L_1），并使两个透镜共焦，从而构成一个典型的 4f 成像系统。当位移散斑图 H 位于透镜 L_1的物方焦平面上时，在透镜 L_2的像方焦平面 F''上将得到其横向放大率 $M=f_2/f_1$的倒立像。

由式（9.4-15）可看出，凡是位移满足条件

$$\boldsymbol{r}_f \cdot \boldsymbol{l} = r_f l\cos\theta = k\lambda f_1, \quad k=0,1,2,\cdots \tag{9.4-26a}$$

或

$$\boldsymbol{r}_f \cdot \boldsymbol{l} = r_f l\cos\theta = \frac{2k+1}{2}\lambda f_1, \quad k=0,1,2,\cdots \tag{9.4-26b}$$

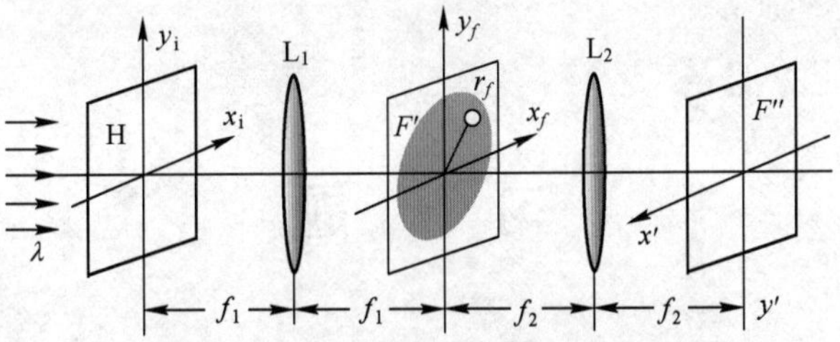

图 9.4-9　位移散斑图的全场滤波原理

的散斑对，将在频谱面上 $\boldsymbol{r}_f(x_z,y_z)$ 点形成第 k 级亮条纹或者暗条纹。其中 θ 为位移矢量 $\boldsymbol{l}$ 与位置矢量 $\boldsymbol{r}_f$ 之间的夹角，故 $l\cos\theta$ 表示散斑对沿 $\boldsymbol{r}_f$ 方向的位移大小。可以设想，若在频谱面上置一小孔光阑（即小孔滤波器），并且小孔位于 $\boldsymbol{r}_f(x_z,y_z)$ 点，则透过小孔的衍射光波仅包含了在该处形成亮条纹的那一部分散斑对的信息。其结果是，在位移散斑图 H 的共轭像平面 F' 上将只出现这些散斑对的像——亮（条纹）区，没有信息通过小孔的那些散斑对将不成像——暗（条纹）区。与这些亮、暗（条纹）区相对应的散斑对沿滤波孔方向的位移大小分别为

亮区
$$l\cos\theta = k\frac{\lambda f_1}{r_f},\quad k=0,1,2,\cdots \tag{9.4-27a}$$

暗区
$$l\cos\theta = \frac{2k+1}{2}\frac{\lambda f_1}{r_f},\quad k=1,2,3,\cdots \tag{9.4-27b}$$

当 $\boldsymbol{r}_f$ 给定时，$l\cos\theta$ 只与干涉条纹的级数 k 有关。因此，平面 F'' 上呈现的是一组沿 $\boldsymbol{r}_f$ 方向亮暗相间的位移等值线条纹，它表明同一条纹对应的位移散斑图上各点沿滤波孔方向的位移相等。条纹级次越高，相应点散斑沿滤波孔方向的位移量越大，故 0 级亮条纹所在点的散斑位移等于 0。取相邻亮（暗）条纹所对应的散斑位移差，得

$$\Delta(l\cos\theta) = \frac{\lambda f_1}{r_f} \tag{9.4-28}$$

可见，滤波孔距离中心越远，则条纹越密。

这样，依次将滤波孔置于频谱面上不同的位置，就可以得到沿不同方向，并且具有不同灵敏度的全场位移等值线条纹图样。通过对条纹级次的确定，就可以求得各点沿不同方向的位移大小。

需要说明的是，目前人们已经可以使用大面阵的高分辨率 CCD 代替全息平板来直接获取这种激光散斑图样，并采用数字图像处理技术快速提取散斑图中的相关信息。其最大优势是速度快，可保证测量过程接近实时化，从而使激光散斑技术可以脱离实验室环境而走向实际的现场应用。

习　题

第 1 章

1-1　试分别解释麦克斯韦方程组（积分式和微分式）中各个表达式的物理意义。

1-2　试从麦克斯韦方程组出发，导出电磁场在两种电介质分界面处的边值关系。

1-3　试从麦克斯韦方程组出发，导出磁感应强度 $\boldsymbol{B}$ 在无限大均匀各向同性电介质中所满足的波动方程。

1-4　说明电磁场能量密度 w 与能流密度矢量 $\boldsymbol{S}$ 的物理意义及两者与电场强度矢量和磁场强度矢量的关系。

1-5　已知某电磁场的电场强度矢量 $\boldsymbol{E}$ 和磁场强度矢量 $\boldsymbol{H}$ 在直角坐标中的分量分别为

$$E_x = A\cos(kz-\omega t),\qquad E_y = B\sin(kz-\omega t),\qquad E_z = 0$$

$$H_x = -\sqrt{\varepsilon}B\sin(kz-\omega t),\quad H_y = \sqrt{\varepsilon}A\cos(kz-\omega t),\quad H_z = 0$$

试求该电磁场的能量密度 w 及玻印亭矢量 $\boldsymbol{S}$。

1-6　设某一无限大色散介质中，$\rho=0$，$\sigma=0$，ε 和 μ 只是空间位置坐标的函数，试从麦克斯韦方程组和物质方程出发证明：

$$\nabla^2\boldsymbol{H}+\omega^2\varepsilon\mu\boldsymbol{H}+\nabla(\ln\varepsilon)\times(\nabla\times\boldsymbol{H})+\nabla[\nabla(\ln\mu)\cdot\boldsymbol{H}]=0$$

1-7　试从麦克斯韦方程组出发导出电磁场在有色散的非均匀各向同性介质中所满足的亥姆霍兹方程。

1-8　试从麦克斯韦方程组出发证明，电磁场的矢势 $\boldsymbol{A}$ 和标势 φ 分别满足方程

$$\nabla^2\boldsymbol{A}-\frac{1}{c^2}\frac{\partial^2\boldsymbol{A}}{\partial t^2}=-\mu_0\boldsymbol{J},\qquad \nabla^2\varphi-\frac{1}{c^2}\frac{\partial^2\varphi}{\partial t^2}=-\frac{\rho}{\varepsilon_0}$$

第 2 章

2-1　已知某一平面电磁波的电场强度矢量在直角坐标系中的分量分别为 $E_x=0$，$E_y=2\cos\left[2\pi\times10^{14}\left(\frac{z}{c}-t\right)+\frac{\pi}{2}\right]$，$E_z=0$，问：

（1）电磁波的频率、波长、振幅和在原点的初相位各为多少？

（2）电磁波的传播方向和电场强度矢量的振动方向如何？

（3）与电场相联系的磁感应强度为多少？

2-2　有一矢量光波，其电场强度表达式为

$$\boldsymbol{E}=\left(-\frac{\hat{\boldsymbol{x}}_0}{2}-\frac{\hat{\boldsymbol{y}}_0}{2}+\hat{\boldsymbol{z}}_0\right)\exp\{-\mathrm{i}2\pi[3\times10^4 t-10(x+y+z)]\}$$

试求其偏振方向、行进方向、相位速度、振幅、频率、波长。

2-3 已知一单色平面波的电矢量复振幅可以表示为

$$E=100\exp\{-i2\pi[16\times10^3 t-(2x+3y+4z)]\}$$

试求该平面波的单位波矢量 $\hat{\boldsymbol{k}}_0$。

2-4 证明，函数 $\varphi(z,t)=(z+vt)^2$ 是电磁场波动方程的一个解。

2-5 已知某单色平面波的振幅为 A，波长为 633nm，方向余弦为 $\cos\alpha=1/3$，$\cos\beta=2/3$，$\cos\gamma=2/3$，试求其空间频率及在平面 $z=0$ 上的复振幅分布。

2-6 波长为 500nm 的单色平面波在 xy 平面上的复振幅分布为 $E(x,y)=\exp[i2\times10^{13}\pi(x+1.5y)]$（空间频率的单位为 mm^{-1}），试确定该平面波的传播方向及空间频率和空间圆频率。

2-7 推导单色平面光波的平均能流密度表达式，说明光强度的物理意义。

2-8 证明：柱面波的振幅与柱面波到波源的距离的平方根成反比。

2-9 设某一激光辐射的能流密度为 $1W/cm^2$，问该辐射波的电场强度矢量的振幅为多少？

2-10 已知空气在电场强度 $E\approx360V/cm$ 时开始电离。假设平面电磁波的频率足够低，问电磁波的能流密度达到何值时，空气开始电离？

2-11 一台氩离子激光器输出波长为 $\lambda=488nm$ 的高斯激光束总功率为 $p_{out}=100mW$，在 $z=z_1$ 平面上光束半径及波面曲率半径分别为 $W_1=1mm$ 和 $R_1=5m$（见下图）。试求该高斯光束束腰的位置、束腰半径及 $z=z_2(z_{12}=2m)$ 处的 $E_2(R_2)$ 表达式。

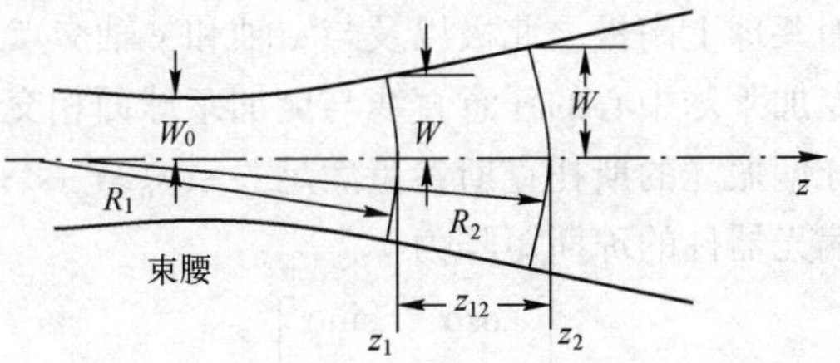

题 2-11 图　高斯光束

2-12 已知某介质对几种单色光的折射率分别为 1.517(656.3nm)、1.511(486.1nm)、1.509(589.3nm)，试由科希公式确定该介质的色散曲线方程。

2-13 试计算下列几种情况下光波的群速度：

（1）$n=A+\dfrac{B}{\lambda^2}+\dfrac{C}{\lambda^4}$（正常色散介质中的科希色散公式）；

（2）$\omega^2=\omega_c^2+c^2k^2$（波导中的电磁波，$\omega_c$为截止圆频率）；

（3）$v_p=\dfrac{\lambda}{2\pi}\left(g+\dfrac{4\pi^2T}{\lambda^2\rho}\right)$（$v_p$为液面波的相速度，$g$ 为重力加速度，T 为表面张力，ρ 为液体密度）。

2-14 设有两列同频率、振动方向正交并且相位差为 δ 的平面偏振光波沿同一方向传播，其瞬时振幅矢量大小分别为 $E_x(t)=A_x\cos(\omega t-\phi_x)$，$E_y(t)=A_y\cos(\omega t-\phi_y)$。证明：两光波叠加所得的合振动矢量末端的轨迹满足方程

$$\left(\frac{E_x}{A_x}\right)^2+\left(\frac{E_y}{A_y}\right)^2-2\frac{E_xE_y}{A_xA_y}\cos\delta=\sin^2\delta$$

2-15 设有一束强度为 I_0 的平面偏振光波先后通过一 $\lambda/4$ 波片和一偏振片，已知其入射时的偏振面与波晶片的快轴夹角为 45°，偏振片的透振方向平行于波晶片的慢轴，试用琼斯矢量法求出透射光波振幅、强度以及该系统的琼斯矩阵。

2-16 说明琼斯矢量分别为 $\begin{bmatrix}1\\ \sqrt{3}\end{bmatrix}$，$\begin{bmatrix}\mathrm{i}\\ -1\end{bmatrix}$，$\begin{bmatrix}1-\mathrm{i}\\ 1+\mathrm{i}\end{bmatrix}$ 的光波的偏振态，求出相应矢量的正交琼斯矢量，并描述其偏振态。

2-17 证明下列器件的琼斯矩阵：

（1）各向同性的相位延迟器（设相移为 ϕ）：$\boldsymbol{J}=\begin{bmatrix}\mathrm{e}^{\mathrm{i}\phi} & 0\\ 0 & \mathrm{e}^{\mathrm{i}\phi}\end{bmatrix}$；

（2）透光轴与 x 方向成 θ 夹角的起偏器：$\boldsymbol{J}=\begin{bmatrix}\cos^2\theta & \sin\theta\cos\theta\\ \sin\theta\cos\theta & \sin^2\theta\end{bmatrix}$；

（3）快轴与 x 方向成±45°夹角时的 1/4 波片：$\boldsymbol{J}=\frac{1+\mathrm{i}}{2}\begin{bmatrix}1 & \mp\mathrm{i}\\ \mp\mathrm{i} & 1\end{bmatrix}$。

2-18 已知一束左旋圆偏振光穿过一 1/2 波片后变为右旋圆偏振光，试求该 1/2 波片的琼斯矩阵。

2-19 利用快轴沿 y 轴方向的 1/4 波片和起偏方向与 x 轴成−45°的偏振片组合，可构成一个右旋圆偏振光选通器件。试说明其原理。

2-20 试给出庞加莱球上南极、北极以及与 x 轴和 y 轴交点对应的琼斯矢量。

2-21 证明：过庞加莱球中心的任意直线与庞加莱球面相交的两点的偏振态正交。

2-22 证明：部分偏振光的斯托克斯参量满足关系 $s_0^2>s_1^2+s_2^2+s_3^2>0$。

2-23 已知某个偏光器件的琼斯矩阵为

$$\begin{bmatrix}\cos\alpha & \sin\alpha\\ -\sin\alpha & \cos\alpha\end{bmatrix}$$

其中 α 为常数。试求在下面几种不同偏振光入射时，其出射光的偏振态：

（1）平面偏振光，其偏振面与水平面夹角为 θ；

（2）左旋圆偏振光；

（3）右旋圆偏振光。

2-24 试根据 1/4 波片的米勒矩阵分析两个相同 1/4 波片分别平行和正交叠置后的总米勒矩阵。假设该 1/4 波片的快轴：

（1）沿 x 轴方向；

（2）沿 y 轴方向；

（3）与 x 轴夹角±45°。

第 3 章

3-1 单色平面光波以 30°角入射到空气和火石玻璃（$n_2=1.7$）的分界面上。试求电场强度矢量分别垂直和平行于入射面分量的强度反射率 R_s 和 R_p。

3-2　设光波自两种不同介质分界面两侧垂直入射时的振幅反射比分别为 r 与 r'，试由菲涅耳公式证明 r 与 r' 及振幅透射比 t 与 t' 分别满足关系 $r=-r'$，$tt'=1-r^2$。

3-3　已知有两种不同介质，其介电常数 ε_1、ε_2 和导磁率 μ_1、μ_2 各自相等，即 $\varepsilon_1=\mu_1$，$\varepsilon_2=\mu_2$，并且 $\mu_1\neq1$，$\mu_2\neq1$。试证明：当光波垂直自介质 1 向介质 2 入射时，其振幅反射比等于零。

3-4　一单位振幅的单色平面波，垂直入射到折射率分别为 n_1 和 n_2 的两种透明介质分界面上。

（1）利用边界条件，求出振幅反射系数 r 与振幅透射系数 t；

（2）由能量守恒写出联系 r 与 t 的关系式。

3-5　已知一单色平面波以 30°角从空气射入 K_9 玻璃（$n=1.52$）。如果换成 ZK_9 玻璃（$n=1.63$），欲使其与 K_9 玻璃的折射角相等，问应以多大角度入射？

3-6　振动面位于入射面内的线偏振光，以 30°角从空气投射至一块 K_9 玻璃板（$n=1.52$）上，试求在玻璃表面上的振幅反射系数与振幅透射系数。

3-7　从菲涅耳公式出发，讨论自然光自光密介质 1 进入光疏介质 2 时，在分界面上的反射和透射规律，已知两种介质的折射率分别为 $n_1=1.5$，$n_2=1$，画出振幅反射系数与振幅透射系数随入射角的变化曲线。

3-8　一束 p 偏振的球面光波斜入射至两种电介质分界面上，假设光束轴线方向与界面法线方向夹角正好等于布儒斯特角，试定性分析反射光波与折射光波的振幅分布特征。

3-9　试根据菲涅耳公式分析一束圆偏振光波垂直照射两种电介质分界面上时，其反射光波和透射光波的偏振特性。

3-10　如图，一偏振光分束器（偏振分光棱镜）由两块高折射率的直角玻璃棱镜胶合而成，胶合面上交替镀有两种不同折射率的薄膜多层。当自然光从棱镜一边垂直入射时，其两个正交的线偏振分量将在胶合面处被分开，这样便可获得两束振动方向正交的平面偏振光，试分析其分光原理。

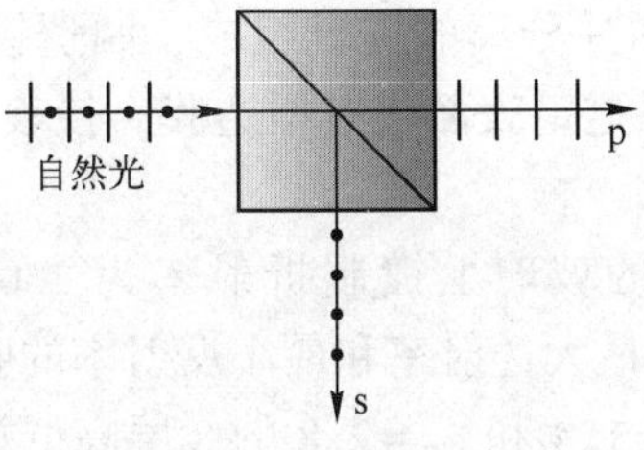

题 3-10 图　偏振分束器

3-11　一束波长为 500nm 的平面光波，以 45°角入射到空气与相对介电常数为 $2+i0.6$ 的介质的分界面上，试求：

（1）光波在该介质中的方向（折射角）；

（2）介质的消光指数和吸收系数；

（3）该光波能否通过 10μm 厚的介质层？

3-12　试讨论全反射时倏逝波的穿透深度与古斯-汉森位移的关系。

3-13 试设计一个观察全反射倏逝波的实验装置光路。

3-14 证明：全反射时倏逝波沿界面法线方向的平均能流密度$\langle S_z \rangle=0$，而沿界面方向的平均能流密度$\langle S_x \rangle \neq 0$。

3-15 假设在全反射棱镜的反射面上涂有一层厚度不均匀的透明介质薄膜，膜厚最大处仅为照射光波长的几分之一。试分析此时薄膜介质的厚度和折射率与反射光的反射相移的关系。

3-16 如图所示，为把光束引入薄膜光波导，常采用棱镜耦合器。在棱镜底面与作为波导的薄膜上表面之间保持很薄的空气层，其厚度为$\lambda/8 \sim \lambda/4$。若使激光束到达棱镜底边时发生全反射，则由于倏逝波的存在，激光束的能量可进入薄膜。已知$n_p=2.30$，$n_0=2.21$，$\theta_3=68°$，问：棱镜的α角必须大于多少？

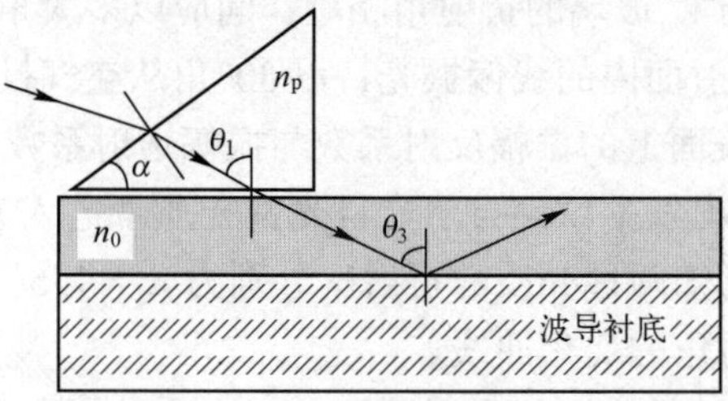

题 3-16 图

3-17 如图所示，为了让基于棱镜全反射原理的指纹读取装置做得更薄，人们采用一种表面带有微棱镜阵列的薄膜替代块状全反射棱镜，试分析其原理及合理性。

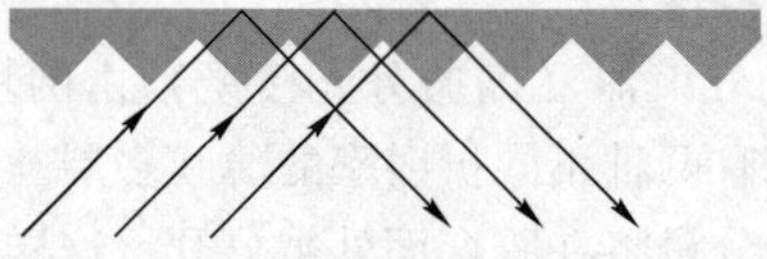

题 3-17 图

3-18 某一光学系统由两片分离的透镜组成，两透镜的折射率分别为 1.5 和 1.7，求系统的反射光能损失。如果透镜表面镀有增透膜，使表面反射率降为 1%，问该系统的光能损失又为多少？

3-19 在折射率为 1.5 的玻璃上镀制折射率为 2.0 的单层膜，入射光波长$\lambda=500$nm，求正入射时能够给出最大透射率和最小反射率的膜厚。

3-20 试求由折射率$n_L=1.4$和$n_H=2.8$的 8 层高低折射率材料（每种 4 层）组成的多层高反膜的峰值反射率。

3-21 令波长为 550nm 的单色光垂直入射到折射率为 1.5 的玻璃板上。

（1）在玻璃板上镀双层增透膜，要求透射率达 100%，一种物质是MgF_2，折射率为 1.38，问另一种物质的折射率应选为多少？先镀哪种物质？

（2）在玻璃上镀增反膜，欲使反射率达到 99%以上，所给两种物质分别是冰洲石（$n=1.35$）和二氧化钛（$n=2.45$）。设每层膜的光学厚度均为$\lambda_0/4$，空气折射率为 1。问最少应镀多少层？怎样排列？

3-22 用一束单色平行光倾斜照射一表面光滑的圆柱形玻璃棒，假设光束直径恰好与玻璃棒的直径相等，光束轴线与玻璃棒轴线的夹角为 α。试分析，当 $0\leqslant\alpha<90°$ 时，自玻璃棒反射和折射光束的特点。

3-23 试分析光波在电介质超构表面上的全反射与通常在两种电解质表面上的全反射在原理和实现途径上有何区别。

3-24 现有一折射率沿界面法线方向呈周期性渐变的电介质，假设该介质的折射率为 $n(z)=n_0+\Delta n\cos[(2\pi/\Lambda)z]$，其中 Λ 为折射率变化周期，$\Delta n\ll n_0$ 为调制度，折射率变化区域的长度为 L。试分析，当一束单色平面光波自折射率为 n_0 的均匀介质垂直进入该渐变介质时，其振幅反射比如何？

第 4 章

4-1 试分析频率为 ω 的 TE_{01} 波在矩形金属波导中的电场和磁场分布。已知波导在 x、y 方向的宽度分别为 a 和 b。

4-2 设有一对称型平面介质光波导，$n=3.6$，$n_0=n_g=3.5$，厚度 $h=5\mu m$，$\lambda=0.8\mu m$，试确定其传输模式的最高阶数和相应的传播常数。

4-3 用厚度为 $h=4\mu m$ 的对称型薄膜波导单模传输波长为 $\lambda=0.8\mu m$ 的 TE_0 模式时，其波导层与覆盖层和衬底材料的折射率差应有何要求？

4-4 试分析为什么对称型薄膜波导中传输的基模不存在截止波长，而非对称型薄膜导中传输的基模却存在截止波长。

4-5 今欲在 $1.3\mu m$ 波长双异质结半导体激光器中获得基模输出，已知波导中导光层的折射率为 $n=3.501$，覆盖层和衬底的折射率为 $n_0=n_g=3.220$，问导光层的厚度应满足什么条件？

4-6 已知一对称型带状介质光波导，宽度和厚度分别为 a 和 b，导光层的折射率为 n，覆盖层和衬底的折射率为 n_0。证明：波导的基模传输条件为 $a=b$。

4-7 如果介质折射率变化只与变量 z 有关，与 x，y 无关，即 $n(x,y,z)=n(z)$，试写出普遍的光线轨迹方程和傍轴近似下的光线轨迹方程。

4-8 试利用傍轴近似下的光线轨迹方程，分析介质折射率为 $n(z)=ne^{az}$（$0<a\ll1$，$z\geqslant0$ 时，n_0 为常数），初始条件分别为 $x(0)=x_0$、$y(0)=y_0$，$x'(0)=x'_0$、$y'(0)=y'_0$ 时，光线的轨迹 $x(z)$ 和 $y(z)$。

4-9 一阶跃型光纤的纤芯和包层的折射率分别为 $n_1=1.55$，$n_2=1.50$，试求该光纤在空气中的数值孔径 NA 和最大入射孔径角 θ_0。若将该光纤放入水中（设水的折射率为 1.33），问光纤的数值孔径 NA 是否会改变？如果改变，改变量是多少？

4-10 试从全反射条件出发，证明图 4.4-4 中的子午光纤和图 4.4-5 中的弧矢光线的数值孔径分别为 $NA=n_0\sin\theta_0=n_1\sqrt{2\Delta_n}$ 和 $NA=n_0\sin\theta_0=n_1\sqrt{2\Delta_n}/\cos\gamma$。

4-11 已知某一阶跃型光纤的纤芯和包层的折射率分别为 $n_1=1.52$，$n_2=1.51$，现欲使该光纤作单模传输，问当工作波长分别为 $\lambda_0=1.2\mu m$ 和 $\lambda_0=0.8\mu m$ 时，光纤的最大纤芯半径应为多少？

4-12 一单模光纤的纤芯半径为 $a=5\mu m$，包层的折射率为 1.62，工作波长为 $1.3\mu m$，求纤芯的最大折射率。

4-13 如果光纤传输的波段分别为0.8~0.9μm和1.2~1.3μm，每个信道的频带宽度为4kHz，每套彩色电视节目的频带宽度为10kHz，问该光纤在理论上可以分别传送多少对信道或多少套电视节目？

4-14 设非均匀光纤纤芯的折射率分布为$n_1(x,y,z)=n_1(r)=n_0(x^2+y^2)\sqrt{1-a^2}=n_0r^2\sqrt{1-a^2}(0\leqslant r\leqslant a)$，入射到光纤端面的光线的初始条件为$x(0)=x_0$，$y(0)=y_0$，光线与$x$、$y$、$z$轴的夹角分别为$\alpha_0$、$\beta_0$、$\gamma_0$。试求：

（1）光线弯曲的轨迹方程；

（2）当$\beta_0=\pi/2$和$\beta_0\neq\pi/2$时，光线的轨迹曲线。

4-15 说明梯度折射率光纤的自聚焦特性和成像特性，并设想其可能的应用。

4-16 如何测量一个阶跃型带状波导或光纤的横向折射率分布？设计出一个实验光路图。

第5章

5-1 利用菲涅耳方程求解单轴晶体中光波电位移矢量与电场强度矢量之间的夹角。

5-2 证明：当$\tan\theta=\dfrac{n_e}{n_o}$时，单轴晶体中非常光的波矢方向与光线方向的离散角有最大值α_{max}，且$\tan\alpha_{max}=\dfrac{n_e^2-n_o^2}{2n_on_e}$。

5-3 试由波矢面证明：在介电主轴坐标系中，双轴晶体两个光轴方向与z轴方向的夹角满足

$$\tan\gamma=\pm\frac{n_z}{n_x}\sqrt{\frac{n_x^2-n_y^2}{n_y^2-n_z^2}}$$

5-4 证明：若以法线速度矢量绘制法线面（书中是以折射率面的倒数面代替法线面），则该法线面与三个介电主轴的交点和相应的光线面与三个介电主轴的交点分别重合。

5-5 已知波矢量$\boldsymbol{k}$与双轴晶体两光轴C_1和C_2的夹角分别为γ_1和γ_2。证明：与$\boldsymbol{k}$相应的法线速度v和折射率n可分别表示为

$$v^2=\frac{1}{2}[v_x^2+v_z^2+(v_x^2-v_z^2)\cos(\gamma_1\pm\gamma_2)]$$

$$\frac{1}{n^2}=\frac{1}{2}\left[\frac{1}{n_x^2}+\frac{1}{n_z^2}+\left(\frac{1}{n_x^2}-\frac{1}{n_z^2}\right)\cos(\gamma_1\pm\gamma_2)\right]$$

5-6 已知某晶体对钠黄光（$\lambda=589.3$nm）的三个主折射率分别为$n_x=1.959$，$n_y=2.043$，$n_z=2.240$。试求：

（1）晶体的主介电常数；

（2）晶体的菲涅耳方程表达式，以及在其主轴方向上$\boldsymbol{D}$与$\boldsymbol{E}$的关系；

（3）晶体的折射率椭球表达式，以及其在主轴方向上$\boldsymbol{E}$与$\boldsymbol{D}$的关系。

5-7 试用折射率面讨论单轴晶体中o光和e光的传播规律。

5-8 证明：当光线沿某一介电主轴方向时，其光线速度与法线速度相等，求出光线沿 x 轴时的光线速度表达式。

5-9 已知某单轴晶体的光轴与界面垂直，平行于入射面的线偏振光以 θ 角自空气中入射在晶体界面上。证明：进入晶体的折射光与晶体界面法线方向的夹角 θ_{es} 满足关系

$$\tan\theta_{es}=\frac{n_o\sin\theta}{n_e\sqrt{n_e^2-\sin^2\theta}}$$

5-10 已知一束自然光垂直入射到主折射率分别为 n_o 和 n_e 的单轴晶体上，光轴与晶体表面成 θ 角，求晶体中 o 光和 e 光的折射率。

5-11 假设光线斜入射到单轴晶体表面上，晶体的光轴位于入射面内并且平行于表面。证明：o 光折射角 θ_o 和 e 光折射角 θ_e 之间满足关系

$$\frac{\tan\theta_o}{\tan\theta_e}=\frac{n_o}{n_e}$$

5-12 现有一主折射率 $n_o=1.5246$，$n_e=1.4792$ 的磷酸二氢胺电光晶体，厚度 $d=1\text{mm}$，晶体的光轴与其表面成 45°夹角，波长 500nm 的自然光正入射到晶体上。试求：

（1）晶体内 o 光和 e 光传播方向间的夹角；

（2）o 光和 e 光的光线速度；

（3）o 光和 e 光从晶体后表面出射时的相位差。

5-13 下图为利用 KDP 晶体纵向电光效应进行强度调制的实验装置图，设入射自然光的振幅为 A_0，晶体的长度为 l，不考虑系统的吸收等损耗。证明：输出光强度为 $I_{out}=(A_0^2/2)\sin^2(\delta/2)$（$\delta$ 为 KDP 晶体纵向运用时的电光相位延迟）。

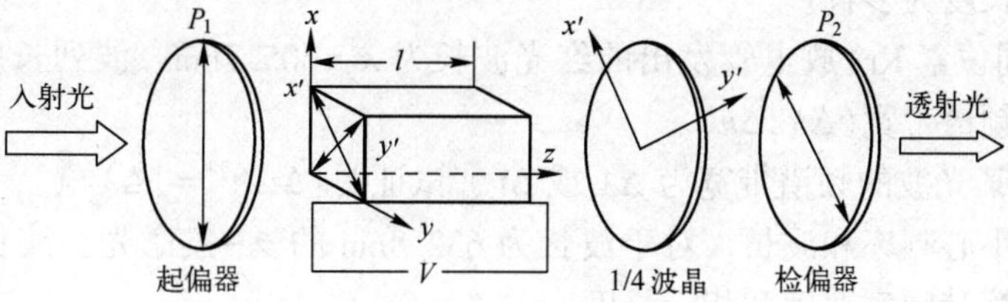

题 5-13 图　电光调制器结构

5-14 证明：当沿单轴晶体 KDP 的光轴方向（z 轴方向）施加电场 $\boldsymbol{E}(=\boldsymbol{E}_z)$ 时，晶体的折射率椭球将在 xy 平面内绕 z 轴转动 45°角。

5-15 电场 $\boldsymbol{E}$ 平行于 z 轴方向施加在 KDP 晶片上。证明：该折射率椭球在 xz 平面内绕 y 轴转动的角度 φ 为

$$\varphi=-\frac{1}{2}\arctan\left(\frac{2\gamma_{41}E_2}{1/n_o^2-1/n_e^2}\right)$$

第 6 章

6-1 设沿 z 方向传播的两列单色平面波的瞬时电矢量大小为 $E_1=A\sin[k(z+\Delta z)-\omega t]$，$E_2=A\sin(kz-\omega t)$。证明：合成光波电矢量大小为 $E=2A\cos\left(\frac{k\Delta z}{2}\right)\sin\left[k\left(z+\frac{\Delta z}{2}\right)-\omega t\right]$。

6-2 设圆频率分别为 ω_1 和 ω_2 的两列单色平面波沿 z 方向传播，$E_1=a\cos(\omega_1 t-kz)$，$E_2=a\cos(\omega_2 t-kz)$。

（1）证明：合成光波的电场强度大小为 $E=2a\cos(\Delta\omega t-\Delta kz)\cos(\omega_0-k_0 z)$。其中：$\Delta\omega=(\omega_1-\omega_2)/2$，$\Delta k=(k_1-k_2)/2$，$\omega_0=(\omega_1+\omega_2)/2$，$k_0=(k_1+k_2)/2$。

（2）试求：等幅面的传播速度（群速）v_g 及等相面的传播速度（相速）v_p。

（3）证明：$\omega_1-\omega_2=\Delta\omega_m\ll\omega_1,\omega_2$ 时，$v_g=v_p-\lambda\dfrac{dv_p}{d\lambda}$。

6-3 白光穿过干涉滤色片后可得到准单色光，设滤色片的带宽为 10nm，中心波长为 600nm，问该准单色光的相干长度和相干时间分别是多少？

6-4 用灯丝直径为 0.1mm 的直丝钨丝灯作干涉实验用光源。为使横向相干宽度至少为 1mm，问光阑必须离灯多远？假若用双缝光阑，为何狭缝的缝长方向应该平行于灯丝？

6-5 已知两独立激光束的中心频率分别为 ν_1 和 ν_2，当此两光束在空间叠加时，用一探测器（探测时间为 T_0）检测其强度分布。

（1）若能觉察到干涉现象，则每个激光束容许的频率宽度 $\Delta\nu$ 为多少？

（2）为了能发现光拍，则两光束的最大频率差 $|\nu_2-\nu_1|_{max}$ 为多少？

6-6 证明：光场复相干度 $\gamma_{12}(\tau)$ 的模值 $|\gamma_{12}(\tau)|\leqslant 1$。

6-7 证明：高斯型激光脉冲 $E(t)=A\exp(-at^2-i\omega_0 t)$ 的功率谱也是中心频率为 ω_0 的高斯函数。

6-8 已知 He-Ne 激光器的频率稳定度为 $\Delta\nu/\nu=10^{-10}$，问激光器发出的 632.8nm 的激光的波列长度为多长？

6-9 氪同位素 Kr^{86} 放电管发出的红光波长为 $\lambda=605.7$nm，波列长度约为 800nm，试求该光波的频谱带宽($\Delta\lambda,\Delta\nu$)。

6-10 若某光波的频谱带宽为 $\Delta\lambda$ 或 $\Delta\nu$，试证明 $|\Delta\nu/\nu|=|\Delta\lambda/\lambda|$，式中 ν 和 λ 分别为该光波的中心频率和波长。对于波长为 632.8nm 的氦-氖激光，波长宽度 $\Delta\lambda=2\times10^{-8}$nm，试计算其频率宽度和相干长度。

6-11 已知太阳直径对地面的张角为 0.01rad($\approx30'$)，太阳光谱强度的极大值位于波长 $\lambda=550$nm 处，试计算地球表面上的相干面积。

6-12 在杨氏实验中，照明两小孔的光源是一个直径为 2mm 的圆形光源，光源到小孔的距离为 1.5m，输出光波长为 500nm。问两小孔能够发生干涉的最大距离是多少？

6-13 试求一段宽度为 L 的余弦波矩形脉冲的傅里叶变换，并绘出其频谱图（题 6-13 图）。

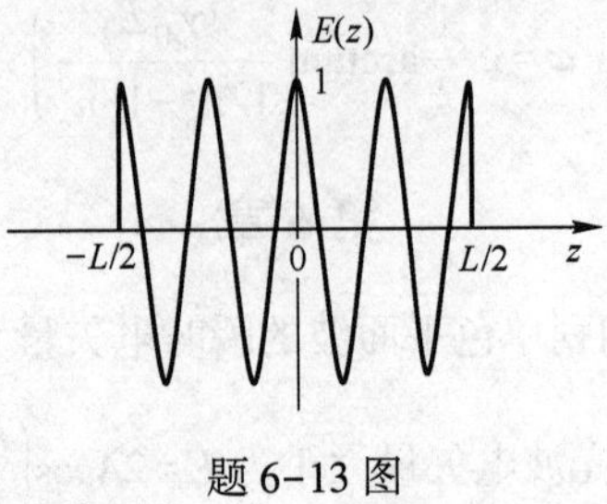

题 6-13 图

6-14 试求一段宽度为 L 的余弦波三角形脉冲的傅里叶变换，并绘出其频谱图（题 6-14 图）。

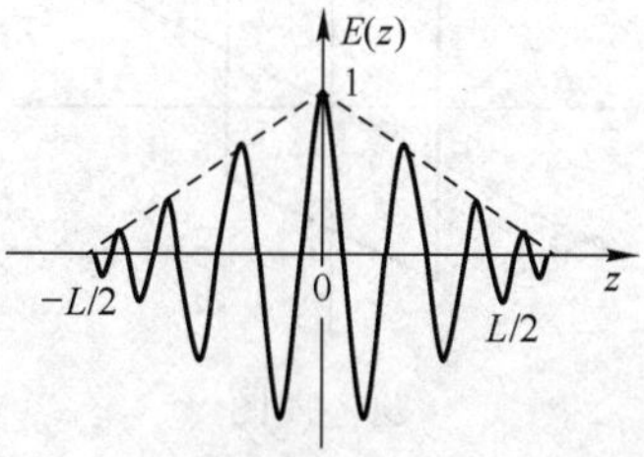

题 6-14 图

6-15 用计算机绘出三种准单色光光谱线型（简约型、高斯型、洛伦兹型）的归一化功率谱密度和时间相干度曲线。

6-16 设某光源发出的两条谱线均为洛伦兹型，谱线宽度分别为 $\Delta\nu_1$ 和 $\Delta\nu_2$。求合谱线的线型及宽度。

第 7 章

7-1 假定用单位振幅的平面相干光波垂直照射下列衍射屏：

（1）直径为 D 的圆孔；

（2）直径为 D 的不透明圆屏；

（3）宽度为 a 的单缝；

（4）长和宽分别为 a 和 b 的矩孔。

试分别求出衍射屏后表面处光场复振幅的频谱。

7-2 用波长 $\lambda = 500\text{nm}$ 的单色平面波垂直照射半径 $r = 1\text{mm}$ 的圆孔屏，在屏的后方观察其衍射，假设观察范围是与衍射圆孔共轴的半径 $\rho = 29\text{mm}$ 的圆域，试分别求出满足菲涅耳近似和夫琅禾费近似的最小 z 值。

7-3 用单位振幅的平面波垂直照射一方形环孔（见题 7-3 图）的屏，试讨论该方形环孔的夫琅禾费衍射图样的强度表达式。

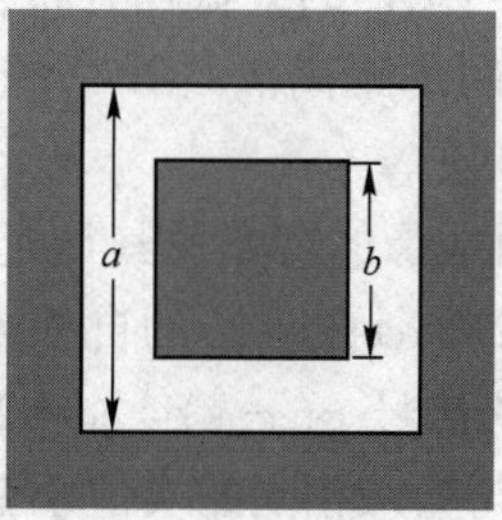

题 7-3 图

7-4 如图所示，利用半径为 R，折射率为 n 的透明圆柱体的一部分作为柱面透镜。

（1）试求傍轴条件下该柱面透镜的相位变换式；

（2）当沿 z 方向传播的单位振幅的平面波通过此透镜后将会聚于何处？会聚得到的是焦点还是焦线？

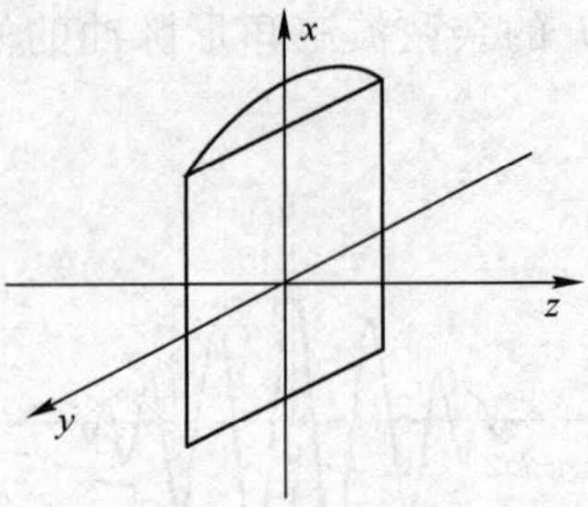

题 7-4 图

7-5 已知两振幅型正弦光栅 G_1 和 G_2 的振幅透射系数分别为

$$\begin{cases} t(x)=t_{01}+t_a\cos(2\pi u_0 x) \\ t(y)=t_{02}+t_b\cos(2\pi v_0 y) \end{cases}$$

（1）若将两光栅正交密叠在一起（题 7-5 图（a）），并且用单位振幅的单色平面波垂直照射，求夫琅禾费衍射斑的方向角。

（2）若将两光栅平行密叠在一起（题 7-5 图（b）），并且用单位振幅的单色平面波垂直照射，求夫琅禾费衍射斑的方向角。

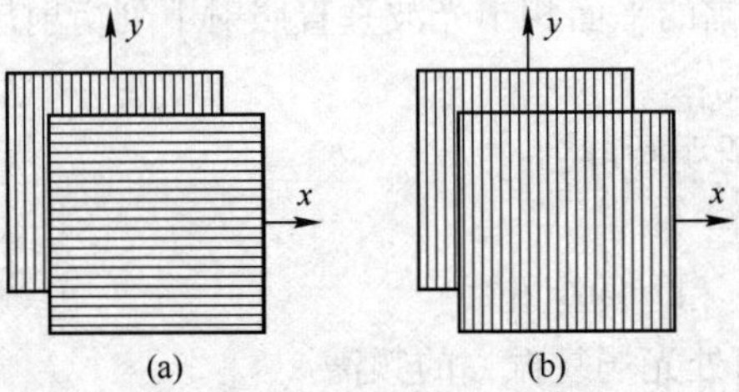

题 7-5 图

7-6 设某衍射屏的复振幅透射系数为 $t(x,y)=\dfrac{1}{2}(1+m\cos 2\pi u_0 x)$，今用单位振幅的单色平面光波垂直照射该衍射屏。

（1）求观察屏上的菲涅耳衍射图样的复振幅分布；

（2）讨论观察屏与衍射屏之间的距离满足什么条件时，屏上光振动的相位不随空间位置而变，即在空间是纯粹调幅的。

7-7 试分析光栅的 Talbot 自成像的特点及其与光栅几何成像之区别。

7-8 求函数 $g(x)=\mathrm{rect}(x+2)+\mathrm{rect}(x-2)$ 的自相关函数，并画出其函数曲线。

7-9 向线性系统输入一余弦信号 $g(x,y)=\cos[2\pi(ux+vy)]$，问在什么样的条件下，系统的输出为一个空间频率与输入相同的实值余弦函数？用适当的系统特征表示输出的振幅和相位。

7-10 使用透镜可使高斯光束的束腰移动。已知用透镜使光斑尺寸为 1cm 的高斯光束在尽可能远处形成束腰，试求最远距离。

7-11 已知一衍射受限成像系统的出射光瞳为直径 $D=6\text{cm}$ 的圆，出射光瞳平面与像平面相距 20cm。现用 $\lambda=633\text{nm}$ 的单色平行光垂直照射一振幅型正弦光栅。若要在像平面上得到该光栅的像，问该光栅的空间频率不得超过每毫米多少线？

7-12 用一架镜头直径为 $D=20\text{mm}$、焦距为 $f=70\text{mm}$ 的照相机拍摄 2m 远处受相干光照明的物体的照片，求照相机的相干传递函数以及像和物的截止空间频率。设照明光源的输出波长 $\lambda=600\text{nm}$，若被成像的物是周期为 d 的矩形光栅，问当 d 分别为 0.4mm、0.2mm 和 0.1mm 时，像的强度分布的大致情形如何？

7-13 有一单透镜成像系统，其圆形边框的直径为 7.2cm，焦距为 10cm，并且物体和像等大。设物的复振幅透射系数为 $t(x)=|\sin(2\pi x/b)|$，其中 $b=0.5\times10^{-3}\text{cm}$。今用 $\lambda=633\text{nm}$ 的单色平行光垂直照明该物体，试解析说明在相干光和非相干光照明情况下，像平面上能否出现强度的起伏？

7-14 已知某正弦型物体的复振幅透射系数为 $t(x,y)=\frac{1}{2}(1+\cos2\pi u_0x)$，现将其置于相干成像系统中进行成像，并用单位振幅的平面波垂直照射。设物的空间频率 u_0 小于系统的截至频率，并且忽略系统的放大和其他损耗因素。

（1）若系统无像差，求像平面上的强度分布；

（2）证明：同样的强度分布也出现在无穷多个离焦平面上。

7-15 证明：衍射受限的非相干成像系统的调制传递函数具有递减性，即

$$|H(u,v)|\leqslant|H(0,0)|$$

7-16 设有一透镜的光瞳为透射率渐变的圆孔，并且其振幅透射系数从中心到边缘线性地从 1 减小到 0，求该透镜的光学传递函数。

7-17 试设计一个测量非相干成像系统光学传递函数的实验光路，并分析其可能的测量误差。

7-18 对于一个非相干光学成像系统，为何通过在系统的两个正交方向上测量一个狭缝的线扩散函数，就能确定该光学系统的光学传递函数？

7-19 按照阿贝二次衍射成像理论，一个光学系统能够对物体连续作两次傅里叶变换的过程，相当于系统对该物体的一次成像过程。然而，有些函数，其傅里叶变换就等于其自身，如高斯函数。通常将这类函数称为自傅里叶函数或自变换函数。如果某个物体的复振幅透射系数也具有这种自傅里叶变换性质，则意味着利用光学系统对其作一次傅里叶变换就可以实现成像，或者说该物体的频谱分布就是其像场的复振幅分布。试分析，此时在频谱平面获得的物体这个像与在系统共轭像平面上得到的像有何异同？

7-20 试分析，对于相干和非相干光学成像系统，当系统孔径和照射光波长均已确定时，还有无可能使系统的成像分辨率突破其理论分辨极限？如有可能，可采取哪些有效措施？为什么？

第 8 章

8-1 证明：光线方程中的 z 分量可以从 x 和 y 分量得到。

8-2 已知自聚焦光纤的折射率变化特性可表示为

$$n^2(x,y,z)=n_0^2[1-\alpha^2(x^2+y^2)]$$

式中：n_0 和 α 是常数。试求在这种介质中傍轴光线的一般路径轨迹。其次，讨论下列两种情况：

（1）光线限制在一个平面内；

（2）光线作螺旋形传播，其与轴线的距离是个定值。

8-3 试证明：如果介质的折射率与 z 无关，则光线的轨迹函数 $x(z)$ 严格地满足关系

$$\frac{\mathrm{d}^2 x}{\mathrm{d}z^2}=\frac{1}{2C^2}\frac{\partial n^2}{\partial x}$$

式中：C 为常数。

8-4 已知在折射率分布函数为 $n(x)=n_0\operatorname{sech}(\alpha x)$ 的介质中，位于 xz 平面上的光线沿 z 方向传播，并且在 $z=0$ 处，$x=x_0$，$\mathrm{d}x/\mathrm{d}z=\tan\alpha_0$，试求光线的轨迹函数 $x(z)$，并证明光线的振荡周期与起始条件无关。

8-5 利用光学哈密顿方程组导出厚透镜在空气中成像的物像关系式，已知透镜的折射率为 n_0，前后表面的曲率半径分别为 R_1 和 R_2。

8-6 已知光线在折射率分布为 $n^2(x)=n_0^2+n_1^2(1-\mathrm{e}^{-\alpha x})$ 的介质中传播，$x>0$。试求光线的轨迹方程。

8-7 地球周围的大气层可视为球对称型介质，其折射率可以近似地用 $n=n_1-n_2 r$ 表示，式中 n_1 和 n_2 为常数。试求在这种介质中光线的轨迹方程。

8-8 试分析为何在力学系统和光学系统这两个完全不同的物理系统之间，能够用哈密顿原理和费马原理联系起来。

第 9 章

9-1 证明：偏振热光的平均光强度等于其瞬时强度分布的标准偏差 $2\sigma^2$。

9-2 假设偏振热光的平均光强度为 $\bar{I}$，证明：偏振热光的瞬时光强度的概率密度函数为

$$p_I(I)=\begin{cases}\dfrac{1}{\bar{I}}\exp\left(-\dfrac{I}{\bar{I}}\right), & I\geqslant 0\\ 0, & \text{其他}\end{cases}$$

9-3 假设非偏振热光的平均光强度为 $\bar{I}$，证明：非偏振热光的瞬时光强度的概率密度函数为

$$p_I(I)=\begin{cases}\left(\dfrac{2}{\bar{I}}\right)^2\exp\left(-2\dfrac{I}{\bar{I}}\right), & I\geqslant 0\\ 0, & \text{其他}\end{cases}$$

9-4 证明：非偏振热光瞬时强度的最可几值为 $I=\bar{I}/2$。

9-5 证明：部分偏振热光瞬时强度分布的概率密度函数和标准偏差分别为

$$p_I(I)=\frac{1}{P\bar{I}}\left\{\exp\left[-\frac{2I}{(1+P)\bar{I}}\right]-\exp\left[-\frac{2I}{(1-P)\bar{I}}\right]\right\}$$

$$\sigma_I=\sqrt{\frac{1+P^2}{2}}\bar{I}$$

9-6 试求部分偏振热光瞬时强度的最可几值。

9-7 试分析赝热光与热光的异同点。

9-8 试从光场衍射叠加角度分析物场散斑和像面散斑的平均大小取值与哪些因素有关。

9-9 试比较：

(1) 单次曝光散斑图的夫琅禾费衍射图样与雾天夜晚看到的远处灯光周围散射光斑图样的异同点；

(2) 位移散斑图的夫琅禾费衍射图样与杨氏双孔衍射图像的异同点。

9-10 利用激光散斑照相测量微小位移原理能否测量物体的横向运动速度？如果能，试说明其测量原理。

9-11 用显微物镜聚焦激光束时，由于焦斑亮度太高，一般很难通过眼睛直接观察接收光屏上的焦斑大小来确定聚焦点位置，尤其是显微物镜放大倍数较高时。此时可将光屏移到远处，在其与焦斑之间插入一块毛玻璃并将毛面迎着光束，然后沿着光轴移动毛玻璃，同时观察光屏上的激光散斑大小。当散斑尺寸达到最大时，表明此时毛玻璃的迎光的表面所处位置即聚焦点位置。试分析其原理。

附录 A　场论运算的基本公式

设 $u(x,y,z)$ 为标量函数，$\boldsymbol{a}$、$\boldsymbol{b}$、$\boldsymbol{c}$ 为矢量函数，$\hat{\boldsymbol{x}}_0$、$\hat{\boldsymbol{y}}_0$、$\hat{\boldsymbol{z}}_0$ 为直角坐标系中三个坐标轴方向单位矢量，$\hat{\boldsymbol{r}}_0$、$\hat{\boldsymbol{\varphi}}_0$、$\hat{z}_0$ 为柱坐标系中三个坐标轴方向单位矢量，$\hat{\boldsymbol{r}}_0$、$\hat{\boldsymbol{\theta}}_0$、$\hat{\boldsymbol{\varphi}}_0$ 为球坐标系中三个坐标轴方向单位矢量，则有

A1. 哈密顿算子

直角坐标系：
$$\nabla=\hat{\boldsymbol{x}}_0\frac{\partial}{\partial x}+\hat{\boldsymbol{y}}_0\frac{\partial}{\partial y}+\hat{\boldsymbol{z}}_0\frac{\partial}{\partial z} \tag{A-1}$$

柱坐标系：
$$\nabla=\hat{\boldsymbol{r}}_0\frac{\partial}{\partial r}+\hat{\boldsymbol{\varphi}}_0\frac{1}{r}\frac{\partial}{\partial \varphi}+\hat{\boldsymbol{z}}_0\frac{\partial}{\partial z} \tag{A-2}$$

球坐标系：
$$\nabla=\hat{\boldsymbol{r}}_0\frac{\partial}{\partial r}+\hat{\boldsymbol{\theta}}_0\frac{1}{r}\frac{\partial}{\partial \theta}+\hat{\boldsymbol{\varphi}}_0\frac{1}{r\sin\theta}\frac{\partial}{\partial \varphi} \tag{A-3}$$

A2. 拉普拉斯算子

直角坐标系：
$$\nabla^2=\nabla\cdot\nabla=\frac{\partial^2}{\partial x^2}+\frac{\partial^2}{\partial y^2}+\frac{\partial^2}{\partial z^2} \tag{A-4}$$

柱坐标系：
$$\nabla^2=\frac{1}{r}\frac{\partial}{\partial r}\left(r\frac{\partial}{\partial r}\right)+\frac{1}{r^2}\frac{\partial^2}{\partial \varphi^2}+\frac{\partial^2}{\partial z^2} \tag{A-5}$$

球坐标系：
$$\nabla^2=\frac{1}{r^2}\frac{\partial}{\partial r}\left(r^2\frac{\partial}{\partial r}\right)+\frac{1}{r\sin\theta}\frac{\partial}{\partial \theta}\left(\sin\theta\frac{1}{r}\frac{\partial}{\partial \theta}\right)+\frac{1}{r^2\sin^2\theta}\frac{\partial^2}{\partial \varphi^2} \tag{A-6}$$

A3. 标量场的梯度

表示式：
$$\nabla u=\hat{\boldsymbol{x}}_0\frac{\partial u}{\partial x}+\hat{\boldsymbol{y}}_0\frac{\partial u}{\partial y}+\hat{\boldsymbol{z}}_0\frac{\partial u}{\partial z}=\mathrm{grad}u \tag{A-7}$$

对于调和场：
$$\nabla^2 u=0 \tag{A-8}$$

A4. 矢量场的旋度

表示式：
$$\nabla\times\boldsymbol{a}=\begin{vmatrix}\hat{\boldsymbol{x}}_0 & \hat{\boldsymbol{y}}_0 & \hat{\boldsymbol{z}}_0\\ \frac{\partial}{\partial x} & \frac{\partial}{\partial y} & \frac{\partial}{\partial z}\\ a_x & a_y & a_z\end{vmatrix}=\hat{\boldsymbol{x}}_0\left(\frac{\partial a_z}{\partial y}-\frac{\partial a_y}{\partial z}\right)+\hat{\boldsymbol{y}}_0\left(\frac{\partial a_x}{\partial z}-\frac{\partial a_z}{\partial x}\right)+\hat{\boldsymbol{z}}_0\left(\frac{\partial a_y}{\partial x}-\frac{\partial a_x}{\partial y}\right)$$
$$=\mathrm{rot}\ \boldsymbol{a} \tag{A-9}$$

对于无旋场：
$$\nabla\times\boldsymbol{a}=\mathrm{rot}\ \boldsymbol{a}=0 \tag{A-10}$$

A5. 矢量场的散度

表示式：
$$\nabla\cdot\boldsymbol{a}=\frac{\partial a_x}{\partial x}+\frac{\partial a_y}{\partial y}+\frac{\partial a_z}{\partial z}=\mathrm{div}\ \boldsymbol{a} \tag{A-11}$$

对于无源场：
$$\nabla\cdot\boldsymbol{a}=\mathrm{div}\ \boldsymbol{a}=0 \tag{A-12}$$

A6. 斯托克斯公式与高斯公式

斯托克斯公式：
$$\oint_L \boldsymbol{a} \cdot \mathrm{d}\boldsymbol{l} = \iint_\Sigma (\nabla \times \boldsymbol{a}) \cdot \mathrm{d}\boldsymbol{\sigma} \tag{A-13}$$

高斯公式：
$$\oiint_\Sigma \boldsymbol{a} \cdot \mathrm{d}\boldsymbol{\sigma} = \iiint_\Omega (\nabla \cdot \boldsymbol{a})\,\mathrm{d}V \tag{A-14}$$

A7. 场量的基本关系

矢量的标积：
$$\boldsymbol{a} \cdot \boldsymbol{b} = a_x b_x + a_y b_y + a_z b_z \tag{A-15}$$

矢量的叉积：
$$\boldsymbol{a}\times\boldsymbol{b} = (a_y b_z - a_z b_y)\hat{\boldsymbol{x}}_0 + (a_z b_x - a_x b_z)\hat{\boldsymbol{y}}_0 + (a_x b_y - a_y b_x)\hat{\boldsymbol{z}}_0 \tag{A-16}$$

矢量间的叉积：
$$\boldsymbol{a}\times(\boldsymbol{b}\times\boldsymbol{c}) = \boldsymbol{b}(\boldsymbol{a} \cdot \boldsymbol{c}) - \boldsymbol{c}(\boldsymbol{a} \cdot \boldsymbol{b}) \tag{A-17}$$

梯度的散度：
$$\nabla \cdot (\nabla u) = \nabla^2 u \tag{A-18}$$

梯度的旋度：
$$\nabla\times(\nabla u) = 0 \tag{A-19}$$

旋度的散度：
$$\nabla \cdot (\nabla\times\boldsymbol{a}) = 0 \tag{A-20}$$

旋度的旋度：
$$\nabla\times(\nabla\times\boldsymbol{a}) = \nabla(\nabla \cdot \boldsymbol{a}) - \nabla^2\boldsymbol{a} \tag{A-21}$$

矢量与标量乘积的散度：
$$\nabla \cdot (u\boldsymbol{a}) = u\,\nabla \cdot \boldsymbol{a} + \boldsymbol{a} \cdot \nabla u \tag{A-22}$$

矢量与标量乘积的旋度：
$$\nabla\times(u\boldsymbol{a}) = u\,\nabla\times\boldsymbol{a} + \nabla u\times\boldsymbol{a} \tag{A-23}$$

矢量叉积的散度：
$$\nabla \cdot (\boldsymbol{a}\times\boldsymbol{b}) = \boldsymbol{b} \cdot \nabla\times\boldsymbol{a} - \boldsymbol{a} \cdot \nabla\times\boldsymbol{b} \tag{A-24}$$

附录B　傅里叶变换的基本性质

根据傅里叶变换的数学定义，如果一个函数 $g(x)$ 满足条件：①单值；②在任意有限区间上只有有限个极大值和极小值；③在区间 $(-\infty,\infty)$ 上只有有限个间断点；④在区间 $(-\infty,\infty)$ 上绝对可积，则该函数存在傅里叶变换 $G(u)$，并且有

$$G(u)=\mathrm{F}\{g(x)\}=\int_{-\infty}^{\infty}g(x)\exp(-\mathrm{i}2\pi ux)\mathrm{d}x \tag{B-1}$$

同时，原函数 $g(x)$ 又称为函数 $G(u)$ 的逆傅里叶变换，并且有

$$g(x)=\mathrm{F}^{-1}\{G(u)\}=\int_{-\infty}^{\infty}G(u)\exp(\mathrm{i}2\pi ux)\mathrm{d}u \tag{B-2}$$

从数学上讲，函数 $g(x)$ 与 $G(u)$ 构成一对傅里叶变换对。从物理上讲，如果将原函数 $g(x)$ 看成是输入的物函数——光波场复振幅按空间位置的分布，则其傅里叶变换函数 $G(u)$ 就是输入物的频谱函数——光波场复振幅按空间频率的分布。

现假设函数 $g(x)$ 与 $G(u)$、$h(x)$ 与 $H(u)$ 为两个傅里叶变换对，a 和 b 为两个于任意常数，则可以证明其傅里叶变换过程具有如下性质。

B1. 线性叠加性质（线性定理）

$$\mathrm{F}\{ag(x)\pm bh(x)\}=aG(u)\pm bH(u) \tag{B-3}$$

意义：两个函数线性叠加的傅里叶变换，等于两个函数各自傅里叶变换的线性叠加。

B2. 相似性质（尺度缩放定理或比例定理）

$$\mathrm{F}\{g(ax)\}=\frac{1}{|a|}G\left(\frac{u}{a}\right) \tag{B-4}$$

意义：输入平面（空域/频域）坐标比例放大，将导致变换平面（频域/空域）坐标比例相应缩小。

B3. 相移性质（相移定理或位移定理）

$$\mathrm{F}\{g(x\pm x_0)\}=G(u)\exp(\pm\mathrm{i}2\pi ux_0) \tag{B-5}$$

$$\mathrm{F}\{\exp(\pm\mathrm{i}2\pi u_0x)g(x)\}=G(u\mp u_0) \tag{B-6}$$

意义：输入平面（空域/频域）坐标平移，将导致变换平面（频域/空域）产生线性相移；输入平面（空域/频域）线性相移，将导致变换平面（频域/空域）产生坐标平移。

B4. 循环性质（循环定理）

$$\mathrm{F}\{\mathrm{F}\{g(x)\}\}=\mathrm{F}\{G(u)\}=g(-x) \tag{B-7}$$

$$\mathrm{F}\{\mathrm{F}\{\mathrm{F}\{\mathrm{F}\{g(x)\}\}\}\}=\mathrm{F}\{\mathrm{F}\{g(-x)\}\}=g(x) \tag{B-8}$$

意义：一个函数的两次傅里叶变换等效于一次空间反转变换——正透镜成实像过程；一个函数的四次傅里叶变换等效于一次自变换——重现原函数。

B5. 共轭性质

$$\mathrm{F}\{g^*(x)\}=G^*(-u) \tag{B-9}$$

$$\mathrm{F}\{g^*(-x)\}=G^*(u) \tag{B-10}$$

意义：一个函数共轭的傅里叶变换等于原函数傅里叶变换在坐标反转情况下的共轭；一个函数经坐标反转后共轭的傅里叶变换等于原函数傅里叶变换的共轭。

B6. 微积分性质（微积分定理）

$$\mathrm{F}\left\{\frac{\mathrm{d}g(x)}{\mathrm{d}x}\right\}=\mathrm{i}2\pi uG(u) \tag{B-11}$$

$$\mathrm{F}\left\{\int g(x)\,\mathrm{d}x\right\}=\frac{1}{\mathrm{i}2\pi u}G(u) \tag{B-12}$$

意义：一个函数的导数的傅里叶变换等于原函数的傅里叶变换乘以线性函数 $\mathrm{i}2\pi u$；一个函数的积分的傅里叶变换等于原函数的傅里叶变换除以线性函数 $\mathrm{i}2\pi u$。

B7. 守恒性质（能量守恒定理或帕萨伐定理）

$$\int_{-\infty}^{\infty}|g(x)|^2\mathrm{d}x=\int_{-\infty}^{\infty}|G(u)|^2\mathrm{d}x \tag{B-13}$$

意义：光场在空域中的总能量等于其在频域中的总能量——变换过程能量守恒。

B8. 卷积性质（卷积定理）

定义函数 $g(x)$ 与 $h(x)$ 的卷积为

$$g(x)*h(x)=\int_{-\infty}^{\infty}g(x')h(x-x')\,\mathrm{d}x'=\int_{-\infty}^{\infty}g(x-x')h(x')\,\mathrm{d}x \tag{B-14}$$

卷积的意义：两个函数在空间某一点的卷积运算，等于其中一个函数经坐标平移反转（即将坐标原点平移至该点并作空间反转）后乘以另一个函数并对整个空间（实际上是对两者重叠区域）的积分。

卷积定理：

$$\mathrm{F}\{g(x)*h(x)\}=G(u)H(u) \tag{B-15}$$

$$\mathrm{F}\{g(x)h(x)\}=G(u)*H(u) \tag{B-16}$$

意义：两个函数卷积的傅里叶变换，等于其各自傅里叶变换的乘积；两个函数乘积的傅里叶变换，等于其各自傅里叶变换的卷积。

B9. 相关性质（相关定理）

定义函数 $g(x)$ 与 $h(x)$ 的相关为

$$g(x)\otimes h(x)=\int_{-\infty}^{\infty}g*(x'-x)h(x')\,\mathrm{d}x'=\int_{-\infty}^{\infty}g*(x')h(x+x')\,\mathrm{d}x' \tag{B-17}$$

意义：两个函数在空间某一点的相关运算，等于其中一个函数的共轭经坐标平移（即将坐标原点平移至该点）后乘以另一个函数并对整个空间的积分，或者其中一个函数经坐标反转平移（即将坐标原点平移至该点的对称点）后乘以另一个函数的共轭并对整个空间的积分。

相关定理：

$$\mathrm{F}\{g(x)\otimes h(x)\}=G*(u)H(u) \tag{B-18}$$

$$\mathrm{F}\{g*(x)h(x)\}=G(u)\otimes H(u) \tag{B-19}$$

$$\mathrm{F}\{g(x)\otimes g(x)\}=|G(u)|^2 \tag{B-20}$$

$$\mathrm{F}\{|g(x)|^2\} = G(u) \otimes G(u) \quad \text{(B-21)}$$

意义：两个函数互相关的傅里叶变换，等于其中一个函数的傅里叶变换的共轭与另一个函数的傅里叶变换的乘积；一个函数的共轭与另一个函数的乘积的傅里叶变换，等于其各自傅里叶变换的互相关；一个函数自相关的傅里叶变换，等于该函数的傅里叶变换模值的平方；一个函数取模值平方后的傅里叶变换等于该函数傅里叶变换的自相关。

注意：卷积运算服从交换律，相关运算不服从交换律。

附录 C 常用傅里叶变换对

	原函数	频谱函数
狄拉克函数	$\delta(x)$	1
相移函数	$\exp(\pm i2\pi u_0 x)$	$\delta(u\mp u_0)$
余弦函数	$\cos(2\pi u_0 x)$	$[\delta(u-u_0)+\delta(u+u_0)]/2$
正弦函数	$\sin(2\pi u_0 x)$	$[\delta(u-u_0)-\delta(u+u_0)]/2i$
矩形函数	$\mathrm{rect}(x)$	$\mathrm{sinc}(u)$
阶跃函数	$\mathrm{step}(x)$	$\frac{1}{2}\delta(u)+\frac{1}{i2\pi u}$
符号函数	$\mathrm{sgn}(x)$	$\frac{1}{i\pi u}$
梳状函数	$\mathrm{comb}(x)$	$\mathrm{comb}(u)$
圆域函数	$\mathrm{circ}(r)$	$\frac{J_1(2\pi\rho)}{\rho}$
高斯函数	$\exp(-\pi x^2)$	$\exp(-\pi u^2)$
洛伦兹函数	$\frac{1}{1+x^2}$	$\pi\exp(-2\pi\|u\|)$

参考文献

[1] 赵建林．高等光学［M］．北京：国防工业出版社，2002.

[2] 玻恩，沃尔夫．光学原理（上、下册）［M］．杨霞荪，译．7 版．北京：电子工业出版社，2005.

[3] 李景镇．光学手册（上、下册）［M］．西安：陕西科学技术出版社，2010.

[4] 伽塔克，谢伽拉扬．近代光学［M］．袁一方，等译．北京：高等教育出版社，1987.

[5] 陈军．现代光学技术（电磁篇）［M］．杭州：浙江大学出版社，1996.

[6] 彭江得．光电子技术基础［M］．北京：清华大学出版社，1988.

[7] 宋菲君，Jutamulia. 近代光学信息处理［M］．北京：北京大学出版社，1998.

[8] 宋菲君，S. Jutamulia. 近代光学信息处理［M］．2 版．北京：北京大学出版社，2014.

[9] Hechit E. 光学［M］．秦克诚，林福成，译．5 版．北京：电子工业出版社，2019.

[10] Goodman J W. 傅里叶光学导论［M］．陈家璧，秦克诚，曹其智，译．4 版．北京：科学出版社，2020.

[11] Goodman J W. 统计光学［M］．陈家璧，秦克诚，曹其智，译．2 版．北京：科学出版社，2018.

[12] Goodman J W. 光学中的散斑现象——理论与应用［M］．曹其智，陈家璧，译．北京：科学出版社，2009.